DIE ASIMOV-CHRONIK

Robot ist verloren

Herausgegeben von Martin H. Greenberg

Deutsche Erstausgabe

WILHELM HEYNE VERLAG
MÜNCHEN

HEYNE ALLGEMEINE REIHE
Nr. 01/8199

Titel der amerikanischen Originalausgabe
THE ASIMOV CHRONICLES (1. Teil)

(Teil 2 und Teil 3 werden unter den Titeln
»Die vierte Generation« und
»Die Menschheit wird gerettet« erscheinen.)

Redaktion: Wolfgang Jeschke

Printed in Germany 1991
Quellenhinweis: s. Anhang
Umschlagzeichnung: Karel Thole
Umschlaggestaltung: Atelier Ingrid Schütz, München
Satz: IBV Satz- und Datentechnik GmbH, Berlin
Druck und Bindung: Presse-Druck Augsburg

ISBN 3-453-04602-1

Danksagung

Der Verlag dankt Dawn Austin, Kathy Jo Camacho, Stan und Phyllis Mikol, Wayne Sommers, Dr. Stan Gurnick PhD, Tony Hodes, Bertha Curl, Kurt Scharrer, Gary Fronk, Linda Solar, Ken Morris, den Mitarbeitern des All American Print Center, Dick Spelman, Maureen Austin, Luis Trevino, Raymond, Teresa und Mark Stadalsky, Tom Pas, Ken und Lynda Fotos und Ann Cameron Williams.

Und natürlich gehört unser besonderer Dank Martin H. Greenberg und Isaac Asimov.

Inhalt

Gefangene des Alls

»Wie lange wollen Sie noch herumrennen?« fragte Warren Moore von der Couch aus. »Das hilft uns nicht weiter. Wir haben noch Glück gehabt; wir verlieren keine Luft, oder?«

Mark Brandon drehte sich wütend nach ihm um. »Freut mich, daß Sie das glücklich macht«, antwortete er. »Aber vielleicht wissen Sie nicht, daß unser Luftvorrat nur drei Tage reicht.« Er ging wieder auf und ab.

Moore streckte sich gähnend aus. »Wer sich anstrengt, verbraucht mehr Sauerstoff. Warum nehmen Sie sich nicht ein Beispiel an Mike? Er regt sich nicht überflüssig auf.«

›Mike‹ war Michael Shea, ehemals Besatzungsmitglied der *Silver Queen*. Er saß auf dem einzigen Stuhl und hatte die Füße auf den Tisch gelegt. Als sein Name fiel, grinste er und sagte: »Mit solchen Zufällen muß man hier zwischen den Asteroiden immer rechnen. Wir hätten hopsen sollen; das ist der längere, aber auch sichere Weg. Aber der Captain wollte schneller vorankommen – und jetzt sitzen wir hier.«

»Was heißt ›hopsen‹?« fragte Brandon.

»Oh, ich nehme an, daß Freund Mike damit einen Kurs außerhalb der Ekliptikebene des Asteroidengürtels meint«, antwortete Moore.

Mike zögerte und stimmte dann vorsichtig zu: »Ja, das ist es ungefähr.«

Moore fuhr lächelnd fort: »Nun, wir dürfen Captain Crane nicht allzusehr tadeln. Es war nicht seine Schuld, daß die Abschirmung fünf Minuten vor dem Zusammenstoß ausfiel.« Er schüttelte den Kopf. »Es ist überhaupt ein Wunder, daß dieser Teil der *Silver Queen* unbeschädigt geblieben ist.«

»Sie haben eine komische Vorstellung vom Glück, Warren«, sagte Brandon. »Wir sitzen hier in drei unbeschädigten Räumen, in einem Zehntel des Raumschiffs, haben nur noch Luft für drei Tage und keine Aussicht auf Rettung – und Sie besitzen die Frechheit, von Glück zu sprechen!«

»Nun, wir haben immerhin mehr Glück als die anderen gehabt, die gleich umgekommen sind«, antwortete Moore.

»Meinen Sie? Das wäre bestimmt besser gewesen! Oder finden Sie den Tod durch Ersticken so schön?«

»Vielleicht finden wir noch einen Ausweg«, erwiderte Moore hoffnungsvoll.

»Unmöglich!« sagte Brandon heiser. »Wir sind erledigt. Fertig!«

Mike räusperte sich bedeutungsvoll. »Da wir schon gemeinsam in der Tinte sitzen, hat es keinen Zweck, das gute Zeug aufzuheben.« Er holte eine kleine Flasche, die mit einer grünen Flüssigkeit gefüllt war, aus der Tasche. »Das ist erstklassiges Jabra. Wir teilen ehrlich, was?«

Brandon nickte eifrig. »Jabrawasser vom Mars! Warum rücken Sie erst jetzt damit heraus?«

Als er nach der Flasche griff, hielt Moore seinen Arm fest.

»Seien Sie kein Narr«, warnte Moore. »Wir haben nicht genug, um drei Tage lang betrunken zu bleiben. Sollen wir uns jetzt besaufen und stocknüchtern sterben? Nein, wir heben uns das Zeug für die letzten Stunden auf – dann trinken wir es und merken nicht einmal, was mit uns geschieht.«

Brandon ließ zögernd die Hand sinken. »Verdammt noch mal, Warren, wie bringen Sie es nur fertig, in dieser

Lage Ihren klaren Kopf zu behalten?« Er gab Mike einen Wink, und die Flasche wurde wieder verstaut. Brandon ging an ein Bullauge und starrte hinaus.

Moore kam heran und legte dem Jüngeren einen Arm über die Schulter. »Warum nehmen Sie alles so schwer, Mann?« fragte er. »Das halten Sie nicht mehr lange aus. Wenn Sie so weitermachen, schnappen sie innerhalb der nächsten vierundzwanzig Stunden über.«

Brandon antwortete nicht, sondern starrte die Kugel an, die vor dem Bullauge schwebte. Moore fuhr deshalb fort: »Es nützt auch nichts, wenn Sie dauernd Vesta anstarren.«

Mike Shea war herangekommen. »Dort unten auf Vesta wären wir in Sicherheit. Dort leben Menschen. Wie weit sind wir von Vesta entfernt?«

»Offenbar nicht mehr als fünf- oder sechshundert Kilometer«, antwortete Moore. »Vesta hat schließlich nur dreihundert Kilometer Durchmesser.«

»Fünfhundert Kilometer vom rettenden Ufer entfernt«, murmelte Brandon, »aber es können eine Million Kilometer sein...« Er runzelte die Stirn. »Wenn wir nur diese Kreisbahn verlassen könnten! Wir brauchten nur einen kräftigen Stoß, der den Fall einleitet, und würden nicht einmal hart aufprallen, weil dieser Zwerg keine richtige Schwerkraft besitzt.«

»Aber er hat genügend Schwerkraft, um unser Wrack anzuziehen«, stellte Moore fest. »Er muß uns eingefangen haben, während wir bewußtlos waren.«

»Komischer Planetoid, diese Vesta«, warf Mike Shea ein. »Ich bin schon zweimal dort gewesen. Überall liegt weißes Zeug herum, das wie Schnee aussieht und trotzdem keiner ist.«

»Gefrorenes Kohlenstoffdioxid?« fragte Moore.

»Ja, Trockeneis, dieses Kohlenzeug, das meine ich. Angeblich leuchtet Vesta deshalb so hell.«

»Natürlich! Das erhöht das Albedo.«

Mike warf Moore einen mißtrauischen Blick zu und wechselte das Thema. »Dort unten ist kaum etwas zu erkennen, aber wenn man genau hinsieht, fällt einem ein grauer Fleck am linken Rand auf. Das ist Bennetts Kuppel, glaube ich. Dort ist die Sternwarte untergebracht. Dort drüben liegt Calorns Kuppel mit dem Treibstofflager. Es gibt noch viele andere, die von hier aus nicht zu sehen sind.«

Er zögerte und wandte sich an Moore. »Hören Sie, Boß, ich habe mir etwas überlegt. Suchen sie nicht nach uns, sobald der Unfall bekannt wird? Und müßten sie uns nicht leicht finden, wenn wir schon in der Nähe von Vesta sind?«

Moore schüttelte den Kopf. »Nein, Mike, sie suchen nicht nach uns. Daß die *Silver Queen* verunglückt ist, stellt sich erst heraus, wenn sie nicht pünktlich eintrifft. Wir haben kein SOS mehr funken können, und die Leute auf Vesta könnten uns nur ausmachen, wenn sie genau wüßten, wonach sie zu suchen hätten.«

»Hmm.« Mike runzelte die Stirn. »Dann müssen wir also Vesta innerhalb der nächsten drei Tage erreichen.«

»Richtig, Mike«, stimmte Moore lächelnd zu. »Aber wie sollen wir das anstellen?«

»Schwatzen Sie nicht so lange!« fauchte Brandon plötzlich. »Tun Sie lieber etwas!«

Moore kehrte schweigend zu seiner Couch zurück, streckte sich aus und dachte nach. Ihre Lage war nicht gerade rosig; daran konnte kein Zweifel bestehen. Er überlegte zum zwanzigstenmal, wie alles gekommen war.

Nachdem der Asteroid das Schiff getroffen und zertrümmert hatte, war er ohnmächtig geworden; wie lange er ohnmächtig gewesen war, konnte er nicht sagen, weil seine

Uhr stehengeblieben war. Als er wieder zu sich kam, sah er Mark Brandon, der in der gleichen Kabine schlief, und Mike Shea vor sich stehen. Sie waren die einzigen Überlebenden im Wrack der *Silver Queen.*

Dieses Wrack kreiste nun um Vesta. Vorläufig war es an Bord noch auszuhalten. Sie hatten für eine Woche zu essen, und der Gravitator im Kabinenfußboden erzeugte eine künstliche Schwerkraft. Die Beleuchtung war weniger zufriedenstellend, aber bisher ausreichend.

Das eigentliche Problem lag klar auf der Hand – sie hatten nur für drei Tage Luft! Allerdings gab es auch andere Schwierigkeiten. Zum Beispiel funktionierte die Heizung nicht mehr, so daß das Wrack allmählich auskühlte. Viel schlimmer war jedoch, daß sie weder Hilfe herbeirufen noch ihr Wrack antreiben konnten. Moore seufzte schwer. Ein funktionierendes Steuertriebwerk würde bereits die Rettung bedeuten, denn es könnte sie sicher auf Vesta landen lassen.

Auf seiner Stirn erschien eine Falte. Was sollten sie tun? Sie hatten nur einen Raumanzug für drei Männer, einen Hitzestrahler und einen Detonator. Mehr hatten sie in den drei Räumen nicht gefunden. Hoffnungslos...

Moore zuckte mit den Schultern, stand auf und ließ sich ein Glas Wasser einlaufen. Er trank automatisch. Dann hatte er plötzlich eine Idee.

»Hören Sie, Mike«, sagte er, »wieviel Wasser haben wir eigentlich?«

Mike starrte ihn verblüfft an. »Wissen Sie das nicht, Boß?«

»Was?« fragte Moore ungeduldig.

»Wir haben alles Wasser«, erklärte Mike ihm. »Haben Sie das nicht gewußt?« Er deutete auf eine Wand. »Dahinter liegt der Tank mit dem gesamten Wasservorrat der *Silver Queen.*«

»Soll das heißen, daß wir einen vollen Wassertank neben uns haben?«

Mike nickte heftig. »Klar! Dreißig Meter in jeder Richtung. Und der Tank ist dreiviertel voll.«

Moore war erstaunt. »Zwölftausend Kubikmeter Wasser!« Dann fragte er rasch: »Warum ist es nicht durch die abgerissenen Rohre abgelaufen?«

»Aus dem Tank führt nur eine Leitung durchs ganze Schiff«, erklärte Mike ihm. »Ich sollte diese Hauptleitung draußen im Korridor reparieren und mußte sie deshalb absperren. Dann hat uns der Asteroid getroffen, aber die Leitung blieb abgesperrt. Ich habe unseren Wasserhahn wieder angeschlossen, aber alle anderen Schieber sind zu.«

»Hmmm.« Moore versuchte zu erkennen, welche Idee sich in seinem Unterbewußtsein bildete, wenn er darüber nachdachte, was sich mit dem Wasser anfangen ließ.

Brandon hatte ohne großes Interesse zugehört. »Wunderbar!« meine er jetzt ironisch. »Wir haben Luft für drei Tage, Lebensmittel für eine Woche und Wasser für ein Jahr. Für ein ganzes Jahr! Wasser... Der Teufel soll das Wasser holen!«

»Sie nehmen alles viel zu ernst«, sagte Moore und versuchte aufmunternd zu lächeln. »Uns geht es gar nicht so schlecht. Die Luft reicht noch drei Tage, wir können doppelte Rationen essen und haben Wasser im Überfluß. Wir können...«

Die Idee, nach der er vorhin gesucht hatte, erschien plötzlich klar vor seinen Augen. Er sprach nicht weiter, hob ruckartig den Kopf und starrte mit zusammengekniffenen Augen nach draußen.

»He, was ist mit Ihnen los?« wollte Brandon wissen, als Moore sich an die Stirn schlug und begeistert nickte. Mike Shea beobachtete ihn sprachlos.

Moore rieb sich die Hände. »Ha, ich hab's endlich! Warum ist mir das nicht gleich eingefallen?«

Er murmelte irgend etwas vor sich hin.

Mike hielt ihm die Jabraflasche vors Gesicht, aber Moore lehnte ungeduldig ab. Daraufhin holte Brandon mit der Rechten aus, versetzte Moore einen Kinnhaken und schlug ihn zu Boden.

Moore rieb sich ächzend das Kinn. »Was soll das heißen?« fragte er empört.

»Halten Sie den Mund, sonst bekommen Sie noch einen!« brüllte Brandon. »Das halte ich nicht mehr aus! Immer dieses Geschwätz! Sie schnappen allmählich über!«

»Unsinn! Ich bin nur etwas erregt. Hören Sie zu, um Gottes willen. Ich weiß, was wir mit dem Wasser anfangen ...«

Brandon unterbrach ihn. »Ja, ich weiß auch etwas«, sagte er. »Am besten ertränken wir Sie darin, dann sparen wir wenigstens etwas Luft und müssen keine unsinnigen Pläne anhören.«

Moore verlor die Geduld. »Ich brauche Sie nicht dazu, Mark, und ich will Ihre Hilfe auch gar nicht. Warum machen Sie nicht gleich Schluß, wenn Sie solche Angst vor dem Tod haben? Wir besitzen einen Detonator und einen Hitzestrahler – beides zuverlässige Waffen. Suchen Sie sich aus, was Ihnen paßt, und begehen Sie damit Selbstmord. Shea und ich hindern Sie nicht daran.«

Brandon kapitulierte plötzlich. »Schon gut, Warren, ich helfe mit. Ich ... ich wollte das alles nicht. Mir geht es nicht gut, Warren. Ich ...«

»Lassen wir das«, wehrte Moore verlegen ab. »Ich weiß, wie Ihnen zumute ist. Mir geht es ähnlich, aber ich lasse mich nicht unterkriegen. Versuchen Sie jetzt zu schlafen und überlassen Sie das andere mir.«

Brandon stolperte zur Couch und ließ sich darauf nieder.

Er schluchzte noch einige Zeit leise vor sich hin, während Moore und Shea verlegen nach draußen sahen.

Dann stieß Moore Mike an. »Los, an die Arbeit«, flüsterte er. »Die Luftschleuse befindet sich am Ende des Korridors, stimmt's?« Als Shea nickte, fuhr Moore fort: »Ist sie luftdicht?«

»Nun«, antwortete Shea langsam, »die innere Tür ist es jedenfalls, aber ich weiß nicht, wie die äußere aussieht. Die äußere Tür kann das reinste Sieb sein – und dann . . . peng!« Seine Handbewegung sagte mehr als viele Worte.

»Okay, dann müssen wir gleich feststellen, ob die zweite Tür noch funktioniert. Ich muß unbedingt hinaus. Wo ist der Raumanzug?«

Moore nahm den Anzug aus dem Schrank und ging damit in den langen Korridor hinaus. Er kam an Türen vorbei, die früher zu anderen Kabinen geführt hatten; jetzt waren sie luftdichte Absperrungen, hinter denen der Tod lauerte. Am Ende des Korridors lag die Luftschleuse.

Moore betrachtete sie nachdenklich. »Sieht gut aus«, sagte er, »aber das beweist noch nichts. Na, hoffentlich funktioniert sie noch.« Er runzelte die Stirn. »Wir könnten natürlich den ganzen Korridor als Luftschleuse benützen, aber dann verlieren wir unseren halben Luftvorrat. Das können wir uns nicht leisten – noch nicht.«

Er wandte sich an Shea. »Schön, fangen wir an. Der Anzeige nach ist die Schleuse zuletzt als Eingang benützt worden und müßte deshalb mit Luft gefüllt sein. Öffnen Sie die Tür einen winzigen Spalt breit und schließen Sie sie sofort wieder, falls es zischt.«

»Wird gemacht, Boß.« Shea bewegte den Hebel. Der Mechanismus war beim Zusammenstoß durchgeschüttelt worden und funktionierte nicht mehr so lautlos wie früher.

Aber er funktionierte noch, und die Tür glitt einen Millimeter weit zurück.

Moore atmete erleichtert auf, als er kein Zischen hörte. Er hielt ein Stück Papier an den Spalt. Es hätte dort bleiben müssen, wenn die entweichende Luft es gegen die Tür gedrückt hätte. Aber das Papier fiel zu Boden.

Mike Shea nickte. »Ich merke nichts«, stellte er fest und hielt einen Finger an den Spalt.

»Ausgezeichnet! Weiter!«

Die Tür glitt langsam zurück, und die beiden Männer hielten den Atem an. Vielleicht war die äußere Tür so geschwächt, daß sie jeden Augenblick nachgeben konnte. Aber sie hielt! Moore grinste zufrieden, während er den Raumanzug anlegte.

»Bisher ist alles in bester Ordnung, Mike«, sagte er. »Sie können hier auf mich warten. Ich weiß nicht, wie lange es dauert, aber ich komme wieder zurück. Wo ist der Hitzestrahler?«

Shea gab ihm das Gerät und fragte dabei: »Was haben Sie vor?«

Moore wollte sich eben den Helm aufsetzen. Er machte eine kurze Pause. »Wissen Sie, daß wir genug Wasser haben, um es zu verschleudern? Nun, ich habe darüber nachgedacht und finde die Idee nicht schlecht. Ich werde es verschleudern.« Er setzte den Helm auf und trat in die Schleuse.

Moore wartete mit klopfendem Herzen darauf, daß die äußere Tür sich öffnen würde. Sein Plan war äußerst simpel, aber vielleicht nicht einfach auszuführen.

Er hörte den Mechanismus der Tür quietschen und rattern. Die Luft entwich zischend aus der Schleusenkammer. Dann öffnete sich die Tür eine Handbreit und blieb stecken.

Moores Herz sank, aber die Tür bewegte sich nach wenigen Sekunden weiter. Dann stand sie endlich offen.

Moore drückte den Haftmagneten an den Türrahmen und trat vorsichtig ins Leere hinaus. Er war noch nie über den Rumpf eines Raumschiffs geklettert, das durchs All flog, und er fühlte sich hier oben nicht gerade sicher. Zuerst wurde ihm etwas schwindlig, aber er schloß die Augen und kämpfte erfolgreich dagegen an.

Er sah sich langsam um. Der winzige blau-weiße Lichtpunkt, der die Erde darstellte, war nicht zu sehen. Erde und Sonne lagen offenbar hinter Vesta, aber Moore sah Jupiter mit zwei Satelliten und erkannte auch Saturn. Er hatte erwartet, daß einige Asteroiden deutlich sichtbar sein müßten, aber zu seiner Überraschung war der Weltraum ziemlich leer.

Nur Vesta war natürlich gut zu sehen und hing wie ein riesiger Ballon direkt unter ihm. Moore starrte den Planetoiden sehnsüchtig an und überlegte sich, daß ein kräftiger Tritt genügen mußte, um ihn dorthin zu bringen. Vielleicht landete er sicher und konnte für die anderen Hilfe holen. Aber wahrscheinlich würde er nur als weiterer Satellit um Vesta kreisen. Nein, das genügte nicht.

Moore erinnerte sich daran, daß er keine Zeit zu verlieren hatte. Er sah den Schiffsrumpf entlang, suchte nach dem Wassertank und hatte nur scharfkantige Wrackteile vor sich. Er zögerte. Offenbar war es am besten, wenn er das helle Bullauge ihrer Kabine suchte und von dort aus in Richtung Wassertank weiterkletterte.

Er arbeitete sich langsam weiter vor. Kaum fünf Meter von der Luftschleuse entfernt gähnte ein riesiges Loch in der Schiffswand. Moore erkannte die Überreste einer Passagierkabine. Er fuhr zusamen, als er sich vorstellte, daß er in einer der Kabinen eine aufgetriebene Leiche finden könnte. Er hatte die meisten Passagiere gut gekannt. Aber er überwand sich und kletterte vorsichtig weiter.

Dann war die erste Schwierigkeit zu bewältigen. Der Raum selbst bestand in vielen Teilen aus Nichteisenmetallen, und der Haftmagnet war hier deshalb wirkungslos. Moore wurde erst daran erinnert, als er plötzlich abrutschte, zu gleiten begann und sich nur mit Mühe an einem Vorsprung festhalten konnte. Er hielt sich krampfhaft fest. Theoretisch war er hier im Weltraum schwerelos – Vestas Anziehungskraft zählte nicht –, aber der Gravitator unter dieser Kabine arbeitete noch. Wenn Moore seine Position veränderte, war er stets in Gefahr, ins All hinausgeschleudert zu werden, falls sein Haftmagnet plötzlich nicht mehr im Eisen festsaß.

Offenbar hatte er sich doch auf ein schwieriges Unternehmen eingelassen.

Er kletterte Zentimeter für Zentimeter weiter und probierte vorsichtig, wo der Haftmagnet guten Halt fand. Manchmal mußte er weite Umwege machen, um einen halben Meter voranzukommen; mehrmals mußte er den Magneten lösen und auf gut Glück über gefährliche Stellen weiterkriechen. Und dabei mußte er stets gegen die Anziehungskraft des Gravitators ankämpfen, die aus verschiedenen Richtungen angriff, je nachdem, wohin er gerade kletterte.

Moore untersuchte sorgfältig alle Gegenstände, auf die er stieß, aber die Suche blieb vergeblich. Lose Gegenstände, Stühle und Tische waren bereits beim ersten Aufprall fortgeschleudert worden und kreisten nun als unabhängige Himmelskörper innerhalb des Sonnensystems. Moore fand jedoch ein Fernglas und einen Füllfederhalter; er steckte beides ein, obwohl er im Augenblick nichts damit anfangen konnte.

Fünfzehn Minuten, zwanzig Minuten, eine halbe Stunde lang kletterte er über das Wrack, in die Richtung, in der er das Bullauge vermutete. Schweiß lief ihm in die Augen und verklebte sein Haar. Sämtliche Muskeln schmerzten vor Anstrengung. Sein Verstand, den die Ereignisse des letzten Tages übermäßig beansprucht hatten, arbeitete plötzlich nicht mehr zuverlässig.

Moore hatte den Eindruck, er sei bereits ewig unterwegs, habe nie etwas anderes getan und werde nie etwas anderes tun. Er wußte nicht mehr, was er hier draußen suchte; er wußte nur noch, daß er sich bewegen und weiterkriechen mußte. Dieser Gedanke beherrschte ihn völlig, und er kletterte mechanisch weiter – bis er das Licht sah.

Moore hielt an. Hätte der Haftmagnet ihn nicht gehalten, wäre er gefallen. Dieses Licht durchdrang die Dunkelheit, die ihn von allen Seiten umgab. Er hatte das Bullauge erreicht; das eine Bullauge, das nicht dunkel, sondern beleuchtet und lebendig war. Dahinter lag Brandon auf der Couch. Moore holte tief Luft, fühlte sich sofort besser und konnte wieder klar denken.

Nun lag sein Weg deutlich vor ihm. Er näherte sich diesem einzigen Lichtpunkt noch weiter, bis er ihn berühren konnte. Endlich!

Er hatte den vertrauten Raum vor sich. Das allein half ihm nicht weiter, aber er wußte wenigstens, wo er sich befand. Brandon schlief auf der Couch und lächelte im Schlaf. Moore wollte an die Scheibe klopfen, aber dann ließ er die Hand sinken. Vielleicht träumte Brandon von zu Hause. Er war jung und empfindsam und hatte viel durchgemacht. Moore konnte ihn später aufwecken, falls seine Idee sich verwirklichen ließ.

Er arbeitete sich weiter vor und erreichte die Wand, hinter der der Wassertank lag. Diese Wand lag völlig ungeschützt vor ihm, und Moore wunderte sich, daß sie nicht durchlöchert worden war. Vielleicht meinte das Schicksal es doch gut mit ihnen.

Der Tank war leicht zu erreichen, obwohl er auf der entgegengesetzten Seite des Wracks lag. Die Überreste eines Korridors führten ihn zu ihm hinauf. Früher war dieser Korridor horizontal gewesen, aber jetzt bewirkte die unausgeglichene Anziehungskraft des Gravitators, daß der Fußboden eine schräge Ebene bildete. Trotzdem war der Aufstieg nicht weiter schwierig, denn der Boden bestand aus Beryllstahl, so daß Moore überall guten Halt fand.

Nun kam der entscheidende Teil seines Experiments; die Krise erreichte ihren Höhepunkt. Moore spürte, daß er sich hätte ausruhen müssen, aber seine Erregung trieb ihn voran. Jetzt oder nie! dachte er und arbeitete sich zur Mitte des Tankbodens vor. Dort fand er auf der Kante Platz, die früher der Fußboden eines Korridors gewesen war, und begann seine Arbeit.

»Nur schade, daß die Hauptleitung in die falsche Richtung führt«, murmelte er vor sich hin. »Das hätte viel Arbeit gespart. Aber daran läßt sich eben nichts ändern ...« Er seufzte und machte sich wieder an die Arbeit. Der Hitzestrahler war auf Höchstleistung eingestellt, und die unsichtbaren Strahlen konzentrierten sich auf einen Punkt, der etwa dreißig Zentimeter über dem Boden des Tanks lag.

Allmählich zeigte sich die Wirkung dieses Strahls auf die Moleküle der Trennwand. Ein geldstückgroßer Fleck begann im Brennpunkt des Hitzestrahlers zu glühen. Seine Helligkeit schwankte unsicher, während Moore seinen müden Arm ruhig zu halten versuchte. Er stützte ihn schließlich auf und hatte damit mehr Erfolg.

Der glühende Fleck veränderte allmählich seine Farbe. Zunächst war er nur dunkelrot gewesen, aber nun zeigte er sich bereits kirschrot. Je länger der Hitzestrahler arbeitete, desto größer wurde die glühende Fläche, und Moore mußte sich vorsehen, um die Wand nicht mit seinem Anzug zu berühren.

Moore fluchte erbittert vor sich hin, als auch sein Sitzplatz immer heißer wurde. Das glühende Metall strahlte genügend Hitze ab, um ihn in seinem Anzug zum Schwitzen zu bringen. Moores Zorn richtete sich vor allem gegen die Hersteller von Raumanzügen. Warum konnten sie nicht Anzüge bauen, die nicht nur Wärme speicherten, sondern auch dagegen isoliert waren?

Aber dann gewann sein angeborener Optimismus wieder die Oberhand, und er tröstete sich selbst: »Es könnte noch schlimmer sein, schätze ich. Hier ist die Wand immerhin nur fünf Zentimeter stark. Der Tank hätte ebensogut an der Außenwand liegen können. Puh! Fünfundzwanzig Zentimeter Stahl zu durchschmelzen!« Er biß die Zähne zusammen und arbeitete weiter.

Der glühende Fleck verfärbte sich jetzt orangerot, und Moore wußte, daß der Schmelzpunkt des Beryllstahls bald erreicht sein würde. Er mußte die Augen vor dieser Helligkeit schließen und konnte die Stelle nur jeweils für kurze Zeit beobachten.

Offenbar mußte er sich beeilen, wenn er seinen Plan überhaupt noch verwirklichen wollte. Der Hitzestrahler war nicht voll geladen gewesen und würde bald aussetzen, da er nun schon zehn Minuten lang mit Höchstleistung arbeitete. Aber die Wand wurde jetzt erst weich. Moore wollte nicht länger warten und schob die Mündung des Strahlers vor, bis sie das glühende Metall berührte.

Als er den Strahler rasch zurückzog, blieb eine Vertiefung in der Wand zurück. Moore war zufrieden, obwohl er kein Loch hineingestoßen hatte. Wäre er hier nicht im Vakuum gewesen, hätte er das Wasser hinter der Wand sieden und kochen hören können. Der Druck wuchs stetig. Wie lange würde die Wand an dieser Stelle noch halten?

Dann war er plötzlich durch. Ein winziger Riß bildete sich am Boden des von Moore erzeugten Kraters, und das kochende Wasser bahnte sich selbst einen Weg nach draußen.

Das flüssige Metall wurde an dieser Stelle verdrängt und erstarrte sofort wieder. Aus der winzigen Öffnung schoß eine Dampfwolke, die Moore zunächst die Sicht nahm.

Dann sah er, daß der Dampf fast augenblicklich zu Eistropfen erstarrte, die unter ihm im Nichts versanken.

Er beobachtete den Dampfstrahl noch eine Viertelstunde lang.

Dann spürte er, daß ihn etwas leicht von der Wand fortschieben wollte. Er nickte zufrieden vor sich hin, als ihm klarwurde, daß dies die Wirkung der Beschleunigung des Wracks war. Die träge Masse seines Körpers blieb unter den Überresten der *Silver Queen* zurück.

Das bedeutete, daß er seinen Plan erfolgreich verwirklicht hatte. Der Wasserstrahl wirkte wie der Gasstrahl eines Raketentriebwerkes. Er machte sich auf den Rückweg.

Der Weg zurück war noch schlimmer, denn Moore war jetzt müde, konnte kaum die Augen offenhalten und mußte nicht nur gegen die Anziehungskraft des Gravitators, sondern auch gegen die wechselnde Beschleunigung ankämpfen. Aber er kletterte verbissen weiter, ohne auf diese Schwierigkeiten zu achten; später konnte er sich nicht einmal mehr daran erinnern. Er war nur von einem Gedanken beseelt, der ihm Kraft zum Durchhalten gab: er mußte zurück und den beiden anderen sagen, daß sie gerettet waren.

Plötzlich hatte er die Luftschleuse vor sich. Er nahm nur mühsam wahr, daß er tatsächlich die Schleuse vor sich hatte. Er wußte nicht einmal, weshalb er den Signalknopf drückte. Irgend ein Instinkt sagte ihm, daß er diesen roten Knopf drücken mußte.

Mike Shea erwartete ihn. Die äußere Tür öffnete sich langsam, blieb an der gleichen Stelle wie zuvor stecken und glitt schließlich doch weiter. Sie schloß sich hinter Moore; dann ging die innere Tür auf, und er taumelte Shea entgegen.

Moore erlebte wie in einem Traum, daß er durch den Korridor in die Kabine geschleppt wurde. Dann zog ihm jemand den Anzug aus und setzte ihm eine Flasche an die Lippen. Die Flüssigkeit brannte ihm in der Kehle, aber sie weckte seine Lebensgeister. Moore schüttelte sich, schluckte mehrmals und fühlte sich wieder besser. Shea steckte die Jabraflasche ein, als Moore sich unsicher aufrichtete.

»Warten Sie!« protestierte Brandon. »Sie dürfen noch nicht sprechen. Sie sind völlig erschöpft. Ruhen Sie sich erst aus!«

Aber Moore schüttelte den Kopf. Er berichtete mit heiserer Stimme, was in den vergangenen zwei Stunden geschehen war. Seine Zuhörer wagten kaum zu atmen, während er erzählte.

»Soll das heißen, daß der Wasserstrahl uns in Richtung Vesta schiebt?« fragte Brandon ungläubig. »Wie eine Rakete?«

»Genau wie eine Rakete«, antwortete Moore. »Sie wissen doch – Wirkung und Gegenwirkung. Die Öffnung liegt von Vesta abgewandt, deshalb werden wir dorthin geschoben.«

Shea war aufgeregt ans Bullauge gelaufen. »Er hat recht, Brandon! Jetzt ist Bennetts Kuppel schon deutlicher zu sehen. Wir schaffen es, wir schaffen es!«

Moore lächelte zufrieden. »Wir nähern uns Vesta in einer immer enger werdenden Spirale und landen in fünf oder sechs Stunden. Das Wasser reicht noch einige Zeit, und der Druck ist weiterhin ziemlich hoch, denn es tritt als Dampf aus.«

»Dampf – bei dieser niedrigen Temperatur?« Brandon war überrascht.

»Dampf – bei diesem niedrigen Druck!« verbesserte Moore ihn. »Bei abnehmendem Druck siedet Wasser bei niedrigen Temperaturen, und hier im Vakuum verdunstet sogar Eis.«

Er machte eine kurze Pause, bevor er fragte: »Na, wie fühlen Sie sich jetzt, Brandon? Etwas besser?«

Brandon wurde rot und suchte nach Worten. »Tut mir leid, daß ich mich zuerst wie ein Dummkopf und Feigling benommen habe«, sagte er leise. »Ich muß mich bei Ihnen entschuldigen, weil ich ...«

»Schon gut, schon gut!« unterbrach Moore ihn. »Reden wir nicht mehr davon! Ich war selbst nicht weit von einem Nervenzusammenbruch entfernt.« Er hob den Kopf. »He, Mike, gaffen Sie nicht mehr aus dem Bullauge, sondern bringen Sie lieber Ihre Jabraflasche her!«

Mike kam sofort und brachte drei Plastikbecher mit, die er in einem Wandschrank entdeckt hatte. Moore füllte sie bis zum Rand. Er wollte ihre Rettung feiern.

»Meine Herren«, sagte er ernsthaft, »ein Toast.« Sie hoben ihre Becher. »Meine Herren, trinken wir auf das gute alte H_2O, das wir hatten.«

Robbie

»Achtundneunzig – neunundneunzig – *hundert.*« Gloria hob die Augen, die sie bis dahin mit ihrem kleinen rundlichen Vorderarm verdeckt hatte, und stand einen Augenblick still. Sie hatte die Nase gerümpft und schaute blinzelnd ins Sonnenlicht. Dann machte sie ein paar vorsichtige Schritte weg von dem Baumstamm, gegen den sie sich gelehnt hatte, wobei sie versuchte, gleichzeitig nach allen Richtungen Ausschau zu halten. Sie reckte den Hals, um die Möglichkeiten, die ein Gebüsch zu ihrer Rechten bot, besser prüfen zu können, und machte dann ein paar Schritte nach rückwärts, um einen besseren Einblickswinkel zu gewinnen. Tiefe Stille herrschte, und außer dem Summen von Insekten und dem gelegentlichen Piepsen eines tapferen kleinen Vogels, den die Mittagssonne nicht beeinträchtigte, war nichts zu hören.

Gloria schürzte die Lippen. »Bestimmt ist er ins Haus hineingegangen. Dabei habe ich ihm hundertmal gesagt, daß das gegen die Regeln ist.«

Während sie ihre winzigen Lippen fest aufeinanderpreßte und sich Runzeln über ihre Stirn legten, lief sie entschlossen auf das zweistöckige Gebäude zu.

Da erst hörte sie es hinter sich rascheln, hörte sie das deutlich vernehmbare, rhythmische Klump-Klump von Robbies metallenen Füßen. Rasch drehte sie sich um und sah, wie ihr Spielgefährte aus seinem Versteck herauskam und mit höchster Geschwindigkeit auf den Baum zuraste.

Gloria schrie enttäuscht auf. »Warte, Robbie! Das gilt nicht, Robbie! Du hast versprochen, nicht zu rennen, bis ich dich gefunden habe.« Gegenüber den gigantischen Schritten Robbies konnten ihre Beinchen natürlich keinen Vorsprung gewinnen. Dann, nur noch ein paar Meter vom Mal entfernt, verlangsamte Robbies Gangart sich plötzlich, so daß er sich kaum noch zu bewegen schien. Mit einer wilden Anstrengung all ihrer Kräfte raste Gloria schnaufend an ihm vorbei und konnte vor ihm den heißersehnten Baumstamm berühren.

Schadenfroh wandte sie sich nach dem treuen Robbie um und belohnte ihn für sein Opfer mit abgründiger Undankbarkeit, indem sie ihn wegen seines mangelnden Rennvermögens grausam verspottete.

»Robbie kann nicht rennen«, schrie sie mit der ganzen Kraft ihrer achtjährigen Stimme. »Robbie kann nicht rennen. Robbie kann nicht rennen.« Sie sang diese Worte in schrillem Rhythmus, als wären sie ein Kinderlied.

Robbie antwortete natürlich nicht – mindestens nicht mit Worten. Statt dessen machte er Bewegungen, als wollte er rennen, bis Gloria hinter ihm her raste, immer im Kreise herum, mit ausgestreckten Armen, und ohne daß sie ihn berühren konnte.

»Robbie«, quietschte sie, »bleib stehen!« Vor Lachen konnte sie kaum sprechen.

Bis er sich plötzlich umwandte, sie packte und durch die Luft wirbelte, so daß es ihr vorkam, als fiele die Welt für einen Augenblick ins Leere. Dann saß sie wieder im Gras und lehnte sich an Robbies Bein. Noch immer hielt sie einen seiner harten Metallfinger fest in ihrer kleinen Hand.

Nach einer Weile vermochte sie wieder ruhig zu atmen. In Nachahmung einer Geste ihrer Mutter fuhr sie sich durch das wirre Haar und drehte und wandte sich, um zu erkennen, ob ihr Kleid nicht zerrissen sei.

Sie schlug mit der Hand auf Robbies Körper. »Böser Junge du! – Ich gebe dir eine Tracht Prügel.«

Und Robbie duckte sich und hielt sich die Hände vors Gesicht, so daß sie schnell hinzufügte: »Nein, hab' keine Angst, Robbie, ich werd's nicht tun. Ich schlage dich bestimmt nicht. Aber jetzt komme ich dran! Jetzt verstecke ich mich, und du mußt mich suchen, weil du längere Beine hast als ich, und weil du die Regeln nicht eingehalten hast.«

Robbie nickte. Sein Kopf hatte die Form eines oben abgeflachten Eies. Er saß auf einem ähnlichen, nur viel größeren Gebilde, das als Körper diente, und war mit diesem durch einen kurzen biegsamen Stiel verbunden. Gehorsam wandte der Robot sich dem Baume zu. Eine dünne metallische Schicht senkte sich über seine glühenden Augen. Aus dem Inneren seines Körpers kam ständig ein tickendes Geräusch.

»Nun guck aber nicht und überspringe keine Zahlen!« warnte ihn Gloria und rannte weg, um sich zu verstecken.

Mit unveränderlicher Regelmäßigkeit wurden Sekunden heruntergetickt. Bei der hundertsten hoben sich die Augenlider, und mit glühend roten Augen durchforschte Robbie die Gegend. Einen Augenblick ruhten sie auf einem Stück gedruckten Kattuns, das neben einem Felsblock herausschaute. Er machte ein paar Schritte vorwärts, um sicher zu sein, daß es wirklich Gloria war, die sich hinter dem Stein versteckt hatte.

Langsam, während er sich immer zwischen Gloria und dem Baum hielt, ging er auf ihr Versteck zu, und als Gloria schließlich voll sichtbar war und sich nicht einmal selber mehr vormachen konnte, daß Robbie sie nicht gefunden hatte, streckte er einen Arm nach ihr aus, während er sich mit dem anderen gegen das Bein schlug. Mürrisch kam Gloria aus ihrem Versteck heraus.

»Du hast geguckt«, rief sie unfair und ohne jeden Grund. »Und überdies habe ich es satt, Versteck zu spielen. Ich will reiten.«

Aber Robbie war durch den ungerechten Vorwurf verletzt. So ließ er sich vorsichtig nieder und schüttelte schwerfällig den Kopf. Sofort änderte Gloria ihren Ton. Nun klang ihre Stimme mit einem Male sanft und überredend. »Ach, komm doch, Robbie! Ich hab's doch gar nicht so gemeint. Laß mich reiten, ja?«

Aber Robbie ließ sich nicht so leicht besänftigen. Eigensinnig starrte er zum Himmel und schüttelte nur noch nachdrücklicher den Kopf.

»Bitte, Robbie, bitte laß mich reiten!« Sie legte ihre rosigen Arme um seinen Hals und schmiegte sich fest an ihn. Dann – von einer Sekunde zur anderen – änderte sich ihre Laune. Sie wandte sich von ihm ab. »Tust du's nicht, dann werd' ich weinen.« Und schon verzog sich ihr Gesicht.

Auf den hartherzigen Robbie machte diese schreckliche Möglichkeit nur wenig Eindruck. Zum dritten Male schüttelte er den Kopf, und so blieb Gloria nichts anderes übrig, als ihre Trumpfkarte auszuspielen.

»Tust du's nicht«, rief sie aus, »dann erzähle ich dir auch keine Geschichten mehr. Nicht eine einzige.«

Sofort lenkte Robbie ein. Bedingungslos kapitulierte er vor diesem Ultimatum. Er nickte so heftig, daß das Metall seines Halses vibrierte und ein summendes Geräusch entstand. Vorsichtig hob er das kleine Mädchen in die Höhe und setzte es auf seine breiten, geraden Schultern.

Glorias angedrohte Tränen lösten sich in Nichts auf. Statt dessen krähte sie vor Entzücken. Robbies Metallhaut, die durch Widerstandsspulen im Innern ständig auf eine Temperatur von 21 Grad gehalten wurde, fühlte sich angenehm an, und herrlich war auch das Dröhnen ihrer Absätze, die rhythmisch gegen seine Brust schlugen.

»Du bist ein Segelflugzeug, Robbie, ein großes, silbernes Segelflugzeug. Strecke die Arme nach den Seiten! Das mußt du tun, wenn du doch ein Segelflugzeug bist.« Gegen diese Logik war nichts einzuwenden. Robbies Arme waren die Flügel, die die Luftströmungen auffingen.

Gloria drehte den Kopf des Robots und lehnte sich nach rechts. Scharf legte er sich in die Kurve. Gloria stattete das Segelflugzeug mit einem Motor aus, der »Brrr« machte, und dann mit Waffen, die Geräusche wie »Bum« und »Shhht« von sich gaben. Sie wurde von Luftpiraten verfolgt, und dann traten die Flugzeugkanonen in Tätigkeit. Die Piraten stürzten in einer Art von Dauerregen ab.

»Da! Wieder einen erwischt – noch zwei!« schrie sie.

Dann: »Schneller, Leute, unsere Munition geht zu Ende!« Mit Unerschrockenheit und Mut zielte sie nach rückwärts über ihre Schulter. Sie saß in einem der stumpfnasigen Raumschiffe, das sich mit größter Geschwindigkeit durch die Leere des Weltalls bewegte.

Robbie raste mit ihr über die Wiese hinweg und hinüber zu dem hohen Gras, wo er mit solcher Plötzlichkeit stehen blieb, daß das Kind aufschrie. Sanft ließ er sie dann auf den weichen grünen Rasenteppich fallen.

Gloria schnappte nach Luft. Dazwischen gab sie ihrem Entzücken Ausdruck. »Das war schön«, schnaufte sie, »ach, so schön!«

Robbie wartete, bis sie wieder ruhig atmen konnte, und zog dann sanft an einer Locke ihres Haares.

»Willst du was?« fragte Gloria mit weit aufgerissenen Augen, die ihre Verblüffung zeigen sollten, aber ihr riesiges ›Kindermädchen‹ keineswegs täuschten. Er zog stärker an ihrer Locke.

»Ach so – ich weiß, du willst eine Geschichte hören.«

Robbie nickte schnell.

»Welche denn?«

Robbie beschrieb mit einem Finger einen Halbkreis in der Luft. Das kleine Mädchen widersprach. »*Schon wieder?* Ich habe dir doch die Geschichte von Aschenbrödel schon fast hundertmal erzählt. Hast du sie denn noch nicht satt? Eigentlich ist das doch eine Geschichte für Babies.«

Wieder beschrieb er einen Halbkreis.

»Also meinetwegen.« Gloria setzte sich zurecht. Ihre Gedanken konzentrierten sich auf die Einzelheiten der Erzählung (sowie auf ihre eigenen Ausschmückungen, die sie je nach Lust und Laune hinzufügte) und begann:

»Bist du bereit? Also – es war einmal ein wunderschönes Mädchen, und das hieß Ella. Es hatte eine schrecklich grausame Stiefmutter und zwei sehr häßliche und sehr grausame Stiefschwestern und ...«

Gloria war im Begriff, den Höhepunkt der Geschichte zu erzählen. Es schlug sozusagen Mitternacht, und alles verwandelte sich zurück in die ursprüngliche Häßlichkeit. Angespannt und mit brennenden Augen hörte Robbie zu. Da kam die jähe Unterbrechung.

»Gloria!«

Es war der hohe Ton einer weiblichen Stimme, die nicht nur einmal gerufen hatte, sondern bereits verschiedene Male. Beigemischt war der Klang von Ängstlichkeit, die allmählich die Oberhand über die Ungeduld gewann.

»Mama ruft mich«, sagte Gloria nicht sehr glücklich. »Ich glaube, du trägst mich lieber zurück zum Haus, Robbie.«

Robbie gehorchte voll Eifer. Denn etwas wie ein künstlicher Instinkt, den er in sich trug, sagte ihm, daß es gut wäre, Mrs. Weston zu gehorchen, und zwar ohne Zögern. Glorias Vater war außer an Sonntagen fast nie zu Hause.

Aber heute war Sonntag. Mr. Weston war ein freundlicher und verständnisvoller Mann. Glorias Mutter aber war für Robbie eine dauernde Quelle der Unruhe, und immer spürte er den Drang, sich aus ihrer Nähe fortzustehlen.

Mrs. Weston erblickte die beiden in dem Augenblick, als sie sich aus dem hohen Gras erhoben, und ging zurück ins Haus, um auf sie zu warten.

»Ich habe mich heiser geschrien, Gloria«, sagte sie streng. »Wo warst du?«

»Ich war mit Robbie«, sagte Gloria verstört. »Ich habe ihm die Geschichte vom Aschenbrödel erzählt und ganz vergessen, daß es schon Zeit ist zum Mittagessen.«

»Traurig genug, daß auch Robbie es vergessen hat.« Dann, als erinnerten sie erst ihre eigenen Worte an die Gegenwart des Robot, wandte sie sich rasch nach diesem um. »Du kannst gehen, Robbie. Sie braucht dich jetzt nicht.« Und dann brutal: »Und komm nicht zurück, bevor ich dich rufe!«

Robbie wandte sich zum Gehen, zögerte aber, als Gloria ihn zu verteidigen begann. »Warte, Mama, du mußt ihn hierbleiben lassen. Ich habe ihm die Geschichte noch nicht fertig erzählt. Ich habe sie ihm versprochen und muß sie beenden.«

»Gloria!«

»Wirklich wahr, Mama. Er wird so ruhig sein, daß du noch nicht einmal merkst, daß er da ist. Er kann sich auf den Stuhl in der Ecke setzen und wird kein Wort sagen, – ich meine, er wird nichts *tun*. Ja, Robbie?«

Robbie bewegte seinen massiven Kopf einmal aufwärts und abwärts.

»Gloria, wenn du diesen Unsinn nicht sofort sein läßt, dann darfst du Robbie eine ganze Woche lang nicht sehn.«

Die Augen des Mädchens senkten sich. »Gut also! Aber

Aschenbrödel ist seine Lieblingsgeschichte, und ich habe sie nicht zu Ende erzählt. Und er hat sie doch so gerne.«

Mit traurigen Schritten verschwand der Robot, während Gloria ein Schluchzen unterdrückte.

George Weston fühlte sich so recht gemütlich. Es war seine Gewohnheit, es sich an Sonntagnachmittagen bequem zu machen. Er hatte sich ein gutes Mittagessen einverleibt, lag ausgestreckt auf einem weichen, breiten Sofa, hielt die Times in der Hand, trug Pantoffeln an den Füßen und hatte das Hemd ausgezogen. Unter diesen Umständen mußte sich einer doch gemütlich fühlen. Er war daher nicht gerade erfreut, als seine Frau hereinkam. Selbst nach zehnjähriger Ehe war er noch so unaussprechlich närrisch, sie zu lieben, und natürlich war er immer froh, wenn sie zu ihm kam. Dennoch waren ihm die Sonntagnachmittage unmittelbar nach dem Mittagessen heilig, und seine Vorstellung von richtiger Gemütlichkeit bestand darin, daß man ihn für zwei oder drei Stunden völlig in Ruhe ließ. Daher heftete er seine Augen fest auf die letzten Berichte über die Lefebre-Yoshida-Expedition nach dem Mars (diese sollte von der Mondbasis abfliegen und mochte daher ohne Zweifel Erfolg haben) und tat so, als bemerke er die Anwesenheit seiner Frau nicht.

Mrs. Weston wartete zwei Minuten lang geduldig, dann zwei weitere ungeduldig und schließlich brach sie das Schweigen.

»George!«

»Hm?«

»Bitte, George! Willst du nicht bitte die Zeitung beiseite legen und mich ansehen?«

Die Zeitung flatterte auf den Boden, und Weston

wandte sein müdes Gesicht seiner Frau zu. »Was ist denn los, Liebes?«

»Du weißt schon, was los ist, George. Es handelt sich um Gloria und diese schreckliche Maschine.«

»Welche schreckliche Maschine?«

»Nun tu nur nicht, als wüßtest du nicht, was ich meine! Den Robot natürlich. Nicht für einen Augenblick läßt er sie allein.«

»Und warum sollte er das tun? Er darf es ja gar nicht. Und er ist wahrhaftig keine schreckliche Maschine. Er ist der beste Robot, den es auf dem ganzen Markt gibt, und ich bin mir verdammt klar darüber, daß er mich das Einkommen eines halben Jahres gekostet hat. Er ist's aber wert – und er ist ganz bestimmt klüger als die Hälfte meiner Angestellten.«

Er schickte sich an, die Zeitung wieder aufzunehmen, aber seine Frau war schneller und riß sie ihm weg.

»Nun hör mal *mich* an, George! Ich gebe es einfach nicht zu, daß meine Tochter einer Maschine anvertraut wird, ganz gleich, wie gescheit oder geschickt diese Maschine ist. Sie besitzt keine Seele und kein Mensch weiß, was sie denkt. Ein Kind ist einfach nicht dafür da, daß es von einem Stück Metall behütet wird.«

Weston runzelte die Stirn. »Und wann bist du auf diesen Gedanken gekommmen? Robbie ist nun schon seit zwei Jahren bei Gloria, und ich habe bis heute nicht bemerkt, daß du dir darüber Sorgen machst.«

»Im Anfang war es anders. Da war es was Neues. Es nahm mir eine Sorge ab – und es war modern. Jetzt aber weiß ich nicht mehr, was ich denken soll. Die Nachbarn...«

»Also bitte – was haben denn die Nachbarn damit zu tun? Schau doch mal her! Einem Robot kann man unendlich mehr Vertrauen schenken als einem menschlichen Kindermädchen. Robbie wurde wirklich einzig und allein zu dem

Zwecke gebaut, Gefährte eines Kindes zu sein. Alle seine sogenannten geistigen Fähigkeiten wurden auf diesen Zweck eingestellt. Er kann einfach gar nicht anders – er muß einem Kinde treu sein und es lieben. Er ist nichts als eine Maschine und einzig darauf eingestellt. Das ist mehr, als du von irgendeinem menschlichen Wesen behaupten könntest.«

»Aber irgend etwas könnte doch einmal versagen. Irgend – irgendein Teil oder –«, Mrs. Weston war sich nicht allzu klar über das Innere eines Robots – »zum Beispiel eine Schraube löst sich und das ganze schreckliche Ding wird tollwütig und – und ...« Sie konnte sich nicht dazu bringen, ihre innersten Gedanken voll auszusprechen.

»Unsinn«, lehnte Weston diese Idee mit einem unfreiwilligen Schauder ab. »Das ist vollkommen lächerlich. Damals, als wir den Robot kauften, unterhielten wir uns lange über das erste für Robots geltende Gesetz. Du weißt, daß es einem Robot unmöglich ist, einem Menschen etwas anzutun... Es ist das eine mathematische Unmöglichkeit. Außerdem kommt zweimal im Jahr ein Ingenieur der U. S. Robot Co., um den armen Burschen einer genauen Kontrolle zu unterwerfen. Mein Gott – die Chance, daß irgend etwas mit Robbie schiefgehen könnte, ist nicht größer als die Chance, daß du oder ich verrückt werden – sogar bedeutend kleiner. Und ganz nebenbei: wie willst du ihn denn Gloria wegnehmen?«

Wieder machte er eine Bewegung, sich der Zeitung zu bemächtigen, aber seine Frau schleuderte sie ärgerlich ins Nebenzimmer.

»Das ist es ja gerade, George. Sie will mit niemand anders spielen. Es gibt Dutzende von kleinen Mädchen und Jungen, mit denen sie Freundschaft schließen sollte, aber sie tut es einfach nicht. Sie geht noch nicht einmal in deren

Nähe, wenn ich sie nicht dazu zwinge. Es ist nicht gut für ein kleines Mädchen, so aufzuwachsen. Du willst doch, daß sie normal ist, oder nicht? Du willst doch, daß sie ein nützliches Mitglied der menschlichen Gesellschaft wird.«

»Du siehst Gespenster, Grace. Tu so, als wäre Robbie ein Hund! Ich habe schon Hunderte von Kindern getroffen, die ihren Hund ihrem Vater vorziehen.«

»Ein Hund ist etwas anderes, George. Wir müssen das schreckliche Ding einfach loswerden. Du kannst es ja an die Gesellschaft zurückverkaufen. Ich habe mich erkundigt.«

»Du hast dich *erkundigt*? Also, nun paß mal auf, Grace! Schütten wir nicht das Kind mit dem Bade aus. Wir behalten den Robot, bis Gloria ein gutes Stück älter ist, und damit ist die Sache erledigt.« Ärgerlich verließ er den Raum.

Zwei Tage später traf Mrs. Weston abends ihren Mann unter der Tür. »Du mußt mich einfach anhören, George. Im ganzen Dorf ist man über die Sache aufgebracht.«

»Worüber?« fragte Weston. Er trat rasch in den Waschraum und ertränkte jede mögliche Antwort im lauten Geräusch des aus dem Hahn strömenden Wassers.

Mrs. Weston wartete. Sie sagte: »Über Robbie.«

Weston, das Handtuch in der Hand, trat heraus. Sein Gesicht war gerötet, und er war ärgerlich. »Worüber sprichst du eigentlich?«

»Ach, mein Gott, es mußte ja so kommen. Erst habe ich versucht, die Augen davor zu verschließen, aber ich kann das nun nicht länger tun. Die meisten Dorfbewohner betrachten Robbie als gefährlich. Kindern ist es verboten, sich abends unserem Haus zu nähern.«

»Aber wir vertrauen doch unser eigenes Kind dem Ding an.«

»Die Leute beurteilen solche Sachen einfach nicht nur mit dem Verstand.«

»Dann soll sie der Teufel holen.«

»Damit, daß du das sagst, löst du das Problem nicht. *Ich* muß im Dorf meine Einkäufe machen. *Ich* muß diese Leute jeden Tag treffen. Und in der Stadt ist es heutzutage sogar noch schlimmer – ich meine mit den Robots. In New York wurde gerade eine Verordnung erlassen, die es allen Robots verbietet, zwischen Sonnenuntergang und Sonnenaufgang die Straßen zu betreten.«

»Meinetwegen – aber uns können sie ja wohl nicht daran hindern, einen Robot in unserem eigenen Haus zu beschäftigen. Grace, ich weiß schon, dies ist einer der kleinen strategischen Tricks. Ich durchschaue dich. Aber es nützt nichts. Die Antwort lautet noch immer – nein. Wir behalten Robbie.«

Und dennoch liebte er seine Frau, und, was noch schlimmer war, seine Frau wußte das. Schließlich und endlich war ja George Weston auch nur ein Mann – der arme Kerl –, und seine Frau bediente sich jedes Mittels, gebrauchte alle Tricks, die im Buche standen und die mit Recht vom männlichen Geschlecht so sehr gefürchtet wurden.

Zehnmal schrie er in den folgenden Wochen: »Robbie bleibt, und das ist mein letztes Wort«, aber jedesmal klang es schwächer, wurde jedesmal von lauterem und gequälterem Stöhnen begleitet. Und so kam der Tag, an dem Weston sich schuldbewußt seiner Tochter näherte und ihr vorschlug, sie zu einer großartigen Fernsehveranstaltung mit ins Dorf zu nehmen.

Gloria klatschte überglücklich in die Hände. »Darf Robbie mitkommen?«

»Nein, Kind«, sagte er und zuckte unter dem Klang seiner eigenen Stimme zusammen. »Robots ist der Zutritt nicht erlaubt, aber du kannst ihm ja, wenn du wiederkommst, alles erzählen.«

Er verhaspelte sich bei den letzten Worten und schaute weg.

Gloria kam überschäumend vor Begeisterung von der Vorstellung nach Hause. Es war wirklich eine großartige Vorführung gewesen. Sie wartete, bis ihr Vater den Wagen, der einen Düsenantrieb besaß, in die tieferliegende Garage hineinmanövriert hatte. »Paß mal auf, wenn ich das alles Robbie erzähle, Papa! Gott, hätte der sich gefreut, wenn er das auch hätte sehen dürfen! Ganz besonders, als Francis Fran rückwärts davonschlich und direkt in einen Leopardenmenschen hineinlief und dann fliehen mußte.« Wieder lachte sie. »Papa, gibt es auf dem Mond wirklich Leopardenmenschen?«

»Wahrscheinlich nicht«, sagte Weston geistesabwesend. »Es wird nur so dargestellt, weil es komisch ist.« Er konnte sich nun nicht noch länger mit dem Wagen abgeben. Er mußte jetzt endlich die Sache, vor der er bange war, über sich ergehen lassen.

Gloria rannte über den Rasen. »Robbie – Robbie!«

Dann blieb sie plötzlich stehen. Ein wunderschöner Pudel war aufgetaucht und betrachtete sie aus ernsten braunen Augen, während er auf der Veranda stehend mit dem Schwanz wedelte.

»Ach, was für ein hübscher Hund!« Gloria stieg die Stufen hinauf, näherte sich vorsichtig dem Tier und streichelte es. »Gehört er mir, Papa?«

Ihre Mutter hatte sich zu den beiden gesellt. »Ja, Gloria. Ist er nicht hübsch, so weich und warm? Er ist sehr sanft. Er hat kleine Mädchen schrecklich gern.«

»Kann er auch Spiele spielen?«

»Natürlich. Er kann eine Unmenge kleiner Kunststücke. Willst du wohl sehen, was er alles kann?«

»Gleich. Ich möchte nur, daß Robbie sie sieht. *Robbie!*«

Sie blieb unsicher stehen und runzelte die Stirn.

»Sicher ist er einfach in seinem Zimmer, weil er sich geärgert hat, daß ich ihn nicht mitgenommen habe. Du mußt ihm das erklären, Papa. Mir glaubt er vielleicht nicht, aber wenn du es sagst, dann weiß er, es ist wahr.«

Westons Lippen spannten sich. Er schaute seine Frau an, konnte aber deren Blick nicht erhaschen.

Gloria wandte sich um und rannte hinunter ins Souterrain. Im Rennen rief sie: »Robbie – Robbie – komm und schau dir an, was Papa und Mama mir gekauft haben! Einen Hund, Robbie!«

Eine Minute später kam sie verstört zurück. »Mama, Robbie ist nicht in seinem Zimmer. Wo ist er denn?« Sie bekam keine Antwort, aber George Weston hustete und schien sich ganz plötzlich mächtig für eine vorüberziehende Wolke zu interessieren. Glorias Stimme zeigte, daß sie dem Weinen nahe war. »Wo ist Robbie, Mama?«

Mrs. Weston setzte sich und zog ihre Tochter sanft zu sich heran.

»Sei nicht traurig, Gloria, Robbie ist fort.«

»Fort? Wohin? Wohin ist er denn gegangen, Mama?«

»Das weiß niemand, mein Liebling. Er ist einfach weggegangen. Wir haben gesucht und gesucht und gesucht, aber wir können ihn einfach nicht finden.«

»Willst du damit sagen, daß er nie wieder hierherkommen wird?«

Die Augen des Kindes waren vor Schreck weit aufgerissen.

»Vielleicht finden wir ihn bald wieder. Wir suchen natürlich weiter nach ihm. Inzwischen kannst du mit deinem hübschen neuen Hund spielen. Schau ihn nur an. Er heißt Blitz und er kann ...«

Aber nun liefen Glorias Augen über. »Ich will den häßlichen Hund nicht haben – ich will Robbie. Ich will, daß ihr Robbie wiederfindet.« Ihre Erschütterung war so tief, daß sie sie in Worten gar nicht mehr ausdrücken konnte. Sie brach in schrilles, klagendes Weinen aus.

Mrs. Weston warf ihrem Mann einen hilfesuchenden Blick zu. Der aber scharrte nur stur mit den Füßen und wandte seinen angestrengten Blick nicht vom Himmel ab. So mußte sie sich allein der Aufgabe des Tröstens unterziehen. »Warum weinst du um Gottes willen, Gloria? Robbie war doch nur eine Maschine – nichts als eine alte häßliche Maschine. Er war doch gar nicht lebendig.«

»Er war nicht keine Maschine«, schrie Gloria wild und ungrammatikalisch. »Er war ein Mensch gerade so wie du und ich, und er war mein Freund. Ich will ihn wiederhaben. Ach, Mama, bitte bitte, ich will ihn wiederhaben.«

Die Mutter stöhnte und überließ Gloria ihrem Kummer. »Laß sie sich ausweinen!« sagte sie zu ihrem Mann. »Kinderschmerz hält nie lang an. In ein paar Tagen hat sie vergessen, daß dieser fürchterliche Robot jemals existiert hat.«

Die Zukunft aber bewies, daß Mrs. Weston etwas zu optimistisch gewesen war. Natürlich hörte Gloria auf zu weinen, aber sie hörte auch auf zu lächeln, und je länger es dauerte, um so blasser und stiller wurde das Kind. Ihr Zustand des passiven Unbehagens untergrub nach und nach den Widerstand der Mutter, und das einzige, was Mrs. Weston davon abhielt nachzugeben, war die Tatsache, daß sie ihrem Manne gegenüber ihre Niederlage hätte eingestehen müssen.

Dann kam sie eines Abends ins Wohnzimmer gestürzt,

setzte sich auf einen Stuhl, kreuzte die Arme und sah überhaupt aus, als wäre sie von einer unbändigen Wut gepackt.

Weston reckte den Hals, um sie über den Rand der Zeitung hinweg sehen zu können. »Was ist nun schon wieder los, Grace?«

»Ach, mit diesem Kind! Heute mußte ich den Hund zurückgeben. Gloria konnte, wie sie sagte, seinen Anblick nicht ertragen. Sie bringt mich noch ins Narrenhaus.«

Weston legte die Zeitung beiseite, und ein hoffnungsvolles Leuchten erschien in seinen Augen. »Vielleicht – vielleicht sollten wir Robbie zurückholen. Du weißt ja, die Möglichkeit besteht. Ich kann mich in Verbindung setzen mit...«

»Nein«, erwiderte sie grimmig. »Noch sind wir nicht soweit. So schnell geben wir nicht auf. Ich laß mein Kind nicht von einem Robot erziehen, und wenn ich Jahre dazu brauchte, um sie zu entwöhnen.«

Enttäuscht nahm Weston die Zeitung wieder auf. »Ein Jahr des jetzigen Zustandes bedeutet zehn normale Jahre!«

»An dir hat man wirklich eine Stütze, George«, war die strenge Antwort. »Was Gloria braucht, ist eine Milieuveränderung. Natürlich kann sie hier den Robot nicht vergessen. Wie wäre das auch möglich, wo doch jeder Baum und jeder Strauch sie an ihn erinnert! Bestimmt ist dies die blödsinnigste Situation, die man sich überhaupt denken kann. Stell dir doch mal vor – ein Kind grämt sich zu Tode, weil es einen Robot verliert!«

»Also bitte – bleib bei der Sache! Was für einen Milieuwechsel hast du im Auge?«

»Wir nehmen sie mit nach New York.«

»Jetzt im August? Sag mal, weißt du eigentlich, wie New York um diese Jahreszeit ist? Unerträglich!«

»Jedenfalls halten es Millionen aus.«

»Weil sie einfach nirgends anders hin können. Müßten sie nicht in New York bleiben, sie täten's bestimmt nicht.«

»Und ganz genau so geht's uns. Auch wir *müssen* nach New York«, war die Antwort. »Gloria hat im letzten Monat fünf Pfund Gewicht verloren, und die Gesundheit meines kleinen Mädchens ist mir wichtiger als deine Bequemlichkeit.«

»Schade nur, daß du daran nicht gedacht hast, als du deinem kleinen Mädchen seinen Robotliebling wegnahmst«, murmelte er – aber nur zu sich selbst.

Glorias Zustand zeigte sofort Zeichen der Besserung, als sie von der bevorstehenden Reise hörte. Sie sprach nicht viel davon, aber tat sie es einmal, so geschah es immer mit deutlich erkennbarer Vorfreude. Sie begann wieder zu lächeln, und auch das Essen schmeckte ihr wieder.

Mrs. Weston fühlte sich geradezu verjüngt vor lauter Freude. Sie ließ keine Gelegenheit vorübergehen, ihrem noch immer recht skeptischen Mann ihren Triumph unter die Nase zu reiben.

»Siehst du, George, sie hilft wie ein kleiner Engel beim Packen, und sie plappert und plappert, als hätte sie nicht den allerkleinsten Kummer. Es ist genau wie ich dir sage – wir müssen den Robot nur klar überlegt durch andere Dinge ersetzen, für die sie sich interessiert.«

»Hm«, war die skeptische Antwort, »wollen wir hoffen, daß es so ist.«

Rasch waren die Vorbereitungen getroffen. Die Stadtwohnung wurde geöffnet und für das Landhaus ein Dienerehepaar engagiert, das in der Zwischenzeit diesen Besitz betreuen sollte. Als schließlich der Reisetag kam, war Gloria fast wieder wie früher. Das Wort ›Robbie‹ kam nicht mehr über ihre Lippen.

In froher Laune fuhr die Familie mit einem Taxihelikopter

zum Flughafen (Weston hätte es natürlich vorgezogen, seinen eigenen Helikopter zu benutzen. Dieser aber war nur ein Zweisitzer und hatte für das Gepäck nicht genügend Platz). Dann bestiegen sie zu dritt die wartende Maschine.

»Komm, Gloria!« rief Mrs. Weston, »ich habe dir einen Platz am Fenster reserviert, damit du hinaussehen kannst.«

Fröhlich trippelte Gloria den Gang hinunter, preßte dann ihre Nase gegen das klare dicke Glas und schaute mit höchster Spannung hinaus. Ihr Interesse schien sogar noch zu wachsen, als das unregelmäßige Anlaufgeräusch des Motors regelmäßig wurde. Sie war zu jung, um sich zu ängstigen, wenn der Boden unter ihr wegzufallen schien, als stürze die Erde durch eine Falltür hindurch ins Nichts, und wenn Gloria selbst plötzlich doppelt so schwer wurde, als sie normalerweise war. Aber sie war auch nicht zu jung, um sich nicht für alles das brennend zu interessieren. Erst als die Erde sich in einen Teppich verwandelt hatte, der aus lauter kleinen Resten zusammengesetzt schien, nahm sie ihre Nase wieder vom Fenster weg und schaute ihre Mutter an.

»Werden wir bald in New York sein, Mama?« fragte sie, während sie ihre kühl gewordene Nase rieb und angestrengt beobachtete, wie der Hauchfleck, der sich von ihrem Atem auf der Scheibe gebildet hatte, immer kleiner wurde.

»Ungefähr in einer halben Stunde, mein Liebes.« Und dann mit einer winzigen Spur von Ängstlichkeit: »Bist du nicht froh, daß wir diese Reise machen? Glaubst du nicht, daß du in der großen Stadt mit all den vielen Gebäuden und Leuten und Sehenswürdigkeiten sehr glücklich sein wirst? Jeden Tag werden wir uns die Fernsehvorführungen ansehen und ins Theater gehen und in den Zirkus und an den Strand und ...«

»Ja, Mama!« war Glorias nicht sehr begeistert klingende Antwort. Das Flugzeug flog in diesem Augenblick über eine Wolkenbank, und Gloria wurde völlig gefangengenommen von dem ungewöhnlichen Schauspiel von Wolken, die unter ihnen waren. Dann war der Himmel wieder klar, und mit einer plötzlichen Miene geheimen Wissens wandte sich das Kind an seine Mutter.

»*Ich* weiß genau, warum wir nach New York gehen, Mama.«

»Wirklich?« Mrs. Weston war verblüfft. »Und warum meinst du, mein Kind?«

»Ihr habt's mir nicht gesagt, weil ihr mich überraschen wolltet, aber *ich* weiß, was das Geheimnis ist.« Einen Augenblick schien sie versunken in Bewunderung ihrer eigenen Verstandesschärfe, und dann lachte sie fröhlich. »Wir gehen nach New York, um Robbie zu finden, nicht wahr? – Mit Detektiven.«

George Weston hörte diese Äußerung, als er gerade damit beschäftigt war, einen Becher Wasser zu trinken. Die Folgen waren verheerend. Zunächst kam aus seiner Kehle ein Geräusch, als würde er ersticken, dann ein Wassergeiser und zum Schluß ein Hustenanfall. Als alles vorüber war, stand er da mit rotem Gesicht und wässernden Augen – ein äußerst betroffener Mensch.

Mrs. Weston freilich bewahrte Haltung. Als aber Gloria ihr Frage mit etwas ängstlicher Stimme wiederholte, sank auch Mrs. Westons Stimmung auf den Nullpunkt.

»Vielleicht«, sagte sie kurz. »Nun setz dich hin, und halte um Gottes willen den Mund!« –

New York war im Jahre 1998 A. D. ein Paradies für Vergnügungsreisende – mehr als je zuvor in seiner Geschichte. Glorias Eltern wußten dies und nutzten es weidlich für ihre Zwecke aus.

Weil es ein Wunsch seiner Frau gewesen war, hatte George Weston es so eingerichtet, daß sein Geschäft für die ungefähre Dauer eines Monats ohne ihn auskommen würde und ihm genügend freie Zeit blieb, Gloria ›bis an den Rand eines völligen Zusammenbruchs abzulenken und zu zerstreuen‹, wie er das nannte. Wie alles, was Weston anpackte, wurde auch diese Aufgabe durchgreifend, zweckentsprechend und geschäftsmäßig exakt erledigt. Noch ehe der Monat um war, hatte man alles, was man überhaupt unternehmen konnte, bereits unternommen.

Gloria wurde zur Spitze des 850 Meter hohen Roosevelt-Gebäudes geschleppt, um von dort oben hinunterzuschauen auf die zackige Landschaft von Dächern, die sich in der Ferne in den Feldern Long Islands und den Ebenen New Jerseys verlor. Sie besuchten den Zoo, wo Gloria in verzückter Angst auf den ›wirklich lebendigen Löwen‹ starrte (übrigens ziemlich enttäuscht, daß die Wärter die Raubtiere mit rohen Steaks anstatt, wie sie erwartet hatte, mit menschlichen Wesen fütterten), und wo sie, ohne sich davon abbringen zu lassen, den Walfisch zu sehen verlangte.

Den verschiedenen Museen wurde eine gewisse Zeit und Aufmerksamkeit gewidmet, ebenso den Parks, dem Strand und dem Aquarium.

Sie wurde auf eine Tour halbwegs den Hudson hinauf mitgenommen, auf einem Dampfer, der so hergerichtet war, daß er aussah wie ein Schiff vor siebzig Jahren. Sie reiste auf einem Rundflug durch die Stratosphäre, wo die Farbe des Himmels dunkellila wurde und die Sterne erschienen, und von wo aus die dunstige Erde wie eine ungeheure konkave Schüssel aussah. Dann durfte sie in einem glaswandigen Unterwasserfahrzeug in den Long-Island-Sund hinuntertauchen, wo in einer grünen und immer schwankenden Welt sonderbares Seezeug sie anglotzte und dann plötzlich wegschwamm.

Auch prosaischere Dinge wurden unternommen. So führte Mrs. Weston sie zum Beispiel in die großen Kaufhäuser, in denen sie sich in einer anderen Art von Zauberland ergötzen konnte.

Es war wirklich so, daß sich die Westons, als der Monat fast um war, darüber klar wurden, daß sie alles Erdenkliche getan hatten, um Glorias Gedanken ein für allemal von Robbie abzulenken. Ob sie allerdings einen endgültigen Erfolg erzielt hatten, dessen waren sie keineswegs sicher.

Bestehen blieb, daß sich Glorias Hauptinteresse – wo immer sie sich auch befand – auf Robots konzentrierte, wenn solche zufällig zugegen waren. Ganz gleichgültig, wie aufregend das Schauspiel auch war, daß sich ihr bot – und mochte es für ihre kindlichen Augen auch noch so neu und ungewohnt sein –, sie wandte sich ab, sobald sie auch nur aus den Augenwinkeln den Schatten einer metallischen Bewegung bemerkte.

Mrs. Weston gab sich die allergrößte Mühe, Gloria von allen Robots fernzuhalten.

Die ganze Angelegenheit erreichte schließlich ihren Höhepunkt in jener Episode, die sich im Museum für Industrie und Wissenschaft zutrug. Das Museum hatte ein spezielles Kinderprogramm angekündigt, in dem wissenschaftliche Dinge – zugeschnitten auf den kindlichen Verstand – ausgestellt werden sollten. Die Westons setzten diese Veranstaltung natürlich auf ihre Liste, unter die Rubrik jener Dinge, die man unbedingt anschauen mußte.

Der aufregende Vorgang ereignete sich, als die beiden Westons völlig absorbiert die Leistungen eines mächtigen Elektromagneten beobachteten. Da war plötzlich Gloria verschwunden. Mrs. Westons erster Schreck verwandelte sich schnell in ruhige Entschlossenheit. Mit Hilfe von drei Museumswärtern wurde eine sorgfältige Suchaktion eingeleitet.

Gloria gehörte natürlich nicht zu jenen Kindern, die ziellos umherwandern. Sie war ein für ihr Alter ungewöhnlich sicheres Kind, das genau wußte, was es wollte. Ohne Zweifel hatte sie diese Charakterzüge von ihrer Mutter geerbt. Im dritten Stock hatte sie ein riesengroßes Schild beobachtet, mit der Aufschrift: ›Gehen Sie in dieser Richtung und Sie kommen zum sprechenden Robot‹. Nachdem sie die Worte mühsam zusammenbuchstabiert und bemerkt hatte, daß ihre Eltern offenbar nicht geneigt waren, den richtigen Weg einzuschlagen, tat sie selbst das ganz Natürliche. Sie wartete auf einen geeigneten Augenblick elterlicher Ablenkung, entfernte sich dann gelassen und folgte der Richtung, die jenes Schild ihr wies.

Der sprechende Robot war eine völlig unpraktische Maschine, die lediglich Reklamewert besaß. Jede Stunde einmal stand eine Gruppe mit einem Führer vor dem Monstrum und stellte flüsternd Fragen an den Ingenieur, der den Robot bediente. Jene Fragen, die der Mann als für die Leistungen des sprechenden Robots geeignet betrachtete, wurden dann weitergegeben. Es war eine ziemlich langweilige Angelegenheit. Es mochte ganz amüsant sein zu wissen, daß das Quadrat von vierzehn hundertsechsundneunzig war, daß die Temperatur im Augenblick 72 Grad Fahrenheit betrug und der Luftdruck 765 Millimeter, daß das atomare Gewicht von Natrium 23 ist, aber schließlich brauchte man für all das keinen Robot, auf keinen Fall eine so schwerfällige, völlig unbewegliche Masse von Drähten und Spulen, die einen Platz von fast fünfundzwanzig Quadratmetern einnahm.

Nur ganz wenige Leute kamen ein zweites Mal. Lediglich

ein vielleicht fünfzehnjähriges Mädchen saß ruhig auf der Bank und wartete bereits auf die dritte Vorstellung. Es war völlig allein in jenem Raume, als Gloria eintrat.

Gloria schaute sie nicht an. In diesem Augenblick hatte ein anderes menschliches Wesen für sie überhaupt keine Bedeutung. Sie konzentrierte sich einzig und allein auf jenes ungeheure Ding auf Rädern. Einen Augenblick lang war sie enttäuscht und zögerte. Das Ding sah völlig anders aus als jeder Robot, den sie bisher gesehen hatte.

Vorsichtig und voller Zweifel erhob sie ihre zitternde Stimme: »Bitte, Mr. Robot, lieber Herr – sind Sie der sprechende Robot, lieber Herr?« Ein Robot, der tatsächlich sprach, verdiente ihrer Meinung nach eine ganz besonders höfliche Behandlung.

(Das etwa fünfzehnjährige Mädchen bekam einen interessierten Blick. Es zog ein kleines Notizbuch heraus und begann schnell, etwas zu schreiben.)

Nun wurde das Geräusch eines gut geölten Getriebes hörbar. Eine mechanisch klingende Stimme begann zu sprechen. Den Worten fehlten sowohl Akzent, als auch Betonung. »Ich – bin – der – sprechende – Robot.«

Gloria starrte ihn traurig an. Er konnte in der Tat sprechen. Der Ton aber kam von irgendwo her aus seinem Inneren. Der Robot besaß kein Gesicht, an das man sich wenden konnte. Sie sagte: »Können Sie mir helfen, Herr Robot?«

Der sprechende Robot war so konstruiert, daß er antworten konnte, und bisher waren ihm nur Fragen gestellt worden, die er zu beantworten vermochte. So war er seiner Fähigkeiten ziemlich sicher. »Ich – kann – dir – helfen.«

»Danke schön, lieber Herr Robot. Haben Sie Robbie gesehen?«

»Wer – ist – Robbie?«

»Er ist ein Robot, lieber Herr.« Sie stellte sich auf die Zehenspitzen. »Er ist ungefähr so groß, lieber Herr Robot, nur noch viel größer, und er ist sehr lieb. Er hat einen Kopf müssen Sie nämlich wissen. Ich meine, Sie haben keinen, aber er *hat* einen, lieber Herr Robot.«

Der sprechende Robot war nicht ganz mitgekommen. »Ein – Robot?«

»Ja, lieber Herr. Ein Robot genau wie Sie, nur daß er natürlich nicht sprechen kann – und daß er wie ein – wie ein richtiger Mensch aussieht.«

»Ein – Robot – wie – ich – einer – bin?«

»Ja, lieber Herr Robot.« – Die Antwort des Robot hierauf war nichts als ein Geratter und hier und da ein zusammenhängender Stimmton. Die radikale Verallgemeinerung, die das Kind anstellte, indem es ihn nicht als Einzelwesen, sondern als Mitglied einer ganzen Gruppe betrachtete, war zuviel für ihn. Treulich versuchte der Robot, die neue Auffassung sozusagen innerlich zu verdauen, wobei ein paar Spulen ausbrannten. Kleine Warnsignalen summten.

(In diesem Augenblick verließ das halbwüchsige Mädchen den Raum. Sie hatte genügend Material für ihre Physikaufgabe, die lautete: ›Die praktische Seite der robotischen Wissenschaft‹. Es war die erste derartige Arbeit Susan Calvins, und dieser ersten Arbeit sollten noch viele weitere folgen, die den gleichen Gegenstand betrafen.)

Mit vorsichtig verheimlichter Ungeduld stand Gloria auf die Antwort wartend da, als sie den Ausruf: »Da ist sie ja!« hinter sich hörte und die Stimme als die ihrer Mutter erkannte.

»Was tust du denn hier, du böses Kind?« rief Mrs. Weston, deren Angst sich nun in Ärger verwandelte. »Weißt du denn, daß du deine Eltern fast zu Tode geängstigt hast? Warum bist du weggelaufen?«

Auch der Robot-Ingenieur war hereingestürzt. Er raufte

sich die Haare. Wütend fragte er die immer größer werdende Menge, wer an der Maschine herumgespielt habe. »Kann niemand lesen, was hier ganz deutlich steht?« schrie er. »Niemand darf diesen Raum betreten, ohne daß ein Wärter dabei ist.«

Glorias traurige Stimme war lauter als der ganze Lärm. »Ich bin nur hierhergekommen, um den sprechenden Robot zu sehen, Mama. Ich dachte, er wüßte vielleicht, wo Robbie ist, da sie doch beide Robots sind.« Und dann, bei dem Gedanken an Robbie, brach sie plötzlich in Tränen aus. »Und ich muß doch Robbie finden, Mama. Ich muß einfach.«

Mrs. Weston unterdrückte einen Schrei und sagte: »Ach, hör auf, du! Komm, wir gehen nach Hause, George! Ich kann das nicht länger ertragen.«

An diesem Abend verließ George Weston das Hotel für mehrere Stunden. Am nächsten Morgen näherte er sich seiner Frau mit einem Ausdruck, der verdächtig nach Selbstzufriedenheit aussah.

»Ich habe eine Idee, Grace.«

»Eine Idee bezüglich was?« war die mißgestimmte uninteressierte Antwort.

»Bezüglich Gloria.«

»Du schlägst doch hoffentlich nicht vor, daß wir jenen Robot zurückkaufen.«

»Nein, natürlich nicht.«

»Dann schieß los! Ich kann ja mal hören, was du zu sagen hast. Nichts, was *ich* bisher getan habe, hat auch nur das Geringste genutzt.«

»Schön. Ich habe mir folgendes gedacht: Die Schwierigkeit mit Gloria liegt darin, daß sie glaubt, ein Robot sei eine *Person* und nicht eine *Maschine*. Unter diesen Umständen kann sie ihn natürlich nicht vergessen. Wenn wir sie nun davon überzeugen könnten, daß ihr Robbie nichts anderes war als ein Sammelsurium von Stahl und Kupferblechen und Drähten und Elektrizität als Lebenssaft – wie lange glaubst du dann, würde sie sich noch nach ihm sehnen? Ich möchte das gerne einmal von der psychologischen Seite her angreifen, wenn du verstehst, was ich meine.«

»Und wie willst du vorgehen?«

»Ganz einfach. Wo glaubst du, bin ich gestern abend gewesen? Ich überredete Robertson von U. S. Robot Company, für morgen einen kompletten Rundgang durch sein Werk zu arrangieren. Wir drei werden hingehen, und wenn wir mit dieser Besichtigung fertig sind, wird Gloria endlich einsehen, daß ein Robot gar nichts Lebendiges ist.«

Langsam wurden Mrs. Westons Augen immer größer und etwas wie Bewunderung tauchte in ihren Zügen auf. »Mein Gott, George, das ist wirklich mal ein guter Einfall.«

Und George Westons Westenknöpfe sprangen fast ab, als er sich stolz in die Brust warf. »Ist gar nichts Besonderes. Derartige Ideen habe ich am laufenden Band.«

Mr. Struthers war ein gewissenhafter Generaldirektor und natürlich dazu geneigt, ein wenig gesprächig zu sein. Das Resultat war ein Rundgang, bei dem es bei jedem Schritt Erklärungen nur so hagelte. Dennoch langweilte Mrs. Weston sich nicht. Im Gegenteil, sie unterbrach Mr. Struthers ab und zu, um ihn zu bitten, seine Erklärungen so zu fassen, daß auch Gloria sie verstehen konnte. Als der Generaldirektor merkte, wie sehr man seine erzählerischen Fähigkeiten schätzte, wurde der gute Mann noch weitschweifiger und wenn möglich noch mitteilsamer.

George Weston anderseits legte eine ständig wachsende Ungeduld an den Tag.

»Entschuldigen Sie, Struthers«, sagte er, während er dessen Vorlesung über die photoelektrische Zelle unterbrach, »haben Sie in Ihrer Fabrik nicht eine Abteilung, wo nur Robots als Arbeiter verwendet werden?«

»Wie? Aber natürlich. Selbstverständlich.« Er lächelte Mrs. Weston zu. »Eigentlich eine Schraube ohne Ende. Robots, die neue Robots herstellen. Natürlich tun wir das im allgemeinen nicht... besonders, nachdem die Gewerkschaften es uns auch gar nicht gestatten würden. Ein paar Robots können wir aber unter ausschließlicher Verwendung von Robotarbeit herstellen... sozusagen als eine Art wissenschaftliches Experiment. Sie müssen begreifen« – er klopfte sich mit dem Zwicker streitsüchtig auf die Hand –, »daß sich die Gewerkschaften über einen Punkt niemals klarwerden. Ich sage dies, obgleich ich stets mit der Arbeiterbewegung sympathisiert habe. Niemals haben die Gewerkschaften eingesehen, daß das Auftreten der Robots im Anfang möglicherweise einige Unzuträglichkeiten mit sich bringen mag, daß aber unausweichlich...«

»Schon gut, Struthers«, sagte Weston. »Um aber auf jene Abteilung Ihrer Fabrik zurückzukommen – können wir sie jetzt besichtigen? Ich stelle sie mir hochinteressant vor.«

»Jawohl. Natürlich.« Herr Struthers setzte mit einer krampfhaften Bewegung seine Brille auf. Dann hüstelte er unbehaglich. »Wollen Sie mir bitte folgen!«

Es war verhältnismäßig still, während er die drei durch einen langen Korridor und dann ein paar Treppen hinunterführte. Als sie dann in einem großen, gut beleuchteten Saale standen, der voll metallischer Geräusche war, öffneten sich von neuem die Schleusen seiner Beredsamkeit, und wieder wurden die Westons mit Erklärungen überschwemmt.

»Hier sind wir ja«, sagte er mit stolzer Stinme. »Ausschließlich Robots. Fünf Männer fungieren als Aufseher, und selbst diese befinden sich nicht hier in diesem Raume. In vollen fünf Jahren – das heißt also, seitdem wir diese Arbeit begonnen haben – hat sich nicht ein einziger Unglücksfall ereignet. Natürlich sind die hier zusammengesetzten Robots verhältnismäßig einfach, aber...«

Die Stimme des Generaldirektors hatte in Glorias Ohren schon lange den Ton sanften Gemurmels angenommen. Ihr schien der ganze Ausflug ziemlich langweilig und sinnlos, obwohl sie doch tatsächlich eine ganze Anzahl von Robots zu Gesicht bekam. Nicht ein einziger glich Robbie auch nur im entferntesten. Für diese Maschinen empfand sie nichts als Verachtung.

Sie bemerkte, daß sich in dem Raume überhaupt keine Menschen befanden. Dann fielen ihre Blicke auf sechs oder sieben Robots, die halbwegs auf der anderen Seite des Saales eifrig an einem runden Tisch arbeiteten. Es war ein großer Raum, in dem sie standen. Sie konnte sich natürlich täuschen, aber einer der Robots sah aus wie – sah aus wie – *nein, er war es!*

»Robbie!« Ihr Schrei zerriß die Luft, und einer der Robots, die am Tische saßen, zuckte zusammen und ließ das Werkzeug, das er gerade in der Hand hielt, fallen. Gloria wurde fast wahnsinnig vor Freude. Sie zwängte sich durch das Gitter, noch ehe ihre Eltern sie daran hätten hindern können, und rannte mit ausgebreiteten Armen und fliegenden Haaren zu ihrem Robbie.

Und die drei entsetzten Erwachsenen sahen noch etwas anderes, was das aufgeregte Kind nicht sehen konnte. Ein ungeheurer, schwerfälliger Traktor näherte sich auf seiner vorgeschriebenen Bahn dem kleinen Mädchen. Wie festgefroren standen die drei Menschen da. Es dauerte den Bruchteil einer Sekunde, bis Weston sich über die Situation klar wurde, aber dieser Bruchteil genügte. Denn Gloria konnte nicht eingeholt werden. Obgleich Weston in einem verzweifelten Versuch über das Gitter hinübersprang, war jeder Rettungsversuch ganz offensichtlich hoffnungslos. Mr. Struthers gab den Aufsehern wilde Signale, daß sie den Traktor anhalten sollten ... aber die Aufseher waren auch nur Menschen, und sie brauchten Zeit, um zu handeln.

Nur Robbie handelte sofort mit Präzision.

Auf seinen metallenen Beinen durchmaß er in höchster Geschwindigkeit die Entfernung zu seiner kleinen Herrin. Alles geschah fast gleichzeitig. Mit einer einzigen Bewegung seines Armes hob Robbie Gloria in die Höhe, ohne daß er die Schnelligkeit seiner Beine auch nur um das Mindeste verringerte. Natürlich ging dem Kinde dadurch der Atem aus. Weston, der nicht ganz verstand, was sich eigentlich ereignete, fühlte mehr, als er sah, wie Robbie an ihm vorüberraste. Dann hielt der Robot plötzlich an. Noch keine halbe Sekunde, nachdem Robbie das Kind vom Boden aufgenommen hatte, passierte der Traktor die Stelle, wo es gestanden hatte. Er rollte noch drei Meter weiter und blieb dann knirschend stehen.

Gloria konnte wieder atmen. Geduldig ließ sie eine Reihe von elterlichen Küssen über sich ergehen und wandte sich dann Robbie zu. Was sie selbst betraf, war überhaupt nichts geschehen, außer daß sie ihren Freund wiedergefunden hatte.

Mrs. Westons Gesichtsausdruck aber hatte sich gewandelt. Nun sah sie nicht mehr erleichtert aus, sondern so, als schiene ihr das alles sehr verdächtig. Sie wandte sich ihrem Manne zu. Obwohl ihre Haare verwirrt waren und ihre Erscheinung nicht die übliche Würde zeigte, gelang es ihr doch, recht furchteinflößend auszusehen. »Dies alles hast du doch eingefädelt, oder etwa nicht?«

George Weston trocknete sich die feuchte Stirn mit dem

Taschentuch. Seine Hände waren unsicher, und seine Lippen konnten sich nur zu einem etwas zittrigen und schwachen Lächeln verziehen.

Mrs. Weston gab aber ihren Gedanken nicht auf. »Robbie war gar nicht so konstruiert, daß er Ingenieurarbeiten verrichten konnte. Es war hier in diesem Raume völlig nutzlos. Du hast ihn einfach hier hereinsetzen lassen, damit Gloria ihn finden konnte. Du wirst ja wohl zugeben, daß du das getan hast.«

»Schön, also ich geb's zu«, sagte Weston. »Wie aber, Grace, konnte ich ahnen, daß die Wiedervereinigung sich in so heftigen Formen abspielen würde? Und Robbie hat ihr Leben gerettet. Dagegen kannst du nichts sagen. Nun *kannst* du ihn einfach nicht mehr wegschicken.«

Grace Weston überlegte. Sie wandte sich Gloria und Robbie zu und beobachtete die beiden eine gute Weile. Gloria hatte den Arm um den Hals des Robots gelegt, und zwar in einer Art, die jedes lebende, nicht aus Metall gebaute Wesen erstickt haben würde. Halb hysterisch vor Freude plapperte sie lauter dummes Zeug vor sich hin. Robbies Arme aus verchromtem Stahl (die fähig waren, einen zwölfzölligen Stahlstab zu einer Brezel zu biegen) lagen zärtlich und liebevoll um das Kind, und seine Augen leuchteten in tiefem Rot.

»Na, es ist nicht mehr zu ändern«, sagte Mrs. Weston schließlich, »mag er bei uns bleiben, bis er rostet!«

Einbruch der Nacht

›Wenn einmal in tausend Jahren in der Nacht die Sterne erschienen, wie sehr würden die Menschen glauben und beten und für viele Generationen das Andenken an die Stadt Gottes bewahren.‹

Emerson

Aton 77, der Direktor der Saro-Universität, schob die Unterlippe kampflustig vor und starrte den jungen Zeitungsmann wütend an.

Theremon 762, der solche Blicke gewöhnt war, ertrug es mit Fassung. Zu Beginn seiner Karriere, als seine inzwischen bei vielen Zeitungen nachgedruckte Kolumne noch als die spinnerte Idee eines grünschnäbeligen Jungreporters angesehen wurde, hatte er sich auf solche ›undurchführbaren‹ Interviews spezialisiert. Zwar hatte ihm das mehrere Knochenbrüche, blaue Augen und diverse Prellungen eingebracht, gleichzeitig aber auch eine gehörige Portion Coolness und Selbstsicherheit.

Also ließ er seine zum Gruß ausgestreckte Hand, die der Direktor so freundlich ignoriert hatte, wieder sinken und wartete erst einmal darauf, daß der alte Herr sich wieder abkühlte. Astronomen waren schon komische Vögel, und wenn es mit dem, was Aton so während der letzten zwei Monate getrieben hatte, tatsächlich irgend etwas auf sich hatte, dann war dieser Aton in der Tat der merkwürdigste seiner Sippe.

Allmählich fand Aton 77 seine Sprache wieder. Zwar zitterte seine Stimme noch vor unterdrückter Erregung, aber an seiner wohldurchdachten, etwas pedantisch anmutenden Redeweise, die als so etwas wie ein Markenzeichen dieses berühmten Astronomen galt, merkte man, daß er fast schon wieder der alte war.

»Mein Herr«, begann er, »Sie legen eine geradezu flegelhafte Frechheit an den Tag, sich mit einem derart bodenlos unverschämten Vorschlag an mich zu wenden.«

Der stämmig gebaute Telefotograf des Observatoriums, Beenay 25, fuhr sich mit der Zungenspitze nervös über die Lippen und versuchte, vermittelnd einzugreifen: »Nun, Sir, vielleicht...«

Der Direktor drehte sich um und zog eine seiner weißen Brauen indigniert in die Höhe. »Beenay, Sie halten sich da bitte raus. Ich will Ihnen zugute halten, daß Sie diesen Herrn mit besten Absichten hierher brachten, aber ich dulde jetzt keinerlei Unbotmäßigkeit Ihrerseits!«

Theremon hielt es nun für an der Zeit, auch mal etwas zu sagen. »Direktor Aton, vielleicht sollten Sie mich nun auch einmal ausreden lassen. Ich meine, wenn Sie mir vorhin bis zu Ende zugehört...«

»Das glaube ich kaum, junger Mann«, gab Aton zurück. »Ich kann mir nicht vorstellen, daß Sie jetzt noch etwas vorbringen könnten, das etwas an dem Gesamtbild Ihres Geschreibsels aus den letzten zwei Monaten korrigieren könnte. Schließlich haben Sie eine Riesenkampagne geführt, um nicht nur meine Bemühungen, sondern auch die meiner Kollegen zu verunglimpfen. Sie haben alles getan, unsere Anstrengungen, das Volk gegen die drohende Gefahr zu wappnen, zunichte zu machen! Und nun ist es zu spät dazu. Ich muß schon sagen, Sie haben sich wirklich redliche Mühe gegeben, unseren gesamten Stab mit Ihren persönlichen und unsachlichen Angriffen zum Gespött der Leute zu machen.«

Der Direktor nahm die neueste Nummer des Saro City Chronicle vom Tisch und fuchtelte Theremon damit wütend vor der Nase herum. »Und ausgerechnet Sie besitzen die unglaubliche Frechheit, auch noch zu mir zu kommen und mich zu bitten, in Ihrer Zeitung über die Ereignisse des heutigen Tages schreiben zu dürfen! Selbst jemand, der so anerkanntermaßen unverfroren ist wie Sie, müßte da eigentlich Hemmungen bekommen haben. Und gerade Sie müssen sich hier hereintrauen!«

Aton ließ die Zeitung demonstrativ zu Boden fallen, ging zum Fenster und verschränkte die Arme hinter dem Rükken.

»Sie entschuldigen mich jetzt bitte«, zischte er giftig über die Schulter. Dann starrte er mit mürrischem Blick auf den Horizont. Gamma, die hellste der sechs Sonnen des Planeten, war im Untergehen begriffen. Schon fahl und gelb geworden, tauchte sie allmählich in den blassen Dunst des Horizonts ein. Und Aton wußte, er würde sie nie wieder als geistig normaler Mensch wiedererblicken.

Plötzlich drehte er sich mit einem Ruck um. »Halt, warten Sie! Kommen Sie her!«

Mit der Hand beschrieb er eine Geste, die keinen Widerspruch zuließ. »Sie sollen Ihre Story haben.«

Der Zeitungsreporter, der sich noch gar nicht zum Gehen gewandt hatte, ging nun mit langsamen Schritten auf den alten Mann zu. Aton zeigte mit der Hand aus dem Fenster.

»Von unseren sechs Sonnen ist nur noch Beta am Himmel. Sehen Sie das?«

Diese Frage war eigentlich überflüssig. Beta stand fast im Zenit; ihr rotes Licht tauchte die Landschaft nun, da die hellen Strahlen der untergehenden Gamma allmählich erloschen, in ein ungewohntes Orange. Beta stand im Aphelion. Sie war eigenartig klein; sie war kleiner, als Theremon sie jemals wahrgenommen hatte, und in diesem Moment war sie die unumstrittene Herrscherin über den Himmel von Lagash.

Lagashs eigene Sonne, Alpha, um die der Planet seine Bahn beschrieb, war nun auf der Rückseite so wie die beiden anderen, entfernteren Sonnenpaare. Der rote Zwerg Beta, Alphas unmittelbarer Partner, war allein, schrecklich allein.

Atons Gesicht leuchtete rötlich in Betas Strahlen. »In knapp vier Stunden wird das, was wir als Zivilisation bezeichnen, untergehen. Und zwar aus dem Grunde, weil Beta die einzige noch am Himmel stehende Sonne ist, wie Sie ja selbst sehen.« Er lachte grimmig auf. »Und nun schreiben Sie das! Es wird niemand mehr da sein, der das noch lesen könnte.«

»Und wenn sich nach vier Stunden – und vielleicht noch einmal vier Stunden – nichts getan hat. Was dann?« fragte Theremon leise.

»Zerbrechen Sie sich darüber nicht den Kopf. Es wird sich schon genug tun.«

»Na schön. Trotzdem – wenn nun doch nichts passiert?«

Zum zweitenmal mischte Beenay 25 sich ein: »Sir, ich meine, Sie sollten ihm zuhören.«

»Lassen Sie doch darüber abstimmen, Direktor Aton«, sagte Theremon.

Unter den fünf noch anwesenden Mitgliedern des Observatoriumstabes entstand Bewegung. Bis jetzt hatten sie eine abwartend neutrale Haltung eingenommen.

»Das ist nicht nötig«, sagte Aton bestimmt. Er zog seine Taschenuhr hervor. »Also gut, da Ihrem guten

Freund Beenay soviel daran gelegen ist, will ich Ihnen fünf Minuten geben. Sprechen Sie!«

»Gut! Was würde es denn nun eigentlich ausmachen, wenn Sie mich einen Augenzeugenbericht über die kommenden Ereignisse machen ließen? Treffen Ihre Voraussagen zu, dann kann meine Anwesenheit ohnehin keinen Schaden mehr anrichten; denn in dem Fall würde mein Artikel ja niemals gedruckt. Andererseits müßte Ihnen klar sein, daß, wenn sich die ganze Sache als fauler Zauber erweist, Sie als Gespött der Öffentlichkeit, wenn nichts Schlimmeres, dastehen. Es wäre nicht das Unklügste, diesen Spott meiner wohlwollend gestimmten Feder zu überlassen.«

Aton schnaubte auf. »Meinen Sie mit ›wohlwollend‹ etwa sich selbst?«

»Wen denn sonst?« Theremon räkelte sich hin und schlug die Beine übereinander. »Ich gestehe ja gern ein, daß der eine oder andere Artikel von mir manchmal vielleicht ein wenig hart geklungen haben mag, aber ich habe Ihren Leuten ja auch immer eingeräumt, sie in Frage zu stellen. Wir leben ja schließlich nicht mehr in einem Jahrhundert, in dem man den Leuten in Lagash so ohne weiteres den drohenden Weltuntergang verkünden kann. Sie sollten langsam mal einsehen, daß die Leute nicht mehr an das ›Buch der Offenbarung‹ glauben und daß sie ärgerlich werden, wenn die Wissenschaftler auf einmal wieder diesen alten Kram aus der Kiste holen und den Leuten verkaufen wollen, daß die Kultisten eigentlich ja doch recht hätten. Und...«

»So dürfen Sie das aber nicht betrachten, junger Mann«, unterbrach ihn Aton. »Auch wenn ein großer Teil unserer Daten aus den Lehren des Kults hervorgegangen ist, so haben unsere Ergebnisse absolut nichts zu tun mit dessen Mystizismus. Fakten sind nun einmal Fakten, und die sogenannte ›Mythologie‹ der Kultisten gründet sich eben auf gewisse Fakten. So, und diese Fakten haben wir herausgeholt und sie von dem ganzen mystischen Drumherum befreit. Ich versichere Ihnen, die Kultisten hassen uns dafür sicherlich noch mehr, als Sie uns jetzt hassen.«

»Ich hasse Sie doch nicht. Ich versuche bloß, Ihnen klarzumachen, daß die allgemeine Stimmung in der Öffentlichkeit ziemlich gereizt ist. Die Leute sind einfach verärgert.«

Aton verzog spöttisch den Mund. »Sollen sie doch verärgert sein.«

»Na schön, und was ist morgen?«

»Es wird kein ›morgen‹ mehr geben.«

»Und wenn es doch eines gibt? Stellen wir uns doch einfach mal vor, es gäbe eins, nur mal um zu sehen, wie es dann weitergeht. Die ärgerliche Stimmung in der Öffentlichkeit wird sich vielleicht in Gefährlicheres verwandeln. Bedenken Sie, daß im Geschäftsleben seit diesen zwei Monaten eine ziemliche Flaute herrscht. Zwar glaubt keiner so recht daran, daß die Welt tatsächlich untergeht, aber die Geschäftsleute lassen ihre Investitionen doch nur sehr spärlich fließen. Sie warten erst einmal ab, bis alles vorbei ist. Und Otto Normalverbraucher glaubt zwar auch nicht an Ihre Vorhersehungen, aber die neue Wohnungseinrichtung ist auch erst einmal nicht mehr so dringend – man kann ja nie wissen.

Sie verstehen hoffentlich, was los ist. Sobald der ganze Spuk vorbei ist, haben Sie die gesamte Geschäftswelt auf dem Hals. Sie können sich vorstellen, was die sagen werden: Wenn irgendein Hohlkopf – Sie verzeihen den Begriff – in der Lage ist, bloß mit einer verrückten Prophezeiung jederzeit das Wirtschaftsleben eines Landes durcheinanderzubringen, dann muß der Staat ihn eben daran hindern! Sir, die Fetzen werden fliegen!«

Der Direktor blickte den Kolumnisten finster an. »Und was haben Sie an Vorschlägen, um die Situation zu verändern?«

»Nun, ganz einfach«, sagte Theremon grinsend. »Ich schlage vor, daß ich die Public Relations für diese ganze Sache in die Hand nehme. Ich kann die Geschichte so drehen, daß nur die lächerliche Seite daran in der Öffentlichkeit aufgebauscht wird. Natürlich wird es ein harter Brocken für Sie sein, Sie und Ihren ganzen Verein als einen Haufen Pappköpfe in der Öffentlichkeit dargestellt zu sehen, aber besser, ich kriege die Leute dazu, sich über Sie lustig zu machen, als daß sie übermäßig wütend auf Sie sind und Ihnen an den Kragen wollen. Das einzige, was mein Herausgeber als Gegenleistung dafür verlangt, ist ein Exklusivbericht.«

Beenay nickte eifrig und platzte gleich los: »Sir, wir alle hier glauben, daß er recht hat. Wir haben doch in den letzten zwei Monaten alles mögliche in Erwägung gezogen, bloß nicht, daß die Millionen-zu-eins-Chance eintreten könnte, daß wir irgendwo in unserer Theorie oder in unseren Berechnungen einen Fehler gemacht haben. Aber diese Möglichkeit müssen wir doch auch in Erwägung ziehen.«

Aus der Gruppe der Männer, die um den Tisch herumstanden, kam zustimmendes Gemurmel. Atons Gesicht verzog sich, als hätte er den Mund mit etwas Bitterem gefüllt und wisse nicht, wohin damit.

»Dann können Sie hierbleiben, wenn Sie wollen. Aber Sie werden bitte so freundlich sein, uns nicht bei der Ausführung unserer Pflichten zu behindern. Und denken Sie bitte daran, daß hier nichts ohne meine ausdrückliche Zustimmung geschieht. Auch wenn es Ihrer Meinung über mich, die Sie ja in Ihren Artikeln zur Genüge zum Ausdruck gebracht haben, zuwiderläuft, ich erwarte hier von Ihnen absolute Unterordnung und Respekt.«

Er hatte die Hände hinter dem Rücken verschränkt, und sein zerfurchtes Gesicht war entschlossen und energisch vorgeschoben, während er sprach. Er hätte wahrscheinlich endlos weitergeredet, wenn ihn nicht plötzlich eine andere Stimme unterbrochen hätte.

»Hallo, hallo, hallo«, tönte eine helle Tenorstimme, und die ohnehin aufgeblasenen Wangen ihres Besitzers, der soeben in den Raum trat, plusterten sich unter seinem sympathischen Lachen noch mehr auf. »Was ist denn hier für eine Beerdigungsatmosphäre? Ihr verliert doch hoffentlich nicht jetzt schon die Nerven?«

Aton starrte den Neuankömmling erstaunt an und sagte dann mit einem Unterton der Verärgerung: »Was, zum Teufel, haben Sie denn hier zu suchen, Sheerin? Ich dachte, Sie wollten eigentlich im Schutzbunker bleiben!«

Sheerin lachte nur und ließ seinen unförmigen Körper in einen Stuhl plumpsen. »Zum Henker mit dem Schutzbunker! Ich hab's dort vor Langeweile einfach nicht mehr ausgehalten. Ich wollte hier sein. Hier ist wenigstens was los. Glauben Sie nicht, daß ich auch eine ordentliche Portion Neugierde besitze? Ich will diese merkwürdigen Sterne sehen, von denen die Kultisten immer reden.« Er rieb sich die Hände und sagte, nun in etwas nüchternem Ton: »Es beginnt draußen zu frieren. Der Wind ist schon so kalt und schneidend, daß einem fast Eiszapfen an den Nasenlöchern hängen. Beta scheint aus der Entfernung überhaupt keine Wärme zu spenden.«

Der weißhaarige Direktor knirschte in plötzlich aufwallendem Zorn mit den Zähnen. »Müssen Sie unbedingt verrückt spielen, Sheerin? Was wollen Sie uns hier nützen?«

»Und was soll ich denen im Bunker nützen?« Er vollführte mit weit ausgestreckten Händen eine übertrieben komische Geste der Resignation. »Ein Psychologe ist in dem Schutzbunker keinen Heller wert. Die brauchen dort viel eher tatkräftige Männer und starke, gesunde Frauen, die Kinder gebären und aufziehen können. Na, passe ich also dorthin? Ich bin hundert Pfund zu schwer, um tatsächlich kräftig zu sein, und im Kindergebären wäre ich doch wohl auch eine Niete. Ich wäre bloß ein Esser mehr, den sie mit durchfressen müßten. Hier oben fühle ich mich weit besser aufgehoben.«

»Was meinen Sie denn mit ›Schutzbunker‹?« fragte Theremon mit lebhaftem Interesse.

Sheerin, der den Reporter wohl noch gar nicht wahrgenommen hatte, legte die Stirn in Falten und blies seine Pausbacken auf. »Wer, zum Teufel, sind Sie denn, Rotschöpfchen?«

Aton preßte die Lippen aufeinander und murmelte unfreundlich: »Das ist Theremon 762, dieser Zeitungsschreiberling. Sie werden doch wohl von ihm gehört haben.«

Der Kolumnist streckte die Hand aus. »Und Sie sind doch sicher Sheerin 501 von der Saro-Universität. Ich habe schon viel von Ihnen gehört. Aber sagen Sie doch, was hat es denn mit diesem Schutzbunker auf sich?«

»Nun«, führte Sheerin aus, »es ist uns gelungen, eine Anzahl Leute von der Stichhaltigkeit unserer... hm... Weltuntergangsprophezeiung – um es mal so spektakulär auszudrücken – zu überzeugen. Diese Leute haben geeignete Gegenmaßnahmen ergriffen. Die Gruppe besteht zum größten Teil aus engsten Familienmitgliedern des Observatoriumsstabes, einigen Leuten von der Saro-Universität sowie ein paar Außenseitern. Es sind insgesamt ungefähr dreihundert Personen, aber drei Viertel davon sind Frauen und Kinder.«

»Ah, ich verstehe schon. Die sollen sich irgendwo verstecken, wo die Dunkelheit und die ... hm ... Sterne ihnen nichts anhaben können, und sie sollen als einzige übrigbleiben, während die übrige Welt hops geht.«

»Wenn sie es schaffen. Es wird gar nicht so einfach sein. Stellen Sie sich das einmal vor: Wenn die gesamte Menschheit dem Wahnsinn verfällt und wenn alle großen Städte in Flammen aufgehen, wie wenig einladend zum Überleben die Umwelt dann noch sein wird. Aber immerhin haben sie Lebensmittel, Wasser, ein Dach über dem Kopf und Waffen ...«

»Und nicht nur das«, sagte Aton, »sie haben alle unsere Aufzeichnungen, natürlich bis auf die, die wir heute machen werden. Diese Aufzeichnungen werden für den nächsten Zyklus lebensnotwendig sein, und die müssen unbedingt durchkommen. Alles andere kann ruhig draufgehen.«

Theremon stieß einen langen, leisen Pfiff aus und grübelte ein paar Minuten lang. Die Männer, die die ganze Zeit um den Tisch herumgestanden hatten, brachten jetzt ein Multi-Schachbrett herein und begannen eine Partie zu sechs Personen. Es wurde still in dem Raum. Lautlos und still glitten die Figuren über das Brett. Alle Augen starrten in gebannter Konzentration auf das Spiel. Dann stand er auf und ging auf Aton zu, der sich ein wenig abseits vom Geschehen im Flüsterton mit Sheerin unterhielt.

»Hören Sie mal«, sagte er. »Wollen wir uns nicht irgendwo hinsetzen, wo wir die anderen nicht stören? Ich würde Ihnen gern ein paar Fragen stellen.«

Der betagte Astronom runzelte die Stirn und blickte ihn säuerlich an, aber Sheerin zwitscherte hocherfreut: »Aber gern. Ein bißchen Reden tut mir jetzt sicherlich gut; eigentlich tut es mir immer gut. Aton erzählte mir gerade, was Sie so meinen betreffs der Reaktion der Öffentlichkeit, falls die Voraussage sich als falsch erweist – und ich muß Ihnen sagen, ich stimme da mit Ihnen überein. Übrigens, ich lese Ihre Artikel ziemlich regelmäßig, und im großen und ganzen gefallen mir Ihre Ansichten.«

»Sheerin, ich muß doch bitten«, grollte Aton.

»Wie bitte? Ach so, natürlich. Gehen wir doch einen Raum weiter. Da sind die Sessel ohnehin bequemer.«

Und in der Tat, im nächsten Raum gab es bequemere Sessel. Außerdem hingen vor den Fenstern dicke, rote Vorhänge. Den Boden bedeckte ein kastanienbrauner Teppich. Das Ganze sah in dem ziegelfarbenen Licht von Beta aus wie getrocknetes Blut.

Theremon lief ein Schauer über den Rücken. »Glauben Sie mir, ich gäbe mein letztes Hemd im Augenblick für ein bißchen anständiges weißes Licht, und wenn es nur für ein paar Sekunden wäre. Ich wünschte, Gamma oder Delta stünden jetzt am Himmel.«

»Nun, was wollen Sie wissen?« fragte Aton. »Bitte denken Sie daran, daß wir nur begrenzt Zeit haben. In etwas mehr als einer und einer Viertelstunde gehen wir nach oben, und danach werden wir keine Zeit mehr für Gespräche haben.«

»Also, dann fangen wir mal an.« Theremon lehnte sich in seinem Sessel zurück und faltete die Hände vor der Brust. »Wissen Sie, allmählich fange ich an, tatsächlich an Ihre Voraussagen zu glauben. Sie und Ihre Mitarbeiter sind alle mit einem solchen Ernst bei der Sache. Würden Sie mir bitte einmal erklären, um was es denn nun im einzelnen eigentlich geht?«

»Was?« Aton explodierte förmlich. »Wollen Sie damit etwa andeuten, daß Sie uns nun schon die ganze Zeit mit Ihren Artikeln der Lächerlichkeit preisgegeben haben,

Zwischen durch:

Diese Welt steht vor einem schweren Schicksal: Die Dunkelheit wird über sie hereinbrechen. Wenige werden – versorgt mit Nahrung und Wasser – überleben …
Unsere eigene Welt kennt auch Probleme, doch wir haben die Zeit, die richtigen Lösungen zu finden und gleichzeitig das Leben zu genießen: Denn wenn uns dieses Buch auch nachdenklich stimmt – wir können trotzdem noch entspannen und dabei problemlos etwas gegen den kleinen Hunger zwischendurch tun. In nur fünf Minuten können wir uns dann wieder gestärkt dem Schicksal des fremden Sternes widmen – denn so schnell ist sie zubereitet, die …

ohne überhaupt eine Vorstellung zu haben, worum es geht?«

Der Reporter grinste wie ein Unschuldslamm. »So schlimm ist es nun auch wieder nicht, Sir. Der Grundgedanke ist mir schon klar. Sie behaupten doch, daß in ein paar Stunden eine weltweite Dunkelheit ausbricht und daß die gesamte Menschheit dem totalen Wahnsinn verfallen wird. Was mich nun interessiert, sind die wissenschaftlichen Belege für Ihre Behauptungen.«

»Das lassen Sie mal besser bleiben«, mischte sich Sheerin ein. »Wenn Sie Aton danach fragen, wird er – falls er überhaupt in Stimmung ist zu antworten – seitenlange komplizierte Rechnungen herunterspulen und Ihnen bändeweise graphische Darstellungen zeigen. Daraus würden Sie sowieso nicht schlau. Aber wenn Sie mich fragen, so kann ich Ihnen gern die Sache vom Standpunkt des Laien aus begreiflich machen.«

»Okay, dann frage ich eben Sie.«

»Schön, aber zuerst möchte ich mal etwas zu trinken haben.« Er rieb sich die Hände und schaute erwartungsvoll auf Aton.

»Wasser?« brummte Aton.

»Sind Sie übergeschnappt?«

»Seien Sie mal lieber nicht übergeschnappt! Heute herrscht striktes Alkoholverbot. Es wäre zu einfach, meine Männer betrunken zu machen. Ich kann es mir nicht erlauben, sie heute in Versuchung zu führen.«

Der Psychologe knurrte etwas vor sich hin. Dann wandte er sich Theremon zu, fixierte ihn mit seinem durchdringenden Blick und begann zu erklären: »Sie wissen sicherlich, daß die Zivilisation auf unserem Planeten historisch gesehen einen zyklischen Charakter aufweist – verstehen Sie, was ich mit ›zyklisch‹ meine?«

»Ich weiß wohl«, antwortete Theremon vorsichtig, »daß das die derzeit gängige Theorie der Archäologen ist. Ist ihre Richtigkeit denn wissenschaftlich nachgewiesen?«

»Ziemlich. Seit dem Beginn dieses Jahrhunderts stimmen die Wissenschaftler ihr im allgemeinen zu. Dieser zyklische Charakter ist – oder sagen wir richtiger: war – eines der großen Geheimnisse. Wir haben eine ganze Reihe von aufeinanderfolgenden Zivilisationen – davon neun definitiv – historisch belegen können. Dazu gibt es noch ziemlich eindeutige Indizien für weitere Zivilisationen, die alle auf einem Entwicklungsstand angelangt waren, der mit dem unsrigen vergleichbar ist. Und nun kommt das Interessante: Sie alle wurden ausnahmslos auf dem Höhepunkt ihrer Entwicklung durch Feuersbrünste zerstört.

Und niemand wußte je, wie das gekommen war. Alle Kulturzentren wurden jedesmal völlig ein Opfer der Flammen, und zwar so gründlich, daß nichts übrig blieb, nicht einmal der kleinste Hinweis für die Ursachen der Zerstörung.«

Theremon folgte gespannt den Ausführungen des Psychologen. »Gab es nicht auch eine Steinzeit?«

»Das ist ziemlich wahrscheinlich. Aber bis dato weiß man nicht viel mehr darüber, als daß die Menschen jener Periode kaum mehr als relativ intelligente Affen waren. Aber das können wir in diesem Zusammenhang wirklich vergessen.«

»Ich verstehe. Erzählen Sie doch bitte weiter.«

»Es gab und es gibt natürlich eine ganze Reihe von Erklärungsversuchen für diese immer wiederkehrenden Katastrophen. Aber sie sind alle mehr oder weniger fantastischer Natur. Manche führen die Feuersbrünste auf periodische Flammenregen zurück; wieder andere glauben, daß Lagash dann und wann mit einer Sonne in Berührung kommt; manche erzählen sogar noch tollere Geschichten. Aber es gibt auch eine Theorie, die sich von allen anderen unterscheidet und die seit einigen Jahrhunderten überliefert wird.«

»Ich weiß. Sie spielen auf diesen Sternenmythos an, von dem die Kultisten in ihrem ›Buch der Offenbarungen‹ sprechen.«

»Genau den meine ich«, nahm Sheerin mit zufriedenem Gesichtsausdruck den Faden wieder auf. »Die Kultisten sind davon überzeugt, daß Lagash alle zweitausendfünfzig Jahre in eine gewaltige Höhle gerät, so daß alle Sonnen verschwinden und – wie heißt es doch gleich – *eine große Finsternis über die Welt hereinbricht.* Und dann, so behaupten sie, tauchen merkwürdige Erscheinungen auf, die sie ›Sterne‹ nennen und die den Menschen den Verstand rauben und sie zu wilden Tieren machen, die ihre eigene Zivilisation, die sie sich selbst errichtet haben, zerstören. Natürlich vermengen sie das alles mit einem ganzen Wust religiös-mystischer Vorstellungen und Begriffe, aber der Hauptgedanke ist klar.«

Sheerin hielt einen Moment lang inne und holte tief Luft. »So, und nun kommen wir zu der Theorie von der Universellen Gravitation.« Er sprach diesen Begriff so deutlich aus, daß man ihn fast berühren konnte. Die Folge davon war, daß Aton, der die ganze Zeit über aus dem Fenster gestarrt hatte, sich von dort abwandte und mit einem lauten Schnauben aus dem Zimmer stolzierte.

Die beiden starrten ihm hinterher, und Theremon fragte: »Stimmt etwas nicht?«

»Ach, nichts Besonderes«, antwortete Sheerin. »Zwei Männer des Stabes sind schon seit ein paar Stunden überfällig und sind bis jetzt noch immer nicht wieder aufgetaucht. Jetzt wird er natürlich nervös, denn es sind ja kaum

Hilfskräfte da, weil alle, die hier nicht unbedingt gebraucht werden, drüben im Schutzbunker sind.«

»Glauben Sie nicht auch, daß die beiden abgehauen sind?«

»Was? Aber doch nicht Faro und Yimot! Immerhin, sollten die beiden nicht innerhalb einer Stunde zurück sein, kommen wir hier ganz schön in die Bredouille.« Er sprang mit einemmal auf und ließ die Augen schelmisch blinzeln. »Wie dem auch sei, solange Aton weg ist...«

Er ging auf Zehenspitzen zum nächsten Fenster, bückte sich und zauberte aus einem Schränkchen unter der Fensterbank eine Flasche hervor, in der eine rötliche Flüssigkeit verführerisch gluckerte.

»Hätte ich mir eigentlich denken können, daß Aton nichts von dieser Flasche weiß«, sagte er und trottete zurück zum Tisch. »Hier, nehmen Sie das Glas. Wir haben bloß eins, und Sie sind hier der Gast. Ich bescheide mich mit der Flasche.« Mit penibler Sorgfalt füllte er das Glas des Reporters.

Theremon öffnete den Mund, um zu protestieren, aber Sheerin warf einen strengen Blick zu ihm herüber. »Wollen Sie wohl das Alter respektieren, junger Mann?«

Der Reporter schrumpfte mit ängstlichem Gesichtsausdruck zusammen. »Nun saufen Sie schon, Sie alter Schwerenöter.«

Der Psychologe setzte mit gekonntem Griff die Flasche an und ließ seinen Adamsapfel behaglich auf und abhüpfen, während die Flüssigkeit durch seine Kehle rann. Dann setzte er sie mit einem satten Grunzen wieder ab, gab mit den Lippen ein schmatzendes Geräusch von sich und fuhr fort: »Nun, was wissen Sie über Gravitation?«

»Nichts, außer, daß die Theorie erst vor kurzem entwickelt wurde, daß sie sich noch nicht durchgesetzt hat und daß in ganz Lagash höchstens zwölf Leute so schlau sind, daß sie mit den komplizierten Berechnungen klarkommen.«

»Woher haben Sie denn diesen Blödsinn? Ich kann Ihnen das ganze mathematische Gesetz der Gravitation in einen Satz packen. Soll ich mal? Also, das Gesetz der Universellen Gravitation besagt, daß zwischen allen Körpern des Universums eine Anziehungskraft besteht, und die Größe dieser Kraft zwischen zwei gegebenen Körpern verhält sich proportional zu dem Produkt der Massen der beiden Körper dividiert durch das Quadrat der zwischen ihnen bestehenden Entfernung.«

»Und das ist schon alles?«

»Das reicht zur Erklärung. Man hat vierhundert Jahre gebraucht, um dieses Gesetz zu entdecken.«

»Warum denn eine so lange Zeit? So, wie Sie es erklärt haben, hört es sich ziemlich simpel an.«

»Weil große Gesetze eben nicht durch einen plötzlichen genialen Geistesblitz entdeckt werden, wie Sie sich das wahrscheinlich vorstellen. Normalerweise bedarf es dazu der vereinigten Anstrengungen unzähliger Wissenschaftler, und zwar oft über Jahrhunderte hinweg. Seit der Entdeckung von Genovi 41, daß sich nämlich Lagash um die Sonne Alpha dreht und nicht, wie ursprünglich angenommen, umgekehrt, arbeiten schon Generationen von Wissenschaftlern – Genovis Entdeckung ist ja schon vierhundert Jahre alt – an diesem Problem. Der gesamte hochkomplizierte Bewegungsablauf der sechs Sonnen wurde nach und nach aufgezeichnet, analysiert und entwirrt. Dutzende von Theorien wurden aufgestellt, geprüft und nochmals geprüft, modifiziert, wieder verworfen, neu aufgerollt und in wieder neue Theorien umgemodelt. Es war eine Mordsarbeit.«

Theremon nickte gedankenvoll und hielt Sheerin auffordernd sein leeres Glas hin.

Der ließ widerwillig etwas aus seiner Flasche in das Glas des Reporters rinnen.

»Vor zwanzig Jahren«, fuhr er fort, nicht ohne vorher noch einmal seine eigene Kehle angefeuchtet zu haben, »gelang es schließlich, den Beweis anzutreten, daß das Gesetz der Universellen Gravitation die Umlaufbahnen der sechs Sonnen exakt erklärt. Das war ein gewaltiger Fortschritt.«

Sheerin erhob sich und ging ans Fenster. Seine Flasche hielt er noch immer in der Hand. »So, und nun kommen wir zum eigentlichen Punkt. Während der letzten zehn Jahre wurde Lagashs Kreisbewegung um Alpha gemäß den Gesetzen der Gravitation aufgezeichnet und berechnet. Und da stellte sich heraus, daß die Bewegungen beider Körper zueinander nicht ganz mit dem Gesetz übereinstimmten, nicht einmal dann, wenn man alle Störungseinflüsse, die auf die anderen Sonnen zurückzuführen sind, mit in Rechnung stellte. Entweder hatte das Gesetz irgendeinen Fehler, oder ein anderer, bisher unbekannter Faktor mußte für die Abweichungen verantwortlich gemacht werden.«

Theremon stand auf und gesellte sich zu Sheerin, der noch immer am Fenster stand. Der Reporter starrte hinaus auf die bewaldeten Hügel, hinter denen die Turmspitzen von Saro City am Horizont in blutrotes Licht getaucht waren. Er schaute auf Beta und fühlte, wie Spannung und Ungewißheit sich seiner bemächtigten. Die Sonne stand rotglühend am Zenit wie ein böser Zwerg.

»Sprechen Sie bitte weiter, Sir«, sagte er leise.

»Die Astronomen tappten jahrelang im dunkeln. Jede der vorgeschlagenen Theorien erwies sich als noch unhaltbarer als die vorausgegangene – bis schließlich Aton den

Einfall hatte, sich an die Kultisten zu wenden. Deren Oberhaupt, Sor 5, verfügte über gewisse Daten, die das Problem beträchtlich vereinfachten. Endlich hatte man einen neuen Ansatzpunkt gefunden, und Aton machte sich sofort an die Arbeit.

Es ergab sich folgender Gesichtspunkt: Angenommen, es gäbe noch einen weiteren nichtleuchtenden Planeten, ähnlich dem unsrigen. Würde er nicht allein durch reflektiertes Licht zum Strahlen gebracht werden? Und wenn er aus bläulichem Gestein bestünde, wie es ja bei unserem Planeten der Fall ist, würde er dann nicht an dem rötlichen Himmel, angestrahlt vom ewigen Licht unserer Sonnen, völlig unsichtbar erscheinen, sozusagen ausgelöscht?«

Theremon stieß einen Pfiff durch die Zähne aus. »Was für ein verrückter Einfall!«

»Finden Sie ihn so abwegig? – Dann hören Sie mal gut zu: Nehmen wir einmal an, dieser Himmelskörper bewegt sich um Lagosh in genau dem Abstand und genau der Kreisbahn und hätte genau die Masse, daß seine Anziehungskraft exakt die Werte erklären würde, die die Abweichung der Umlaufbahn Lagashs von der Theorie ausmachen – wissen Sie, was das bedeuten würde?«

Der Reporter schüttelte den Kopf.

»Ganz einfach: Irgendwann würde dieser Körper einer der Sonnen in die Quere kommen.« Wie zur Unterstreichung seiner Worte leerte Sheerin den Rest der Flasche mit einem Zug.

»Und ich nehme an, das passiert jetzt«, sagte Theremon.

»So ist es! Und nur eine Sonne liegt auf der Ebene seiner Umlaufbahn.« Er wies mit dem Daumen auf die zusammengeschrumpfte rote Sonne am Himmel. »Beta. Es ist erwiesen, daß die Sonnenfinsternis nur dann eintritt, wenn sich folgende Konstellation ergibt: Beta muß sich allein in ihrer Hemisphäre befinden und auf dem Aphel ihrer Umlaufbahn sein. Gleichzeitig hat nämlich der Mond sein Perihel, und zwar gesetzmäßig. Die sich daraus ergebende Verdunkelung dauert gut einen halben Tag an, da nämlich der Mond durch seinen geringeren Abstand scheinbar den siebenfachen Durchmesser von Beta besitzt. Die Finsternis bedeckt Lagash völlig – nicht ein Fleckchen entgeht ihr auf unserem Planeten. *Und diese Sonnenfinsternis tritt alle zweitausendundneunundvierzig Jahre ein.*«

Theremons Gesicht war zu einer ausdruckslosen Maske erstarrt. »Und das ist nun meine Story?«

Der Psychologe nickte. »Das ist alles. Zuerst wird die partielle Verdunkelung kommen – etwa in einer Dreiviertelstunde. Bald darauf wird völlige Dunkelheit herrschen – und vielleicht werden auch diese mysteriösen Sterne auftauchen. Und danach ... der Wahnsinn und ... das Ende unseres Zyklus.«

Er machte ein nachdenkliches Gesicht. »Wir – ich meine wir vom Observatorium – hatten noch eine Gnadenfrist von zwei Monaten. Aber diese Zeit reichte nicht mehr aus, die Bevölkerung von der drohenden Gefahr zu überzeugen. Vielleicht hätten nicht einmal zwei Jahrhunderte ausgereicht. Aber eines haben wir geschafft: Alle unsere Aufzeichnungen und Daten befinden sich in dem Schutzbunker, und heute werden wir die Sonnenfinsternis fotografieren. Der nächste Zyklus wird sein neues Leben mit der Wahrheit über dieses Phänomen beginnen können, und wenn die nächste Sonnenfinsternis in zweitausendundneunundvierzig Jahren eintritt, wird die Menschheit wenigstens darauf vorbereitet sein. Denken Sie mal ein bißchen über dieses Thema nach. Auch das sollte zu Ihrer Geschichte gehören.«

Ein schwacher Windzug bewegte die Vorhänge, als Theremon das Fenster öffnete und sich hinauslehnte. Der kühle Wind spielte in seinen Haaren. Er starrte auf seine Hand, die in dem Licht einen rötlichen Ton annahm. Eine plötzliche Auflehnung durchschoß ihn. Er fuhr herum.

»Was soll denn so Schlimmes an Dunkelheit sein, daß sie ausgerechnet mich in den Wahnsinn treiben könnte!«

Sheerin lächelte. Er drehte die leere Flasche mechanisch zwischen den Handflächen. »Haben Sie je in Ihrem Leben Dunkelheit erlebt, junger Mann?«

Theremon lehnte an die Wand. Sein Gesicht wurde nachdenklich. »Nein. Eigentlich kann ich das nicht behaupten. Aber ich *weiß* doch, was es ist. Einfach... hmm...« Er machte ein paar vage Gesten mit den Händen. Plötzlich strahlte er über das ganze Gesicht. »Einfach nur, daß kein Licht da ist. Wie in einer Höhle.«

»Waren Sie schon einmal in einer Höhle?«

»In einer *Höhle*? Selbstverständlich nicht!«

»Das dachte ich mir. Ich habe es letzte Woche einmal selbst ausprobieren wollen – einfach nur, um einmal zu sehen, wie es ist... Aber Sie glauben gar nicht, wie schnell ich wieder raus war! Ich ging so weit hinein, daß der Höhleneingang nur noch von ferne als schwacher Lichtschimmer zu erkennen war; ansonsten um mich herum alles pechschwarz. Ich hätte nie geglaubt, daß eine Person von meiner Leibesfülle so schnell rennen kann!«

Theremons Lippen kräuselten sich spöttisch. »Also, ich glaube, wenn ich da drin gewesen wäre, ich wäre bestimmt nicht rausgerannt.«

Der Psychologe musterte den jungen Mann mit ärgerlichem Stirnrunzeln. »Mensch, reißen Sie mal bloß nicht den Mund so weit auf! Ziehen Sie doch zum Spaß mal den Vorhang zu!«

Theremon blickte ihn überrascht an. »Wozu das denn?

Wenn alle sechs Sonnen gleichzeitig scheinen würden, könnte ich das verstehen. Dann würden wir uns es angenehmer machen wollen und das Licht ein bißchen dämpfen. Aber so? Wir haben doch schon so zu wenig Licht!«

»Ganz recht. Nun ziehen Sie schon den Vorhang zu, kommen dann zurück zu mir und setzen sich neben mich!«

»Na schön.« Theremon griff nach der Quaste an der Vorhangschnur und zog. Der rote Vorhangstoff glitt vor das große Fenster. Mit einem quietschenden Geräusch rutschten die Messingringe über die Vorhangschiene, und im selben Moment senkte sich düsterroter Schatten über den Raum.

Theremons Schritte hallten hohl durch die Stille, als er zum Tisch zurückging. Auf halbem Weg machte er plötzlich halt. »Ich kann Sie nicht sehen, Sir«, flüsterte er.

»Tasten Sie sich mit den Händen vor!« befahl Sheerin mit angespannter Stimme.

»Aber ich kann Sie doch nicht sehen, Sir!« Der Reporter atmete heftig. »Ich kann überhaupt nichts mehr sehen!«

»Haben Sie etwas anderes erwartet?« kam die grimmige Antwort. »Kommen Sie schon hierher und setzen Sie sich!«

Wieder hörte man, wie die Schritte sich unsicher und langsam näherten. Ein Stuhl wurde zur Seite gerückt. Wie von fern ertönte Theremons zitternde Stimme: »D-da bin ich. Ich fühle mich ... mpf ... ganz gut.«

»Es gefällt Ihnen wohl, nicht?«

»N-nein. Es ist ziemlich unangenehm. Es ist, als ob die Wände ...« Er hielt inne. »Als ob die Wände sich um einen zusammenschlössen. Ich habe ständig das Gefühl, als müßte ich sie von mir wegdrücken. Aber *verrückt* werde ich bestimmt nicht davon. Wirklich! Das Gefühl ist jetzt schon nicht mehr so schlimm wie am Anfang.«

»Okay, ziehen Sie den Vorhang wieder auf.«

Man hörte wieder vorsichtige Schritte in der Dunkelheit, dann ein Rascheln, als Theremon, während er nach der Quaste suchte, den Vorhangstoff streifte, und dann das erlösende Quietschen der Metallringe, als der Vorhang aufglitt. Rotes Licht durchflutete den Raum. Theremon stieß einen Freudenschrei aus und schaute zur Sonne hoch.

Sheerin wischte sich mit dem Handrücken die Schweißperlen von der Stirn und sagte mit leicht bebender Stimme: »Und das war bloß ein verdunkelter Raum!«

»Das kann man doch aushalten«, sagte Theremon, der schon wieder obenauf war.

»Ja, einen verdunkelten Raum kann man noch aushalten. Aber waren Sie auf der Jahrhundertausstellung in Jonglor letztes Jahr?«

»Nein, leider hatte ich nicht die Gelegenheit. Sechstausend Meilen, das war mir doch ein bißchen zu weit, auch für diese Ausstellung.«

»Nun, ich war jedenfalls da. Vielleicht haben Sie von dem sogenannten ›Tunnel der Geheimnisse‹ gehört, der damals in dem Vergnügungszentrum der Ausstellung die Hauptattraktion war – jedenfalls in den ersten zwei Monaten.«

»Ja, daran erinnere ich mich. Gab es nicht später irgendwelches Theater wegen dieses Tunnels?«

»Ja, ein bißchen, aber es wurde weitgehend vertuscht. Sehen Sie, dieser ›Tunnel der Geheimnisse‹ war nichts als ein einfacher Tunnel von einer Meile Länge – aber er war unbeleuchtet. Man setzte sich in einen kleinen offenen Wagen und holperte eine Viertelstunde lang durch die Dunkelheit. Dieses Vergnügen war ungeheuer beliebt – jedenfalls, solange es bestand.«

»Beliebt?«

»Und wie. Es liegt eine gewisse Faszination in der Furcht, wenn man weiß, daß alles nur ein Spiel ist. Ein Baby kommt mit drei Urängsten zur Welt: der Angst vor lauten Geräuschen, der Angst zu fallen, und der Angst vor der Dunkelheit. Darum sieht man auch einen besonderen Spaß darin, jemanden anzuspringen und laut ›Buuh‹ zu schreien. Und hier liegt auch der Grund dafür, daß es so einen Nervenkitzel bereitet, auf einer Achterbahn zu fahren. Und darum wurde auch der ›Tunnel der Geheimnisse‹ die Sensation auf der Ausstellung. Die Leute kamen zitternd, atemlos, manchmal halbtot vor Angst aus dem Tunnel heraus, und auf der anderen Seite stellten sie sich schon wieder in die Schlange und bezahlten ihr Eintrittsgeld für die nächste Fahrt.«

»Warten Sie mal! Da fällt mir doch was ein! Kamen nicht sogar einige tot aus dem Tunnel heraus? Auf jeden Fall ging doch das Gerücht, nachdem man den Tunnel geschlossen hatte.«

Der Psychologe schnaubte verächtlich. »Ach, was war das denn schon! Zwei oder drei starben. Die Hinterbliebenen bekamen eine Entschädigung, und der Stadtrat von Jonglor City wurde davon überzeugt, daß es besser wäre, die Sache schnell zu vergessen. Schließlich sagten sie, daß Leute mit schwachem Herz den Tunnel eben auf eigene Gefahr benutzten. Und außerdem würde so was in Zukunft bestimmt nicht mehr vorkommen. Um den Sicherheitsvorschriften Genüge zu tun, setzten sie einen Arzt in das Kassenhäuschen am Tunneleingang, und jeder, der mitfahren wollte, mußte sich einer kurzen Untersuchung unterziehen, bevor er sich in den Wagen setzen durfte. Das hatte jedenfalls zur Folge, daß die Leute noch neugieriger herbeigeströmt kamen und die Einnahmen explosionsartig in die Höhe schnellten.«

»Und dann?«

»Aber sehen Sie, da war noch was anderes. Manchmal

kamen Leute aus dem Tunnel, die machten einen völlig normalen Eindruck – scheinbar. Nur, daß sie plötzlich in kein geschlossenes Gebäude mehr hineinzukriegen waren – egal, in was für eins, ob es nun ein Palast war, ein Landhaus, ein Wohnhaus, eine Mietskaserne, ein Wochenendhäuschen, eine Hütte, eine Wellblechbude, eine Scheune oder auch bloß ein Zelt.«

Theremon starrte den Psychologen mit erschrockenem Blick an. »Heißt das, daß sie nur noch unter freiem Himmel blieben und sich weigerten, irgendwo hineinzugehen? Die mußten doch auch irgendwo schlafen!«

»Nun, sie schliefen eben im Freien.«

»Konnte man sie denn nicht dazu zwingen, in ein Haus zu gehen?«

»Oh, das versuchte man ja. Die Folge davon war, daß diese Leute fürchterliche hysterische Anfälle bekamen und versuchten, sich ihren Kopf an der nächsten Wand einzurennen. Hatten Sie es erst einmal geschafft, eine solche Person in einen geschlossenen Raum hineinzukriegen, so mußten sie ihr entweder eine Zwangsjacke verpassen oder eine Betäubungsspritze geben.«

»Die müssen ja völlig verrückt gewesen sein!«

»Das ist genau der richtige Ausdruck. Von zehn Personen, die in den Tunnel gingen, kam durchschnittlich eine in diesem Zustand wieder heraus. Man rief die Psychologen zu Hilfe, und wir taten erst einmal das Naheliegendste: Wir veranlaßten die Schließung des Tunnels.« Er breitete die Arme aus.

»Aber was war denn nun eigentlich los mit diesen Leuten?«

»Eigentlich das gleiche wie mit Ihnen vorhin, als Sie das Gefühl hatten, die Wände kämen in der Dunkelheit auf Sie zu. Der psychologische Terminus für diese Angst des Menschen vor dem Eingeschlossenwerden heißt ›Klaustrophobie‹. Die Furcht vor der Dunkelheit steht in engem Zusammenhang zu dieser Angst vor dem Erdrücktwerden. Deshalb ist die Angst vor dem einen Phänomen exakt die gleiche wie vor dem anderen. Verstehen Sie?«

»Und die Leute, die aus dem Tunnel kamen, hatten das also?«

»Diese Leute gehörten zu den Unglücklichen, die nicht über genügende geistige Abwehrkräfte verfügen, diese Klaustrophobie abzuwenden. Als sie in dem Tunnel waren, wurden sie quasi von ihr übermannt. Fünfzehn Minuten ohne Licht; das ist eine lange Zeit. Sie brauchten vorhin die Dunkelheit höchstens zwei oder drei Minuten zu ertragen; und trotzdem machten Sie schon einen hochgradig erregten Eindruck auf mich.

Die Leute aus dem Tunnel hatten eine sogenannte ›klaustrophobische Fixierung‹. Ihre schon latent vorhandene Furcht vor Dunkelheit und geschlossenen Räumen hatte sich gewissermaßen kristallisiert und war aktiv geworden. Soweit wir das bis jetzt beurteilen können, ist sie bei ihnen damit zu einem Dauerzustand geworden. Da sehen Sie einmal, was eine Viertelstunde Dunkelheit alles anrichten kann!«

Langes Schweigen trat ein. Nach einer Weile runzelte Theremon die Stirn. »Ich glaube einfach nicht, daß es so schlimm ist.«

»Sie wollen es bloß nicht wahrhaben, daß es so ist«, sagte Sheerin bissig. »Sie haben Angst davor, es glauben zu müssen. Schauen Sie aus dem Fenster!«

Theremon tat wie gewünscht, und der Psychologe redete, ohne eine Pause zu machen, weiter: »Stellen Sie sich vor, alles wäre völlig dunkel – weit und breit kein Licht. Alles, was Sie jetzt noch sehen können – Häuser, Bäume, Felder, die Erde, der Himmel – alles schwarz, pechschwarz! Und jetzt fallen Sterne über Sie her – wie auch immer die aussehen mögen. Können Sie sich das vorstellen?«

»Jawohl, das kann ich!« erwiderte Theremon trotzig.

In plötzlich aufflammendem Zorn ließ Sheerin die Faust auf den Tisch krachen. »Sie lügen! Keiner kann das! Auch Sie nicht! Ihr Gehirn ist für eine solche Vorstellung genausowenig konstruiert wie für die Vorstellung der Unbegrenztheit oder der Ewigkeit! Sie können nur darüber sprechen. Schon ein Zipfel der Realität, die von den gewohnten Erfahrungen abweicht, versetzt Sie in Aufregung. Und wenn dann diese Realität voll über Sie hereinbricht, ist Ihre Vorstellungskraft plötzlich mit einem Phänomen konfrontiert, das jenseits Ihres Erfassungsvermögens liegt. Sie werden wahnsinnig werden – völlig und unheilbar! Und daran besteht nicht der geringste Zweifel!«

Und mit trauriger Stimme fügte er hinzu: »Und erneut werden sich zwei Jahrtausende mühevoller Arbeit in Nichts auflösen. Morgen wird es auf ganz Lagash nicht mehr eine einzige Stadt geben, die nicht dem Erdboden gleichgemacht worden ist.«

Theremons seelisches Gleichgewicht hatte sich inzwischen wieder halbwegs stabilisiert. »Das muß doch nicht unbedingt die Folge sein. Ich sehe noch immer nicht ein, weshalb ich überschnappen soll, nur weil keine Sonne am Himmel steht. Aber selbst wenn ich verrückt würde und alle anderen mit mir, was für einen Schaden würde das denn unseren Städten zufügen? Wir würden sie doch nicht in die Luft jagen!«

Gereizt antwortete Sheerin: »Wenn Sie im Dunkeln ständen, wonach würden Sie sich am meisten sehnen? Was würden Sie sich mehr als alles auf der Welt herbeiwünschen? Licht, verdammt noch mal, *Licht*!«

»Na und?«

»Und wie würden Sie Licht bekommmen?«

»Keine Ahnung«, sagte Theremon hilflos.

»Welches ist denn die einzige Möglichkeit, sich Licht zu verschaffen, wenn die Sonnen nicht scheinen?«

»Woher soll ich das denn wissen?«

Sie standen ganz nah beieinander, ihre Gesichter berührten sich fast.

»Sie stecken was in Brand, Mister. Schon mal einen Waldbrand gesehen? Schon mal beim Picknick was über einem offenen Feuer gebraten? Brennendes Holz spendet nämlich nicht nur Wärme, müssen Sie wissen. Es gibt auch Licht von sich. Und das wissen die Leute. Und wenn es dunkel ist, wollen sie Licht, und sie kriegen es auch!«

»Heißt das, daß sie Holz anzünden?«

»Das heißt, daß sie das anzünden, was sie gerade in die Finger bekommen. Sie brauchen Licht, und da Holz meistens nicht zur Hand ist, verbrennen sie das, was ihnen gerade in die Quere kommt. Sie werden ihr Licht bekommen – aber gleichzeitig bedeutet das, daß jedes bewohnbare Haus in Flammen aufgehen wird.«

Sie starrten einander in die Augen, als sei die ganze Angelegenheit eine persönliche Meinungsverschiedenheit zwischen ihnen, und als sollte der recht behalten, der den stärkeren Willen besäße. Schließlich wandte Theremon wortlos den Blick ab. Sein Atem ging heftig und stoßweise. Zuerst hörte er kaum den plötzlichen Lärm, der durch die geschlossene Tür aus dem angrenzenden Raum drang.

Sheerin sprach als erster, und es kostete ihn einige Mühe, seiner Stimme einen ruhigen und emotionslosen Klang zu geben. »Ich glaube, das war gerade Yimots Stimme. Anscheinend sind er und Faro zurückgekehrt. Gehen wir hinüber und hören mal, wo sie so lange gesteckt haben.«

»Meinetwegen«, murmelte Theremon. Er sog tief Luft ein und schüttelte sich, als wollte er seinen Ärger und die Spannung abstreifen.

Das Nebenzimmer war in Aufruhr. Die Mitglieder des Stabes drängten sich um zwei Männer, die gerade ihre Mäntel ausgezogen und kaum gegen das auf sie hereinprasselnde Bombardement von Fragen ankamen.

Aton bahnte sich einen Weg durch das Gewühl, schaute die beiden Männer kurz an und polterte wütend los: »Seid ihr euch eigentlich darüber im klaren, daß es bis zum Countdown nur noch eine knappe halbe Stunde ist? Wo habt ihr beiden denn nur gesteckt?«

Faro 24 nahm erst einmal Platz und massierte sich die Hände. Er hatte von der draußen herrschenden Kälte noch ganz rote Wangen. »Yimot und ich haben soeben ein kleines Privatexperiment durchgeführt. Wir haben versucht, eine Vorrichtung zu konstruieren, mit der man das Auftreten der Dunkelheit und der Sterne simulieren kann, und schon im voraus eine ungefähre Vorstellung von dem zu haben, was uns morgen erwartet.«

Erstaunte Gesichter; Gemurmel ging durch den Raum. In Atons Augen leuchtete ein plötzliches Interesse auf. »Davon hat ja keiner etwas gewußt. Wie sind Sie auf den Gedanken gekommen?«

»Wir hatten schon lange die Idee«, fuhr Faro fort, »Yimot und ich, und wir haben in unserer Freizeit daran gearbeitet. Yimot kannte da ein niedriges, einstöckiges Haus unten in der Stadt. Das Besondere daran ist das gewölbte Dach – es war wohl früher einmal ein Museum. Jedenfalls kauften wir es ...«

»Woher hatten Sie das Geld?« fiel ihm Aton scharf ins Wort.

»Wir haben unsere Bankkonten aufgelöst. Es kostete bloß

zweitausend«, brummte Yimot 70. Dann fügte er rechtfertigend hinzu: »Was soll's schon? Morgen sind zweitausend Banknoten doch bloß noch zweitausend wertlose Papierfetzen, sonst nichts.«

Faro nickte zustimmend. »Wir kauften also das Haus und schlugen es vom Dach bis zum Boden mit schwarzem Samt aus, um den Effekt größtmöglicher Dunkelheit zu erzielen. Dann bohrten wir kleine Löcher in das Dach und durch den Stoff und bedeckten sie mit kleinen Metalldeckeln, die man alle gleichzeitig mit einem Knopfdruck zur Seite gleiten lassen konnte. Diese Konstruktion machten wir natürlich nicht selbst; wir zogen einen Zimmermann, einen Elektriker und noch ein paar andere zu Rate – Geld spielte ja keine Rolle. Es ging uns darum, das ganze Ding so einzurichten, daß das Licht durch diese Löcher im Dach in das Haus fiel. Auf diese Weise wollten wir einen sternenähnlichen Effekt erzielen.«

Atemlose Stille trat ein. Dann sagte Aton steif: »Sie hatten nicht das Recht, private...«

»Ich weiß, Sir«, antwortete Faro, der ziemlich kleinlaut wirkte, »aber, offengestanden, Yimot und ich hielten das Experiment für ziemlich gefährlich. Wenn der erwartete Effekt nicht eintrat, mußten wir uns ja halbwegs damit abfinden, verrückt zu werden. Ehrlich gesagt, nach allem, was Sheerin darüber berichtet hatte, waren wir fast überzeugt davon. Wir beschlossen also, das Risiko allein auf uns zu nehmen. Andererseits, so dachten wir, kommen wir heil aus der Sache heraus, haben wir vielleicht die Möglichkeit, eine Methode auszudenken, die uns der wirklichen Dunkelheit gegenüber eine gewisse Immunität verleiht. In dem Falle wollten wir dann alle anderen einweihen und derselben Behandlung unterziehen. Aber leider klappte das Experiment ganz und gar nicht.«

»Warum nicht? Was geschah dann?«

Diesmal antwortete Yimot. »Wir schlossen uns ein und warteten ab, ob sich unsere Augen an die Dunkelheit gewöhnten. Es ist ein scheußlich beklemmendes Gefühl, wenn man allmählich den Eindruck bekommt, die Wände und die Decke kämen auf einen zu. Aber irgendwie überstanden wir diese Minuten. Wir betätigten den Schalter. Die Metalldeckel glitten zur Seite, und über das ganze Dach verteilt leuchteten kleine Lichtpunkte auf...«

»Und weiter?«

»Weiter – weiter nichts. Das war ja das Verrückte daran. Es geschah überhaupt nichts! Es war nichts weiter als ein Dach mit Löchern, und genauso sah es auch aus. Wir versuchten es immer wieder – darum waren wir ja auch so lange weg –, aber so oft wir das Experiment wiederholten, der Effekt war gleich null.«

Erschrockenes Schweigen folgte. Langsam richteten sich alle Augen auf Sheerin, der regungslos mit offenem Mund dasaß.

Als erster fand Theremon seine Sprache wieder. »Sheerin, Sie sind sich doch darüber im klaren, daß das Ihre ganze schöne Theorie über den Haufen wirft.« Er grinste erleichtert.

Aber Sheerin hob die Hand. »Langsam, nicht so voreilig sein. Laßt mich die Sache mal einen Moment durchdenken.« Nach ein paar Sekunden schnippte er mit den Fingern, und als er den Kopf hob, war keine Spur von Erstaunen oder Unsicherheit mehr in seinen Augen zu sehen. »Natürlich...«

Er kam nicht dazu, den Satz zu Ende zu sprechen. Aus den oberen Räumen ertönte ein helles Klirren. Beenay sprang wie der Blitz auf und schoß die Treppe hoch. »Was, zum Teufel...«

Die anderen folgten ihm auf dem Fuße.

Dann ging alles sehr schnell. Oben in der Kuppel angekommen, sah Beenay mit einem einzigen entsetzten Blick die zerbrochenen fotografischen Platten... und den Mann, der sich soeben über sie beugte. Mit fürchterlichem Wutgeheul warf er sich auf den Eindringling und bekam ihn an der Gurgel zu fassen. Ein wüstes Handgemenge folgte, und als auch die anderen Mitglieder des Stabes über den Fremden herfielen, wurde dieser von dem Leiberknäuel fast verschluckt und ächzte laut unter dem Gewicht von einem halben Dutzend zorniger Männer.

Als letzter kam Aton schweratmend die Treppe herauf. »Laßt ihn aufstehen!«

Nur zögernd entwirrte sich das Knäuel, und die Männer, die nur widerwillig von dem Fremden abließen, zogen ihn hoch auf die Knie. Das Herz pochte ihm fast hörbar gegen die Rippen. Mit zerrissenen Kleidern und einer rasch anschwellenden Beule auf der Stirn kniete er nun vor Aton. Sein kurzer blonder Bart war sorgfältig nach der Art der Kultisten gestutzt.

Beenay löste seinen Würgegriff um den Hals des Eindringlings und packte ihn sogleich fest bei den Rockaufschlägen. Wütend schüttelte er den Mann. »Nun pack mal aus, du verdammte Ratte! Was hattest du vor mit den Platten?«

»Die Platten interessierten mich gar nicht«, gab der Kultist kühl zurück. »Das war ein unglücklicher Zufall.«

Beenay parierte den glühenden Blick des Mannes.

»Ah, ich verstehe«, zischte er. »Du hattest es auf die Kameras abgesehen. Du kannst wirklich von Glück reden, da du nur die Platten erwischt hast. Wenn du dich an der ›Klickenden Berta‹ oder an einer der anderen Kameras vergriffen hättest, dann hätte ich dich ganz genüßlich zu Tode gefoltert. Aber...« Er holte mit der Faust zu einem Schlag aus.

Aton hielt seinen Arm fest. »Schluß damit! Lassen Sie ihn!«

Der junge Techniker zauderte einen Augenblick. Dann ließ er widerwillig seinen Arm sinken. Aton schob ihn beiseite und schaute dem Kultisten ins Gesicht.

»Sie sind doch Latimer, nicht wahr?«

Der Kultist machte eine steife Verbeugung und zeigte auf das Abzeichen oberhalb seiner Hüfte. »Ich bin Latimer 25, Adjutant dritten Grades Seiner Erhabenheit Sor 5.«

»Sie waren doch« – Aton hob seine weißen Augenbrauen, als er den Mann erkannte – »der Begleiter Seiner Erhabenheit, als er mich in der letzten Woche aufsuchte, nicht wahr?«

Latimer verbeugte sich zum zweitenmal.

»Nun, was wünschen Sie also?«

»Etwas, das Sie mir freiwillig nicht geben würden.«

»Hat Sor 5 Sie hierher geschickt, oder was es Ihre eigene Idee?«

»Ich werde diese Frage nicht beantworten.«

»Haben wir weitere Besuche seitens Ihrer Leute zu erwarten?«

»Auch diese Frage werde ich nicht beantworten.«

Aton warf einen Blick auf seine Uhr und sagte ärgerlich: »Nun sprechen Sie schon, Mann! Was will Ihr Herr von mir? Meinerseits bestehen keinerlei Verpflichtungen mehr, was unsere gemeinsame Abmachung betrifft.«

Latimer lächelte schwach, sagte aber kein Wort.

»Vielleicht erinnern Sie sich«, fuhr Aton mit gereiztem Unterton in der Stimme fort. »Ich bat ihn um gewisse Daten, über die nur die Kultisten verfügen, und ich erhielt diese Daten. Dafür spreche ich meinen Dank aus. Ich versprach Ihrem Herrn, als Gegenleistung dafür den wissenschaftlichen Beweis für die grundsätzliche Richtigkeit des kultischen Glaubens zu liefern.«

»Dafür bedarf es keines Beweises mehr«, entgegnete der Kultist stolz. »Das Buch der Offenbarungen ist seit Jahrhunderten Beweis genug.«

»Für die paar Leute, die dem Kult anhängen, schon. Tun Sie nicht so, als mißverstünden Sie mich. Ich machte Ihrem Herrn das Angebot, den *wissenschaftlichen* Beleg für Ihren Glauben zu liefern. Und genau das habe ich bisher auch getan.«

Die Augen des Kultisten verengten sich. »Ja, das haben Sie auch getan«, sagte er mit bitterer Stimme. »Mit der Schläue eines Fuchses sind Sie dabei vorgegangen. Denn Ihre sogenannten wissenschaftlichen Beweise bestätigen zwar die Richtigkeit unseres Glaubens, andererseits aber entzogen sie ihm jede Daseinsberechtigung. Sie degradierten die Dunkelheit und die Sterne zu bloßen kalkulierbaren Naturerscheinungen und beraubten sie damit ihrer wahren Bedeutung. Das war Blasphemie!«

»Wenn die Dinge aber so sind, dann ist es nicht meine Schuld. Die Fakten sind nun einmal da, unwiderlegbar. Was erwarten Sie anderes von mir, als daß ich sie bestätige?«

»Ihre sogenannten Fakten sind nichts weiter als Schwindel und Betrug!«

Aton stampfte zornig mit dem Fuß auf. »Wie kommen gerade Sie dazu, so etwas zu behaupten?«

Die Antwort kam mit der absoluten Sicherheit bedingungslosen Glaubens. »Ich *weiß* es!«

Der Direktor lief rot an, und Beenay flüsterte ihm mit eindringlicher Gestik etwas zu. Aton machte mit der Hand eine eindeutige Bewegung, die ihn sofort verstummen ließ.

»Und was will Sor 5 von uns? Ich vermute, er ist immer noch der Ansicht, daß wir das Heil zahlloser Seelen vernichten, indem wir versuchen, der Welt nahezubringen, Maßnahmen gegen die drohende Gefahr des Wahnsinns zu ergreifen. Vielleicht beruhigt es ihn, zu erfahren, daß uns das nicht im geringsten gelungen ist.«

»Schon der Versuch, es zu tun, hat genügend Schaden angerichtet. Ihre Anstrengungen, mit diesen teuflischen Instrumenten und Apparaten noch tiefer in das Geheimnis einzudringen, sind eine schreckliche Sünde. Die Versuche müssen daher sofort unterlassen werden. Wir Kultisten unterwerfen uns dem Willen der Sterne, und ich kann nur zutiefst bedauern, daß meine Ungeschicklichkeit mich vorhin daran gehindert hat, all dies Teufelswerk hier zu vernichten.«

»Davon hätten Sie nicht viel gehabt«, erwiderte Aton. »Alle unsere Daten und Ergebnisse, abgesehen von denen, die wir heute bei dem bevorstehenden Ereignis gewinnen wollen, sind an einem sicheren Orte untergebracht, wo Sie sie nicht zerstören können.« Er lächelte grimmig. »Aber das ändert auch nichts daran, daß wir Sie als auf frischer Tat ertappten Einbrecher anzusehen und zu behandeln haben.«

Er drehte sich den Männern zu. »Jemand soll die Polizei in Saro City verständigen.«

Sheerin stieß einen entsetzten Schrei aus. »Verdammt, Aton, sind Sie übergeschnappt? Für so etwas haben wir wirklich keine Zeit mehr. Warten Sie ...« – er drängte sich durch das Gewühl – »lassen Sie mich das in die Hand nehmen.«

Aton schaute den Psychologen mißbilligend an. »Wenn wir für etwas keine Zeit mehr haben, dann ist es für Ihren Zirkus, Sheerin. Sind Sie bitte so freundlich, mir zu gestatten, diese Angelegenheit auf meine Weise zu regeln? Im

Augenblick sind Sie hier ohnehin nur ein Außenstehender, vergessen Sie das doch bitte nicht.«

Sheerins Gesichtsausdruck sprach Bände. »Was soll denn der Unfug? Jetzt noch, da die Verdunkelung Betas nur noch die Sache von ein paar Minuten ist, einen solchen Aufwand zu machen, wo doch dieser junge Mann hier offensichtlich bereit ist, sein Ehrenwort dafür zu geben, daß er sich nicht vom Fleck rührt und sich jeglicher Störungsversuche enthält.«

Die Antwort des Kultisten kam prompt. »Das werde ich nicht tun. Es steht Ihnen frei zu tun, was Sie für richtig halten, aber ich muß Sie ganz offen warnen: Sobald ich die geringste Chance dazu sehe, werde ich das vollenden, wozu ich hierhergekommen bin. Wenn Sie sich auf mein Ehrenwort verlassen wollen, so rate ich Ihnen, doch lieber die Polizei zu benachrichtigen.«

Sheerin lächelte ihm freundlich ins Gesicht. »Sie sind wohl fest entschlossen, hier den Helden zu spielen, was, Sie kleiner verfluchter Sauhund? So, jetzt will ich Ihnen mal was erzählen. Sehen Sie den jungen Mann da am Fenster? Ein starker, rauher Bursche, nicht wahr? Er kann hervorragend mit seinen Fäusten umgehen. Übrigens ist auch er ein Außenstehender. Wenn die Verfinsterung beginnt, wird er keine weitere Aufgabe haben, als Sie ein wenig im Auge zu behalten. Darüber hinaus bin auch ich noch da. Ich bin zwar vielleicht ein bißchen zu dick für Boxkämpfe, aber ich kann sicherlich ein bißchen mithelfen.«

»Und was wollen Sie tun?« fragte der Kultist eisig.

»Hören Sie schön zu. Ich erkläre es Ihnen«, kam die Antwort. »Sobald die Verfinsterung eingetreten ist, werden Theremon und ich Sie packen und in einem kleinen Schrank deponieren, der kein Fenster hat und nur eine Tür, die wir mit einem dicken Schloß verriegeln werden. Darin werden Sie es sich gemütlich machen, bis der ganze Spuk vorbei ist.«

»Und danach«, keuchte Latimer, »wird niemand mehr da sein, der mich noch herauslassen könnte. Ich weiß genausogut wie Sie, was das Erscheinen der Sterne bedeutet... Ich weiß es weit besser als Sie! Wenn Sie alle wahnsinnig geworden sind, werden Sie gar nicht mehr fähig sein, mich wieder aus dem Schrank zu lassen, und ich soll dort langsam und qualvoll ersticken oder verhungern, nicht wahr? So etwas Ähnliches habe ich auch von euch Wissenschaftlern erwartet. Aber trotz alledem werde ich Ihnen nicht mein Ehrenwort geben. Es ist für mich eine Frage des Prinzips, und ich will nicht weiter darüber diskutieren.«

Aton machte einen fast verstört zu nennenden Eindruck. Seine blassen Augen schauten den Psychologen sorgenvoll an.

»Sheerin, wirklich, ich muß Sie bitten – *einschließen* –, das geht doch nicht!«

»Bitte!« Sheerin bedeutete ihm ungeduldig zu schweigen. »Ich glaube keine Sekunde daran, daß es soweit kommen muß. Latimer hat soeben lediglich einen kleinen Bluff ausprobiert. Aber schließlich bin ich ja nicht nur Psychologe, weil mir das Wort so gut gefällt.« Er grinste den Kultisten an. »Hören Sie, Sie glauben doch wohl nicht im Ernst, daß ich dazu fähig wäre, Sie langsam verhungern zu lassen. Mein lieber Latimer, wenn ich Sie in den Schrank sperre, dann werden Sie weder die Dunkelheit sehen noch die Sterne. Man braucht nicht viel von den fundamentalen Glaubenssätzen der Kultisten zu kennen, um zu wissen, was das bedeutet. Es bedeutet, daß Sie Ihre unsterbliche Seele verlieren müssen, wenn Sie das Erscheinen der Sterne nicht mit eigenen Augen erleben. Nun, ich will annehmen, daß Sie ein Mann von Ehre sind. Wenn Sie mir Ihr

Wort geben, keine weiteren Anstrengungen zu machen, unsere Arbeit zu sabotieren, dann will ich es gern annehmen.«

Die Adern in Latimers Schläfen pochten, und er schien in sich selbst zusammenzusacken, als er kaum hörbar murmelte: »Sie haben mein Wort.« Und in plötzlich aufflammendem Haß fügte er hinzu: »Aber wenigstens eine Genugtuung habe ich. Sie alle werden für Ihr schändliches Treiben bis in alle Ewigkeit verdammt sein!« Er wandte sich auf dem Absatz um und ging aufrecht und mit stolzem Gang zu dem hohen, dreibeinigen Hocker, der nahe an der Tür stand.

Sheerin nickte dem Reporter zu. »Theremon, setzen Sie sich doch neben ihn – nur der Form halber. Heh, Theremon!«

Aber der Zeitungsmann rührte sich überhaupt nicht. Sein Gesicht war kreidebleich. »Schauen Sie nur!« Seine Stimme war ganz brüchig und versagte ihm fast ihren Dienst. Sein Finger, mit dem er auf den Himmel deutete, zitterte.

Alle Augen folgten gebannt der Richtung, die der Finger wies. Fast gleichzeitig ging ein Ton des Entsetzens über die Lippen der Männer. Den Atem anhaltend starrten alle vor Schreck gelähmt hinaus.

Beta war kein Kreis mehr!

Das kleine Stück Schwärze, das sich in die Sonne hineingefressen hatte, war nicht viel größer als die Fläche eines Fingernagels am Rand eines Tellers. Aber auf die mit blankem Entsetzen starrenden Beobachter wirkte es hundertmal größer. Es war das Hereinbrechen des Weltuntergangs!

Nur einen Moment lang hatten sie auf Beta geblickt. Danach verfielen alle in laute, planlos scheinende Hektik. Aber nur für Sekunden. Das hektische Gewirr verwandelte sich in zielstrebige Aktivität – jeder nahm blitzartig seinen vorgeschriebenen Posten ein. In diesem entscheidenden Augenblick gab es für die Männer keinen Platz für Emotionen. Sie waren nur noch nüchtern denkende Wissenschaftler, die ihre Aufgabe zu erfüllen hatten. Sogar Aton hatte sich sofort an seinen Platz begeben.

Prosaisch stellte Sheerin fest: »Die erste Berührung muß vor etwa einer Viertelstunde erfolgt sein. Ein bißchen früh, aber in Anbetracht der Unsicherheitsfaktoren in unseren Berechnungen sehr exakt.« Er blickte sich um und ging auf den Zehenspitzen zu Theremon, der noch immer wie gebannt aus dem Fenster starrte und schob ihn sanft zur Seite.

»Aton ist wütend«, sagte er im Flüsterton, »also gehen Sie besser vom Fenster weg. Wegen des Zwischenfalls mit Latimer hat er den Moment des ersten Kontaktes zwischen Beta und dem Mond verpaßt, und wenn Sie ihm jetzt auch noch die Sicht versperren, bringt er es noch fertig und läßt Sie aus dem Fenster werfen.«

Theremon nickte kurz und setzte sich. Sheerin musterte ihn erstaunt.

»Teufel, Mann!« rief er aus. »Sie zittern ja am ganzen Leib!«

»Eh?« Theremon leckte sich über die trockenen Lippen und lächelte gequält. »Ich fühle mich nicht besonders, wirklich nicht.«

Der Blick des Psychologen wurde hart. »Sie werden doch jetzt bloß nicht die Nerven verlieren!«

»Nein!« schrie Theremon in plötzlicher Wut auf. »Geben Sie mir doch eine Chance! Ich habe diesen ganzen Zauber wirklich nicht so recht ernstgenommen, nicht in dieser Tragweite jedenfalls – bis zu dieser Minute. Lassen Sie mir Zeit, daß ich noch versuchen kann, mich an den Gedanken zu gewöhnen. Sie bereiten sich schließlich schon seit zwei Monaten oder länger darauf vor.«

»Eigentlich haben Sie ja recht«, antwortete Sheerin nachdenklich. »Sagen Sie, haben Sie Familie – Eltern, eine Frau, Kinder?«

Theremon verneinte. »Sie denken an den Schutzbunker, nicht wahr? Aber machen Sie sich hierüber keine Sorgen. Ich habe eine Schwester, aber sie wohnt zweitausend Meilen von hier entfernt. Ich kenne nicht einmal ihre genaue Adresse.«

»Und Sie selbst? Sie hätten noch genug Zeit, den Bunker zu erreichen, und seit ich fort bin, fehlt denen sowieso einer. Schließlich haben wir ohnehin keine Verwendung für Sie, und für die Leute drüben wären Sie eine ganz nette Ergänzung.«

Theremon blickte seinem Gesprächspartner mit müden Augen an. »Sie glauben, ich mache mir vor Angst in die Hosen, nicht? Aber nehmen Sie eins zur Kenntnis, Mister: Ich bin Reporter und habe die Aufgabe übernommen, eine Story über diese Sache zu schreiben. Ich habe die feste Absicht, das auch zu tun.«

Ein schwaches Lächeln erschien auf den Zügen des Psychologen. »Ich verstehe. Berufsehre, nicht wahr?«

»Nennen Sie es, wie Sie wollen. Aber, Mann, ich würde jetzt meine rechte Hand für eine halbe Flasche von dem Zeug geben, von dem Sie vorhin eine ganze runtergezischt haben. Wenn jemals einer einen Drink gebraucht hat, dann bin ich's in diesem Moment.«

Er brach ab. Sheerin stieß ihn heftig in die Seite. »Hören Sie mal!«

Theremon folgte Sheerins Blick. Vor dem Fenster stand der Kultist und starrte in den Himmel. Er war völlig in sich gekehrt und schien alles andere um sich herum vergessen zu haben. Ein Ausdruck gänzlicher Verzückung lag auf seinem Gesicht, und er summte in einem fremdartig klingenden Singsang etwas vor sich hin.

»Verstehen Sie, was er singt?« fragte Theremon im Flüsterton.

»Ich glaube, er zitiert aus dem fünften Kapitel des ›Buches der Offenbarungen‹«, antwortete Sheerin. »Aber still, hören Sie mal genau zu!« setzte er eindringlich hinzu.

Die Stimme des Kultisten hatte plötzlich an Eindringlichkeit und Inbrunst zugenommen.

»Und es geschah, daß in jenen Tagen die Sonne Beta einsam am Himmel stand und Wache hielt für immer längere Dauer. Und so kam es, daß sie alsbald solange allein war, wie eine halbe Umdrehung währet und einsam, matt und kalt die Welt beschien.

Und die Menschen versammelten sich auf den Plätzen und den Straßen, und sie erschauerten vor der wundersamen Erscheinung, und sie wehklagten, denn eine tiefe Bedrückung hatte sie in Besitz genommen. Und ihre Sinne waren verwirrt und ihre Zungen, denn ihre Seelen harrten des Kommens der Sterne.

Und in der Stadt, die da heißt Trigon, trat zur Mittagsstunde Vendret 2 vor die Menge und sprach zu den Einwohnern von Trigon: ›Höret, ihr Sünder, und vernehmet, was ich euch sage! Oft seid ihr abgewichen vom Pfade der Gerechtigkeit, und nun ist der Tag der Abrechnung gekommen. Denn schon nähert sich die Höhle, und sie wird Lagash verschlingen und alles, was darauf lebt.‹

Und so er noch sprach, öffnete die Höhle ihren gewaltigen Schlund und berührte schon den Rand von Beta mit den Lippen, so daß kein Auge auf Lagash ihn noch zu erblicken vermochte. Und ein schreckliches Wehklagen hob an, als die Menschen sahen, wie Beta immer tiefer in den

Schlund der Höhle der Dunkelheit sank, und gewaltig war die Seelenqual, die über das Volk hereinbrach.

Und es geschah, daß die Dunkelheit der Höhle auf Lagash fiel und alles Licht verschlang. Und die Menschen erblindeten, und keiner sah mehr seinen Nachbarn, wiewohl er dessen Atem auf seiner Wange spürte.

Und in der Schwärze der Finsternis kamen die Sterne, und es waren unzählige, und es erklang eine Musik von solch wundersamer Schönheit, daß die Blätter der Bäume sich in Zungen verwandelten und vor Bewunderung aufschrien.

Und in diesem Augenblick verließen die Seelen die Körper der Menschen, und die verlassenen Leiber wurden zu Tieren, ja, zu wilden reißenden Bestien, die mit fürchterlichem Geheul durch die schwarzen Straßen der Städte von Lagash rasten.

Und von den Sternen fuhr die Himmlische Flamme herab, und so sie die Erde berührte, gingen die stolzen Städte von Lagash in Flammen auf, so daß von den Menschen und ihren Werken nichts übrig blieb.

Alsdann...«

Plötzlich änderte sich Latimers Tonfall ein wenig. Zwar hatte er den Blick nicht zur Seite gewandt, aber irgendwie schien ihm doch die gespannte Aufmerksamkeit der beiden Zuhörer nicht entgangen zu sein. Nahtlos, ohne eine Atempause einzulegen, änderte er die Klangfarbe der Wörter. Die Silben hörten sich mit einem Mal flüssiger an.

Theremon blickte überrascht. Die Worte kamen ihm eigentümlich bekannt vor, und doch klangen sie fremdartig. Irgendwie war die Wortmelodie ungewohnt, und auch die Betonung der Vokale wich von der Norm ab. Weiter war eigentlich nichts zu bemerken, und doch war Latimers Sprache völlig unverständlich geworden.

Sheerin grinste spitzbübisch. »Er ist jetzt in die Sprache irgendeines alten Zyklus übergewechselt; wahrscheinlich des zweiten, auf den sich ihre Tradition gründet. Auch das ›Buch der Offenbarungen‹ ist ja ursprünglich in dieser Sprache geschrieben worden, wie Sie vielleicht wissen.«

»Das macht nichts; ich habe schon genug gehört.« Theremon schob seinen Stuhl zurück und fuhr sich mit den Händen durch die Haare. Sie hatten aufgehört zu zittern. »Ich fühle mich schon wieder viel besser.«

»Tatsächlich?« Sheerin schien ein wenig überrascht zu sein.

»Ja, wirklich. Vorhin hing mir das Herz noch ganz schön in der Hose. Erst Ihre Geschichten, und dann auch noch der tatsächliche Beginn der Verfinsterung – das hätte mir fast den Rest gegeben. Aber was der Knabe da ...« – er deutete mit dem Daumen verächtlich auf den blondbärtigen Kultisten – »von sich gibt, ist genau die Sorte von Ammenmärchen, die mir mein Kindermädchen immer erzählt hat. Über solche Art von Schwachsinn habe ich mein ganzes Leben lang lachen müssen. Und ich habe nicht vor, mich ausgerechnet heute davon ins Bockshorn jagen zu lassen.«

Er sog die Lungen voll Luft und sagte mit hektischer Fröhlichkeit: »Aber wenn ich meine gute Stimmung beibehalten will, dann rücke ich doch meinen Stuhl lieber vom Fenster weg.«

»Tun Sie das«, sagte Sheerin, »aber sprechen Sie lieber ein wenig leiser. Aton hat eben seinen Kopf aus dem Kasten, in den er ihn hineingesteckt hat, gezogen und Ihnen einen Blick zugeworfen, als wollte er Sie erwürgen.«

Theremon zog eine Schnute. »Den alten Knaben hätte ich fast vergessen.« Mit übertriebener Vorsicht nahm er den Stuhl vom Fenster weg, warf einen mißmutigen Blick über die Schulter zum Fenster hinaus und sagte: »Ich werde das

Gefühl nicht los, daß es irgendeine Möglichkeit gibt, sich gegen diesen Wahn, der beim Anblick der Sterne auftritt, zu immunisieren.«

Der Psychologe antwortete nicht sofort. Beta hatte mittlerweile den Zenit schon überschritten, und das rötliche Lichtquadrat, das durch das Fenster in den Raum fiel, war langsam vom Fußboden in Sheerins Schoß gewandert. Gedankenverloren starrte er auf den mattroten Fleck. Dann hob er den Kopf und schaute mit zusammengekniffenen Augen direkt in die Sonne hinein.

Die winzige Kerbe in ihrem Rand war zu einem großen schwarzen Ausschnitt angewachsen, der bereits ein Drittel von Betas Oberfläche verdeckte. Ihn schauderte. Als er sich wieder aufrichtete, hatten seine Wangen einiges von ihrem gesunden Rot verloren.

Mit einem Lächeln, das fast ein wenig entschuldigend wirkte, drehte auch er seinen Stuhl herum, so daß er mit dem Rücken zum Fenster saß. »Heute versuchen bestimmt zwei Millionen Leute in Saro City, in einer gigantischen Wiederbelebungsaktion ihre längst vergessenen religiösen Gefühle wieder hervorzukramen und so schnell wie möglich dem Kult beizutreten.« Und mit ironischem Ton fügte er hinzu: »Die beiden haben für eine Stunde eine unerwartete Hochkonjunktur. Ich bin sicher, daß sie das beste draus machen. Nun, wovon sprachen Sie vorhin doch gleich?«

»Mir ist da etwas nicht ganz einleuchtend. Wie ist es den Kultisten eigentlich gelungen, ihr ›Buch der Offenbarungen‹ über so viele Zyklen hinweg zu überliefern, und irgendwann muß es doch auch auf Lagash jemanden gegeben haben, der die Katastrophe gesund überstand und es niederschrieb? Es muß doch irgendeinen Abwehrmechanismus gegen den Wahnsinn geben, andernfalls wäre das Buch ja nie geschrieben worden.«

Sheerin warf seinem Gegenüber einen traurigen Blick zu. »Tja, junger Mann, einen lebenden Augenzeugen haben wir leider nicht. Aber wir haben ein paar verdammt gute Vorstellungen, wie es sich ereignet haben könnte. Schauen Sie, es gibt drei Arten von Menschen, die ein solches Ereignis relativ unbeschadet überstehen können. Da ist zunächst einmal die Gruppe derjenigen, die die Sterne und die Dunkelheit überhaupt nicht sehen können; nämlich zum einen die Blinden und zum anderen die, die sich zu Beginn der Verfinsterung einen Rausch ansaufen, aus dem sie erst wieder aufwachen, wenn alles vorbei ist. Die können wir wohl ausschließen, denn das sind ja keine richtigen Augenzeugen. Als nächstes kommen in Betracht Kinder unter sechs Jahren. Für sie ist die Welt als Ganzes noch zu neu und zu undurchschaubar, als daß Sterne und Dunkelheit sie in Furcht versetzen könnten. Sie sind nichts weiter als neue Eindrücke in einer ohnehin an Überraschungen reichen Welt. Das leuchtet Ihnen doch ein, nicht wahr?«

Der andere nickte skeptisch. »Ja, so in etwa.«

»Schließlich gibt es noch diejenigen, deren Gemüt einfach zu grob strukturiert ist, als daß solche Ereignisse ihren Geist völlig verwirren könnten. Die gänzlich Unsensiblen werden also kaum berührt – damit meine ich zum Beispiel Leute wie ein paar unserer alten Bauern, denen ein Leben voller Arbeit die Sinne abgestumpft hat. So, die flüchtigen Erinnerungen der Kinder, vermischt mit dem konfusen, zusammenhanglosen Gestammel halbverrückter Idioten, bildete wohl irgendwann die Grundlage des ›Buches der Offenbarungen‹.

Wir können also mit ziemlicher Sicherheit davon ausgehen, daß das Buch in erster Linie auf den Aussagen solcher Leute basiert, die sich wohl am wenigsten zum Geschichtsschreiber eignen; nämlich Kinder und Schwachsinnige.

Und wahrscheinlich wurde es von Zyklus zu Zyklus immer wieder neu überarbeitet, ergänzt und so weiter und so fort.«

»Glauben Sie«, unterbrach ihn Theremon, »daß die Kultisten das Buch auf ähnliche Weise über die Katastrophen hinweggerettet haben, wie wir es zum Beispiel mit den ganzen Daten für die Geheimnisse der Gravitation vorhaben?«

Sheerin hob die Schultern. »Schon möglich. Aber ihre genaue Methode ist unwichtig. Irgendwie haben sie es jedenfalls immer hingekriegt. Aber ich wollte auf folgendes hinaus: Das Buch kann einfach nichts anderes sein als ein Sammelsurium konfusen, verdrehten Zeugs; auch wenn es auf Tatsachen beruht. Nur ein Beispiel: Sie erinnern sich doch an Faros und Yimots Experiment mit den Löchern im Dach, das ja ein Mißerfolg war.«

»Ja, natürlich.«

»Wissen Sie auch, warum es nicht...« Er brach plötzlich ab und sprang alarmiert auf, als Aton sich näherte. Sein Gesicht war zu einer Maske höchster Bestürzung verzerrt. »Was ist denn?«

Aton zog ihn beiseite. Sheerin fühlte, wie die Finger des Direktors nervös zitterten, als dieser ihn am Ellbogen berührte.

»Nicht so laut!« preßte Aton mit gequält klingender Stimme heraus. »Ich habe soeben über meine Privatverbindung eine Nachricht aus dem Schutzbunker erhalten.«

»Gibt es Probleme?« sprudelte Sheerin ängstlich hervor.

»*Sie* haben keine Probleme.« Aton dehnte das Pronomen ›sie‹ bedeutungsvoll. »Sie haben sich schon vor geraumer Zeit hermetisch von der Außenwelt abgeschlossen, und sie werden wie geplant bis übermorgen dort ausharren. Sie sind in Sicherheit. Aber die Stadt, Sheerin, die Stadt! Sie ist ein einziger riesiger Trümmerhaufen. Sie – Sie können sich gar keine Vorstellung machen...« Seine Stimme versagte ihm fast den Dienst.

»Und – was weiter?« fuhr es ungeduldig aus Sheerin heraus. »Was soll's? Es wird noch schlimmer werden, aber das wissen wir ja. Was bringt Sie denn so außer Fassung?« Dann, mit einem plötzlichen schlimmen Verdacht: »Wie geht es Ihnen?«

Aton entging der plötzlich veränderte Tonfall Sheerins nicht. Seine Augen blitzten wütend auf bei der kaum verhohlenen Anspielung des anderen. Doch dann trat wieder der besorgte, fast ängstliche Ausdruck in seine Augen. »Mensch, begreifen Sie! Die Kultisten sind hochgradig aktiv. Sie wiegeln die Bevölkerung auf, das Observatorium zu stürmen. Sie versprechen ihnen dafür das Blaue vom Himmel, unmittelbare Erlösung, ewige Gnade und ewiges Heil und was weiß ich noch alles! Was sollen wir bloß tun, Sheerin!«

Sheerin senkte den Kopf. Wie geistesabwesend starrte er eine ganze Weile auf seine Fußspitzen. Er klopfte mit dem Knöchel eines Fingers vor das Kinn. Plötzlich wieder lebhaft sagte er »Tun? Was sollen wir schon tun? Wir tun überhaupt nichts. Wissen die Männer schon, was los ist?«

»Natürlich nicht!«

»Um so besser. Sagen Sie Ihnen auch weiterhin nichts davon. Wieviel Zeit haben wir bis zur totalen Dunkelheit?«

»Knapp eine Stunde.«

»Es ist zwar wie ein Glücksspiel, aber uns bleibt keine andere Möglichkeit als abzuwarten. Es braucht schon eine ganze Weile, bis man einen wirklich gefährlichen Mob organisiert hat. Und es dauert noch länger, bis er hier oben angekommen ist. Wir befinden uns gut fünf Meilen von der Stadt entfernt...«

Er starrte zum Fenster hinaus. Sein Blick schweifte über die Hügel und Felder, die weit hinten am Horizont in die weißschimmernden Häuserzusammenballungen der Vorstadt übergingen. Noch weiter hinten verschwamm die City im nebligen Dunst – in den verschwommenen Schattenbildern, auf die die vergehende Beta ihre letzten Strahlen warf.

Ohne sich von dem Anblick abzuwenden, wiederholte er: »Sie werden einige Zeit brauchen. Gehen Sie am besten wieder an Ihre Arbeit, und beten Sie, daß die totale Dunkelheit uns schneller erreicht als der Mob.«

Beta war nun schon zur Hälfte zernagt. Langsam schnitt sich die Dunkelheit in einer konkaven Krümmung in den hellen Teil der Sonne. Es schien, als schlösse sich ein gigantisches Lid unmerklich über ein leuchtendes Weltauge.

Das schwach hörbare Stimmengemurmel, das in den Raum drang, schwand aus seinem Bewußtsein, und er spürte physisch die zusammengeballte Stille, die über den Feldern lag. Selbst die Insekten schienen vor Furcht verstummt, und die Gegenstände im Raum waren von einem Schleier umhüllt. Eine Stimme ließ ihn auffahren. »Ist etwas nicht in Ordnung?« Es war Theremon.

»Wie? Eh – doch, doch. Setzen Sie sich wieder hin. Wir stehen im Weg.« Der Psychologe fuhr sich mit einem Finger in den Kragen und öffnete ihn. Er blickte Theremon an. »Haben Sie keine Atembeschwerden?«

Der Reporter riß die Augen weit auf und machte zwei oder drei tiefe Atemzüge. »Nein. Warum?«

»Ich glaube, ich habe zu lange aus dem Fenster geschaut. Die Dunkelheit hat mich schon erwischt. Atemnot ist eins der ersten Symptome eines klaustrophobischen Anfalls.«

Theremon holte tief Luft. »Also, mich hat's noch nicht erwischt. Aber sehen Sie doch, da ist ja noch einer unserer Männer.«

Beenays massiger Körper hatte sich zwischen das

schwach einfallende Licht des Fensters und die beiden Gesprächspartner in der Ecke geschoben. Sheerin blinzelte ängstlich zu ihm auf. »Hallo, Beenay.«

Der Astronom verlagerte sein Gewicht auf das andere Bein und lächelte matt. »Ihr habt doch nichts dagegen, wenn ich mich eine Weile zu euch geselle und mich ein bißchen an eurem Gespräch beteilige? Meine Kameras sind genau eingestellt, und bis zum Eintreten der totalen Verfinsterung habe ich ohnehin nichts zu tun.« Er hielt einen Moment lang inne und warf einen Blick zu dem Kultisten hinüber, der vor einer Viertelstunde ein kleines ledergebundenes Buch aus der Tasche gezogen hatte und seither intensiv darin versunken war. »Die Ratte hat euch doch nicht schon wieder Ärger gemacht, oder?«

Sheerin schüttelte den Kopf. Er hatte die Schultern zurückgeworfen und zwang sich mit vor Konzentration gerunzelter Stirn, gleichmäßig zu atmen. »Haben Sie Atemschwierigkeiten gehabt, Beenay?«

Beenay sog schnüffelnd die Luft ein. »Es scheint mir hier drinnen aber nicht stickig zu sein.«

»Ich hatte nur eben einen leichten Anflug von Klaustrophobie«, erklärte Sheerin entschuldigend.

»Ach so! Ich verstehe. Bei mir wirkt sich das ganz anders aus. Ich habe immer mehr das Gefühl, als ob sich meine Augen in den Kopf hineindrückten. Alles scheint zu verschwimmen – die Dinge werden immer undeutlicher. Außerdem finde ich es kalt hier.«

»O ja, da kann ich Ihnen nur beipflichten. Das ist keine Einbildung«, ließ sich Theremon vernehmen. Er verzog das Gesicht zu einer Grimasse. »Meine Zehen fühlen sich an, als hätte ich sie tausend Kilometer in einem Kühlwagen transportieren lassen.«

»Was wir jetzt brauchen«, warf Sheerin ein, »ist ganz einfach Ablenkung. Wir dürfen unsere Gedanken nicht pausenlos um uns selbst kreisen lassen. Theremon, ich wollte Ihnen doch vorhin erzählen, warum Faros Experimente mit dem durchlöcherten Dach fehlschlugen.«

»Sie hatten gerade damit angefangen«, antwortete Theremon. Er umspannte sein Knie mit beiden Armen und stützte das Kinn darauf.

»Also, die beiden kamen deshalb nicht zum Erfolg, weil sie das ›Buch der Offenbarungen‹ wörtlich genommen haben. Es ist ein ziemlich unsinniger Gedanke, den sogenannten Sternen wirkliche physische Existenz zuzumessen. Dabei gibt es doch eine relativ einfache und einleuchtende psychologische Erklärung dafür: Es wäre doch durchaus vorstellbar, daß bei totaler Finsternis das Bedürfnis des Menschen nach Licht so übermächtig wird, daß er sich das Licht einfach einbildet. Möglicherweise sind also die Sterne nichts weiter als eine Illusion.«

»Mit anderen Worten«, warf Theremon ein, »Sie sind der Ansicht, die Sterne sind eher das Resultat des Wahnsinns als eine seiner Ursachen. Welchen Zweck haben dann aber Beenays Fotos?«

»Zu beweisen, daß sie eine Wahnvorstellung sind; oder meinetwegen, das Gegenteil. Außerdem ...«

Beenay war mit seinem Stuhl ein Stückchen näher gerückt. Ein Ausdruck plötzlicher Begeisterung lag auf seinem Gesicht. »Es freut mich richtig, daß ihr beiden auf dieses Thema gekommen seid.« Seine Augen wurden schmal, und er hob einen Finger. »Ich habe lange über diese Sterne nachgedacht, und dabei ist mir was ganz Schlaues eingefallen. Es ist natürlich reine Spekulation, eine kleine Spinnerei sozusagen, und ich habe nicht vor, das ernsthaft als Theorie herauszustellen, aber ich finde die Idee ganz interessant. Wollt ihr sie hören?«

Er schien sich fast ein wenig zu schämen, aber Sheerin lehnte sich in seinem Stuhl zurück und sagte einladend: »Na, dann schießen Sie mal los! Ich bin gespannt.«

»Stellen wir uns einmal vor, es existieren im Universum noch andere Sonnen außer unseren.« Er unterbrach sich und grinste ein wenig verschämt. »Ich meine Sonnen, die so weit von uns entfernt sind, daß sie zu schwach leuchten, um von hier aus erkannt werden zu können. Ich glaube, ich mache auf euch schon den Eindruck, als hätte ich zuviel Science-fiction gelesen, was?«

»Nicht unbedingt. Aber ist diese Möglichkeit nicht ausgeschlossen durch die Tatsache, daß sich gemäß den Gesetzen der Gravitation diese Sonnen zwangsläufig aufeinander zubewegen und sich damit bemerkbar machen würden?«

»Nicht, wenn sie weit genug auseinander wären«, warf Beenay ein. »Sagen wir mal, vier Lichtjahre oder noch mehr. In dem Falle wären wir niemals imstande, zum Beispiel Abweichungen von ihren Bahnen festzustellen, weil sie einfach zu klein wären. Stellen wir uns einmal vor, es gäbe eine ganze Menge solcher Sonnen in weitem Abstand von uns – ein oder zwei Dutzend vielleicht.«

Theremon stieß einen langgedehnten Pfiff aus. »Das gäbe einen tollen Artikel für die Wochenendbeilage. Zwei Dutzend Sonnen in einem Universum von acht Lichtjahren Ausdehnung! Toll! Das würde unser Universum ja zu völliger Bedeutungslosigkeit zusammenschrumpfen lassen. So was würden die Leser verschlingen!«

»Ist ja nur eine Idee«, sagte Beenay grinsend. »Aber ihr seht, worauf ich hinauswill: Während der Verfinsterung würden diese Sonnen plötzlich sichtbar, den es gäbe ja kein richtiges Sonnenlicht hier, das sie einfach überstrahlt. Und da diese Sonnen sehr weit entfernt sind, würden sie natürlich sehr klein wirken; wie viele kleine Murmeln. Die Kultisten reden zwar gleich von Millionen von Sternen, aber das ist natürlich übertrieben; denn so viel Platz könnte das Universum gar nicht bieten, daß sich eine Millionen Sonnen darin tummeln könnten. Es sei denn, sie berührten sich gegenseitig.«

Sheerin hatte mit wachsendem Interesse zugehört. »Ich glaube, Beenay, Ihre Idee ist gar nicht so abwegig, wie es den Anschein hat. Und wenn Sie von Übertreibung sprechen: Genau das würde eintreffen! Sie wissen ja wahrscheinlich, daß unsere Sinnesorgane so angelegt sind, daß sie keine Zahl, die größer als fünf ist, auf Anhieb erfassen können. Für alles, was darüber hinausgeht, gibt es es erst einmal nur die vage Vorstellung ›viele‹. Auf diese Weise wird natürlich aus einem Dutzend schnell eine Million. Wirklich, eine verdammt gute Idee!«

»Ich habe da noch so eine kleine nette Idee auf Lager«, sagte Beenay. »Haben Sie schon einmal darüber nachgedacht, wie simpel eigentlich das Problem der Gravitation sein könnte, wenn man ein hinreichend einfaches Ausgangsmodell hätte? Stellen wir uns einmal ein Universum vor, in dem es nur einen Planeten gäbe mit nur einer Sonne. Die Umlaufbahn des Planeten um diese Sonne beschriebe dann eine vollkommene Ellipse, und das Wesen der Schwerkraft wäre so exakt zu bestimmen, daß sie allgemein als Axiom vorausgesetzt und akzeptiert werden könnte. Gäbe es auf einer solchen Welt Astronomen, so würden sie wahrscheinlich das Schwerkraftgesetz schon errechnen können, noch bevor überhaupt jemand das Teleskop erfunden hätte. Die einfache Beobachtung mit bloßem Auge würde ja schon ausreichen.«

»Aber wäre denn ein solches System dynamisch stabil?« fragte Sheerin skeptisch.

»Sicher. Man nennt es den ›Eins-und-eins-Fall.‹ Man hat es schon mathematisch dargestellt, aber was mich daran interessiert, sind eigentlich mehr die philosophischen Implikationen.«

»Der Gedanke ist ganz reizvoll«, sagte Sheerin zustimmend. »Hübsche kleine Abstraktion – wie das perfekte Gas oder die absolute Null.«

»Der Haken bei diesem Modell ist natürlich der, daß auf so einem Planeten kein Leben existieren könnte. Es würde nicht genügend Wärme und Licht erhalten, und wenn der Planet sich noch um seine Achse drehte, dann würde während eines halben Tages totale Dunkelheit herrschen. Unter solchen Umständen könnte sich natürlich kein Leben entwickeln, denn das ist fundamental abhängig vom Licht. Darüber hinaus...«

Sheerin sprang so erregt auf, daß er seinen Stuhl umwarf. »Aton kommt gerade mit den Lichtern!«

Beenay gab einen erschrockenen Laut von sich, drehte sich hastig um und grinste erleichtert von einem Ohr zum andern.

Aton hatte ein großes Bündel etwa einen Fuß langer zolldicker Stäbe auf dem Arm. Über das Bündel hinweg warf er einen verheißungsvollen Blick auf die eilig herbeiströmenden Mitglieder des Stabes. »Bitte, gehen Sie alle zurück an Ihre Plätze. Sheerin, kommen Sie und helfen Sie mir!«

Sheerin trottete an die Seite des Älteren, und dann steckten die beiden in gespannter Stille die Stäbe der Reihe nach in die dafür vorgesehenen, zu diesem Zweck provisorisch angefertigten Metallhalter, die in regelmäßigen Abständen aus der Wand ragten.

Mit der feierlichen Geste eines Hohenpriesters, der soeben eine höchst wichtige sakrale Handlung vollzieht, riß Sheerin ein großes, unhandliches Streichholz an, wartete, bis die Flamme sich voll entwickelt hatte und reichte es dann Aton hinüber, der die Flamme an das obere Ende eines der Stäbe hielt.

Dort umspielte die Flamme eine Weile zögernd die Spitze, bis ein plötzliches knisterndes Aufflackern Atons zerfurchtes Gesicht buchstäblich zum Erstrahlen brachte. Er zog bedächtig das Streichholz zurück, und spontaner Applaus und Jubelrufe ließen die Fensterscheiben erklirren.

Aus der Spitze der Fackel züngelten sechs Zoll hohe gelbe Flammen! Mit penibler Sorgfalt wurden die anderen Fackeln ebenfalls angezündet, bis sechs voneinander unabhängige gelbe Flammen den Raum bis in die hinterste Ecke mit Licht erfüllten.

Das Licht war matt, matter noch als das dürftige Sonnenlicht. Die Flammen tanzten wie verrückt hin und her und warfen wie betrunken schwankende Schatten an die Wände. Die Fackeln entwickelten einen höllischen Rauch; es roch wie angebrannte Suppe. Aber das Wichtigste war – sie spendeten warmes, gelbes Licht.

Nach vier Stunden trüben, rötlich-fahlen Sonnenlichts ist gelbes Licht etwas Wundervolles. Selbst Latimer hatte sich von seinem Buch abgewendet und starrte mit großen Kinderaugen in die Flammen.

Sheerin wärmte sich an der nächstbesten Fackel die Hände. Der Ruß, der als eine Wolke feinen grauen Staubes um ihn herumschwebte, störte ihn dabei nicht im geringsten. Entzückt stammelte er immer wieder: »Wie schön, wie schön! Ich hatte nie gewußt, was Gelb für eine wunderbare Farbe ist!«

Aber Theremon beäugte die Fackeln mit einigem Unbehagen. Angewidert von dem ranzigen Geruch, der ihnen entströmte, rümpfte er die Nase. »Was sind das für Dinger?« wollte er von Sheerin wissen.

»Holz«, antwortete Sheerin knapp.

»O nein, das ist doch kein Holz! Die Stäbe brennen ja überhaupt nicht. Lediglich die Spitze ist ein wenig angekohlt, und die Flamme steigt einfach aus dem Nichts auf.«

»Das ist ja gerade das Schöne daran. Das ist ein hochwirksamer Mechanismus künstlichen Lichtes. Wir haben ein paar hundert davon anfertigen lassen, die meisten davon sind natürlich im Schutzbunker. Warten Sie, ich erkläre es Ihnen.« Er drehte sich um und wischte seine rußigen Hände an seinem Taschentuch ab. »Man nimmt den kräftigen Kern groben Schilfrohres, trocknet ihn sorgfältig und taucht ihn in tierisches Fett, bis er völlig durchtränkt ist. Wenn man ihn dann anzündet, verbrennt nach und nach das Fett. Diese Fackeln haben eine ununterbrochene Brenndauer von fast einer halben Stunde. Genial, was? Einer unserer eigenen jungen Leute von der Saro-Universität hat sie entwickelt.«

Die anfängliche Begeisterung über diese Sensation war wieder der Ruhe gewichen. Latimer hatte seinen Stuhl direkt unter eine der Fackeln gestellt und war wieder in sein Buch vertieft. Seine Lippen bewegten sich monoton zu den Gebeten, die er pausenlos rezitierte, um die Sterne anzurufen. Beenay war wieder mit seinen Kameras beschäftigt, und Theremon ergriff die Gelegenheit, um seine Notizen für den Artikel zu vervollständigen, der am folgenden Tag im Saro City Chronicle erscheinen sollte. Diese Prozedur hatte er schon seit etwas zwei Stunden methodisch, gewissenhaft und – was ihm inzwischen eigentlich klar war – sinnloserweise verfolgt.

Aber ganz so sinnlos war diese Beschäftigung doch nicht, sagte er sich. Besser sich mit dem Anfertigen sorgfältiger Notizen ablenken, als nach draußen zu starren und zuzusehen, wie sich der Himmel allmählich in ein tiefes, schreckliches Violett verfärbte. Sheerin, der ihn unverwandt anschaute, schien seine Gedanken erraten zu haben, wie Theremon an dem amüsierten Aufleuchten in den Augen seines Gegenübers festzustellen glaubte.

Die Luft schien dichter zu werden. Die Dämmerung kroch in den Raum, fast wie ein fester Körper, den man mit den Händen greifen konnte. Die tanzenden gelben Lichtkreise über den Fackeln hoben sich immer schärfer von der wabernden grauen Masse um sie herum ab. Beißender Qualm erfüllte den Raum und leises Knistern brennender Fackeln, das sich wie Kichern anhörte. Einer der Männer ging auf Zehenspitzen um seinen Arbeitstisch herum, langsam und zögernd. Manchmal war das Geräusch tiefen Atemholens zu hören, wenn jemand versuchte, Fassung zu bewahren angesichts einer Welt, die sich langsam im Schatten verlor.

Als erster hörte Theremon jenes Geräusch, das von draußen zu kommen schien. Es war eigentlich mehr ein vages, unspezifisches Gefühl von Lauten, die er kaum wahrgenommen hätte, wenn nicht diese Totenstille in der Kuppel geherrscht hätte.

Der Reporter richtete sich auf und steckte sein Notizbuch weg. Er lauschte mit angehaltenem Atem. Zögernd schob er sich zwischen dem Solarskop und einer von Beenays Kameras hindurch und ging langsam, mit widerstrebenden Schritten, zum Fenster.

Die Stille schien in tausend Stücke zu zerbersten, als er entsetzt aufschrie.

»Sheerin!«

Alle hörten wie auf Kommando sofort mit ihrer Arbeit auf. Der Psychologe stürzte ans Fenster. Auch Aton trat neben ihn. Sogar Yimot 70, der hoch oben in seinem kleinen Lehnstuhl auf Beobachtungsposten hinter dem gewaltigen

Solarskop saß, wandte seine Augen von den Linsen und schaute nach unten.

Beta war nur mehr ein schwach glimmender Splitter. Der einst so leuchtende Ball blinzelte zum letzten Male verzweifelt durch das fast geschlossene Augenlid auf Lagash hinunter. Im Osten, wo die Stadt lag, verlor sich der Horizont in der Dunkelheit. Die Straße, die von Saro City zum Observatorium hinaufführte, war nur noch als eine verschwommene rote Linie, eingesäumt von Wald, zu erkennen. Die Bäume schienen ihre Gestalt verloren zu haben; sie waren zu einer einzigen schattigen Masse verschmolzen.

Aber es war die Straße, die die Aufmerksamkeit der Männer an sich zog. Denn auf ihr wälzte sich eine andere, unendlich bedrohlichere, schattenhafte Masse heran.

»Die Wahnsinnigen aus der Stadt! Sie kommen!« schrie Aton mit sich überschlagender Stimme.

»Wie lange noch bis zur völligen Dunkelheit?« fragte Sheerin.

»Fünfzehn Minuten noch... aber sie werden in fünf Minuten hier sein.«

»Nur ruhig Blut. Sagen Sie den Männern, sie sollen wieder an die Arbeit gehen. Wir werden sie aufhalten. Das Observatorium ist wie eine Festung gebaut. Aton, Sie behalten unseren jungen Kultisten im Auge, nur zur Sicherheit! Theremon, Sie kommen mit mir.«

Sheerin rannte zur Tür hinaus, der Reporter dicht hinter ihm her. Vor ihnen lag die Wendeltreppe, die sich in engen Spiralen nach unten schlängelte, in die feuchtkalte, furchterregende Finsternis.

In ihrem ersten Elan waren sie fünfzig Stufen hinuntergerannt, bis sie auf einmal merkten, daß das gelbe, flackernde Licht, das aus der offenen Tür der Kuppel fiel, sie nicht mehr erreichte. Von oben und von unten gleichzeitig kam der grauschwarze Schatten wie ein alles verschlingendes Ungeheuer auf sie zu.

Sheerin blieb stehen. Seine feisten Finger krallten sich in seine Brust. Seine Augen traten aus ihren Höhlen hervor, und seine Stimme klang wie trockener Husten. »Ich kann... kaum noch atmen. Gehen... Sie... allein weiter. Sperren Sie alle Türen ab.«

Theremon ging noch ein paar Stufen weiter hinunter, dann drehte er sich um. »Warten Sie! Können Sie noch eine Minute aushalten?« Er selbst mußte jetzt nach Luft ringen. Wie dicke, klebrige Melasse floß die Luft in seinen Lungen und wieder hinaus. Bei dem Gedanken, allein in das unheimliche Dunkel weitergehen zu müssen, quoll das Gefühl wilder Panik in ihm hoch.

Er, Theremon, fürchtete sich vor der Dunkelheit!

»Bleiben Sie hier stehen!« sagte er. »Ich bin in einer Sekunde wieder zurück.« Er schoß die Treppe wieder hinauf, zwei Stufen auf einmal nehmend. Sein Herz klopfte ihm bis zum Hals – aber nicht nur von der Anstrengung. Er taumelte in die Kuppel und riß eine Fackel aus ihrem Halter. Sie stank entsetzlich, und der stechende Qualm trieb ihm Tränen in die Augen. Aber er drückte die Fackel an sich, als wollte er sie vor Freude küssen. Die Flamme wehte wie ein Schweif hinter ihm her, als er die Stufen wieder hinabjagte.

Sheerin öffnete die Augen und gab ein Stöhnen von sich, als Theremon sich über ihn beugte. Theremon rüttelte ihn unsanft. »Alles okay. Raffen Sie sich zusammen! Wir haben Licht!«

Er hielt die Fackel hoch über sich, faßte den zitternden Psychologen beim Arm, und gemeinsam gingen sie unter dem schützenden Lichtkreis der Fackel weiter nach unten.

Die Büroräume im Untergeschoß waren noch immer

von den letzten matten Strahlen Betas erleuchtet, und Theremon spürte, wie die Panik langsam nachließ.

»Da wären wir«, sagte er mit rauher Stimme und reichte Sheerin die Fackel. »Man kann sie schon hören.«

Deutlich waren menschliche Stimmen zu vernehmen. Kurze Fetzen heiserer, wortloser Schreie drangen zu ihnen herein.

Aber Sheerin hatte recht; das Observatorium war wie eine Festung ausgebaut. Noch aus dem vorigen Jahrhundert stammend, als der neo-gavottische Architekturstil seinen geschmacklosen Höhepunkt erreicht hatte, war es eher unter dem Gesichtspunkt der Stabilität und Dauerhaftigkeit errichtet worden als für das Auge.

Die Fenster lagen geschützt hinter Gittern aus zolldicken Eisenstäben, die tief in die Betonwände eingelassen waren. Die Wände aus solidem Mauerwerk hätten sogar einem Erdbeben standgehalten, und das Haupttor bestand aus massivem Eichenholz, das man mit querliegenden Eisenbalken verstärkt hatte. Theremon schob die Riegel vor; sie glitten mit dumpfem Laut in ihre Schlitze.

Am anderen Ende des Ganges stieß Sheerin einen leisen Fluch aus. Er zeigte auf das Schloß der Hintertür; jemand hatte es mit einem Brecheisen fast völlig demoliert.

»Das kann nur Latimer gewesen sein«, sagte Sheerin.

»Nun stehen Sie nicht hier herum!« drängte Theremon ungeduldig. »Helfen Sie mir lieber, die Tür mit Möbeln zu verbarrikadieren – und gehen Sie mit der verdammten Fackel von meinen Augen weg! Der Rauch bringt mich noch um.«

Noch während er sprach, wuchtete er den schweren Tisch aufrecht vor die Tür, und innerhalb von zwei Minuten hatte er eine Barrikade errichtet, die zwar weder schön noch symmetrisch war, diesen Mangel jedoch durch ihre schier unbeweglich scheinende Masse mehr als wettmachte.

Undeutlich drang, wie von irgendwo aus weiter Ferne kommend, das Geräusch nackter Fäuste, die gegen die Tür hämmerten, an ihr Ohr. Das Schreien und Rufen klang fast unwirklich.

Der Mob war von Saro City losgestürmt, besessen von zwei Empfindungen: Die erste war die verzweifelte Hoffnung, durch die Zerstörung des Observatoriums das Seelenheil erringen zu können, wie es die Kultisten ihnen in Aussicht gestellt hatten. Die zweite Empfindung war Furcht, entsetzliche, lähmende Furcht. Diese Furcht hatte ihre Gedanken so verwirrt, daß sie gar nicht daran gedacht hatten, Fahrzeuge oder Waffen mitzunehmen. Führungslos und ohne jegliche Organisation hatte sich der Haufen zu Fuß auf den Weg gemacht und versuchte nun, das Observatorium mit bloßen Fäusten anzugreifen.

Und während die Menschen in wahnsinniger Angst gegen die Türen hämmerten, blitzte der letzte matte Strahl von Beta noch einmal auf und tauchte die gespenstische Szenerie in rubinrotes Dämmerlicht. Die im Todeskampf liegende Beta beschien flackernd und mit letzter Kraft eine Menschheit, die nur noch aus allumfassender Angst bestand!

»Gehen wir wieder in die Kuppel«, stöhnte Theremon.

In der Kuppel war nur Yimot auf seinem Posten hinter dem Solarskop geblieben. Die anderen drängten sich um die Kameras herum, während Beenay mit heiserer, gepreßter Stimme seine Instruktionen gab. »Paßt jetzt alle genau auf! Ich knipse Beta unmittelbar, bevor sie völlig verdunkelt ist, und wechsle die Platten. Jeder von euch geht an seine Kamera. Ihr wißt alle Bescheid... über... die genauen Belichtungszeiten.«

Atemloses Gemurmel der Zustimmung.

Beenay rieb sich mit der Hand über die Augen. »Brennen die Fackeln noch? Alles okay, ich sehe sie.« Er lehnte sich schwer gegen die Rückenlehne seines Stuhles. »Und denkt daran: Versucht nicht... um... um jeden Preis gute Schnappschüsse zu machen. V-vergeudet keine Zeit damit, z-zwei Sterne auf einmal ins Visier z-zu kriegen. Einer reicht. Und... wenn ihr f-fühlt, daß euch die Sinne sch-schwinden, sofort weg von den Kameras!«

An der Tür flüsterte Sheerin: »Theremon, bringen Sie mich zu Aton! Ich sehe ihn nicht!«

Der Reporter antwortete nicht sofort. Die Umrisse der Männer waren zu vagen, verschwommenen Schatten zerronnen, die gespenstisch vor seinen Augen tanzten. Die Fackeln oben an der Wand waren nur noch winzige gelbe Punkte.

»Es ist so dunkel!« wimmerte er.

Sheerin streckte die Arme aus. »Aton!« Er taumelte vorwärts. »Aton!«

Theremon folgte ihm und faßte ihn beim Arm. »Warten Sie, ich führe Sie.« Irgendwie gelang es ihm, sich durch den Raum vorzutasten. Er schloß die Augen, um die Dunkelheit abzuwehren und bemühte sich, das langsam in ihm aufkeimende Chaos zu ersticken.

Niemand hörte die beiden Männer oder schenkte ihnen Beachtung. Sheerin stolperte gegen die Wand. »Aton!«

Der Psychologe spürte, wie eine zitternde Hand ihn befühlte und sich wieder zurückzog. Jemand murmelte: »Sind Sie es, Sheerin?«

»Aton!« Sheerin bemühte sich, ruhig zu atmen. »Machen Sie sich keine Sorgen wegen des Mobs. Das Haus wird dem Ansturm standhalten.«

Latimer, der Kultist, erhob sich von seinem Platz. Sein

Gesicht war zu einer Grimasse der Verzweiflung verzerrt. Er hatte sein Ehrenwort gegeben, und wenn er es brach, so bedeutete das, daß seine Seele in tödliche Gefahr geriet. Aber hatte man ihm sein Ehrenwort nicht unter Zwang abgepreßt? Nein, freiwillig hatte er es ihnen nicht gegeben. Bald würden die Sterne kommen. Nein, er durfte nicht tatenlos dastehen und zusehen... Aber er hatte doch sein Wort gegeben.

Beenays Gesicht schimmerte dunkelrot auf, als er den Kopf hob und in die letzten vergehenden Strahlen von Beta schaute. Latimer sah, wie er sich wieder über die Kamera beugte, und traf seine Entscheidung im Bruchteil einer Sekunde. Seine Fingernägel gruben sich in die Handflächen, als er seinen Körper spannte.

Wild taumelnd schoß er vorwärts. Er sah nur Schatten auf sich zufliegen und fühlte noch, wie der Boden unter seinen Füßen schwand. Im nächsten Augenblick war jemand über ihm; Finger krallten sich um seinen Hals. Er fiel.

Er zog das Knie an und bohrte es seinem Gegner hart in die Brust. »Lassen Sie mich los, oder ich bringe Sie um!«

Theremon schrie vor Schmerz auf und murmelte mit erstickter Stimme durch den Vorhang von Schmerz hindurch, der ihm fast die Sinne raubte: »Du dreckige, hinterlistige Ratte!«

Und dann stürzte alles gleichzeitig auf ihn ein. Er hörte Beenays heiseres Krächzen: »Ich hab's! Los, an eure Kameras!« Gleichzeitig drang ihm ins Bewußtsein, daß der letzte schwache Faden Sonnenlicht immer dünner wurde und plötzlich riß.

Er vernahm Beenays letztes keuchendes Würgen und einen seltsamen kleinen Schrei von Sheerin – ein hysterisches Kichern, das mit einem Gurgeln abbrach – und dann eine plötzliche Totenstille, die fremd und unheimlich von draußen hereinkroch.

Theremon lockerte seinen Griff. Der Körper des Kultisten hing schlaff in seinen Armen.

Er starrte Latimer an. In den glänzenden, weit aufgerissenen Augen des Kultisten spiegelten sich die trüben gelben Lichtpunkte der Fackeln. Er sah die Schaumblasen, die sich auf Latimers Lippen gebildet hatten, und hörte das leise, animalische Wimmern, das aus der Brust des Kultisten drang.

Wie gebannt von der Faszination der Angst, stützte er sich auf und ließ seinen Blick zögernd und bang zum Fenster wandern. Das Dunkelrot des Himmels war zu einem tiefen, undurchdringlichen Schwarz geronnen.

Durch das Fenster schienen die Sterne!

Und es waren nicht die etwa dreitausendsechshundert schwach funkelnden Sterne, die das menschliche Auge auf unserer Erde wahrnimmt. Lagash befand sich inmitten eines gigantischen Meeres. Dreißigtausend mächtige Sonnen sendeten ihren Glanz herab, der das Blut in den Adern gefrieren ließ. Dieses fürchterliche Licht war in seiner unerbittlichen Gleichgültigkeit hundertmal eisiger als der kalte Wind, der die in Todesfurcht erstarrte, unendlich leere Welt erschaudern ließ.

Theremon kam taumelnd auf die Füße. Sein Hals preßte sich zusammen. Er rang verzweifelt nach Luft. Alle Muskeln seines Körpers krampften sich vor Grauen zusammen. Schier unerträgliche Angst packte seinen zitternden Körper und schüttelte ihn. Er wurde wahnwinnig, und er wußte es, und irgendwo ganz tief in ihm schrie ein letzter Funke gesunden Menschenverstandes gepeinigt auf und focht verzweifelt und hoffnungslos gegen die heranrollende schwarze Flut aus Wahn und Entsetzen. Es war gräßlich, verrückt zu werden und es zu wissen – zu wissen, daß man in einer Minute nur noch als körperliche Hülle existieren würde, daß alles das, was das Menschsein ausmacht, ein für allemal gestorben sein würde, ertrunken in dieser schwarzen Flut. Denn dies war die Dunkelheit – die Dunkelheit, die Kälte und der Untergang. Die hellen, leuchtenden Mauern des Universums waren zerborsten, und ihre grausamen schwarzen Trümmer fielen nun herab, um ihn zu zermalmen und auszulöschen.

Er stieß gegen jemand, der auf allen vieren kroch, und er stolperte. Er raffte sich wieder auf, griff mit beiden Händen nach seinem gepeinigten Hals und wankte auf die Fackeln zu. Ihre tanzenden gelben Flammen waren das einzige, was sein gemarterter Geist noch wahrzunehmen vermochte.

»Licht!« schrie er gellend.

Irgendwo in einer Ecke kauerte Aton und wimmerte weinend wie ein zu Tode verängstigtes Kind. »Sterne – all die Sterne – das haben wir nicht gewußt – wir haben gar nichts gewußt – wir dachten, sechs Sterne sind das Universum – wir wußten nichts – bemerkten nicht die Sterne – Finsternis ist für immer und ewig, und die Wände brechen ein, und wir wußten nichts – wir konnten es nicht wissen, konnten es...«

Jemand griff nach einer Fackel; sie fiel herunter und erlosch. Der grauenhafte Glanz der Sterne sprang noch näher zu ihnen heran.

Am Horizont, da wo Saro City lag, erhob sich ein roter Schein, wurde heller und leuchtender. Es war nicht der Schein der Sonnen.

Wieder war die lange Nacht gekommen.

Runaround

Es war eine von Gregory Powells Binsenwahrheiten, daß Aufregung nie zu etwas Gutem führe. Daher kam es auch, daß er, als Mike Donovan in großen Sprüngen die Treppe herunter und ihm entgegengerannt kam, lediglich die Stirn runzelte.

»Was ist denn los?« fragte er. »Hast du dir etwa einen Fingernagel abgebrochen?«

»Ein blödsinniger Witz«, fauchte Donovan, der vor Nervosität fieberte. »Was hast du eigentlich hier unten den ganzen Tag über geschafft?« Er holte tief Atem. Dann brach es aus ihm heraus: »Speedy ist nicht zurückgekehrt.«

Powells Augen weiteten sich vor Schreck. Er blieb auf der Treppe stehen. Dann faßte er sich und setzte seinen Weg nach oben fort. Er sprach kein Wort, ehe er auf dem oberen Treppenabsatz angekommen war. Dann:

»Du hast ihn ausgeschickt, um Selen zu holen?«

»Ja.«

»Und wie lange ist er schon weg?«

»Jetzt sind's genau fünf Stunden.«

Stille. Das war ja eine schöne Geschichte. Seit genau zwölf Stunden befanden sie sich auf dem Merkur – und schon saßen sie bis zum Halse in den schlimmsten Schwierigkeiten. Seit langem schon war der Merkur *der* Platz im ganzen System, wo dauernd etwas schiefging. Aber mochte dieser Planet auch nahezu verhext sein –: so weit war es bisher noch nie gekommen.

Powell sagte: »Fang ganz vorne an, damit ich die Sache verstehe!«

Im Augenblick befanden sich die beiden im Funkraum mit seiner bereits leicht unmodernen Ausstattung, die seit zehn Jahren nicht angetastet oder verbessert worden war. Vom technologischen Standpunkte aus bedeuteten aber zehn Jahre bereits eine Ewigkeit. Man brauchte nur Speedy mit jenen Robots zu vergleichen, die vermutlich im Jahre 2005 hergestellt worden waren. Allerdings waren gerade auf dem Gebiet der Robot-Fabrikation die Fortschritte in der letzten Zeit ganz ungeheuer groß gewesen.

Vorsichtig berührte Powell eine noch leuchtende metallische Oberfläche. Eine Atmosphäre der Leere und Untätigkeit, die diesen Raum und darüber hinaus die ganze Station erfüllte, wirkte stark deprimierend.

Donovan mußte es wohl gespürt haben. Er begann: »Ich habe versucht, ihn durch Funk aufzufinden, aber ohne Erfolg. Auf der Sonnenseite des Merkur ist Funk unmöglich... wenigstens für Entfernungen über dreieinhalb Kilometer. Das ist auch einer der Gründe, warum die erste Expedition solch ein Fehlschlag gewesen ist. Und zum Aufstellen der Ultrakurzwellenanlage brauchen wir noch zwei Wochen.«

»Du kannst dir das alles schenken. Was *hast* du gefunden?«

»Auf kurzer Welle habe ich das Signal einer unorganisierten Masse erhalten. Aus diesem Signal konnte ich aber nicht mehr entnehmen als die Position, in der sich diese Masse befand. So war ich imstande, zwei Stunden lang seinen Weg zu verfolgen. Die Resultate habe ich dann auf einer Karte eingezeichnet.«

In seiner Hüfttasche befand sich ein vergilbtes Stück Pergament – ein Überrest der mißglückten ersten Expedition. Diesen Fetzen Pergament warf er nun vor sich auf den Schreibtisch und strich ihn mit der Handfläche glatt. Powell hielt die Arme über der Brust gekreuzt und starrte aus einiger Entfernung auf das Pergament.

Nervös zeigte Donovan mit dem Bleistift auf ein rotes Kreuz. »Dies hier ist das Selenvorkommen. Du hast es selbst eingezeichnet.«

»Welches von den verschiedenen Vorkommen ist es?« unterbrach ihn Powell. »Es waren deren drei, die MacDougal uns angegeben hat, ehe er wegging.«

»Natürlich habe ich Speedy zum nächstgelegenen geschickt. Es ist etwa 25 Kilometer entfernt. Was ändert das eigentlich an der Sache?« Seine Stimme klang verärgert. »Hier sind die mit Bleistift eingezeichneten Punkte, die jeweils Speedys Position angeben.«

Zum ersten Male, seitdem diese Unterhaltung begonnen hatte, wurde Powells künstliche Haltung erschüttert. Mit einem Ruck streckte er die Hände nach der Karte aus.

»Machst du auch wirklich keinen Scherz? Das ist doch unmöglich.«

»So wie du's hier siehst, ist es tatsächlich«, brummte Donovan.

Die kleinen Punkte, die die jeweilige Position Speedys anzeigten, bildeten grob gesagt eine Art Kreis rund um das Selenvorkommen. Powells Finger berührten seinen braunen Schnurrbart – ein untrügliches Zeichen, daß er in Sorge war.

Donovan fügte hinzu: »Während der zwei Stunden, in denen ich ihn kontrolliert habe, hat er den Weg um die Selenablagerung viermal gemacht. Mir scheint es ziemlich wahrscheinlich, daß er diese Wanderung in alle Ewigkeit fortsetzen wird. Ist dir klar, in welch toller Lage wir uns befinden?«

Powell schaute kurz auf, sagte aber nichts. Natürlich war ihm klar, in welcher Lage sie sich befanden. Sie war eindeutig. Die Schutzwand, die durch die Fotozellbänke (und nichts sonst) zwischen ihnen und der vollen Kraft der riesigen Merkursonne gezogen war, ging zum Teufel. Das einzige, was fähig war, diese Schutzwand wirksam zu halten, war Selen. Und das einzige Wesen, das Selen herbeischaffen konnte, war Speedy. Kam Speedy nicht zurück, so gab es auch kein Selen. Gab es kein Selen, so gab es keine Fotozellbänke. Gab es aber diese nicht – nun ja – langsam zu Tode geröstet zu werden, gehört zu den weniger angenehmen Todesarten.

Donovan fuhr sich wild mit der Hand durch das dichte rote Haar. Dann äußerte er sich bitter: »Wir werden zum Gespött des ganzen Systems werden, Greg. Wie kann eigentlich so rasch alles so völlig schiefgehen? Das großartige Zweigespann Powell und Donovan wird zum Merkur geschickt, um einen Bericht darüber abzugeben, ob die Wiedereröffnung der Bergbaustation auf der Sonnenseite des Merkur unter Ausnutzung moderner technischer Methoden und unter Verwendung von Robots ratsam erscheint. Und was geschieht? Gleich am ersten Tag ruinieren wir die ganze Sache. Dabei ist das Ganze eine Sache reinster Routine. Niemals werden wir einen solchen Fehlschlag wiedergutmachen können.«

»Das haben wir vielleicht auch gar nicht nötig«, erwiderte Powell gelassen. »Handeln wir jetzt nicht ganz rasch, brauchen wir überhaupt nichts wiedergutzumachen.«

»Hör doch auf! Wenn dir zu Lachen zumute ist, Greg – mir ist's bestimmt todernst. Es war einfach verbrecherisch, uns mit nur einem einzigen Robot hier herauszuschicken. Und es war dein großartiger Gedanke, daß wir die Fotozellbänke ganz allein bedienen könnten.«

»Nun bist du ungerecht. Es war eine gemeinsame Entscheidung, und du weißt das auch ganz genau. Wir benötigen lediglich ein Kilogramm Selen, eine Steelhead-Dielektroden-Platte und ungefähr drei Stunden Zeit. Dabei befinden sich Vorkommen reinen Selens überall auf der Sonnenseite des Planeten. MacDougals Spektroreflektor hat drei innerhalb von fünf Minuten entdeckt, oder etwa nicht? Hör auf! Wir konnten doch unmöglich bis zur nächsten Sonnenfinsternis warten.«

»Und? Was sollen wir also tun? Powell, du hast bestimmt eine Idee. Sonst würdest du nicht so ruhig sein. Du bist ebensowenig ein Held, wie ich einer bin. Also schieß los!«

»Wir können nicht selber Jagd auf Speedy machen, Mike – nicht auf der Sonnenseite. Selbst die neuen Isolieranzüge nützen in direktem Sonnenlicht nicht länger als zwanzig Minuten. Aber du kennst doch das alte Sprichwort: ›Nimm dir einen Robot, um einen Robot zu fangen.‹ Schau, Mike, vielleicht ist alles nur halb so schlimm. Wir haben drunten in den unteren Schächten sechs Robots, die wir, wenn sie noch funktionieren, vielleicht benutzen können. *Wenn* sie noch funktionieren.«

Ein Hoffnungsschier leuchtete in Donovans Augen auf. »Du meinst die sechs Robots der ersten Expedition. Bist du auch sicher? Vielleicht sind das nur subrobotische Maschinen. Du weißt ja, daß – was Robottypen angeht – zehn Jahre eine verdammt lange Zeit sind.«

»Nein, es sind Robots. Ich habe den ganzen Tag bei ihnen zugebracht, und ich weiß es bestimmt. Sie haben Positronengehirne – allerdings primitive.« Er steckte den Plan in die Tasche. »Gehn wir also.«

Die Robots befanden sich im untersten Schacht der Anlage... alle sechs. Da standen sie, umgeben von alten Kisten, deren Inhalt keiner kannte. Sie waren ungeheuer groß. Obwohl sie in sitzender Stellung mit nach vorne ausgestreckten Beinen auf dem Boden hockten, befanden sich ihre Köpfe doch in über zwei Meter Höhe.

Donovan pfiff durch die Zähne. »Schau dir mal bitte ihre Größe an! Ihre Brustkästen haben bestimmt einen Umfang von mehr als drei Metern.«

»Kommt daher, daß sie noch mit dem alten McCuffy-Getriebe ausgerüstet sind. Ich habe sie mir von innen beguckt – das komischste Zeug, daß du je gesehn hast.«

»Hast du sie schon eingeschaltet?«

»Nein. Dazu hatte ich ja keine Ursache. Ich glaube aber nicht, daß ihnen irgendwas fehlt. Selbst ihre Stimmbandanlage ist in ziemlich gutem Zustand. Möglicherweise sprechen sie sogar.«

Während er sprach, hatte er die Brustplatte des nächsten Robots abgeschraubt. Nun schob er die fünf Zentimeter große Kugel ein, die den winzigen Funken atomischer Kraft enthielt – jener Kraft, die das Leben eines Robots ausmachte. Er hatte Schwierigkeiten, sie richtig einzupassen, aber schließlich gelang es doch. Mühevoll schraubte er die Brustplatte wieder fest. Von den Radiokontrollen modernerer Art hatte man damals vor zehn Jahren noch nichts gewußt. Nachdem er mit dem ersten fertig war, wandte er sich den anderen zu, bis er sie endlich alle sechs in Bereitschaft hatte.

Unruhig sagte Donovan: »Bis jetzt haben sie sich noch nicht gerührt.«

»Bis jetzt hat ihnen auch niemand befohlen, sich zu rühren«, erwiderte Powell kurz und bündig. Er ging zum ersten in der Reihe zurück und versetzte ihm einen Schlag auf die Brust. »Du da. Hörst du mich?«

Langsam neigte sich der Kopf des Robots. Seine Augen wandten sich Powell zu. Dann sagte er mit einer heiseren, quietschenden Stimme, die sehr an die Töne mittelalterlicher Phonographen erinnerte: »Ja, Meister.«

Powell grinste Donovan an: »Hast du das gehört? Die stammen noch aus den Zeiten der ersten sprechenden Robots, als es noch so aussah, als würde die Benutzung solcher Automaten auf der Erde verboten werden. Ihre Hersteller wehrten sich natürlich gegen diese Gefahr und konstruierten daher brave, gesunde Sklavenkomplexe in die verdammten Maschinen hinein.«

»Das half aber nicht viel«, murmelte Donovan.

»Nein, bestimmt nicht, aber immerhin haben die Hersteller ihr Bestes getan.« Wieder wandte er sich dem Robot zu. »Steh auf!«

Langsam erhob sich der Automat. Donovan mußte den Kopf in den Nacken legen, und wieder pfiff er durch die Zähne.

Powell sagte: »Kannst du hinaus auf die Oberfläche gehen? Ins Licht?«

Der Robot schien zu überlegen. Sein langsames Gehirn arbeitete schwer. Dann: »Ja, Meister.«

»Weißt du, was ein Kilometer ist?«

Wieder überlegte der Robot, und wieder kam langsam die Antwort: »Ja, Meister.«

»Wir werden dich also hinauf zur Oberfläche führen und dir eine Richtung anzeigen. In dieser Richtung wirst du etwa 25 Kilometer gehen. Am Ende wirst du dann dort in jener Gegend einen anderen Robot finden, der kleiner ist als du. Hast du bis dahin alles verstanden?«

»Ja, Meister.«

»Du wirst also diesen Robot finden, und du wirst ihm befehlen zurückzukommen. Kommt er nicht freiwillig, so hast du Gewalt anzuwenden.«

Donovan packte Powell am Ärmel. »Warum befiehlst du ihm nicht einfach, das Selen direkt zu holen?«

»Weil ich Speedy zurückhaben will, du Idiot. Ich will wissen, was an ihm defekt geworden ist.« Und zum Robot gewandt: »Schön also, folge mir!«

Der Robot blieb unbeweglich, und seine Stimme brummte: »Entschuldigung, Meister, aber das kann ich nicht. Ihr müßt zuerst aufsitzen.« Seine schwerfälligen Arme waren mit einem Klirren zusammengekommen, seine Finger hatten sich ineinander verschränkt.

Powell starrte ihn an. Dann zupfte er an seinem Schnurrbart. »Ach, auch das noch...«

Donovans Augen schienen aus seinem Kopf herauszutreten. »Wir müssen ihn reiten? Wie ein Pferd?«

»Offenbar. Allerdings weiß ich nicht warum. Ich verstehe gar nicht – doch, natürlich verstehe ich. Ich habe dir doch schon gesagt, daß man damals die sogenannte Robotsicherheit in den Vordergrund stellte. Offenbar versuchte man, diesen Gedanken dadurch besonders zu verdeutlichen, daß man es den Robots unmöglich machte, sich ohne einen Reiter auf ihren Schultern zu bewegen. Was sollen wir jetzt tun?«

»Das überlege ich mir gerade«, murmelte Donovan. »Wir können nicht hinauf auf die Oberfläche, ganz gleich ob mit oder ohne Robot. Tolle Wirtschaft!« Er schnalzte zweimal mit dem Finger, und seine Aufregung wuchs. »Gib mir mal die Karte, die du eingesteckt hast! Ich hab' sie nicht umsonst zwei Stunden lang studiert. Wir befinden uns hier in einer Bergwerksstation. Warum sollten wir nicht die Schächte benutzen?«

Auf der Karte war die Bergwerksstation als ein schwarzer Kreis eingezeichnet. Die leicht gepunkteten Linien, die sich spinnenwebartig nach allen Seiten ausstreckten, waren Schächte oder besser Tunnels.

Donovan studierte die Zeichenerklärung, die sich am unteren Rande der Karte befand. »Schau«, sagte er, »die kleinen schwarzen Punkte bedeuten Öffnungen zur Oberfläche, und hier befindet sich eine solche nur fünf Kilometer von dem Selenvorkommen entfernt. Hier steht eine Nummer – ich möchte nur wissen, warum sie die nicht größer geschrieben haben – 13 a. Wenn die Robots sich hier auskennen...«

Powell stellte die Frage und bekam als Antwort ein eintöniges »Ja, Meister.« – »Zieh deinen Isolieranzug an«, sagte er mit Befriedigung zu Donovan.

Für beide war es das erstemal, daß sie einen solchen Anzug anlegten – allerdings hatten sie sich bei ihrer Ankunft eingebildet, daß sie das überhaupt niemals nötig haben würden – und unfroh übten sie sich in steifen Bewegungen.

Die Isolieranzüge waren bedeutend massiger und auch häßlicher als normale Raumanzüge, wenn sie auch dank ihrer nichtmetallischen Zusammensetzung beträchtlich leichter waren. Sie bestanden aus hitzeabwehrendem Kunststoff und chemisch behandelten Korkschichten und waren mit einer Trockeneinrichtung versehen, die die Luft knochentrocken hielt. Mit Hilfe solcher Isolieranzüge konnte man die volle Kraft der Merkursonne für die Dauer von zwanzig Minuten aushalten. Auch noch fünf bis zehn Minuten länger mochte der Träger eines solchen Anzuges der Hitze widerstehen, ohne daran zugrunde zugehen.

Noch immer bildeten die Hände des Robots eine Art von Steigbügel. Sein Gesichtsausdruck zeigte nicht das leiseste Erstaunen beim Anblick der grotesken Gestalt, in die Powell sich verwandelt hatte.

Powells Stimme, die durch das Radio einen rauhen Klang erhielt, dröhnte: »Bist du bereit, uns zum Ausgang 13a zu bringen?«

»Ja, Meister.«

Schön, dachte Powell. Diese Dinge besaßen zwar keine

Radiokontrolle. Dafür waren sie aber wenigstens auf Funkempfang eingestellt. »Besteige du einen anderen, Mike«, sagte er zu Donovan.

Er stellte einen Fuß auf den improvisierten Steigbügel und schwang sich nach oben. Er fand, daß der Sitz bequem war. Offenbar war der buckelartige Rücken des Robots für diesen Zweck geformt worden. Jeder Schulter entlang befand sich eine flache Einbuchtung für die Schenkel. Auch der Sinn der zwei in die Länge gezogenen Ohren wurde nun deutlich.

Powell packte die Ohren und drehte damit den Kopf des Automaten. Schwerfällig wendete sich sein Reittier um. »Vorwärts, Macduff!« Doch war ihm gar nicht so wohl bei der ganzen Sache.

Die gigantischen Robots bewegten sich langsam und mit mechanischer Präzision. Zunächst durchschritten sie die Tür, wobei zwischen deren oberem Rand und ihren Köpfen kaum zehn Zentimeter Abstand blieb. Die beiden Männer mußten sich schnell ducken. Dann gingen sie mit langsamen, dröhnenden Schritten durch einen schmalen Gang und in die Luftschleuse hinein.

Der lange luftlose Tunnel, der sich vor ihnen ins Endlose zu erstrecken schien, brachte Powell von neuem das ungeheure Ausmaß der Aufgabe zum Bewußtsein, das die erste Expedition hatte erfüllen müssen. Ihr hatten lediglich schwerfällige Robots zur Verfügung gestanden, und sie hatte alles sozusagen aus dem Nichts heraus schaffen müssen. Wohl möglich, daß diese Expedition ein Versager gewesen war. Ihr Versagen aber war um vieles besser als das, was man im Weltsystem gewöhnlich mit Erfolg bezeichnete.

Die Robots trotteten weiter. Ihre Schnelligkeit veränderte sich niemals, noch wurden ihre Schritte jemals länger.

Powell sagte: »Beachte bitte, daß diese Tunnels hell erleuchtet sind und daß die hier herrschende Temperatur erdnormal ist! Wahrscheinlich war es während der ganzen zehn Jahre, in denen diese Station leergestanden hat, genauso.«

»Und wie kommt das?«

»Durch billige Kraft – die billigste im ganzen System. Sonnenkraft, wie du weißt, die auf der Sonnenseite Merkurs wirklich von Bedeutung ist. Deshalb wurde die Station auch ins pralle Licht und nicht in den Schatten eines Berges gebaut. In Wirklichkeit ist das Ganze ein Energieumwandler von ungeheurem Ausmaß. Die Hitze wird in Elektrizität verwandelt, in Licht, mechanische Arbeit und was weiß ich sonst. Gleichzeitig wird also Kraft geliefert und die Station gekühlt.«

»Schau mal, mein Lieber«, sagte Donovan, »das ist ja alles recht lehrreich, aber würde es dir was ausmachen, wenn wir den Gesprächsstoff wechselten? Zufällig wird nämlich diese Energieumwandlung, von der du sprichst, in der Hauptsache von Fotozellbänken besorgt – und diese sind für mich im Augenblick gerade ein heißes Eisen.«

Powell brummte vor sich hin, und als Donovan schließlich das darauffolgende Schweigen brach, brachte er einen völlig neuen Gegenstand zur Sprache.

»Hör mal, Greg, was ist eigentlich los mit Speedy? Ich begreife das gar nicht.«

In einem Isolieranzug ist es nicht leicht, die Schultern zu zucken, aber Powell versuchte es trotzdem. »Ich habe keine Ahnung, Mike. Du weißt, daß er konstruktionsmäßig völlig auf die Merkurumgebung eingestellt ist. Hitze bedeutet für ihn gar nichts, und seine Ausrüstung trägt sowohl der kleineren Schwerkraft als auch dem zerklüfteten Boden Rechnung. Er ist hundertprozentig ›idiotensicher‹ – zum mindesten sollte er es sein.«

Es wurde still. Dieses Mal dauerte das Schweigen lange Zeit.

»Meister«, sagte der Robot, »wir sind angekommen.«

»Was?« Powell fuhr aus seinem Dösen auf. »Schön – also schaff uns raus ins Freie, hinaus auf die Oberfläche.«

Sie befanden sich in einer winzigen, leeren, luftlosen und verfallenen Nebenstelle. Donovan war damit beschäftigt, mit Hilfe seiner Taschenlampe ein zackiges Loch im oberen Bereich einer der Wände zu untersuchen.

»Wohl durch einen Meteoriten verursacht, was?« fragte er.

Powell zuckte mit den Schultern. »Ist doch ganz unwichtig. Machen wir, daß wir hier herauskommen!«

Eine hochaufragende Klippe aus schwarzem, basaltartigem Gestein schnitt das Sonnenlicht ab, und der tiefe Nachtschatten einer luftlosen Welt umgab sie. Dieser Schatten brach mit messerscharfer Plötzlichkeit inmitten fast unerträglichen weißen Lichtes ab – eines Lichtes, das sich in Myriaden von Kristallen auf dem felsigen Boden spiegelte.

»Zum Donnerwetter«, rief Donovan fast atemlos, »– das sieht wie Schnee aus.« Und so war es auch.

Powell ließ seine Blicke über das zerklüftete Glitzern Merkurs bis zum Horizont hin wandern. Das Leuchten und Glänzen, das seine Augen traf, wirkte wie ein körperlicher Schmerz.

»Dies hier muß eine ganz außergewöhnliche Gegend sein«, sagte er. »Im allgemeinen reflektiert der Merkur nicht viel Licht, und in der Hauptsache besteht sein Boden aus grauem Bimsstein. So ungefähr wie auch beim Mond. Schön ist das hier, was?«

Er war dankbar für die Lichtfilter, die sich in ihren Gesichtsplatten befanden. Schön oder nicht schön – ein Blick ins Sonnenlicht durch gewöhnliches Glas hätte sie innerhalb einer halben Minute blind gemacht.

Donovan war damit beschäftigt, seinen Federthermometer zu betrachten, der an seinem Handgelenk befestigt war. »Du guter Gott, die Temperatur beträgt hier achtzig Grad Celsius!«

Powell kontrollierte sein eigenes Instrument. »Mhm«, sagte er. »Bißchen viel, was? Hier gibt's Atmosphäre, wie du weißt.«

»Auf dem Merkur? Bist du verrückt?«

»Der Planet Merkur ist nicht wirklich luftlos«, erklärte Powell etwas geistesabwesend. Er war dabei, den Feldstecher, der an seiner Gesichtsplatte befestigt war, einzustellen. Seine durch den Isolieranzug verdickten Finger taugten schlecht zu feiner Arbeit. »Eine kleine Spur hängt an seiner Oberfläche – Dämpfe der flüchtigeren Elemente und Verbindungen, die im Hinblick auf die kleine Schwerkraft des Planeten schwer genug sind, um hier zu bleiben. Du weißt das ja alles – Stoffe wie Selen, Jod, Quecksilber, Gallium, Kalium, Wismut, flüchtige Oxyde. Die Dämpfe strömen in den Schatten von Felsen und Bergen, wo sie sich niederschlagen, kondensieren und dabei Wärme abgeben. Dies ist eine Art gigantischer Brennerei. Es ist in der Tat so, daß du – wenn du deine Taschenlampe nimmst und mit ihr diese Seite der Klippe untersuchst – finden wirst, daß sie mit, sagen wir mal Schwefelreif oder Quecksilbertau überzogen ist. –

Diese Hitze macht uns aber nichts aus, da unsere Anzüge lächerliche achtzig Grad auf eine unbestimmte Zeit aushalten können.«

Powell hatte jetzt seinen Feldstecher eingestellt und glich nun einer stieläugigen Schnecke.

Donovan beobachtete ihn gespannt. »Kannst du was entdecken?«

Der andere antwortete nicht gleich, und als er es schließlich tat, klang seine Stimme ängstlich und sorgenvoll. »Am Horizont ist ein dunkler Punkt, der vielleicht die Stelle ist, wo sich das Selen befindet. Der Punkt stimmt mit dem auf der Karte überein. Speedy aber kann ich nicht entdecken.«

In dem instinktiven Wunsche, besser zu sehen, kletterte Powell höher hinauf. Schließlich stand er – ein wenig unsicher zwar – auf den Schultern des Robots. Seine Beine waren gespreizt. Angestrengt starrte er in die Ferne. Dann sagte er: »Ich glaube – ich glaube – ja, bestimmt ist er's! Er kommt in unsere Richtung gelaufen!«

Donovans Blicke folgten dem ausgestreckten Finger. Er hatte keinen Feldstecher, aber deutlich sah er einen winzigen, sich bewegenden Punkt, der sich schwarz von dem leuchtenden Glanze des kristallartigen Bodens abhob.

»Ich sehe ihn«, brüllte er. »Los, gehen wir!«

Powell hatte sich wieder auf den Schultern des Robots niedergelassen. Seine durch das Material des Anzugs bedeckte Hand schlug gegen die faßartige Brust dieses modernen Gargantua.

»Hü – los, geh!«

»Hü!« brüllte auch Donovan und stieß den Robot mit den Absätzen in die Seite, als spornte er sein Pferd.

Die Robots begannen sich zu bewegen. Das regelmäßige Tappen ihrer Schritte war unhörbar, da das nichtmetallische Gewebe der Isolieranzüge schallundurchlässig war. Was man spürte, war nichts als eine rhythmische Vibration, die sich gerade unterhalb der Schwelle tatsächlicher Hörbarkeit befand.

»Schneller«, brüllte Donovan. Der Rhythmus änderte sich nicht.

»Hat keinen Sinn«, brüllte Powell als Antwort. »Diese Alteisenhaufen sind lediglich für eine einzige Geschwindigkeit eingerichtet. Glaubst du vielleicht, die seien mit auswählbaren Beugemuskeln ausgestattet?«

Sie waren nun aus dem Schatten herausgetreten. Das Sonnenlicht überflutete sie mit einem weißglühenden Strom und umspülte sie, als wäre es eine flüssige Masse.

Donovan duckte sich unwillkürlich. »Menschenskind, bilde ich mir's ein oder ist es vielleicht tatsächlich so heiß?«

»Heiß – das ist noch gar nichts. In ein paar Augenblicken wird es dir noch viel heißer werden«, kam die grimmige Antwort. »Behalte Speedy im Auge!«

Robot SPD 13 war nun nahe genug, daß man ihn in allen Einzelheiten erkennen konnte. Blitzende Lichter spiegelten sich in seinem stromlinienförmigen Körper, der sich graziös und schnell über den zerklüfteten Boden bewegte. Sein Name war natürlich von den Anfangsbuchstaben seiner Serie abgeleitet. Dennoch paßte er in jeder Beziehung, denn Speedy heißt ›schnell‹, und die SPD-Modelle gehörten zu den schnellsten Modellen, die überhaupt von der United States Robot and Mechanical Men Corp. hergestellt wurden.

»He – Speedy!« rief Donovan und winkte wild.

»Speedy«, schrie Powell. »Komm hierher!«

Die Entfernung zwischen den Männern und dem herumirrenden Robot verminderte sich augenblicklich – allerdings mehr durch die Bemühungen Speedys als durch das Dahertrotten der fünfzig Jahre alten ›Rosinanten‹ Donovans und Powells.

Nun waren sie nahe genug, um zu erkennen, daß Speedys Gangart eigenartig schwankend war. Es war, als schaukelte er auf eigenartige Weise von Seite zu Seite. Als dann Powell wiederum winkte und die größtmögliche Sendeenergie in seinem kompakten Radiosender, der sich auf seinem Kopfe befand, einschaltete – und zwar als Vorbereitung für ein neues Rufen oder besser Brüllen –, schaute Speedy auf und sah sie.

Mit einem Ruck blieb Speedy stehen und verharrte einen Augenblick in dieser Stellung. Er war nicht völlig regungslos, sondern schwankte ein klein wenig, als würde er von einem leichten Winde bewegt.

Powell brüllte: »Also mach keine Geschichten, Speedy! Komm hierher, mein Junge!«

Worauf zum ersten Male Speedys Robotstimme in Powells Kopfhörern ertönte.

Sie sagte: »Wir wollen Spielchen spielen. Du fängst mich, und ich fange dich. Keine Liebe kann unser Messer in zwei Teile schneiden. Denn ich bin klein Butterblümchen – das liebe, kleine Butterblümchen. Juchhe!« Und indem er sich auf dem Absatz umdrehte, rannte er in der Richtung davon, aus der er gekommen war, und zwar mit einer Geschwindigkeit und Kraft, daß der von der Hitze festgebakkene Boden nur so nach allen Seiten spritzte.

Und seine letzten Worte waren, eher er immer kleiner und kleiner wurde: »Eine kleine Blume wuchs unterm Eichenbaum«, welcher Äußerung ein metallisches Klirren folgte, was vielleicht das robotische Gegenstück zu einem Schlucker war.

Donovan sagte schwach: »Woher hat er nur die Gilbert- und Sullivanverse? He, Greg – ich glaube, er ist betrunken oder so was Ähnliches.«

»Mensch«, sagte Greg, »du merkst aber auch alles. Laß uns zur Klippe zurückgehen! Sonst werde ich noch bei lebendigem Leibe geröstet.«

Es war Powell, der das Schweigen der Verzweiflung brach. »Zunächst«, sagte er, »ist Speedy nicht betrunken . . .

zum mindesten nicht im menschlichen Sinne des Wortes..., weil er ja ein Robot ist, und Robots werden nicht betrunken. Immerhin, *etwas* stimmt mit ihm nicht, und dieses Etwas ist ganz offenbar das robotische Gegenstück menschlicher Betrunkenheit.«

»Für mich ist er betrunken«, stellte Donovan emphatisch fest. »Und das einzige, was ich weiß, ist, daß er sich einbildet, wir wollten mit ihm spielen, was aber ganz und gar nicht unsere Absicht ist. Für uns ist die ganze Sache eine Sache auf Leben und recht unangenehmen Tod.«

»Schon gut! Dränge mich nur nicht! Ein Robot ist nur ein Robot. Haben wir einmal herausgefunden, was an ihm kaputt ist, dann können wir es sehr schnell reparieren und alles ist in Ordnung.«

»*Wenn* wir's rausfinden«, sagte Donovan sauer.

Powell beachtete ihn nicht. »Speedy ist völlig auf merkurianische Umgebung eingestellt. Diese Gegend hier aber« – er machte mit dem Arm eine ausholende Bewegung – »ist unbedingt anomal. Darin liegt ein Anhaltspunkt für uns. Also – woher kommen diese Kristalle? Vielleicht haben sie sich durch das langsame Abkühlen einer Flüssigkeit gebildet. Wo aber könnte man eine Flüssigkeit finden, die so heiß wäre, daß sie sich in der Sonne Merkurs abkühlen könnte?«

»Vielleicht in einem Vulkan«, schlug Donovan vor, und Powells Körper schien sich zu spannen.

»Kinder und Narren ––«, sagte er mit dünner, eigenartiger Stimme. Dann blieb er fünf Minuten lang völlig still.

Schließlich sagte er: »Hör mal, Mike, was hast du zu Speedy gesagt, als du ihn ausschicktest, das Selen zu holen?«

Donovan war überrascht. »Na ja, verdammt noch mal – ich weiß das nicht. Ich hab' ihm eben einfach gesagt, er soll gehen und es holen.«

»Ich weiß das wohl. Aber wie hast du's gesagt? Versuch dich mal deiner genauen Worte zu erinnern!«

»Ich hab' gesagt mhm – ich hab' gesagt: ›Speedy, wir brauchen etwas Selen. Du kannst es dort und dort finden. Geh und hole es!‹ Das war alles. Was hätte ich sonst noch sagen sollen.«

»Du hast den Befehl nicht besonders dringlich gemacht, was?«

»Wozu auch? Die ganze Sache war doch einfach Routine.«

Powell seufzte. »Na also, jetzt können wir nichts mehr dran ändern – wir sind aber in einer recht fatalen Lage.« Er war abgesessen von seinem Robot und hockte auf dem Boden, den Rücken gegen die Klippe gelehnt. Donovan gesellte sich zu ihm, und sie hakten sich gegenseitig ein. In der Entfernung schien das brennende Sonnenlicht wie eine Katze vor dem Mausloch auf sie zu warten. Von den beiden riesigen Robots ganz in ihrer Nähe war im Schatten nichts zu sehen als ihre blaßroten fotoelektrischen Augen, die auf sie herunterschauten, ohne zu blinzeln, ohne die Pupillen zu bewegen und ohne jeden Ausdruck.

Ausdruckslos. So wie alles ausdruckslos war auf diesem vergifteten Merkur, der trotz seiner Kleinheit der verhexteste schien von allen Planeten.

Powells Radiostimme klang angespannt in Donovans Ohr. »Nun paß mal auf! Fangen wir mit den drei Grundregeln des Roboterdienstes an – jenen Grundregeln, die am allertiefsten eingegraben sind in das positronische Gehirn eines jeden Robots!« In der Dunkelheit zählte er die einzelnen Punkte an seinen anzugbedeckten Fingern ab.

»Wir haben also – erstens: Ein Robot darf kein menschliches Wesen verletzen oder durch Untätigkeit gestatten, daß einem menschlichen Wesen Schaden zugefügt wird.«

»Stimmt.«

»Zweitens«, fuhr Powell fort, »– ein Robot muß den ihm von einem Menschen gegebenen Befehlen gehorchen, es sei denn, ein solcher Befehl würde mit Regel eins kollidieren.«

»Stimmt.«

»Und drittens: Ein Robot muß seine eigene Existenz beschützen, solange dieser Schutz nicht mit Regel eins oder zwei kollidiert.«

»Stimmt. Und wie geht es nun weiter?«

»Wir stecken bereits mitten in der Erklärung. Der Konflikt zwischen den verschiedenen Regeln wird durch die verschiedenen Potentiale im positronischen Gehirn ausgeglichen. Sagen wir mal, ein Robot läuft bewußt in eine Gefahr hinein. Das automatische Potential, das durch Regel drei aufgebaut wird, weist ihn zurück. Nimm aber an, du befiehlst ihm, in eine solche Gefahr hineinzulaufen. In diesem Falle baut Regel zwei ein Gegenpotential auf, das größer ist als das vorhergehende, und der Robot folgt deinem Befehl auf die Gefahr hin, damit sein Dasein zu riskieren.«

»Schön – aber das weiß ich doch alles. Was willst du eigentlich mit diesem ganzen alten Kram?«

»Nehmen wir mal Speedys Fall an! Speedy ist eines der neuesten Modelle. Er ist äußerst spezialisiert und fast so teuer wie ein Schlachtschiff. Er gehört nicht zu den Dingen, die man leichten Herzens zerstört.«

»Und weiter?«

»Daher ist bei ihm Regel drei verstärkt worden – übrigens hat man dies in den Ankündigungen der SPD-Modelle besonders erwähnt. Daher ist seine Abneigung gegen Gefahr besonders groß. Gleichzeitig aber hast du ihm, als du ihn ausschicktest, um das Selen zu bringen, diesen Befehl sozusagen gleichgültig gegeben, ohne seine Dringlichkeit besonders zu betonen, dadurch ist das durch Regel zwei aufgebaute Potential ziemlich schwach geworden. Warte noch, ehe du was sagst! Ich stelle ja lediglich Tatsachen fest.«

»Schön, dann fahr fort. Ich glaub', ich weiß schon, worauf du hinauswillst.«

»Du verstehst, wie das Ganze funktioniert... nicht wahr? Irgendwo in der Nähe des Selenvorkommens droht eine Gefahr. Diese wird um so größer, je mehr er sich dem Selen nähert, und an irgendeinem Punkt kommen das von Anbeginn an ungewöhnlich hohe Potential der Regel drei und das von Anbeginn an ungewöhnlich niedrige Potential der Regel zwei in eine Art Gleichgewicht.«

Erregt stand Donovan auf. »Ins Gleichgewicht«, rief er. »Ich verstehe. Regel drei treibt ihn zurück und Regel zwei vorwärts, und so...«

»So beschreibt er einen Kreis um das Selen herum, wobei er sich genau da hält, wo er sich aufhalten muß, wenn die Potentiale im Gleichgewicht sind. Und wenn wir nichts dagegen tun, so wird er für immer und ewig auf dieser Linie bleiben und uns ad infinitum an der Nase herumführen.« Dann in Gedanken: »Das ist auch der Grund seines Betrunkenseins. Befinden sich die Potentiale im Gleichgewicht, so ist die Hälfte aller positronischen Bahnen seines Gehirns instabil. Ich bin zwar kein Robotspezialist, aber das scheint mir doch klar. Wahrscheinlich hat er die Kontrolle gerade über jene Teile seines Willensmechanismus verloren, über die ein menschlicher Betrunkener sie verlieren würde. Ganz schön verworren, was?«

»Worin aber besteht denn nun jene Gefahr? Wüßten wir, wovor er davonrennt...«

»Du hast es ja selber angeführt. Vulkanische Tätigkeit. Irgendwo direkt über dem Selenvorkommen befindet sich eine Stelle, an der Gas aus dem Inneren des Merkur entströmt. Schwefeldioxyd, Kohlendioxyd – und Kohlenoxydgas. Und zwar eine ganz ansehnliche Menge – und bei dieser Temperatur.«

Donovan schluckte hörbar. »Kohlenoxyd plus Eisen gibt das flüchtige Eisencarbonyl.«

»Und ein Robot«, fügte Powell hinzu, »besteht in der Hauptsache aus Eisen.« Dann grimmig: »Es gibt nichts Schöneres als logische Deduktion. Wir wissen nun über unser Problem hier alles außer der Lösung. Selbst können wir das Selen nicht holen. Es ist noch immer zu weit weg. Diese Robotpferde können wir auch nicht schicken, weil sie nicht in der Lage sind, sich allein und ohne Reiter zu bewegen. Uns aber können sie nicht dahin tragen, weil sie dafür viel zu langsam sind. Anderseits können wir auch Speedy nicht fangen, weil der Dummkopf sich einbildet, wir spielen nur mit ihm, und er kann hundert Kilometer rennen in der Zeit, in der wir achte machen.«

»Geht einer von uns«, begann Donovan zögernd, »und kommt schließlich richtig durchgekocht nach Hause, ist noch immer der andere übrig.«

»Stimmt«, kam die sarkastische Antwort. »Dies würde ein wirklich schönes Opfer darstellen – nur daß kein Mensch in der Lage sein wird, alle nötigen Befehle zu erteilen, weil er tot ist, ehe er das Selen erreicht. Auch zweifle ich sehr daran, daß – selbst wenn dies möglich sein sollte – die Robots ohne die nötigen Direktiven hierher zurückkehren. Rechne selbst mal aus! Wir befinden uns hier vier bis fünf Kilometer von dem Selen entfernt – sagen wir vier. Die Robots machen etwa sieben Kilometer pro Stunde. Wir selbst können in unseren Isolieranzügen zwanzig Minuten existieren. Vergiß nicht, daß es ja nicht *nur* die Hitze ist! Die Sonnenstrahlung hier im Ultravioletten und darunter ist reines Gift.«

»Mhm«, sagte Donovan. »Es fehlen rund zehn Minuten.«

»Was genausoviel ist, als wenn eine Ewigkeit fehlte. Und noch etwas. Wenn das Potential der Regel drei Speedy zum Halten bringen konnte, dann muß sich eine recht ansehnliche Menge Kohlenoxyd in der Metalldampfatmosphäre befinden – was eine ganz beträchtliche korrosive Wirkung haben dürfte. Er befindet sich jetzt bereits seit Stunden da draußen. Wie können wir wissen, ob nicht jeden Augenblick sagen wir mal ein Kniegelenk aus dem Gleichgewicht kommen kann, was den ganzen Kerl hinwerfen würde. Hier handelt es sich also nicht allein nur um Nachdenken, sondern wir müssen auch sehr schnell nachdenken.«

Abgrundtiefes, verzweifeltes Schweigen folgte.

Donovan unterbrach es schließlich. Seine Stimme zitterte, weil er sich so viel Mühe gab, seine innere Erregung nicht zu zeigen. Er sagte: »Solange wir das Potential der Regel zwei nicht vergrößern, können wir keine weiteren Befehle erteilen – wie wär's, wenn wir anders zuwege gingen? Erhöhen wir die Gefahr, so vergrößern wir das Potential der Regel drei und treiben ihn zurück.«

Powells Gesichtsplatte hatte sich ihm in wortloser Frage zugewandt.

»Verstehst du«, kam die vorsichtige Erklärung, »das einzige, was wir tun können, um ihn aus seinem alten Geleise zu werfen, besteht darin, daß wir die Konzentration des Kohlenoxydgases in seiner Nachbarschaft vergrößern. Nun – zu Hause in der Station befindet sich ein vollständiges analytisches Laboratorium.«

»Natürlicherweise«, sagte Powell, »nachdem dies ja schließlich ein Bergwerk ist.«

»Schön, Kleesäure muß also pfundweise vorhanden sein, weil man damit Kaliumniederschläge erzeugt.«

»Donnerwetter, Mike! Du bist ja ein Genie.«

»Na, es geht so«, gab Donovan bescheiden zu. »Das Ganze ist recht einfach, wenn man sich daran erinnert, daß Kleesäure sich bei Erhitzung zersetzt in Kohlendioxyd, Wasser und Kohlenmonoxyd. Einfache Hochschulchemie.«

Powell stand bereits auf den Beinen und hatte schon die Aufmerksamkeit eines der Riesenrobots ganz einfach dadurch erweckt, daß er der Maschine auf die Schenkel klopfte.

»He!« schrie er, »kannst du werfen?«

»Meister?«

»Ah – der Teufel soll dich holen!« Powell verfluchte das Gehirn des Robots, das zäh wie Melasse war. Er packte einen scharfkantigen Stein. »Nimm dies«, sagte er, »und triff damit jene bläulichen Kristalle gerade gegenüber auf der anderen Seite jener Spalte! Siehst du, was ich meine?«

Donovan packte ihn an der Schulter. »Das ist zu weit, Greg! Fast eine halbe Meile entfernt...«

»Ruhig«, entgegnete Powell. »Hier handelt es sich um die Anziehungskraft Merkurs und die Kraft eines stählernen Armes. Paß mal auf, ja?«

Die Augen des Robots maßen die Entfernung mit instrumentenmäßig genauer Stereoskopie. Sein Arm paßte sich dem Gewicht des Geschosses an, und er holte aus. Die Bewegungen des Robots waren in der Dunkelheit nicht sichtbar. Als er aber plötzlich sein Gewicht verlagerte, wurde ein dumpfes Geräusch hörbar, und wenige Sekunden später flog das Felsstück hinaus ins Sonnenlicht. Es gab keinen Luftwiderstand, der seinen Flug hätte verlangsamen, noch Wind, der es aus seiner Bahn hätte bringen können, und als es den Boden traf, geschah dies genau in der Mitte der zuvor als Ziel angegebenen Kristalle.

Powell schrie glücklich auf. Dann brüllte er: »Gehen wir zurück und holen Kleesäure, Mike!«

Auf dem Weg zurück durch den Tunnel sagte Donovan grimmig: »Speedy hat sich diesseits des Selenvorkommens aufgehalten, seitdem wir hinter ihm her sind. Hast du das bemerkt?«

»Ja.«

»Ich nehme an, er will Spiele spielen... und wir werden wahrhaftig eines mit ihm spielen!«

Stunden später kamen sie mit Dreilitergefäßen, die die weiße chemische Substanz enthielten, und mit langen Gesichtern zurück. Die Fotozellbänke verschlechterten sich schneller, als sie erwartet hatten. Still und in grimmiger Entschlossenheit lenkten die beiden ihre Robots hinaus ins Sonnenlicht und auf den wartenden Speedy zu.

Langsam galoppierte Speedy ihnen entgegen. »Hier sind wir ja wieder. Juchheee! Der Pianoorganist steht auf meiner kleinen Liste. Auch andere Leute stehen darauf, die einem Pfefferminzgeruch ins Gesicht atmen.«

»Wir werden *dir* gleich was ins Gesicht atmen«, murmelte Donovan. »Schau mal, der Kerl hinkt ja, Greg!«

»Das hab' ich bereits bemerkt«, kam die leise, besorgte Antwort. »Das Kohlenoxyd wird ihn ruinieren, wenn wir uns nicht beeilen.«

Sie näherten sich jetzt vorsichtig, fast schlendernd, um den völlig wirren Robot vom Davonlaufen abzuhalten. Powell war viel zu weit entfernt, um es mit Sicherheit sagen zu können, aber schon jetzt hatte er das Gefühl, daß der idiotische Robot auf dem Sprung war, sich aus dem Staub zu machen.

»Los«, schnaufte er. »Zähl auf drei! Eins – zwei...«

Zwei Stahlarme holten aus und schnappten gleichzeitig nach vorne, und zwei Glasbehälter schwirrten in hohen parallelen Bögen vorwärts. Wie Diamanten leuchteten die beiden Gläser in der Sonne. Geräuschlos zerplatzten die Behälter hinter Speedy auf dem Boden. Wie Staub flog die Kleesäure in die Luft.

Powell wußte, daß es in der vollen Hitze der Sonne Merkurs zischte wie Sodawasser.

Speedy wandte sich um und starrte die zersplitterten Behälter an, zog sich dann langsam davon zurück ... erst langsam und dann immer schneller. Fünfzehn Sekunden später kam er in unsicherem Trab direkt auf die zwei Menschen zugesprungen.

Powell verstand in diesem Augenblick Speedys Worte nicht ganz genau, obwohl er etwas hörte, das dem Satz glich: »Liebeserklärungen sind unzulässig, wenn solche geäußert auf sächsisch oder hessisch.«

Er wandte sich ab. »Zurück zur Klippe. Mike! Er ist aus seinem Geleise geworfen und nun zum Gehorsam bereit. Mir wird arg heiß.«

Sie trotteten im langsamen Trab ihrer ›Rosinanten‹ dem Schatten zu und erst, als sie ihn erreicht hatten und die plötzliche Kühle angenehm um sich spürten, schaute Donovan zurück.

»Greg!«

Powell schaute sich um und schrie fast. Speedy bewegte sich jetzt langsam – so gräßlich langsam –, und zwar in der falschen Richtung. Er ließ sich treiben – ließ sich zurück in sein altes Geleise treiben. Nun wurde seine Gangart schneller. Durch den Feldstecher betrachtet, erschien er schrecklich nahe und doch grauenhaft unerreichbar.

Donovan schrie wild: »Ihm nach!« und puffte seinen Robot, bis dieser so schnell ging, wie er eben ging. Aber Powell rief ihn zurück.

»Hat keinen Sinn, Mike – du kannst ihn nicht fangen!« In

wütender Ohnmächtigkeit ballte er eine Faust. »Warum sehe ich all das immer erst fünf Sekunden, nachdem schon alles vorüber ist? Mike, wir haben Stunden vergeudet.«

»Wir brauchen noch mehr Kleesäure«, sagte Donovan schwerfällig. »Die Konzentration hat nicht ausgereicht.«

»Auch sieben Tonnen hätten nicht ausgereicht – und wir haben gar nicht so viel Zeit, um sie uns zu beschaffen, nachdem das Kohlenoxydgas ihn langsam auffrißt. Verstehst du denn gar nicht, was geschehen ist, Mike?«

»Nein.«

»Wir haben lediglich neue Gleichgewichte hergestellt. Schaffen wir frisches Kohlenoxyd und bauen wir damit das Potential der Regel drei auf, so bewegt er sich zurück, bis er wieder im Gleichgewicht ist – und als das Kohlenoxydgas wegtrieb, bewegte er sich vorwärts, und wieder wurde das Gleichgewicht hergestellt.«

Powells Stimme klang, als wäre er vollkommen erledigt. »Ist immer die gleiche Geschichte. Wir können die Regel zwei drücken und an der Regel drei ziehen, und wir kommen zu keinem Resultat – das einzige, was wir erreichen, ist, daß sich die Lage des Gleichgewichtes verändert. Wir müssen außerhalb der beiden Regeln gelangen.« Dann trieb er seinen Robot näher an den Donovans heran, so daß sie sich nun Angesicht zu Angesicht gegenüber saßen – zwei dunkle Schatten in der Finsternis. Er flüsterte: »Mike.«

»Ist es das Ende?« fragte Donovan stumpf. »Ich nehme an, wir gehn zurück zur Station, drücken uns gegenseitig die Hände, nehmen Strychnin und verschwinden aus diesem Leben wie Gentlemen.« Er lachte kurz.

»Mike«, wiederholte Powell ernsthaft, »wir *müssen* Speedy fangen.«

»Ich weiß wohl.«

»Mike«, sagte er von neuem. Dann zögerte er, ehe er weiter sprach. »Es gibt immer noch die Regel eins. Ich habe schon früher daran gedacht, aber es ist ein verzweifeltes Mittel.«

Donovan schaute auf und seine Stimme bekam wieder einen lebendigen Klang. »Aber wir *sind* ja auch in einer verzweifelten Lage.«

»Schön. Gemäß Regel eins darf ein Robot es nicht zulassen, daß ein menschliches Wesen durch die Untätigkeit des Robots geschädigt wird. Regel zwei und drei dürfen dieser Grundregel nicht im Wege stehen. Sie *können* ihr nicht im Wege stehn.«

»Selbst wenn der Robot halb verrückt – na ja, er ist betrunken. Das weißt du doch selber?«

»Darin liegt das Risiko.«

»Hör damit auf! Was sollen wir tun?«

»Ich gehe jetzt hinaus und sehe, was ich mit Regel eins erreichen kann. Durchbricht diese das Gleichgewicht nicht, dann ist es völlig gleich, wie und wo... das heißt, dann kommt das Ende eben jetzt anstatt in drei oder vier Tagen.«

»Einen Augenblick, Greg! Es gibt auch menschliche Verhaltensmaßregeln. Du kannst nicht einfach so da hinaus. Denk dir eine Art von Lotteriespiel aus und gib auch mir meine Chance!«

»Gut! Wer zuerst den Kubus von vierzehn ausrechnet, geht«, und fast gleichzeitig: »Siebenundzwanzighundertvierundvierzig.« Donovan spürte, wie sein Robot wankte, weil Powells ›Rosinante‹ ihn anstieß. Dann sah er Powell bereits draußen im Sonnenlicht. Donovan öffnete den Mund zum Rufen, schloß ihn aber dann wieder. Natürlich hatte der verdammte Narr den Kubus schon vorher errechnet, und zwar gerade zu diesem Zweck. Das sah ihm ganz ähnlich.

Die Sonne war heißer denn je. Powell spürte in seinem Nacken ein furchtbares Jucken. Wahrscheinlich Einbildung, oder vielleicht machten sich die harten Strahlungen bereits durch den Isolieranzug bemerkbar.

Speedy beobachtete ihn, und zwar dieses Mal, ohne daß er ihm irgendwelches ungereimte Zeug als Gruß entgegenrief. Dafür dankte Powell Gott. Aber er wagte es nicht, dem Robot zu nahe zu kommen.

Er war noch dreihundert Meter entfernt, als Speedy sich zurückzuziehen begann, vorsichtig Schritt für Schritt – und Powell hielt an. Er sprang von den Schultern seines Robots herunter und landete mit leichtem Aufprall auf dem kristallinischen Boden. Zackige Stücke spritzten um ihn herum auf.

Er setzte seinen Weg zu Fuß fort. Der Boden unter seinen Füßen war körnig und schlüpfrig. Die geringe Schwerkraft bereitete ihm Schwierigkeiten. Die Sohlen seiner Füße juckten vor Wärme. Er warf einen einzigen Blick über die Schulter zurück zur Schwärze der Klippe und wußte, daß er nun zu weit draußen war, um zurückkehren zu können – sei es mit eigener Kraft, sei es mit Hilfe seines veralteten Robots. Jetzt galt es. Entweder Speedy half ihm, oder er war verloren. Die plötzliche Erkenntnis dieser Tatsache legte sich wie ein Krampf um sein Herz.

Nun war er weit genug gegangen. Er blieb stehen.

»Speedy!« rief er, »Speedy!«

Der glatte moderne Robot vor ihm zögerte und brachte seine nach rückwärts gewandten Schritte zum Halten... nahm aber schon im nächsten Augenblick seinen Marsch wieder auf.

Powell versuchte, seiner Stimme einen bittenden Klang zu verleihen. Er fand, daß er hierfür gar keine besonders großen schauspielerischen Künste benötigte. »Speedy – ich muß in den Schatten zurück, oder die Sonne bringt mich um. Es geht auf Leben oder Tod, Speedy! Ich brauche dich.«

Speedy machte einen Schritt vorwärts und blieb stehen.

Er sprach, aber als Powell hörte, was er sagte, stöhnte er.

Folgendes waren seine Worte: »Liegst du wach mit fürchterlichem Kopfweh im Bett und Ruhe will nicht kommen« – hier verlor sich seine Stimme, und Powell nahm sich aus irgendeinem Grunde die Zeit, vor sich hinzumurmeln: »Das ist aus Jolanthe – also wieder Gilbert und Sullivan.«

Es war heiß wie in einem Backofen. Aus dem Augenwinkel sah er eine Bewegung. Halb betäubt drehte er sich um, starrte dann in wildem Erstaunen auf den monströsen Robot, auf dem er gekommen war – denn dieser bewegte sich auf ihn zu, und zwar ohne Reiter.

Er redete: »Verzeiht mir, Meister! Ich darf mich zwar ohne Meister nicht bewegen, aber Ihr seid in Gefahr.«

Natürlich. Das Potential der Regel eins ging ja über alles. Er wollte aber nicht diese schwerfällig antiquierte Monstrosität – er wollte Speedy. Er ging weg und winkte wie wild ab. »Ich befehle dir wegzubleiben. Ich *befehle* dir, stehenzubleiben.«

Es war völlig nutzlos. Über das Potential der Regel eins konnte man keinen Sieg davontragen. Dumm sagte der Robot: »Ihr seid in Gefahr, Meister.«

Verzweifelt schaute Powell sich um. Er konnte nicht mehr klar sehen. Sein Gehirn befand sich in einem fiebrigen Taumel. Sein Atem verbrannte ihn, wenn er einatmete. Überall, wohin er schaute, war der Boden nichts als ein einziger leuchtender Dunst. Zum letzten Male rief er – verzweifelt: »Speedy, ich sterbe... verdammt noch mal! Wo bist du denn? Speedy, ich brauch' dich doch.«

Noch immer stolperte er weg von dem Riesenrobot, den

er nicht wollte, als er plötzlich stählerne Finger auf seinem Arm spürte und eine besorgte, um Vergebung bittende metallisch klingende Stimme hörte:

»Chef, was machen Sie denn hier? Und was tue ich – ich bin ja völlig durchgedreht...«

»Laß gut sein«, murmelte Powell schwach. »Bring mich in den Schatten der Klippe und beeile dich!« Er hatte noch das Gefühl, in die Luft gehoben zu werden, das Gefühl schneller Bewegung, das Gefühl brennender Hitze. Dann wurde er ohnmächtig.

Als er erwachte, sah er, daß Donovan sich mit einem ängstlichen Lächeln über ihn neigte. »Wie geht's dir, Greg?«

»Großartig«, kam die Antwort. »Wo ist Speedy?«

»Hier. Ich habe ihn zu einem der anderen Selenvorkommen geschickt – mit dem Befehl, dieses Mal das Selen zu bringen, koste es auch, was es wolle. Er brachte es in 45 Minuten und drei Sekunden. Ich habe die Zeit mit der Stoppuhr gemessen. Er ist immer noch damit beschäftigt, uns um Verzeihung zu bitten. Er hat Angst, in deine Nähe zu kommen – fürchtet sich vor dem, was du ihm sagen wirst.«

»Bring ihn herein!« befahl Powell. »Er konnte ja gar nichts dafür.« Er streckte seine Hand aus und packte Speedys metallene Pfote. »Ist schon gut, Speedy!« Dann zu Donovan: »Weißt du, Mike, ich dachte gerade...«

»Ja.«

»Nun ja« – er rieb sein Gesicht. Die Luft war so wunderschön kühl. »Du weißt ja, daß wir – wenn wir alles hier in Ordnung haben und Speedy seine Tests bestanden hat – zur Raumstation geschickt werden ganz in der Nähe von...«

»Nein.«

»Doch. Zum mindesten hat die alte Calvin mir das gesagt, ehe wir abfuhren, und ich selbst erwiderte gar nichts, weil ich ja die ganze Idee ohnedies bekämpfen wollte.«

»Bekämpfen?« schrie Donovan. »Aber...«

»Ich weiß schon. ich hab' ja auch jetzt gar nichts mehr dagegen... Ich meine gegen zweihundertunddreiundsiebzig Grad unter Null. Wird es nicht ein wahres Vergnügen sein?«

»Raumstation«, sagte Donovan. »Ich grüße dich!«

Todesurteil

Brand Gorla lächelte unbehaglich. »Es wird viel übertrieben, wissen Sie.«

»Nein, nein, nein!« Die roten Albinoaugen des kleinen Mannes weiteten sich. »Dorlis war groß, als noch kein Mensch das System Wega besucht hatte. Es war der Mittelpunkt einer Galaktischen Konföderation, die größer als die unsrige war.«

»Na, sagen wir eben, daß es ein altes Kulturzentrum war. Das gebe ich zu, und den Rest überlassen wir den Archäologen.«

»Archäologen sind nutzlos. Was ich entdeckt habe, bedarf eines besonderen Sachverständigen. Und Sie sind im Ausschuß.«

Brand Gorla schaute zweifelnd drein. Er erinnerte sich aus seiner Studienzeit an Theor Realo – einen kleinen Mickerling von einem Menschen, der irgendwo im Hintergrund seiner Erinnerungen herumgeisterte. Es lag viele Jahre zurück, aber der Albino war sonderbar gewesen. Das war im Gedächtnis geblieben. Und er war noch immer seltsam.

»Ich werde versuchen, Ihnen zu helfen«, sagte Brand, »wenn Sie mir sagen, was Sie auf dem Herzen haben.«

»Ich möchte, daß Sie dem Ausschuß bestimmte Tatsachen vorlegen«, sagte Theor, der vor innerer Erregung kaum an sich halten konnte. »Wollen Sie mir das versprechen?«

Brand zögerte. »Selbst wenn ich Ihnen helfe, Theor, muß ich Sie daran erinnern, daß ich nur ein gewöhnliches Ausschußmitglied bin. Ich habe nicht viel Einfluß.«

»Sie müssen Ihr Möglichstes tun. Die Tatsachen werden für sich sprechen.« Die Hände des Albinos zitterten.

»Erzählen Sie!« Brand fand sich damit ab, daß er den anderen würde anhören müssen. Schließlich war er ein alter Kommilitone. Man durfte nicht zu despotisch sein. Er lehnte sich entspannt zurück. Das Licht des Arkturus schien zu den deckenhohen Fenstern herein, diffus und gemildert durch das polarisierende Glas. Selbst dieses gleichsam verdünnte Sonnenlicht war zuviel für die empfindlichen roten Augen des Besuchers, der sie beim Sprechen mit einer Hand beschirmte.

»Ich habe fünfundzwanzig Jahre auf Dorlis gelebt, Brand«, sagte er. »Ich habe mich an Orten umgesehen, von deren Existenz bis heute kein Mensch außer mir weiß, und habe Funde gemacht. Dorlis war das wissenschaftliche und kulturelle Zentrum einer großen Kultur. Größer als die unsrige war sie, und besonders auf dem Gebiet der Psychologie.«

»Die Leistungen der Vergangenheit erscheinen immer größer als die der Gegenwart«, sagte Brand mit einem herablassenden Lächeln. »Es gibt einen Lehrsatz darüber, den Sie in jedem elementaren Lehrbuch finden werden. Studienanfänger nennen ihn den GAZ-Lehrsatz. Steht für ›Gute Alte Zeit‹, wissen Sie. Aber fahren Sie fort!«

Theor runzelte die Stirn, verzog das Gesicht. »Man kann eine unbequeme Tatsache immer als bedeutungslos abtun, indem man ihr ein nachteiliges Etikett anklebt. Aber verraten Sie mir, was Sie von psychologischer Technik wissen.«

Brand zuckte die Achseln. »So etwas gibt es nicht, nicht im strikt mathematischen Sinne. Alle Propaganda und Werbung ist, aufs Geratewohl, ein Stück psychologischer Technik – und mitunter ziemlich wirksam. Vielleicht meinen Sie das.«

»Durchaus nicht. Ich meine tatsächliches Experimentieren mit Massen von Menschen und unter kontrollierten Bedingungen über Jahre hinweg.«

»Über solche Dinge ist viel diskutiert worden. Es ist in der Praxis nicht durchführbar. Unsere Gesellschaftsstruktur steht dem entgegen, und wir wissen nicht genug, um wirksame Kontrollmechanismen einzuführen.«

Theor unterdrückte seine Erregung. »Aber die Alten wußten genug darüber. Und sie führten Kontrollmechanismen ein.«

Brand räkelte sich phlegmatisch und überlegte. »Das ist interessant, aber woher wissen Sie das?«

»Weil ich die Dokumente fand, die sich darauf beziehen.« Er unterbrach sich atemlos. »Eine ganze Welt, Brand. Eine ganze Welt, bevölkert mit Lebewesen, die in jeder Hinsicht unter strikter Kontrolle sind. Die studiert und untersucht und zum Gegenstand von Experimenten gemacht werden. Können Sie sich jetzt ein Bild machen?«

Brand bemerkte keines der bekannten Zeichen geistiger Verwirrung. Vielleicht bei genauerer Untersuchung...

In ruhigem Ton sagte er: »Sie müssen irregeführt worden sein. Es ist völlig unmöglich. So kann man Menschen nicht beherrschen. Zu viele Variable.«

»Ja, das ist die Pointe, Brand. Sie waren keine Menschen.«

»Was?«

»Sie waren Roboter, positronische Roboter. Eine ganze Welt von Robotern, Brand, die nichts zu tun hatten, als zu leben und zu reagieren und sich von Psychologen beobachten zu lassen, die *wirkliche* Psychologen waren.«

»Das ist dummes Zeug!«

»Ich habe Beweise – denn diese Roboterwelt besteht noch immer. Die Erste Konföderation zerbrach, aber diese Roboterwelt machte weiter. Bis auf den heutigen Tag.«

»Und woher wissen Sie das?«

Theor Realo stand auf. »Weil ich die letzten fünfundzwanzig Jahre dort gewesen bin!«

Der Ausschußvorsitzende schlug seinen rotpaspelierten Umhang zurück und griff in die Tasche, um eine lange, knorrige und entschieden inoffizielle Zigarre hervorzuholen.

»Lächerlich«, grunzte er. »Vollkommen blödsinnig.«

»Genau«, sagte Brand, »und ich kann es so nicht einfach vor den Ausschuß bringen. Sie würden nicht auf mich hören. Ich muß zuvor mit Ihnen darüber beraten, und dann, wenn Sie Ihre Autorität einsetzen können...«

»Ach, Unsinn! So etwas habe ich meiner Lebtag nicht gehört... Wer ist der Kerl?«

Brand seufzte. »Ein verschrobener Typ, das gebe ich zu. Er studierte gleichzeitig mit mir, und damals schon hatte er eine Schraube locker. Ein Albino, unangepaßt wie der Teufel. Er studierte alte Geschichte, glaube ich, und diese Idee saß so fest, daß er nicht mehr davon lassen wollte. Er sei fünfundzwanzig Jahre lang in Dorlis gewesen, sagt er. Er habe die Aufzeichnungen von einer ganzen Zivilisation.«

Der Vorsitzende paffte ungeduldig. »Ja, ich weiß. In den Telestatserien ist es auch immer der geniale Amateur, der die großen Entdeckungen macht. Der Einzelgänger. Der Außenseiter. Unsinn! Haben Sie mit dem Fachbereich Archäologie gesprochen?«

»Selbstverständlich. Das Ergebnis war interessant. Kein Mensch gibt sich mit Dorlis ab. Das ist nicht bloß alte Geschichte, wissen Sie, es ist eine Sache von fünfzehntausend Jahren. Eine mythische Angelegenheit. Angesehene Archäologen vergeuden nicht allzuviel Zeit darauf. Also ist es genau die Sache, die auf ihre Entdeckung durch einen laienhaften Bücherwurm, der sich etwas in den Kopf gesetzt hat, warten würde. Später natürlich, wenn die Geschichte sich als wahr erweist, wird Dorlis zu einem Dorado für Archäologen avancieren.«

Der Vorsitzende verzog sein gemütliches Gesicht zu einer abstoßenden Grimasse. »Es ist wenig schmeichelhaft für unser Ego. Wenn diese Geschichte wahr ist, dann muß die sogenannte Erste Konföderation ein weit entwickelteres Verständnis der Psychologie gehabt haben, als wir es heute aufweisen können, und wir werden als Schwachköpfe dastehen. Und natürlich werden sie positronische Roboter gebaut haben, die um ganze Größenordnungen über allem stehen, was wir gerade als Konstruktionspläne vorlegen können. Beim Himmel, denken Sie nur an die Mathematik, die darin steckt!«

»Ich habe so gut wie alle Leute konsultiert, die für uns in Frage kommen, Sir. Ich würde mit dieser Sache nicht zu Ihnen kommen, wenn ich nicht alle Aspekte überprüft hätte. Als einen der ersten suchte ich Blak auf, und er ist beratender Mathematiker führender Hersteller von Robotern. Er sagt, diese Dinger hätten praktisch unbegrenzte Fähigkeiten. Gesetzt der Fall, wir hätten das Geld, die Zeit und die psychologische Vervollkommnung – sagte er mir ins Gesicht! – könnten solche Roboter jetzt und hier gebaut werden.«

»Was für Beweise hat er?«

»Wer, Blak?«

»Nein, nein! Ihr Freund, der Albino. Sie sagten, er habe Dokumente.«

»Hat er. Ich habe welche hier. Es ist nicht zu leugnen, daß es sich um alte Aufzeichnungen handelt. Ich habe sie überprüfen lassen. Natürlich kann ich sie nicht lesen. Ich weiß nicht, ob überhaupt jemand außer Theor Realo etwas damit anfangen kann.«

»Das hat noch gefehlt. Wir müssen ihm abnehmen, was er sagt.«

»Ja, in gewisser Weise. Aber er behauptet nicht, mehr als einzelne Abschnitte entziffern zu können. Er sagte, die Sprache sei mit dem alten Centaurisch verwandt, und ich habe Linguisten gebeten, sich der Sache anzunehmen. Sie werden dahinterkommen, und wenn seine Übersetzung unzutreffend ist, werden wir es erfahren.«

»Also schön. Zeigen Sie her!«

Brand Gorla brachte die auf Kunststoff aufgezogenen Dokumente zum Vorschein. Der Vorsitzende schob sie von sich und griff nach der Übersetzung. Zigarrenrauch wogte, während er las.

»Hmm«, war sein Kommentar. »Weitere Einzelheiten sind auf Dorlis, nehme ich an.«

»Theor behauptet, es gäbe insgesamt einhundert bis zweihundert Tonnen Zeichnungen allein von den Schaltplänen des Gehirns der positronischen Roboter. Sie sollen noch dort in ihrem ursprünglichen Verlies liegen. Aber das ist das wenigste. Er ist selbst auf der Roboterwelt gewesen und hat Aufnahmen mitgebracht, Videoaufzeichnungen, alle möglichen Details. Das Material ist nicht integriert und offensichtlich das Werk eines Laien, der so gut wie nichts von Psychologie versteht. Trotzdem ist es ihm gelungen, genug Daten für den schlüssigen Beweis zusammenzutragen, daß die Welt, auf der er war, nicht... ah... natürlich ist.«

»Haben Sie das Zeug auch bei sich?«

»Alles. Das meiste ist auf Mikrofilm, aber ich habe den Projektor mitgebracht. Hier ist Ihr Okular.«

Eine Stunde später sagte der Ausschußvorsitzende: »Ich werde morgen eine Sitzung einberufen und diese Sache vorbringen.«

Brand Gorla lächelte gepreßt. »Wir werden eine Kommission nach Dorlis entsenden?«

»Wenn wir von der Universität einen Auftrag für diese Sache bekommen können«, erwiderte der Vorsitzende. »Bitte lassen Sie dieses Material noch da, ich möchte es eingehender begutachten.«

Theoretisch übt das Ministerium für Wissenschaft und Technologie die administrative Kontrolle über alle wissenschaftlichen Forschungen aus. In der Praxis jedoch sind die Forschungsgruppen der großen Universitäten ziemlich autonome Körperschaften, und in der Regel mischt das Ministerium sich nicht in die einzelnen Vorhaben ein, solange sie im Gesamtrahmen des Etats liegen. Eine allgemeine Regel ist jedoch nicht notwendigerweise eine universale Regel.

Und so konnte der Ausschußvorsitzende Brand Gorla, wenn er auch tobte und fluchte, Wynne Murry ein Interview nicht abschlagen, denn Murry war Unterstaatssekretär im Ministerium für Wissenschaft und Technologie und zuständig für den Bereich Medizin, dem der Fachbereich Psychologie angeschlossen war. Zudem war Murry selbst studierter Psychologe.

Also mochte der Ausschußvorsitzende finster dreinschauen, aber das war auch alles.

Staatssekretär Murry ignorierte die verdrießliche Stimmung Gorlas, rieb sich das lange Kinn und sagte gutgelaunt: »Es läuft auf einen Teil unzureichender Information hinaus. Sollen wir es so ausdrücken?«

Brand Gorla blieb frostig. »Ich sehe nicht, welche Information Sie meinen. Die Befugnisse der Regierung zur Verwendung von Etatmitteln ist reine Formsache, und in diesem Fall möchte ich sagen, daß Ratschläge unwillkommen sind.«

Murry zuckte die Achseln. »Ich frage nicht danach, wie Sie Ihre Etatmittel verwenden. Aber Sie werden die Welt nicht ohne Erlaubnis der Regierung verlassen. Das ist der Punkt, wo unzureichende Information ins Spiel kommt.«

»Es gibt keine weiteren Informationen als die, welche wir Ihnen gegeben haben.«

»Es sickert so manches durch, mein Lieber. All diese Heimlichtuerei ist kindisch und ganz überflüssig.«

Der alte Psychologe errötete. »Heimlichtuerei! Wenn Sie die akademischen Regeln und Formen nicht kennen, kann ich Ihnen nicht helfen. Untersuchungen, besonders solche von größerer Bedeutung, dürfen und können nicht öffentlich bekanntgegeben werden, solange nicht deutliche Fortschritte erzielt worden sind. Wenn wir zurückkommen, werden wir Ihnen Kopien der Veröffentlichungen zuleiten, in denen wir über die Ergebnisse unserer Arbeit berichten.«

Murry schüttelte den Kopf. »Nein, nein, das ist nicht genug. Sie wollen nach Dorlis, nicht wahr?«

»Wir haben das Ministerium darüber informiert.«

»Warum?«

»Warum wollen Sie es wissen?«

»Weil es ein bedeutsames Vorhaben ist, sonst würden Sie als Ausschußvorsitzender nicht selbst die Reise auf sich nehmen. Mir ist einiges über eine alte Zivilisation und eine Welt von Robotern zu Ohren gekommen. Was hat es damit auf sich?«

»Nun, dann wissen Sie Bescheid.«

»Nur unbestimmte Andeutungen haben uns erreicht. Ich möchte die Einzelheiten.«

»Es gibt keine, von denen wir wissen. Wir werden Näheres erst an Ort und Stelle erfahren.«

»Dann werde ich Sie begleiten.«

»Wie?«

»Wissen Sie, ich möchte die Einzelheiten auch erfahren.«

»Weshalb?«

Murry hob das übergeschlagene Bein vom anderen Knie und stand auf. »Nun sind Sie es, der die Fragen stellt. Das hat jetzt keinen Wert. Ich weiß, daß die Universitäten einer Überwachung durch die Regierungsbehörden nichts abgewinnen können; und ich weiß, daß ich von den Fakultäten keine bereitwillige Hilfe erwarten kann. Aber, beim Himmel, ich werde diesmal Hilfe bekommen, und es ist mir gleich, wie sehr Sie sich dagegen sträuben. Ihre Expedition wird nicht stattfinden, es sei denn mit mir als dem Vertreter der Regierung.«

Als Welt ist Dorlis nicht sonderlich eindrucksvoll. Ihre Bedeutung für die galaktische Wirtschaft ist gleich Null, ihre Position abseits der großen Handelswege, ihre Bewohner rückständig und unaufgeklärt, ihre Geschichte unklar. Und doch finden sich in den Trümmerhaufen, die eine alte Welt bedecken, undeutliche Hinweise auf Feuer und Zerstörung, die das Dorlis eines früheren Zeitalters verheerten – den bedeutenden Mittelpunkt einer großen Föderation.

Und irgendwo in diesen Trümmern stocherten Menschen einer neueren Welt und suchten und bemühten sich um ein Verständnis der Zusammenhänge.

Der Ausschußvorsitzende schüttelte den Kopf und fuhr sich durchs graue Haar. Er hatte sich seit einer Woche nicht rasiert.

»Das Dumme ist«, sagte er zu einem seiner Mitarbeiter, »daß wir keinen Bezugspunkt haben. Die Sprache läßt sich erschließen, nehme ich an, aber mit der Schrift ist nichts zu machen.«

»Ich meine, wir haben eine Menge geleistet.«

»Herumtappen im Nebel! Ratespiele, die auf den Übersetzungen unseres Albinofreundes beruhen. Darauf setze ich keine großen Hoffnungen. Aber man muß zugeben, daß wir erst seit zwei Monaten an der Arbeit sind, die hunderttausendmal schwieriger und umfangreicher ist als die an der Nimischen Anomalie, an der wir zwei Jahre saßen.«

Der andere lächelte. »Man muß nicht Psychologe sein, um zu sehen, daß Ihnen der Regierungsmann im Nacken sitzt.«

Der Ausschußvorsitzende biß das Ende von einer Zigarre und spuckte es aus. »Es gibt drei Dinge an dem dickköpfigen Idioten, die mich aufregen«, sagte er bedächtig. »Erstens, ich mag keine Einmischung seitens der Regierung. Zweitens, ich mag keine Schnüffelei von Fremden, wenn wir die größte Sache in der Geschichte der Psychologie vor uns haben. Drittens, was, in aller Welt, will er? Worauf hat er es abgesehen?«

»Keine Ahnung.«

»Worauf sollte er es abgesehen haben? Haben Sie darüber nachgedacht?«

»Nein. Offen gesagt, es ist mir gleich. An Ihrer Stelle würde ich ihn ignorieren.«

»Sie vielleicht«, sagte Brand in heftigem Ton. »Sie glauben, das Eindringen der Regierung in diese Angelegenheit brauche bloß ignoriert zu werden. Wahrscheinlich ist Ihnen bekannt, daß dieser Murry sich ein gelernter Psychologe nennt?«

»Das weiß ich.«

»Und dann werden Sie auch wissen, daß er ein geradezu verzehrendes Interesse an allem hegt, was wir tun.«

»Das, würde ich sagen, ist ganz natürlich.«

»Ach! Und wissen Sie...« er brach ab. »Schon gut, Murry ist an der Tür. Nichts anmerken lassen.«

Wynne Murry lächelte und grüßte, aber der Ausschußvorsitzende rang sich nur ein Kopfnicken ab.

»Nun, Sir«, sagte Murry, »wissen Sie, daß ich seit achtundvierzig Stunden auf den Beinen bin? Sie haben hier wirklich etwas. Eine große Sache.«

»Danke sehr.«

»Nein, nein, es ist mein Ernst. Die Roboterwelt existiert.«

»Dachten Sie, sie existiere nicht?«

Der Staatssekretär hob die Schultern. »Man entwickelt einen gewissen natürlichen Skeptizismus. Von welcher Art sind ihre Zukunftspläne?«

»Warum fragen Sie?« Brand stieß die Worte hervor, als würden sie ihm einzeln herausgepreßt.

»Um zu sehen, ob sie mit meinen eigenen übereinstimmen.«

»Und welches sind Ihre eigenen?«

Der Staatssekretär lächelte und winkte ab. »Nein, nein. Sie haben den Vortritt. Wie lange beabsichtigen Sie, hier zu bleiben?«

»Solange es notwendig ist, um mit den Dokumenten einen erfolgversprechenden Anfang zu machen.«

»Das ist keine Antwort. Was verstehen Sie unter einem erfolgversprechenden Anfang?«

»Ich habe nicht die leiseste Ahnung. Es könnte Jahre erfordern.«

Der Staatssekretär betrachtete seine Fingernägel. »Sicherlich kennen Sie die Lage dieser Roboterwelt.«

»Selbstverständlich. Theor Realo war dort. Bisher haben seine Auskünfte sich als sehr genau erwiesen.«

»Richtig, der Albino. Nun, warum gehen Sie nicht hin?«

»Nach Dorlis? Ausgeschlossen!«

»Darf ich fragen, weshalb nicht?«

»Sehen Sie«, sagte Brand mit gezügelter Ungeduld, »Sie sind nicht aufgrund unserer Einladung hier, und wir ersuchen Sie nicht, uns unsere Handlungsweise vorzuschreiben, aber nur um Ihnen zu zeigen, daß ich Unzuträglichkeiten vermeiden möchte, werde ich Ihnen unseren Fall in Form einer kleinen Metapher darlegen. Angenommen, wir hätten es mit einer großen und komplizierten Maschine zu tun, die nach Prinzipien und aus Materialien konstruiert ist, von denen wir fast nichts wissen. Sie ist so groß und kompliziert, daß wir nicht einmal die Beziehung der Teile zueinander erkennen können, geschweige denn den Zweck des Ganzen. Nun, würden Sie vorschlagen, wir sollten damit beginnen, daß wir mit Sprengsätzen an die geheimnisvollen beweglichen Teile der Maschine herangehen, bevor wir wissen, welche Bewandtnis es damit hat?«

»Ich sehe, was Sie meinen, aber Sie stellen es allzu mystisch dar. Die Metapher ist weit hergeholt.«

»Keineswegs. Diese positronischen Roboter wurden nach Gesichtspunkten konstruiert, von denen wir noch nichts wissen, und sollten die verschiedenartigsten Zwecke erfüllen, von denen wir kaum eine Vorstellung haben. Ungefähr das einzige, was wir wissen, ist, daß diese Roboter in völliger Isolation lebten, um ihr Schicksal selbst zu bestimmen. Diese Isolation zu durchbrechen, käme der Zerstörung des Experiments gleich. Wenn wir in einer Gruppe dort aufträten und neue, unbekannte Faktoren einführten, Reaktionen auslösten, wäre alles ruiniert. Die geringste Störung...«

»Was soll das? Theor Realo ist bereits dort gewesen.«

Brand verlor die Geduld. »Meinen Sie, das wüßte ich nicht? Es wäre nie dazu gekommen, wenn dieser verwünschte Albino nicht ein unwissender Fanatiker ohne jegliche Kenntnisse der Psychologie gewesen wäre. Der Himmel weiß, was für Schaden der Idiot schon angerichtet hat!«

Es blieb eine Weile still. Der Staatssekretär wandte sich wieder seinen Fingernägeln zu. »Ich weiß nicht... Ich weiß nicht. Aber ich muß es herausbringen. Und ich kann nicht Jahre warten.«

Er ging, und Brand wandte sich zu seinem Kollegen. »Wie wollen wir ihn daran hindern, die Roboterwelt aufzusuchen, wenn er es will?«

»Ich sehe nicht, wie er gehen könnte, wenn wir ihn nicht lassen. Er leitet die Expedition nicht.«

»So? Davon wollte ich sprechen, bevor er hereinkam. Seit unserer Ankunft sind zehn Schiffe der Flotte auf Dorlis gelandet.«

»Was?«

»Einfach so.«

»Aber wozu?«

»Das, mein Lieber, weiß ich auch nicht.«

»Macht es Ihnen etwas aus, wenn ich störe?« sagte Wynne Murry in zuvorkommendem Ton, und Theor Realo sah in plötzlicher Sorge von den Papieren auf, die in hoffnungsloser Unordnung auf dem Schreibtisch vor ihm lagen.

»Aber nein. Ich werde Ihnen einen Sitz freimachen.« Der Albino beeilte sich, in nervöser Hast einen der beiden Stühle von seiner Papierlast zu befreien.

Murry setzte sich und schlug ein langes Bein über das andere. »Hat man Ihnen auch eine Arbeit zugewiesen?« Er wies mit einem Kopfnicken zum Schreibtisch.

Theor schüttelte den Kopf und lächelte dünn. Instinktiv schob er die Papiere vor sich zusammen und drehte sie um. In den Monaten seiner Ankunft hatten sich ungefähr hundert Psychologen unterschiedlicher Berühmtheit versammelt, und er fühlte sich mehr und mehr an den Rand gedrängt. Für ihn gab es in den Kreisen der Fachleute keinen Platz. Er spielte keine Rolle, außer um Fragen über den Stand der Dinge auf der Roboterwelt zu beantworten, die er allein besucht hatte. Und selbst in diesen Gesprächen glaubte er, Verärgerung und Geringschätzung zu spüren, Mißgunst, weil ausgerechnet er dort gewesen sein sollte, und kein kompetenter Wissenschaftler.

Das gab ihm Anlaß zu Verdruß. Doch irgendwie war es immer so gewesen.

»Wie bitte?« Er hatte Murrys nächste Frage überhört.

Der Staatssekretär wiederholte: »Ich sagte, es ist überraschend, daß man Sie nicht heranzieht. Sie machten die eigentliche Entdeckung, nicht wahr?«

»Ja.« Die Miene des Albinos hellte sich auf. »Aber es wurde mir aus den Händen genommen. Es wuchs mir über den Kopf.«

»Aber Sie waren auf der Roboterwelt.«

»Man sagt mir, das sei ein Fehler gewesen. Ich könne alles ruiniert haben.«

Murry verzog das Gesicht. »Was den Leuten in Wirklichkeit gegen den Strich geht, ist der Umstand, daß Sie eine Menge Material aus erster Hand haben, was sie nicht besitzen. Lassen Sie sich von ihren Titeln nicht blenden und zu der Annahme verleiten, Sie seien ein niemand. Sie und ich – ich bin auch Laie, müssen Sie wissen – müssen unsere Rechte verteidigen. Hier, nehmen Sie eine Zigarette.«

»Ich rauche ni... Ich nehme eine, danke.« Der Albino begann, sich für den freundlichen, hochgewachsenen Mann zu erwärmen. Er wendete die Papiere wieder um und zündete die Zigarette an, mutig, aber unsicher.

»Fünfundzwanzig Jahre«, sagte Theor, nachdem er einen Hustenreiz unterdrückt hatte.

»Würden Sie ein paar Fragen über die Welt beantworten?«

»Gewiß. Das ist alles, wonach man mich bisher gefragt hat. Aber sollten Sie nicht lieber die Fachleute fragen? Sie haben inzwischen sicherlich alles zu einem Modell ausgearbeitet.« Er blies den Rauch so weit wie möglich von sich.

Murry sagte: »Offen gesagt, Sie haben selbst noch keine Klarheit, wie es scheint, und ich möchte die Information ohne verwirrende psychologische Übersetzung. Zunächst einmal, was für Leute – oder Dinger – sind diese Roboter? Sie haben keine Aufnahmen von ihnen?«

»Leider nicht. Ich scheute mich, Aufnahmen von ihnen zu machen. Aber sie sind keine Dinger. Sie sind Leute.«

»Keine Roboter? Sehen sie wie – Menschen aus?«

»Ja, meistenteils. Äußerlich jedenfalls. Ich habe mikroskopische Untersuchungen der Zellstruktur mitgebracht, die ich bekommen konnte. Der Ausschußvorsitzende hat sie. Sie sind innerlich verschieden von uns, wissen Sie, stark vereinfacht. Aber das merkt man ihnen nicht an. Sie sind interessant – und nett.«

»Sind sie einfacher als die anderen Lebensformen der Welt?«

»Nein, nein. Es ist keine sehr entwickelte Welt. Und... und...« Ein krampfhafter Hustenanfall unterbrach ihn, und er drückte die Zigarette so unauffällig wie möglich aus. »Sie haben eine protoplasmische Grundstruktur, müssen Sie wissen. Ich bin überzeugt, sie haben nicht die leiseste Ahnung, daß sie Roboter sind.«

»Das kann ich mir vorstellen. Wie steht es mit ihren wissenschaftlichen Leistungen?«

»Das weiß ich nicht. Ich hatte nie Gelegenheit, etwas davon zu sehen. Und alles war so verschieden. Ich glaube, nur ein Fachmann würde es verstehen.«

»Hatten sie Maschinen?«

Der Albino sah überrascht auf. »Nun, natürlich. Eine ganze Menge, von jeder Art.«

»Große Städte?«

»Ja!«

Der Blick des Staatssekretärs wurde nachdenklich. »Und Sie mögen sie? Warum?«

Theor Realo blickte überrascht auf. »Ich weiß nicht. Sie waren einfach liebenswert. Wir kamen gut miteinander aus. Sie behelligten mich nicht. Es ist... Ich kann nicht mit dem Finger darauf zeigen. Vielleicht liegt es daran, daß ich es so schwer hatte, daheim wieder zurechtzukommen, und daß sie nicht so schwierig wie Menschen waren.«

»Sie waren also freundlicher?«

»Hmm... Nein. Das kann man nicht sagen. Sie nahmen mich niemals als einen der Ihrigen auf. Ich war ein Fremdling, kannte anfangs ihre Sprache nicht – alles das. Aber mit der Zeit verstand ich sie besser.« Er sah seinen Besucher mit einem Ausdruck plötzlicher Beglückung an. »Ich... ich lernte sie besser verstehen. Ich erkannte, was sie dachten. Ich... Aber ich weiß nicht, warum.«

»Hmmm... Nun... Noch eine Zigarette? Nein? Ich gehe jetzt schlafen. Es wird spät. Wie wäre es morgen mit einer Partie Golf? Ich habe einen kleinen Platz anlegen lassen, der zur Not ausreichen wird. Kommen Sie mit! Die Bewegung wird Ihnen guttun.«

Er lächelte ihm zu und ging.

Unterwegs zu seinem Quartier murmelte er vor sich hin: »Es sieht wie ein Todesurteil aus.« Und er pfiff gedankenverloren im Weitergehen.

Er wiederholte den Satz im stillen, als er am nächsten Tag, angetan mit seiner Amtsschärpe, dem Ausschußvorsitzenden gegenübertrat. Er setzte sich nicht.

»Wieder?« fragte der Ausschußvorsitzende mit einem Ausdruck von Erschöpfung.

»Wieder!« bekräftigte der Staatssekretär. »Aber diesmal dienstlich. Ich werde unter Umständen die Leitung Ihrer Expedition übernehmen müssen.«

»Was? Unmöglich, Sir! Auf solch einen Vorschlag kann ich mich nicht einlassen.«

»Ich habe die Autorität.« Wynne Murry zog den Metallzylinder hervor, der mit einem Daumendruck aufschnappte. »Ich habe volle Amtsgewalt und Verfügungsfreiheit. Sie sehen, das Dokument ist vom Vorsitzenden der gesetzgebenden Versammlung der Föderation unterzeichnet.« Er zog das Papier aus der Metallröhre und hielt es dem Ausschußvorsitzenden hin.

»So ... Aber warum?« Er bemühte sich, normal zu atmen. »Gibt es einen Grund außer willkürlicher Tyrannei?«

»Einen sehr triftigen, Sir. Wir haben diese Expedition von Anfang an aus einem anderen Blickwinkel gesehen. Das Ministerium für Wissenschaft und Technologie betrachtet die Roboterwelt nicht unter dem Gesichtspunkt wissenschaftlicher Neugier, sondern erblickt in ihr eine Störung des Friedens der Föderation. Ich gehe wohl nicht fehl in der Annahme, daß Sie sich niemals Gedanken über die Gefahr gemacht haben, die dieser Roboterwelt inhärent ist.«

»Weil ich keine sehe. Die Welt ist völlig isoliert und absolut harmlos.«

»Wie wollen Sie das wissen?«

»Weil die Natur des Experiments es deutlich macht«, erwiderte der Ausschußvorsitzende mit zornig erhobener Stimme. »Die ursprünglichen Planer wollten ein möglichst vollständig geschlossenes System. Sie fanden es weit entfernt von den Handelsrouten in einer dünn besiedelten Region des Raums. Es kam ihnen darauf an, den Robotern eine störungsfreie Entwicklung zu ermöglichen.«

Murry lächelte. »Darin stimme ich Ihnen nicht zu. Sehen Sie, das ganze Problem ist, daß Sie ein Theoretiker sind. Sie sehen die Dinge, wie sie sein sollten, während ich, ein Mann der Praxis, die Dinge sehe, wie sie sind. Man kann kein Experiment vorbereiten und es dann unbegrenzt sich selbst überlassen. Stets wird als selbstverständlich vorausgesetzt, daß zumindest ein Beobachter da ist, der den Fortgang überwacht und Anpassungen vornimmt, wo die Umstände es erfordern.«

»Worauf wollen Sie hinaus?« fragte der Vorsitzende.

»Nun, die Beobachter dieses Experiments, die ursprünglichen Psychologen von Dorlis, segneten mit der Ersten Konföderation das Zeitliche, und das Experiment nahm für weitere fünfzehntausend Jahre seinen Fortgang. Kleine Irrtümer haben sich summiert und sind zu großen geworden und haben Fremdfaktoren eingeführt, die zu weiteren Fehlern führten. Es ist eine geometrische Progression. Und niemand ist dagewesen, ihr Einhalt zu gebieten.«

»Reine Hypothese!«

»Vielleicht. Aber Sie interessieren sich nur für die Roboterwelt, während ich an die gesamte Föderation denken muß.«

»Und welche mögliche Gefahr kann die Roboterwelt für die Föderation darstellen? Ich weiß nicht, worauf Sie hinauswollen, Mann.«

Murry seufzte. »Ich will es mit wenigen Worten ausdrücken, aber geben Sie nicht mir die Schuld, wenn es sich melodramatisch anhört. Die Föderation hat seit Jahrhunderten keinen inneren Krieg gehabt. Was wird geschehen, wenn wir mit diesen Robotern in Verbindung treten?«

»Sie fürchten eine einzelne Welt?«

»Schon möglich. Wie steht es mit ihrer Wissenschaft? Roboter können allerhand bewerkstelligen.«

»Welche Wissenschaft können sie haben? Sie sind keine Übermenschen aus Metall und Elektrizität. Sie sind schwache protoplasmische Geschöpfe, eine armselige Nachahmung der menschlichen Physis, um ein positronisches Gehirn herumgebaut, das auf eine Serie vereinfachter menschlicher Verhaltensweisen programmiert ist. Wenn das Wort ›Roboter‹ Sie schreckt...«

»Nein, das nicht, aber ich habe mit Theor Realo gesprochen. Sie wissen, er war als einziger dort.«

Der Ausschußvorsitzende fluchte unterdrückt. Das kam davon, wenn man einen schwachköpfigen Kretin von einem Laien frei herumlaufen ließ, wo er plappern und Schaden anrichten konnte.

»Wir haben Realos vollständigen Bericht«, sagte er, »und wir haben ihn sorgfältig studiert und bewertet. Ich versichere Ihnen, daß von diesen Robotern keine Gefahr ausgeht. Das Experiment ist so durch und durch akademisch, daß ich keine zwei Tage darauf verwenden würde, wenn es nicht von dieser Breite und Dauer wäre. Soweit wir sehen können, bestand die eigentliche Idee darin, ein positronisches Gehirn zu bauen, das Modifikationen einiger grundlegender Axiome enthielt. Wir haben die Einzelheiten noch nicht ausgearbeitet, aber sie müssen geringfügig sein, da es das erste Experiment dieser Art war, das je unternommen wurde, und selbst die großen mythischen Psychologen jener Tage mußten schrittweise vorgehen. Ich sage Ihnen, diese Roboter sind weder Übermenschen noch Bestien. Das sage ich Ihnen als Psychologe.«

»Tut mir leid, ich bin selbst Psychologe. Das ist alles über den Daumen gepeilt, fürchte ich. Aber selbst kleine Modifikationen sind von Gewicht! Nehmen wir nur den Aggressionstrieb der Ausprägung, die wir als Kampfgeist bezeichnen. Wir Menschen zeichneten uns durch Kampfgeist aus. Er ist im Laufe der zivilisatorischen Entwicklung aus uns herausgezüchtet worden. Stabile politische und wirtschaftliche Verhältnisse haben keinen Bedarf an kämpferischen Menschen und der durch sie bedingten Energieverschwendung. Er ist kein Überlebensfaktor mehr. Aber nehmen wir an, die Roboter sind kämpferisch. Nehmen wir an, sie sind infolge einer Fehlentwicklung in ihrer jahrtausendelangen Entwicklung aggressiver und kämpferischer geworden, als ihre ursprünglichen Hersteller es beabsichtigten. Es würde schwierig mit ihnen auszukommen sein.«

»Nehmen wir an, alle Sterne am Himmel werden gleichzeitig zu Novae. Dann können wir anfangen, uns Sorgen zu machen.«

»Und noch etwas.« Murry ließ den Sarkasmus des anderen unbeachtet. »Theor Realo hatte eine Zuneigung zu diesen Robotern gefaßt. Die Roboter waren ihm lieber als normale Menschen. Er hatte das Gefühl, zu ihnen zu passen, und wir alle wissen, daß er in seiner eigenen Welt unangepaßt ist, ein Außenseiter.«

»Und was«, fragte der Vorsitzende, »hat das zu bedeuten?«

»Sie sehen es nicht?« Wynne Murry zog die Brauen hoch. »Theor Realo schätzt diese Roboter, weil er offensichtlich wie sie ist. Ich garantiere Ihnen jetzt schon, daß eine vollständige psychische Analyse Theor Realos eine Modifikation mehrerer grundlegender Axiome zeigen wird, und zwar die gleichen wie in den Robotern. Und vergessen Sie nicht«, fuhr der Staatssekretär fort, »daß Theor Realo ein

Vierteljahrhundert gearbeitet hat, um eine Beweisführung zu erstellen, und daß die ganze wissenschaftliche Welt ihn ausgelacht und durch Lächerlichkeit vernichtet hätte, wenn es bekannt gewesen wäre. Dahinter steckt Fanatismus; gute, ehrliche, *unmenschliche* Beharrlichkeit. Wahrscheinlich sind diese Roboter genauso!«

»Sie bringen keine Logik vor. Sie argumentieren wie ein Wahnsinniger, ein Paranoiker.«

»Ich benötige keine mathematischen Beweise. Begründete Zweifel reichen aus. Ich muß die Föderation schützen, und daß es eine von Vernunft diktierte Vorsichtsmaßnahme ist, wissen Sie, auch wenn Sie es nicht eingestehen wollen. Die Psychologen von Dorlis waren nicht so herausragend. Auch sie mußten schrittweise vorgehen, wie Sie selbst ausführten. Ihre Humanoiden – nennen wir sie nicht Roboter – waren nur Imitationen des Menschen, und sie können nicht besonders gut gewesen sein. Der Mensch verfügt über bestimmte, äußerst komplizierte Reaktionssysteme – Dinge wie soziales Bewußtsein und eine Neigung zur Errichtung ethischer Systeme; und gewöhnlichere, aber keineswegs selbstverständliche Eigenschaften wie Ritterlichkeit, Großzügigkeit, Gerechtigkeitssinn und so weiter, die nicht einfach dupliziert werden können. Ich glaube nicht, daß diese Humanoiden sie haben können. Aber sie müssen Beharrlichkeit besitzen, die im praktischen Sinne Hartnäckigkeit und Kampfgeist impliziert, wenn der Eindruck, den ich von Theor Realo gewonnen habe, nicht trügt. Wenn sie eine Wissenschaft haben, die den Namen verdient, dann möchte ich sie nicht in der Galaxis frei herumlaufen lassen, und wenn wir tausendmal so viele sind wie sie. Und ich werde nicht gestatten, daß so etwas geschieht.«

Der andere verzog keine Miene. »Was sind Ihre unmittelbaren Absichten?«

»Ich bin noch unschlüssig. Aber ich denke, daß ich eine kleine Landung auf der fraglichen Welt vorbereiten werde.«

»Augenblick!« Der alte Psychologe war aufgesprungen und kam um den Schreibtisch. Er faßte den Staatssekretär beim Ellbogen. »Sind Sie ganz sicher, daß Sie wissen, was Sie tun? Das Potential dieses massiven Experiments ist jenseits aller möglichen Vorberechnung durch Sie oder mich. Sie wissen nicht, was Sie möglicherweise zerstören.«

»Das weiß ich wohl. Glauben Sie, daß mir Freude macht, was ich tue? Das ist keine Arbeit für einen Helden. Ich bin genug Psychologe, daß ich wissen möchte, was vorgeht, aber ich wurde hierher entsandt, die Föderation und ihre Interessen zu schützen, und ich habe die Absicht, das nach meinen besten Kräften zu tun. Auch wenn es ein unangenehmes Geschäft ist. Aber das kann ich nicht ändern.«

»Sie haben es nicht hinreichend durchdacht. Was können Sie von den Einsichten wissen, die es uns in die grundlegenden psychologischen Mechanismen geben wird? Es wird einer Fusion zweier galaktischer Systeme gleichkommen, wird uns auf Höhen des Wissens und der Macht führen, die millionenfach jeden möglichen Schaden wettmachen werden, den die Roboter jemals anrichten könnten, selbst wenn sie metallisch-elektrische Übermenschen wären.«

Der Staatssekretär zuckte die Achseln. »Jetzt sind Sie derjenige, der mit vagen Möglichkeiten spielt.«

»Passen Sie auf, ich mache Ihnen einen Vorschlag. Organisieren Sie mit Ihren Schiffen eine Blockade der Welt. Lassen Sie sie bewachen. Aber rühren Sie sie nicht an. Geben Sie uns Zeit. Geben Sie uns eine Chance. Sie müssen!«

»Ich habe daran gedacht. Aber einer solchen Maßnahme

müßte der Kongreß zustimmen. Sie würde ziemlich kostspielig sein, wissen Sie.«

Der Ausschußvorsitzende warf sich in nervöser Ungeduld in seinen Bürostuhl. »Von welchen Kosten sprechen Sie? Erkennen Sie die Größe der Rückzahlung, die uns gewiß ist, wenn wir Erfolg haben?«

Murry überlegte; dann fragte er mit einem halben Lächeln: »Und wie, wenn sie interstellare Raumfahrt entwikkeln?«

»Dann ziehe ich meine Einwände zurück«, sagte der Vorsitzende, ohne zu zögern.

Der Staatssekretär erhob sich. »Ich werde die Sache dem Kongreß vortragen.«

Brand Gorla beobachtete schweigend den gebeugten Rükken des Ausschußvorsitzenden. Der aufmunternden Ansprache an die Expeditionsmitglieder hatte es an Substanz gefehlt, und er hatte seine Ungeduld bezähmen müssen.

»Was wollen wir jetzt tun?« fragte er.

Die Schultern des Ausschußvorsitzenden zuckten, aber er wandte sich nicht um. »Ich habe nach Theor Realo geschickt. Dieser Dummkopf mußte ausgerechnet letzte Woche verreisen.«

»Warum?«

Die Unterbrechung ließ den älteren Mann ungeduldig auffahren. »Wie soll ich etwas verstehen, was diese Mißgeburt tut? Sehen Sie nicht, daß Murry recht hat? Realo ist eine psychische Abnormität. Wir hätten ihn nicht unbewacht lassen dürfen. Hätte ich ihn mir genauer angesehen, so wäre mir die Notwendigkeit auch bewußt geworden. Aber er kommt jetzt zurück, und er wird bleiben.« Seine Stimme sank zu einem Gemurmel ab. »Hätte schon vor zwei Stunden zurück sein sollen.«

»Es ist eine unmögliche Position, Sir«, sagte Brand.

»Meinen Sie?«

»Nun, meinen *Sie* vielleicht, der Kongreß wird einer unbegrenzten Bewachung der Roboterwelt zustimmen? So etwas geht ins Geld, und der durchschnittliche Bürger wird darin keinen verantwortungsbewußten Umgang mit Steuergeldern sehen. Die psychologischen Gleichungen degenerieren zu den Grundsätzen des gesunden Menschenverstandes. Tatsächlich sehe ich nicht, warum Murry zustimmte, den Kongreß einzuschalten.«

»Das sehen Sie nicht?« Der Ausschußvorsitzende wandte sich endlich um. »Nun, der Dummkopf hält sich für einen Psychologen, der Himmel sei uns gnädig, und das ist sein schwacher Punkt. Er schmeichelt sich mit dem Gedanken, daß er die Roboterwelt nicht zerstören will, aber daß es zum Besten der Föderation sein würde, wenn die es verlangt. Und so wird er für jeden vernünftigen Kompromiß empfänglich sein. Der Kongreß wird seine Zustimmung geben, aber nur für eine begrenzte Zeit. Und ich werde um zehn Jahre, um zwei Jahre oder um sechs Monate feilschen – soviel ich herausholen kann. Etwas werde ich herausholen. In dieser Zeit werden wir neue Fakten über die Welt in Erfahrung bringen. Irgendwie werden wir unsere Argumente stärken und erreichen, daß die Übereinkunft verlängert wird, wenn sie abläuft. Wir werden das Projekt doch noch retten.«

Es blieb eine Weile still, dann fügte der Vorsitzende langsam und voll Bitterkeit hinzu: »Und dabei wird Theor Realo eine entscheidende Rolle spielen.«

Brand Gorla sah ihn schweigend an und wartete. Der Vorsitzende sagte: »In diesem einen Punkt sah Murry etwas, das uns entgangen war. Realo ist ein psychologischer Krüppel und darum unser eigentlicher Schlüssel für die ganze Angelegenheit. Wenn wir ihn studieren, werden wir ein ungefähres Bild von den Robotern gewinnen, verzerrt natürlich, da seine Umgebung eine feindliche, unfreundliche gewesen ist. Aber wir können das berücksichtigen, wenn wir ihn bewerten ... Ach, ich bin des ganzen Themas überdrüssig.«

Das Signalgerät blinkte, und der Vorsitzende seufzte: »Na, er ist gekommen. Nun setzen Sie sich schon, Gorla, Sie machen mich nervös. Nehmen wir ihn in Augenschein.«

Theor Realo kam wie ein Komet zur Tür herein und mitten im Raum keuchend zum Stillstand. Mit schwachen, blinzelnden Augen sah er von einem zum anderen.

»Wie konnte das geschehen?«

»Was?« sagte der Ausschußvorsitzende. »Setzen Sie sich. Ich möchte Ihnen einige Fragen stellen.«

»Nein. Zuerst antworten Sie mir!«

»Setzen Sie sich!«

Realo gehorchte. Seine Augen waren naß. »Sie werden die Roboterwelt zerstören.«

»Machen Sie sich deswegen keine Sorgen.«

»Aber Sie sagten, es könnte geschehen, wenn die Roboter interstellare Raumfahrt entdeckten. Das sagten Sie. Verstehen Sie nicht...?« Er schluchzte.

Der Ausschußvorsitzende runzelte unbehaglich die Stirn. »Können Sie sich nicht beruhigen und vernünftig sprechen?«

Der Albino biß die Zähne zusammen und stieß hervor: »Aber sie werden über kurz oder lang interstellare Raumfahrt haben.«

Und die zwei Psychologen sprangen auf und stürzten auf den kleinen Mann zu.

»Was?!«

»Nun... ja, was dachten Sie?« Auch Realo sprang auf, mit der Wut der Verzweiflung. »Dachten Sie, ich wäre in der Wüste oder inmitten eines Ozeans gelandet und hätte eine Welt ganz auf mich gestellt erforscht? Denken Sie, das Leben sei ein Märchenbuch? Kurz nach meiner Landung wurde ich gefangengenommen und in eine große Stadt gebracht. Wenigstens denke ich, daß es eine große Stadt war. Sie unterschied sich von unseren Städten. Sie hatte... Aber das werde ich Ihnen nicht sagen.«

»Kümmern Sie sich nicht um die Stadt!« rief der Vorsitzende. »Sie wurden gefangengenommen. Fahren Sie fort!«

»Sie untersuchten mich. Sie untersuchten mein Fahrzeug. Und dann, eines Nachts, machte ich mich davon, um die Föderation zu verständigen. Sie wußten nichts von meiner Abreise. Sie wollten nicht, daß ich sie verließe.« Seine Stimme brach. »Und ich wäre lieber geblieben, aber die Föderation mußte es wissen.«

»Sagten Sie ihnen etwas über das Schiff?«

»Wie könnte ich? Ich bin kein Mechaniker. Ich kenne weder die Theorie noch die Konstruktion. Aber ich zeigte ihnen, wie die Steuerungen bedient werden und ließ sie die Triebwerke sehen. Das ist alles.«

Brand Gorla meinte: »Dann werden sie es nie schaffen. Das genügt nicht.«

Der Albino hob die Stimme in jäh schrillendem Triumph. »O ja, sie werden. Ich kenne sie. Sie sind Maschinen, müssen Sie wissen. Sie werden an dem Problem arbeiten. Und arbeiten. Und arbeiten. Sie werden nie aufgeben. Und sie werden zum Ziel kommen. Sie haben genug aus mir herausgeholt, möchte ich wetten.«

Der Vorsitzende sah ihn lange an, dann wandte er sich

mit müden Bewegungen ab. »Warum haben Sie uns das nicht eher gesagt?«

»Weil Sie mir meine Welt weggenommen haben. Ich entdeckte sie, ganz allein. Und nachdem ich die eigentliche Arbeit getan hatte, und Sie einlud, daran teilzuhaben, warfen Sie mich hinaus. Alles, was Sie für mich übrig hatten, waren Vorwürfe, daß ich auf der Welt gelandet war und durch meine Einmischung alles ruiniert haben könnte. Warum hätte ich Ihnen mehr sagen sollen? Bringen Sie es selbst heraus, wenn Sie so klug sind, daß Sie glauben, mich herumschubsen zu können.«

Der Vorsitzende dachte mit Bitterkeit: Mißgeburt! Minderwertigkeitskomplex! Verfolgungswahn! Es paßt alles zusammen, nun, da wir den Blick vom Horizont gewandt haben, um zu sehen, was vor unserer Nase ist. Und nun ist alles ruiniert.

Er sagte: »Nun gut, Realo, wir haben alles verloren. Gehen Sie!«

»Alles vorbei?« fragte Gorla mit gepreßter Stimme. »Alles zu Ende?«

Der Ausschußvorsitzende nickte. »Ja. Das Originalexperiment als solches ist zu Ende. Die durch Realos Besuch geschaffenen Verzerrungen werden mit Leichtigkeit groß genug sein, um die Pläne, die wir hier untersuchen, hinfällig zu machen. Und außerdem – Murry hat recht. Wenn sie interstellare Raumfahrt haben, sind sie gefährlich.«

»Aber Sie werden sie nicht vernichten!« rief Realo. »Sie können sie nicht vernichten! Sie haben niemandem etwas zuleide getan.«

Es kam keine Antwort, und er wütete weiter: »Ich fliege zurück. Ich werde sie warnen. Sie werden vorbereitet sein. Ich muß sie warnen.«

Er zog sich zur Tür zurück. Sein dünnes weißes Haar

stand zu Berge, seine rotgeränderten Albinoaugen traten aus den Höhlen.

Der Ausschußvorsitzende tat nichts, ihn zurückzuhalten, als er hinausstürzte.

»Lassen Sie ihn gehen! Es war sein Leben. Mich kümmert es nicht mehr.«

Theor Realo konnte unbehelligt starten und raste mit einer Beschleunigung, die ihn halb erstickte, zur Roboterwelt.

Irgendwo voraus war das Staubkörnchen einer isolierten Welt mit künstlichen Imitationen von Menschen, die sich in einem Experiment abmühten, das längst gestorben war. Die sich blindlings auf das neue Ziel interstellarer Raumfahrt zubewegten, das ihr Todesurteil sein sollte.

Er flog zu dieser Welt hinaus, zu derselben Stadt, wo man ihn das erste Mal untersucht hatte. Er erinnerte sich gut. Ihr Name war das erste der fremden Sprache, was er gelernt hatte.

New York!

Erst den Hasen fangen!

Die Ferien dauerten länger als zwei Wochen. Mike Donovan mußte das anerkennen. In Wirklichkeit waren es sechs Monate mit voller Bezahlung. Auch das mußte er zugeben. Das alles war aber, wie er erklärte, rein zufällig. U. S. Robot mußten gewisse Fehler, die sich in den Multiplen Robots gezeigt hatten, zunächst einmal ausmerzen. Es war eine ganze Anzahl von Fehlern. Dennoch blieb immer noch mindestens ein halbes Dutzend Fehler übrig, die sich erst beim praktischen Ausproben zeigen würden. So warteten sie und erholten sich, bis die Männer an den Reißbrettern und die Burschen mit den Rechenschiebern ihren Segen gaben. Und nun weilten er und Powell draußen auf dem Asteroiden, und gar nichts war in Ordnung. Dies wiederholte Powell mindestens ein dutzendmal, wobei sein Gesicht eine rübenrote Farbe annahm.

»Um Himmels willen, Greg, sieh doch die Dinge an, wie sie sind! Was hat es für einen Sinn, sich genau an die Buchstaben der Spezifikationen zu halten und zuzusehen, wie alle Versuche fehlschlagen? Es ist Zeit, daß du deine Bürokratenmanieren ablegst und dich endlich an die Arbeit machst.«

»Ich sage lediglich«, erklärte Gregory Powell, als versuche er, ein Kind über Elektronen zu belehren, »daß den Spezifikationen zufolge diese Robots für Bergwerksarbeit auf Asteroiden ausgerüstet sind, und zwar ohne Überwachung. Wir sollen sie nicht beaufsichtigen.«

»Schön. Paß mal auf! Logik!« Er hob seine haarigen Finger und deutete: »Erstens: Der neue Robot hat alle Prüfungen in den Erdlaboratorien bestanden. Zweitens: Die Gesellschaft hat garantiert, daß er die Prüfung auch auf einem Asteroiden bestehen wird. Drittens: Die Robots bestehen die Prüfung nicht. Viertens: Wenn sie sie aber nicht bestehen, so verliert United States Robot zehn Milionen Kredite in bar und ungefähr hundert Millionen an Ruf. Fünftens: Bestehen sie die Prüfung nicht und wir können nicht erklären, warum das so ist, so besteht die Möglichkeit, daß von zwei guten Stellungen ein sehr trauriger Abschied genommen werden muß.«

Powell stöhnte schwer hinter einem offensichtlich unaufrichtigen Lächeln. Das ungeschriebene Motto der United States Robot and Mechanical Men Co. war weltbekannt: Kein Angestellter macht zweimal den gleichen Fehler. Er wird gleich beim erstenmal hinausgeworfen.

Laut sagte er: »Du bist so klar und einleuchtend mit allem, was du sagst, wie Euklid – außer mit den Fakten. Drei Wochen lang hast du rothaariger Teufel die Robots beobachtet, und während dieser drei Wochen haben sie ihre Arbeit tadellos verrichtet. Das hast du mir doch selbst gesagt. Was können wir sonst noch tun?«

»Herausfinden, was eigentlich los ist mit ihnen. Solange ich sie beobachtet habe, war an ihrer Arbeit tatsächlich nichts auszusetzen. Bei drei verschiedenen Gelegenheiten aber haben sie, als ich sie nicht beobachtete, nicht ein einziges Gramm Eisenerz eingebracht. Noch nicht mal rechtzeitig heimgekommen sind sie. Ich mußte sie holen.«

»Und was war los?«

»Nichts. Absolut gar nichts. Alles war in tadelloser Ordnung. Glatt und einwandfrei wie der lichttragende Äther. Nur ein kleines Detail hat mich gestört – nicht ein Gramm Eisenerz war vorhanden.«

Powell schaute stirnrunzelnd zur Decke, während er an

seinem Schnurrbart zupfte. »Ich will dir was sagen, Mike. Wir haben schon ziemlich schwierige Aufgaben gemeistert, aber diese ist schlimmer als alle anderen. Die ganze Sache ist über alle Maßen kompliziert. Schau mal, dieser Robot DV 5 hat sechs Robots unter sich... und nicht nur unter sich, sondern gleichzeitig sind sie Teile seiner selbst.«

»Ich weiß das.«

»Halt den Mund«, sagte Powell wütend. »Ich weiß, daß du's weißt. Ich will nur beschreiben, wie höllisch schwierig das Ganze ist. Die sechs Hilfskräfte sind Teile von DV 5, wie deine Finger Teile von dir sind, und DV 5 gibt ihnen Befehle weder durch Stimme noch durch Radio, sondern direkt durch positronische Felder. Nun also – in der ganzen United States Robot Co. ist nicht ein einziger Robot-Spezialist, der weiß, was ein positronisches Feld überhaupt ist oder wie es arbeitet. Noch weiß ich's. Noch weißt du's.«

»Letzteres«, stimmte Donovan philosophisch zu, »weiß ich.«

»Dann schau dir mal an, in welcher Lage du dich befindest! Funktioniert alles – gut und schön. Ist das aber nicht so, dann haben wir das Nachsehen, und wahrscheinlich gibt es gar nichts, was wir oder irgendein anderer daran ändern könnten. *Wir* aber haben diese Stellung und nicht irgendein anderer, und so sitzen *wir* im Dreck, Mike.« Einen Augenblick starrte er wild vor sich hin.

»Gut also – hast du ihn draußen?«

»Ja.«

»Ist jetzt im Augenblick alles normal?«

»Na ja, er hat weder den religiösen Wahnsinn, noch rennt er in Kreisen herum und zitiert dabei Gilbert und Sullivan. Ich nehme daher an, daß alles normal ist.«

Donovan ging durch die Tür. Wütend schüttelte er den Kopf.

Powell griff nach dem ›Handbuch der Robotik‹, das gewichtig auf der einen Seite seines Pultes lag, und schlug es voll Ehrfurcht auf. Einmal war er nur mit einer Unterhose bekleidet und lediglich unter Mitnahme des Handbuches aus dem Fenster eines brennenden Hauses gesprungen. Wäre es darauf angekommen, so hätte er lieber auf die Unterhose verzichtet.

Das Handbuch lag vor ihm aufgeschlagen, als Robot DV 5 eintrat. Hinter ihm her kam Donovan, der die Tür mit einem Fußtritt schloß.

»Großartig«, sagte der Robot. »Darf ich mich setzen?«

Er zog den besonders verstärkten Stuhl, der sein Platz war, hervor und ließ sich sanft darauf nieder.

Powell betrachtete Dave. Laien mochten, wenn sie an Robots dachten, sich nur an Seriennummern erinnern. Aber Robot-Spezialisten sahen in ihnen etwas anderes. Dave war keineswegs übermassiv, obwohl er als Denkeinheit für eine integrierte Siebenergruppe konstruiert war. Er war über zwei Meter groß und wog mehr als fünfhundert Kilo. Viel? Nicht wenn jene fünfhundert Kilo sich zusammensetzen aus einer Unmasse von Kondensatoren, Leitungssystemen, Relais und Vakuum-Zellen, die praktisch jeder psychologischen Reaktion fähig sind, deren auch ein Mensch fähig ist. Über diesem Körper saß ein positronisches Gehirn, das mit seinen zehn Pfund Materie und einigen Quintillionen Positronen die ganze Sache kontrollierte.

Powell suchte in seiner Hemdtasche nach einer losen Zigarette. »Dave«, sagte er, »du bist ein guter Kerl. An dir ist nichts Oberflächliches oder Primadonnenhaftes. Du bist ein mit beiden Füßen auf den Boden stehender Bergwerksrobot, außer daß du überdies dafür eingerichtet bist, in direkter Koordination sechs Unterlinge zu lenken. Soweit mir bekannt ist, hat diese Tatsache keine instabilen Gehirnbahnen in den Plan deines Gehirns eingefügt.«

Der Robot nickte. »Das freut mich, aber worauf wollen Sie denn hinaus, Chef?« Er war mit einer vorzüglichen Membrane ausgestattet, die seinen Worten durch ihre Obertöne viel von der sonstigen Flachheit robotischer Stimmen nahm.

»Das werd' ich dir sagen. Trotz all dieser Möglichkeiten, die dir zur Verfügung stehen, geht irgend was schief bei deiner Arbeit. Was ist das? Was geschah zum Beispiel heute während der B-Schicht?«

Dave zögerte. »Soviel ich weiß, gar nichts.«

»Ihr habt keinerlei Eisenerz gefördert.«

»Ich weiß.«

»Na dann...«

Dave hatte Schwierigkeiten. »Ich kann das nicht erklären, Chef. Macht mich selbst völlig nervös, oder würde es wenigstens tun, wenn ich nicht dagegen ankämpfte. Meine Hilfsarbeiter haben tadellos geschafft. Ich weiß, ich selbst habe das gleiche getan.« Er dachte nach, wobei seine fotoelektrischen Augen intensiv glühten. Dann: »Ich erinnere mich nicht. Der Tag ging zu Ende, und da war Mike und da standen die Erzwagen, und die meisten von ihnen waren leer.«

Donovan mischte sich ein. »Bei Schichtende hast du nicht den üblichen Bericht abgegeben, Dave. Du weißt das?«

»Ich weiß. Aber warum...« Langsam und schwerfällig schüttelte er den Kopf.

Powell hatte das quälende Gefühl, daß das Gesicht des Robots jetzt – wäre es ausdrucksfähig – bestimmt Zeichen von Schmerz und Scham zeigen würde. Ein Robot kann seiner ureigensten Natur gemäß ein Versagen bei der Erfüllung seiner Funktion nicht ertragen.

Donovan zog seinen Stuhl an Powells Schreibtisch heran und beugte sich nach vorne. »Verlust des Gedächtnisses vielleicht?«

»Weiß nicht. Hat aber bestimmt keinen Sinn, dieser Sache irgendwelche Krankheitsnamen zu geben. Menschliche Störungen sind auf Robots nur als romantische Analogien anwendbar. In robotischer Ingenieursarbeit haben sie keinen Platz.« Er kratzte sich den Hals. »Ich möchte ihn nur höchst ungern durch die elementaren Gehirnreaktionsprüfungen gehen lassen. Es würde seiner Selbstachtung sehr abträglich sein.«

Er schaute gedankenvoll auf Dave und dann auf den ›Abriß über die Kontrollen an Ort und Stelle‹, der im Handbuch gegeben war. Er sagte: »Schau mal, Dave, was würdest du zu einem Test sagen? Es wäre bestimmt das richtige.«

Der Robot erhob sich. »Wenn Sie's befehlen, Chef!« Deutlich konnte man den Schmerz in seiner Stimme hören.

Es begann höchst einfach. Robot DV 5 multiplizierte fünfstellige Zahlen, während eine Stoppuhr herzlos tickte. Er sagte die Primzahlen zwischen tausend und zehntausend auf. Er zog Kubikwurzeln und integrierte Funktionen von wechselnder Komplexität. Er ging durch immer schwieriger werdende mechanische Reaktionen. Schließlich arbeitete sein präzises mechanisches Gehirn an den höchsten Funktionen der robotischen Welt – an der Lösung von Problemen der Beurteilung und der Ethik.

Nach zwei Stunden war Powell in Schweiß gebadet, während Donovan sich an einer Diät nicht gerade nahrhafter Fingernägel erfreut hatte. »Und wie sieht's aus, Chef?« fragte der Robot.

Powell sagte: »Ich muß darüber nachdenken. Übereilte Urteile nützen nichts. Wie wär's, wenn du zur C-Schicht zurückgingest? Sorg dich nicht. Versuche eine Zeitlang nicht, deine Quote zu erfüllen. Wir werden schon alles wieder in Ordnung bringen.«

Der Robot ging. Donovan schaute Powell an.

»Nun ...«

Powell schien entschlossen, seinen Schnurrbart mitsamt den Wurzeln herauszureißen. Er sagte: »Die Reaktionen dieses positronischen Gehirns sind einwandfrei in Ordnung.«

»Ich möchte nicht ganz so sicher sein.«

»O Mike! Das Gehirn ist der sicherste Teil eines Robots. Es ist auf der Erde fünfmal kontrolliert worden. Wenn so einer den Test besteht – so wie Dave es getan hat –, dann gibt es auch nicht die geringste Möglichkeit eines fehlerhaften Funktionierens. Der Test hat sich auf jede einzelne Gehirnbahn erstreckt, auf jede einzelne.«

»Und das heißt?«

»Nun hetz mich nur nicht! Laß mich darüber nachdenken! Es besteht noch immer die Möglichkeit, daß irgendein Konstruktionselement in seinem Körper beschädigt ist. Das bedeutet, daß ungefähr fünfzehnhundert Kondensatoren, zwanzigtausend Stromleiter, fünfhundert Vakuumröhren, tausend Relais und so und so viele andere komplizierte Einzelteile fehlerhaft sein können. Und dazu kommen noch jene mysteriösen positronischen Felder, von denen niemand etwas weiß.«

»Hör mal, Greg!« Donovans Stimme wurde jetzt verzweifelt eindringlich. »Ich hab' eine Idee. Vielleicht lügt dieser Robot. Er hat niemals ...«

»Robots können wissentlich doch gar nicht lügen, du Dummkopf. Hätten wir hier diesen neuen McCormack-Wesley-Tester, so könnten wir jeden einzelnen Teil seines Körpers innerhalb 24 bis 48 Stunden testen. Die einzigen beiden existierenden Apparate aber befinden sich auf der

Erde. Sie wiegen zehn Tonnen, stehen auf Betonsockeln und können nicht hierhergeschafft werden. Ist das nicht großartig?«

Donovan schlug mit der Faust auf den Schreibtisch. »Aber Greg, er arbeitet doch nur dann fehlerhaft, wenn keiner von uns in der Nähe ist. Darin liegt doch irgend etwas – etwas Unheimliches.« Er bekräftigte jedes Wort dieses Satzes mit einem Schlag auf den Schreibtisch.

»Du machst mich krank«, sagte Powell langsam. »Du liest zuviel Romane.«

»Was ich wissen will«, brüllte Donovan, »ist einfach, was wir in dieser Sache tun sollen.«

»Ich werd's dir sagen. Ich werde hier über meinem Pult einen Fernsehschirm installieren. Genau gesprochen, dort drüben an der Wand, verstanden?« Er deutete wütend hinüber zu der Stelle. »Dann werd' ich das Instrument jeweils auf den Punkt des Bergwerks einstellen, an dem gerade gearbeitet wird. Und dann werd' ich sehen, was geschieht. Das ist alles.«

»Das ist alles? Greg...«

Powell erhob sich von seinem Stuhl und stützte seine geballten Fäuste auf die Schreibtischplatte. »Mike, ich hab's schwer.« Seine Stimme klang müde. »Seit einer Woche plagst du mich schon wegen Dave. Du sagst, etwas an ihm ist kaputt. Weißt du vielleicht, wieso er kaputtgegangen ist? Nein. Weißt du, in welcher Form sich sein Defekt äußert? Nein. Weißt du, was ihn verursacht hat? Nein. Weißt du, was ihn berichtigen kann? Nein. Weißt du überhaupt etwas, irgend etwas darüber? Nein. Weiß ich was darüber? Nein. Was willst du also von mir?«

Donovans Arm schwang in einer leeren, aber grandiosen Geste nach außen. »Da bin ich tatsächlich überfragt.«

»Drum sag' ich dir's noch einmal. Ehe wir irgend etwas

bezüglich der Heilung unternehmen, müssen wir zuerst mal wissen, was eigentlich die Krankheit ist. Wenn man ein Hasenpfeffer kochen will, muß zuerst der Hase erlegt werden. Schön, wir müssen also diesen Hasen fangen. Nun mach, daß du rauskommst!«

Donovan starrte auf den vorläufigen Abriß des Berichtes, an dem er arbeitete. Er war müde. Das war aber nur die eine Seite der Sache. Die andere war, daß man nur schwer einen Bericht abfassen konnte, solange die Sache selbst ganz ungeklärt war. Er fühlte sich verletzt.

Er sagte: »Greg, wir sind tausend Tonnen im Rückstand.« Ohne aufzuschauen, sagte Powell: »Du sagst mir da etwas, das ich noch gar nicht wußte.«

»Was ich aber gerne wissen möchte«, sagte Donovan in einem plötzlichen Wutanfall, »ist, warum wir immer mit neuartigen Robots zu tun haben. Ich bin jetzt allmählich zu der Überzeugung gekommen, daß jene Robots, die gut genug waren für meinen Großonkel mütterlicherseits, auch gut genug sind für mich. Ich bin für das, was ausprobiert und für gut befunden ist. Was zählt, ist, daß sich ein Ding durch Jahrhunderte bewährt, und was wir wollen, sind gute solide, altbewährte Robots, die nie versagen.«

Powell warf ein Buch nach ihm. Er hatte gut gezielt und Donovan purzelte von seinem Sitz herunter.

»Deine Aufgabe«, sagte Powell gleichmütig, »war in den letzten fünf Jahren, neue Robots unter tatsächlichen und stets anderen Arbeitsbedingungen zu erproben. Da du genau wie ich so unklug warst, dich dieser Aufgabe gewachsen zu zeigen, hat man uns regelmäßig die schwierigsten Fälle gegeben. Das« – er stach mit dem Zeigefinger Löcher in Richtung Donovan in die Luft – »ist deine Arbeit. Soweit ich mich erinnere, hast du dich bereits fünf Minuten, nachdem du den Vertrag mit der United States Robot Co. unterschrieben hast, darüber beschwert, und seitdem ist das nicht besser geworden. Warum kündigst du nicht einfach?«

»Das will ich dir sagen.« Donovan rollte sich auf den Bauch und packte mit festem Griff sein struppiges rotes Haar, um damit seinen Kopf hochzuhalten. »Ein gewisses Prinzip ist in diese Sache verwickelt. Schließlich und endlich habe ich als derjenige Mann, der stets dann gerufen wurde, wenn Schwierigkeiten auftauchten, einen gewissen Anteil an der Entwicklung neuer Robots. Gewissermaßen helfe ich aus Prinzip dem wissenschaftlichen Fortschritt. Aber versteh mich nicht falsch! Es ist nicht dies Prinzip, das mich bei der Stange hält. Es ist das Geld, das man dabei verdient – *Greg!*«

Powell fuhr auf, als er Donovans wilden Schrei hörte, und seine Augen folgten den Blicken des rothaarigen Mannes zum Fernsehschirm. Vor Entsetzen traten sie fast aus ihren Höhlen heraus. Er knirschte: »Donner und Doria!«

Atemlos sprang Donovan auf die Füße. »Schau sie dir an, Greg! Die sind verrückt geworden.«

Powell rief: »Hol schnell ein paar Anzüge! Wir gehn da hinaus.« Er beobachtete das Auftreten der Robots auf dem Fernsehschirm. Man sah das bronzene Aufleuchten glatter Bewegungen, das sich gegen die schattigen Klippen des luftlosen Asteroiden deutlich abhob. Nun hatten sie sich in einer Marschformation aufgestellt, und die roh behauenen Wände der Mine begannen im Spiegel ihrer eigenen Körper geräuschlos vorüberzuschwimmen. Sie marschierten alle sieben im Gleichschritt und Dave bildete die Spitze. Feierlich wandten sie sich alle gleichmäßig um, vertauschten dann ihre Plätze und taten das Ganze mit der Leichtigkeit und Grazie einer Tanzgruppe in einem Varieté.

Donovan kam zurück mit den Anzügen. »Die sind dem

patriotischen Wahnsinn verfallen. Jetzt zeigen sie einen militärischen Marsch.«

»Soviel wir davon verstehen«, kam die kühle Antwort, »könnte das Ganze eine Serie von Freiübungen sein. Oder vielleicht leidet Dave unter der Halluzination, ein Tanzlehrer zu sein. Das beste wäre, du würdest, ehe du was sagst, nachdenken und dann einfach schweigen.«

Donovan runzelte die Stirn und schob dann mit ostentativer Bewegung einen Detonator in die leere Seitentasche seines Anzugs. Er sagte: »Wie dem auch sei, hier hast du die ganze Geschichte. Wir arbeiten mit neuen Robotmodellen. Zugegeben, das ist unsere Aufgabe. Aber beantworte mir bitte eine Frage. Warum – warum geht unweigerlich immer etwas schief mit diesen Dingern?«

»Weil«, sagte Powell düster, »ein Fluch auf uns lastet. Gehen wir!«

Weit vor ihnen blinkte das Licht der Robots. Es kam durch die samtartige Dunkelheit der Tunnels, die sich hinter den Lichtkegeln, die ihre Taschenlampen warfen, in die Unendlichkeit zu erstrecken schien.

»Dort sind sie«, flüsterte Donovan.

Powell atmete kaum. »Ich habe versucht, Dave durch das Radio zu erreichen, aber er gibt keine Antwort. Vermutlich ist der Stromkreis seines Empfangsapparates unterbrochen.«

»Dann bin ich froh, daß die Herren Zeichner noch keine Robots entworfen haben, die in der Dunkelheit arbeiten können. Es würde mir bestimmt keinen Spaß machen, sieben wahnsinnig gewordene Robots in einem schwarzen Schacht finden zu müssen, und zwar ohne Radioverbindung... wären sie nicht hellerleuchtet wie gottverdammte radioaktive Weihnachtsbäume.«

»Kriech mal auf diesen Vorsprung hinauf, Mike! Sie kommen in unserer Richtung, und ich möchte sie gerne aus nächster Nähe beobachten. Geht es?«

Donovan machte brummend den Sprung. Die Schwerkraft war bedeutend kleiner als die der Erde; mit einem schweren Anzug auf dem Leibe war der Vorteil aber nicht allzu groß, und der Vorsprung war immerhin mehr als drei Meter über ihnen. Powell folgte.

Die Kolonne der Robots marschierte im Gänsemarsch hinter Dave her. In mechanischem Rhythmus formierten sie sich zu Zweierreihen und wandelten diese dann wieder in die Gänsemarschreihe um. Das wiederholten sie immer wieder, und Donovan wandte auch nicht für eine Sekunde den Kopf.

Dave befand sich mehr als sechs Meter von ihm entfernt, als das Schauspiel endete. Die Unterrobots lösten sich aus der Formation heraus, warteten einen Augenblick und rannten dann klappernd und klirrend und sehr schnell davon. Dave schaute ihnen nach und setzte sich dann langsam nieder. In sehr menschlicher Weise ließ er den Kopf auf eine Hand sinken.

Seine Stimme wurde in Powells Kopfhörern hörbar. »Sind Sie da, Chef?«

Powell gab Donovan ein Zeichen und sprang von dem Vorsprung zu Boden.

»Also, Dave – was ist eigentlich los hier?«

Der Robot schüttelte den Kopf. »Ich weiß nicht. Ich war damit beschäftigt, eine ziemlich schwierige Sache in Tunnel 17 zu meistern. Das war jetzt. Im nächsten Augenblick habe ich das Gefühl, daß menschliche Wesen in meiner Nähe sind, und nun finde ich mich hier fast einen Kilometer weit weg vom Hauptschacht.«

»Wo sind die anderen jetzt?« fragte Donovan.

»Natürlich wieder an der Arbeit. Wieviel Zeit haben wir verloren?«

»Nicht viel. Mach dir nichts draus!« Dann fügte er zu Donovan gewandt hinzu: »Bleibe bei ihm, bis die Schicht um ist! Dann komm zurück! Ich habe zwei Ideen...«

Es dauerte drei Stunden, ehe Donovan wiederkam. Er sah müde aus. Powell fragte: »Wie ist's gegangen?«

Donovan zuckte erschöpft mit den Schultern. »Nie geht was schief, wenn man sie beobachtet. Schmeiß mir mal 'ne Zigarette rüber, ja?«

Der Rothaarige zündete sie mit übertriebener Sorgfalt an und blies dann vorsichtig einen Rauchring in die Luft. Er sagte: »Ich hab's versucht, mir klarzumachen, Greg. Wie du weißt, hat Dave eine für einen Robot sonderbare Aufgabe. Er hat sechs andere unter sich, und zwar in strengster Disziplin. Er besitzt Macht über Leben und Tod dieser anderen, und das muß auf seine Mentalität spürbare Rückwirkungen haben. Nimm mal an, er findet es nötig, diese Macht, die er besitzt, als eine Konzession gegenüber seinem Ego noch besonders zu unterstreichen!«

»Komm zur Sache!«

»Ich bin mitten drin. Nimm an, es wäre eine Art von Militarismus! Nimm an, er baut sich eine Art von Armee auf! Nimm an, er trainiert sie in militärischen Manövern. Nimm an...«

»Nimm an, du machst dir einen kalten Wickel um den Kopf. Deine Alpdrücke gehen offenbar in Technicolor vor sich. Du postulierst ein schweres Abirren des positronischen Gehirns. Wäre deine Analyse richtig, so müßte Dave die erste Regel aller Robotik übertreten – daß nämlich ein Robot keinem menschlichen Wesen irgendein Leid zufügen darf noch daß ein Robot es zugeben darf, daß durch seine Untätigkeit ein solches Leid getan wird. Die Art militärischer Haltung und dominierenden Egos, die du anführst, muß als Endziel die Beherrschung menschlicher Wesen haben.«

»Meinetwegen. Und woher weißt du, daß dem nicht so ist?«

»Weil jeder Robot mit einem derartigen Gehirn niemals die Fabrik verlassen haben würde, und zweitens wäre es sofort herausgefunden worden, wenn er sie dennoch verlassen hätte. Wie du weißt, habe ich Dave getestet.«

Powell schob seinen Stuhl zurück und legte seine Füße auf den Schreibtisch. »Nein, mein Lieber! Wir sind noch immer in der Lage derjenigen, die ihr Hasenpfeffer nicht kochen können, weil sie den Hasen noch nicht gefangen haben. Wüßten wir zum Beispiel, was dieser Danse Macabre für eine Bedeutung hatte, wären wir bereits einen gewaltigen Schritt weiter.«

Er machte eine Pause. »Nun hör mal zu, Mike! Was hältst du von folgendem? Dave macht diese Geschichten immer nur dann, wenn keiner von uns zugegen ist. Und befindet er sich einmal in diesem Zustand, so befreit unsere Ankunft ihn augenblicklich daraus.«

»Ich hab' dir schon mal gesagt, daß mir das irgendwie unheimlich ist.«

»Unterbrich mich bitte nicht! Inwiefern ist ein Robot anders, wenn menschliche Wesen sich in der Nähe befinden? Die Antwort ist klar. Es werden größere Ansprüche an seine persönliche Initiative gestellt. In diesem Falle also wollen wir uns einmal diejenigen Körperteile betrachten, die durch jene höheren Ansprüche berührt werden.«

»Bei Gott« – Donovan setzte sich auf, sackte aber dann wieder in sich zusammen. »Nein, nein. Das genügt nicht. Ist noch immer viel zu weit gefaßt. Vermindert die Möglichkeiten nicht allzusehr.«

»Daran kann ich nichts ändern. Auf keinen Fall besteht die Gefahr, daß wir unsere Quote nicht erfüllen. Wir werden diese Robots schichtweise durch den Fernsehapparat beobachten. Wann immer irgend etwas schiefgeht, erscheinen wir sofort auf der Bühne. Das bringt sie dann wieder in Ordnung.«

»Dennoch werden diese Robots die Spezifikation nicht erfüllen, Greg. United States Robot Co. kann Robots mit einem derartigen Prüfungsbericht nicht auf den Markt bringen.«

»Natürlich nicht. Wir müssen den Fehler finden und korrigieren – und um das zu tun, stehen uns zehn Tage zur Verfügung.« Powell kratzte sich am Kopfe. »Die Schwierigkeit ist nur... na ja, schau dir mal selber die Blaupausen an.«

Die Blaupausen bedeckten den ganzen Boden wie ein Teppich, und Donovan kroch, Powells hin und herfuchtelndem Bleistift folgend, kreuz und quer über sie hin.

Powell sagte: »Dies ist der Punkt, wo deine Hilfe benötigt wird, Mike. Du bist der Körperspezialist, und ich möchte, daß du mich kontrollierst. Ich habe versucht, alle diejenigen Stromkreise auszuschalten, die mit dem Netz, das die persönliche Initiative kontrolliert, nichts zu tun haben. Hier zum Beispiel ist die Rumpfarterie, die mechanische Operationen betrifft. Ich schließe auch alle Seitenlinien aus und...« Er schaute auf. »Was denkst du?«

Donovan hatte einen ziemlich üblen Geschmack im Munde. »Die Aufgabe ist bei weitem nicht so einfach, Greg. Persönliche Initiative ist keineswegs ein elektrischer Stromkreis, den man von allem übrigen trennen und untersuchen kann. Sobald ein Robot auf sich selbst gestellt ist, wächst die Intensität seiner Körpertätigkeit an fast allen Fronten. Nicht ein einziger Stromkreis bleibt davon völlig unberührt. Wir müssen also die ganz spezielle Bedingung finden, die ihn sozusagen umwirft, und dann erst anfangen, Stromkreise zu eliminieren.«

Powell stand auf und staubte sich selbst ab. »Hm. Schön. Fort mit den Blaupausen! Du kannst sie in den Ofen stekken.«

Donovan sagte: »Du verstehst doch, daß wenn die Tätigkeit sich intensiviert, irgend etwas geschehen kann – ein winziges fehlerhaftes Teilchen vorausgesetzt. Die Isolation versagt, ein Kondensator schlägt durch, ein Anschluß funkt, eine Spule überhitzt sich. Arbeitest du nun sozusagen blind und hast vor dir den Robot und all seine Teile zur Auswahl, so findest du den schwachen Punkt nie. Nimmst du Dave auseinander und untersuchst eines nach dem anderen, jedes Teilchen seines Körpermechanismus, setzt ihn dann jedesmal wieder zusammen und probierst ihn aus...«

»Schon gut, schon gut. Auch ich kann durch ein Bullauge sehen.«

Sie schauten sich hoffnungslos an. Dann sagte Powell vorsichtig: »Wie wär's, wenn wir mal einen der Unterrobots befragten?«

Weder Powell noch Donovan hatten je zuvor Gelegenheit gehabt, mit einem ›Finger‹ zu sprechen. Ein ›Finger‹ konnte sprechen. In dieser Beziehung stimmte also die Analogie nicht ganz. Tatsächlich besaß er sogar ein ziemlich gut entwickeltes Gehirn, nur daß dieses Gehirn in erster Linie darauf eingestellt war, Befehle durch das positronische Feld aufzunehmen. Seine Reaktion auf unabhängige Anregungen war ziemlich begrenzt.

Powell war auch nicht ganz sicher, wie der ›Finger‹ hieß. Seine Seriennummer war DV 5-2, aber das half ja nicht sehr viel.

So versuchte er einen Kompromiß. »Schau, Kamerad«, sagte er, »ich werde dich bitten, sehr scharf nachzudenken, und dann kannst du zu deinem Meister zurückkehren.«

Der ›Finger‹ nickte steif, verschwendete aber seine begrenzte Hirnkraft nicht darauf, etwas zu sagen.

»Nun also«, sagte Powell, »kommen wir zur Sache! Viermal ist dein Meister in letzter Zeit vom Gehirnschema abgewichen. Erinnerst du dich dieser vier Gelegenheiten?«

»Jawohl, Herr.«

Donovan brummte ärgerlich. »*Er* erinnert sich. Ich sage dir doch, darin steckt etwas äußerst Unheimliches.«

»Ach geh und schlag dir selbst den Schädel ein! Natürlich erinnert sich der ›Finger‹. Ihm fehlt ja nichts.« Powell wandte sich wieder dem Robot zu. »Was tatet ihr jedesmal – ich meine, was tat die Gruppe?«

Die Art, wie der ›Finger‹ antwortete, war eigenartig. Er schnurrte die Worte herunter, als würden sie durch nichts anderes bewirkt, als durch den Druck seiner Gehirnpfanne.

Er sagte: »Das erste Mal befanden wir uns in Tunnel 17 der B-Sohle und waren dort damit beschäftigt, schwieriges Gestein beiseite zu schaffen. Das zweite Mal waren wir damit beschäftigt, die Decke gegen einen möglichen Einbruch abzustützen. Das dritte Mal waren wir gerade im Begriff, sehr genaue und schwierige Sprengungen anzulegen, die vorgenommen werden mußten, um den Tunnel weiterzutreiben, ohne in eine unterirdische Spalte einzubrechen. Das vierte Mal war unmittelbar nach einem kleineren Einbruch.«

»Was geschah bei diesen Gelegenheiten?«

»Es ist schwer zu beschreiben. Ein Befehl wurde erteilt, aber noch ehe wir ihn empfangen und interpretieren konnten, kam ein neuer Befehl, in sonderbarer Formation zu marschieren.«

Powell fuhr ihn an: »Warum?«

»Ich weiß nicht.«

Donovan unterbrach ihn. »Was war der erste Befehl – ich meine den Befehl, der nachher durch den Marschbefehl ersetzt wurde?«

»Ich weiß nicht. Ich spürte, daß ein Befehl gesandt wurde, hatte aber nie die Zeit, ihn zu empfangen.«

»Kannst du irgend etwas darüber sagen? War es jedesmal der gleiche Befehl?«

Der ›Finger‹ schüttelte den Kopf. »Ich weiß nicht.«

Powell lehnte sich zurück. »Gut. Du kannst jetzt zurückgehen zu deinem Meister.«

Der ›Finger‹ verschwand offensichtlich erleichtert.

Donovan sagte: »Na, dieses Mal haben wir aber 'ne Menge erreicht. War tatsächlich von vorne bis hinten ein hochinteressanter Dialog. Hör mal Mensch – sowohl Dave wie dieser blöde ›Finger‹ führen uns an der Nase herum. Zuviel wissen sie einfach nicht, und an zuviel können sie sich nicht erinnern. Wir müssen endlich aufhören, ihnen zu trauen, Greg.«

Powell fuhr sich gegen den Strich über seinen Schnurrbart. »Bei Gott, Mike – noch eine einzige derartige dumme Bemerkung von dir, und ich nehm' dir deine Rassel und deinen Schnuller weg.«

»Meinetwegen bist du das Genie unserer Gruppe. Ich bin nichts als ein blöder Hammel. Wie weit sind wir jetzt also?«

»Genau da, wo wir sein wollen. Ich habe versucht, die Sache von hintenher aufzurollen, indem ich den ›Finger‹ befragte, und es ist mir mißlungen. So müssen wir also von neuem einen Frontangriff versuchen.«

»Was fürn großer Mann du bist«, staunte Donovan. »Wie das alles vereinfacht. Nun übersetz mir das bitte in einfaches Englisch, Meister!«

»Wenn ich es in der Babysprache übersetzte, wäre dir bedeutend mehr gedient. Ich will einfach sagen, daß wir nun herausfinden müssen, welchen Befehl Dave jedesmal in dem Augenblick erteilt, ehe alles schiefgeht. Dies wird dann der Schlüssel zur ganzen Sache werden.«

»Und wie willst du das anstellen? Wir können uns nicht in seiner Nähe aufhalten, denn nichts geht schief, solange wir da sind. Wir können die Befehle auch nicht durch Radio auffangen, da sie ja durch diese verdammten positronischen Felder übertragen werden. Das eliminiert sowohl die Arbeit aus der Nähe als auch die aus der Ferne und läßt uns nichts übrig als eine hübsche runde Null.«

»Wenn wir uns an direkte Beobachtungen halten, stimmt das. Daneben gibt es aber auch eine Sache, die Deduktion heißt.«

»Was?«

»Wir werden schichtweise arbeiten, Mike.« Powell lächelte grimmig, »und wir werden unsere Augen nicht von diesem Fernsehschirm nehmen. Wir werden jede Handlung dieser stählernen Quälgeister beobachten. Sobald sie mit ihrer hübschen Vorstellung beginnen, müssen wir genau wissen, was sich unmittelbar zuvor ereignete. Dann können wir vielleicht den Befehl, der eigentlich gegeben werden sollte, ableiten.«

Donovan öffnete den Mund und beließ ihn eine volle Minute in dieser Stellung. Dann sagte er halb erstickt: »Ich geb's auf. Ich hab' genug.«

»Du hast zehn Tage Zeit, dir was Besseres auszudenken«, sagte Powell müde.

Was nun für die Dauer von acht Tagen Donovan mit allen Kräften zu tun versuchte. Acht Tage lang beobachtete er in abwechselnden Vierstunden-Schichten mit schmerzenden und tränenden Augen jene glänzenden metallischen Gestalten, wie sie sich vor einem verschwommenen Hintergrund hin und herbewegten. Und acht Tage lang verfluchte er in den Freistunden die United States Robot Co., die DV-Modelle und den Tag, an dem er geboren wurde.

Und dann am achten Tag, als Powell gerade mit schmerzendem Kopf und verschlafenen Augen seine Schicht antreten wollte, stand Donovan auf und schleuderte nach sorgfältigem Zielen ein schweres Buch auf den Fernsehschirm. Was folgte, war ein sehr angebrachtes Krachen und Splittern.

Powell stöhnte. »Warum hast du das getan?«

»Weil ich diesen Schirm nicht mehr beobachten werde«, sagte Donovan ruhig. »Wir haben noch zwei Tage Zeit und haben nichts herausgefunden. DV 5 ist ein schwerer Versager. Er hat, seitdem ich ihn beobachte, fünfmal aufgehört zu arbeiten. Dreimal hat er es während deiner Schicht getan. Aber wir beide können nicht herausfinden, welche Befehle er im Begriff war zu geben. Und ich glaub' auch nicht, daß du es jemals herausfinden wirst, denn ich weiß, daß ich es nie können werde.«

»Du guter Gott im Himmel, wie kann man sechs Robots auf einmal beobachten. Einer macht was mit den Händen, der andere was mit den Füßen, der dritte tut, als sei er 'ne Windmühle, der vierte hüpft auf und ab wie ein Wahnsinniger. Und die anderen beiden … der Teufel weiß, was sie tun. Und dann hören sie alle auf. So! So!«

»Greg, wir machen's nicht richtig. Wir müssen in ihre Nähe kommen. Wir müssen die Sache von einem Punkt aus beobachten, wo wir alle Einzelheiten sehen können.«

Powell gab sein erbittertes Schweigen auf. »Schöne Sache – darauf zu warten, daß irgendwas schiefgeht, und dabei stehen uns nur noch zwei Tage zur Verfügung.«

»Ist es vielleicht besser, die Sache von hier aus zu beobachten?«

»Gemütlicher jedenfalls.«

»Stimmt. Aber wenigstens gibt es dort etwas, das du tun kannst, was hier unmöglich ist.«

»Und das wäre?«

»Du kannst sie dazu bringen aufzuhören, sobald du willst und während du darauf vorbereitet bist und beobachtest, was eigentlich schiefgeht.«

Powell wurde plötzlich hellwach. »Wie bitte?«

»Na, du kannst dir's ja selbst ausrechnen. Stell dir doch selbst mal ein paar Fragen. Wann kommt DV 5 aus dem Gleichgewicht? Was hat jener ›Finger‹ erzählt? Wenn ein Einbruch drohte oder sich tatsächlich ereignete, wenn gefährliche Sprengungen vorbereitet wurden, wenn man auf schwieriges Gestein traf.«

»Mit anderen Worten, in Notlagen.« Powell war aufgeregt.

»Stimmt. Hattest du was anderes erwartet? Es ist der Faktor persönlicher Initiative, der uns diese Schwierigkeiten bereitet. Und gerade in Notlagen wird in Abwesenheit menschlicher Wesen persönliche Initiative ganz besonders in Anspruch genommen. Was ist nun die logische Folge? Wie können wir unsere eigene Arbeitsunterbrechung künstlich schaffen, wann und wo wir wollen?« Er machte triumphierend eine Pause – er begann an seiner Rolle Gefallen zu finden – und dann beantwortete er, um Powell zuvorzukommen, seine eigene Frage. »Indem wir unsere eigene Notlage künstlich erzeugen.«

Powell sagte: »Mike, du hast recht.«

»Danke, Kamerad! Ich wußte, ich würde eines Tages deinen Ansprüchen genügen.«

»Schon gut, und lassen wir jetzt den Sarkasmus beiseite.

Heben wir ihn auf, bis wir zurück sind auf der Erde, und machen wir ihn dort in Gläsern ein für zukünftige lange Winter. Inzwischen – welche Notlage können wir künstlich schaffen?«

»Wir könnten die Schächte unter Wasser setzen, befänden wir uns nicht auf einem luftlosen Asteroiden.«

»Soll wohl ein Witz sein, was?« sagte Powell. »Wahrhaftig Mike, ich ersticke schon bald vor Lachen. Wie wär's mit einem hübschen kleinen Erdrutsch?«

Donovan schürzte die Lippen. »Mir soll's recht sein.«

»Schön. Dann also an die Arbeit.«

Donovan kam sich wie ein Verschwörer vor, während er sich seinen Weg durch die zerklüftete Gegend suchte. Ein wenig taumelnd – die geringe Schwerkraft des Planeten machte seinen Gang recht unsicher – wankte er über den rissigen Boden. Unter seinem Gewicht spritzten Steinbrokken nach links und rechts und verursachten, wenn sie lautlos aufschlugen, kleine Wolken grauen Staubes. Vor seinem geistigen Auge aber sah er sich so, als ginge er in der schleichenden Art eines gefährlichen Attentäters.

Er sagte: »Weißt du, wo sie sich befinden?«

»Ich glaube schon, Greg.«

»Gut«, sagte Powell düster. »Wenn aber ein einziger ›Finger‹ sich uns auf sechs Meter nähert, dann wittert er uns, ganz egal, ob wir sichtbar für ihn sind oder nicht. Ich hoffe, du bist dir dessen bewußt.«

»Sollte ich Elementarunterricht in Robotik benötigen, so werde ich bei dir einen schriftlichen Antrag in dreifacher Ausfertigung einreichen. Hier hinunter!«

Sie befanden sich nun in den Tunnels. Selbst das Sternenlicht war verschwunden. Die beiden hielten sich an den Wänden fest. In Zwischenräumen erfolgte das Aufblitzen ihrer Lampen. Powell berührte die Sicherung seines Detonators.

»Kennst du diesen Tunnel, Mike?«

»Nicht allzugut. Er ist neu. Ich glaube aber, ihn nach dem Bild, das ich auf dem Fernsehschirm gesehen habe, wiederzuerkennen, obgleich...«

Unendlich lange Minuten gingen vorbei. Dann sagte Mike: »Spürst du's?«

Deutlich konnte Powell das leichte Trommeln einer feinen Vibration gegen seine metallumhüllte Hand verspüren. Natürlich war kein Laut hörbar.

»Sprengungen. Wir sind jetzt ganz nahe.«

»Halte die Augen offen!« sagte Powell.

Donovan nickte ungeduldig.

Es geschah schneller, als sie es erfassen konnten. Nichts als ein bronzenes Blitzen war für den Bruchteil einer Sekunde sichtbar... ein Blitzen, das an ihrer Sehplatte vorüberhuschte. Schweigend schmiegten die beiden sich aneinander.

Powell flüsterte: »Glaubst du, er hat uns gewittert?«

»Ich hoffe nicht. Wir wollen sie lieber aus der Flanke erfassen. Geh in den ersten Seitentunnel rechts hinein.«

»Nimm an, wir verfehlen sie dann ganz und gar?«

»Mein Gott, und was würdest du tun? Zurückgehn vielleicht?« Donovan brummte wütend. »Sie befinden sich nicht weiter als vierhundert Meter entfernt von uns. Ich hab' sie schließlich und endlich durch die Sehplatte beobachtet. Und es bleiben uns nur noch zwei Tage.«

»Oh, halt's Maul! Du vergeudest nur deinen Sauerstoff. Ist dies hier ein Seitengang?« Das Licht ihrer Lampen blitzte auf. »Ja. Dann los also.«

Nun wurde die Vibration bedeutend deutlicher spürbar, und der Boden unter ihren Füßen bebte.

»Gut so«, sagte Donovan, »wenn wir nicht den ganzen Stollen auf den Kopf bekommen.« Ängstlich ließ er den Schein seiner Lampe nach vorne wandern.

Mit halbausgestreckter Hand konnten sie die Decke des Tunnels berühren. Die Stützen waren neuerdings aufgestellt worden.

Donovan zögerte: »Sackgasse. Gehn wir zurück.«

»Nein. Bleib, wo du bist.« Schwerfällig zwängte Powell sich vorbei. »Ist das da vorne ein Licht?«

»Licht? Ich sehe keins. Wo sollte denn hier unten ein Licht herkommen?«

»Ein Robot-Licht.« Auf Händen und Knien kroch er einen kleinen Hang hinauf. Seine Stimme klang heiser und eindringlich in Donovans Ohren: »He! Mike, komm mal hier herauf.«

Tatsächlich war da Licht. Donovan kroch hinauf und über Powells ausgestreckte Beine hinweg. »Eine Öffnung?«

»Ja. Offenbar arbeiten sie sich nun von der anderen Seite her zu diesem Tunnel vor. Das nehme ich zum mindesten an.«

Donovan befühlte die rauhen Ränder der Öffnung, die hinausging in einen Tunnel, der – wie es ihnen im Licht ihre sehr vorsichtig und sparsam gebrauchten Lampen schien – offenbar der Haupttunnel war. Das Loch war jedoch zu klein, als daß ein Mann hätte hindurchkriechen können – ja fast zu klein zum gleichzeitigen Hindurchschauen.

»Hier ist nichts«, sagte Donovan.

»Im Augenblick nicht. Vor einer Sekunde aber war was da, da wir sonst ja kein Licht gesehen hätten. Vorsicht!«

Die Wände um sie herum begannen zu rollen. Sie spürten einen Aufprall. Ein feiner Staub fiel auf sie herunter. Vorsichtig hob Powell den Kopf und schaute sich um. »Schön, Mike, die Burschen *sind* hier.«

Etwa fünfzehn Meter entfernt im Haupttunnel standen die glänzenden Robots beieinander. Mächtige Metallarme arbeiteten an dem Geröllhaufen, der durch die letzte Sprengung entstanden war.

Eifrig drängte Donovan. »Verlier keine Zeit! Bald werden sie mit dem Haufen fertig sein, und bei der nächsten Sprengung erwischt es uns vielleicht.«

»Aber Mike, hetz mich doch nicht!« Powell löste den Detonator von seinem Gürtel. Angestrengt durchforschten seine Augen den dämmerigen Hintergrund, wo Robotlicht das einzige Licht war und man unmöglich einen Felsvorsprung von einem Schatten zu unterscheiden vermochte.

»Fast genau über ihnen befindet sich ein Felsblock. Siehst du ihn? Die letzte Sprengung hat nicht ganz bis dahin gereicht. Triffst du diesen Block an seiner Basis, dann wird die halbe Decke einstürzen.«

Powell folgte mit den Blicken dem ausgestreckten Finger Donovans. »Ich seh', was du meinst. Nun behalte die Robots gut im Auge und richte ein Gebet zum Himmel, daß sie sich nicht zu weit von diesem Felsblock entfernen. Sie allein sind nämlich meine Lichtquelle. Sind alle sieben da?«

Donovan zählte. »Ja, alle sieben.«

»Schön, dann beobachte sie! Beobachte jede einzelne ihrer Bewegungen!«

Er hob seinen Detonator und blieb so stehen, während Donovan scharf Ausschau hielt, derb fluchte und versuchte, seine Augen durch Blinzeln von Schweiß zu säubern.

Es blitzte.

Es gab einen Ruck, eine Serie harter Stöße und dann einen schmerzhaften Schlag, der Powell gegen Donovan schleuderte.

Donovan stöhnte. »Greg, du hast mich aus dem Gleichgewicht gebracht. Ich hab' überhaupt nichts gesehen.«

Powell starrte wild um sich. »Wo sind die Kerle?«

Powell versank in dumpfes Schweigen. Von den Robots war nicht das geringste mehr sichtbar. Um sie herum war es so dunkel, als befänden sie sich auf dem Grunde des Styx.

»Glaubst du, wir haben sie verschüttet?« fragte Donovan mit quäkender Stimme.

»Gehn wir dort hinunter! Frag mich bitte nicht, was ich denke!« In stürzender Eile kroch Powell nach rückwärts.

»Mike!«

Donovan, der im Begriff gewesen war, Powell zu folgen, stockte. »Was ist jetzt los, um Gottes willen?«

»Halt dich fest!« Powells Atem klang rauh und unregelmäßig in Donovans Ohren. »Mike – hörst du mich, Mike?«

»Natürlich, ich bin ja neben dir. Was ist los?«

»Wir sind eingeschlossen. Es war gar nicht die Decke, die fünfzehn Meter entfernt eingebrochen ist, die uns umgeworfen hast. Es war unsere eigene Decke. Durch die Explosion ist sie zusammengebrochen.«

»Was!« Donovan kroch vorwärts, bis er gegen eine harte Schranke stieß. »Schalte mal dein Licht an!«

Powell tat wie ihm geheißen. Nirgends war auch nur die kleinste Öffnung sichtbar. Nicht einmal ein Kaninchen hätte entkommen können.

Leise sagte Donovan: »Na, was sagst du *da*zu?«

Sie vergeudeten ein paar Augenblicke ihrer kostbaren Zeit und ein wenig von der Kraft ihrer Muskeln in einem Versuch, die Barriere zu entfernen. Powell brachte dadurch etwas Abwechslung in diese Tätigkeit, daß er sich an den Rändern der ursprünglichen Öffnung versuchte. Einen Augenblick hob Powell seinen Detonator. In einem so engen

Raum aber würde ein Strahl aus diesem Instrument Selbstmord gewesen sein, und Powell wußte das natürlich. Er setzte sich.

»Weißt du, Mike«, sagte er, »hier haben wir wirklich eine hübsche Schweinerei angerichtet. Wir sind unserer Aufgabe, herauszufinden, was mit Dave los ist, keinen Schritt näher gekommen. Die Idee war nicht schlecht, nur ist der Schuß leider nach hinten losgegangen.«

Donovans Blick war voller Bitternis, deren Intensität in der völligen Dunkelheit natürlich für Powell verlorenging. »Es tut mir leid, dich unterbrechen zu müssen, weiser alter Mann... aber ganz abgesehen davon, ob wir nun wissen, was mit Dave los ist oder nicht, hocken wir hier sozusagen in der Falle. Kommen wir da nicht heraus, mein Freund, so verrecken wir. Verenden. Sterben. Wieviel Sauerstoff haben wir eigentlich? Doch wohl für nicht länger als sechs Stunden.«

»Auch daran habe ich bereits gedacht.« Powells Finger griffen nach dem schwer malträtierten Schnurrbart. Ohne ihr Ziel zu erreichen, klapperten sie gegen das durchsichtige Visier. »Natürlich könnten wir ohne Schwierigkeiten innerhalb dieser Zeit Dave veranlassen, daß er uns ausgräbt... hätte nicht unsere wunderbare, künstlich geschaffene Notlage ihn aus dem Gleichgewicht gebracht und seine Radioanlage ruiniert.«

»Und ist das nicht schauderhaft?«

Donovan schob sich hinauf zur Öffnung und brachte es fertig, seinen im Metallhelm eingeschlossenen Kopf hindurchzuzwängen. Es war sehr eng.

»He, Greg!«

»Was?«

»Nimm an, wir bringen es fertig, Dave dazu zu bringen, daß er sich uns auf eine Entfernung von sechs Metern nähert. Dann wird er automatisch wieder normal... und uns wird das das Leben retten.«

»Sicher... nur – wo ist er?«

»Drunten im Gang... ganz weit weg. Hör um Gottes willen auf, an mir zu zerren! Du reißt mir sonst noch den Kopf ab. Gleich darfst du dich selber umsehen.«

Powell manövrierte seinen Kopf in die Öffnung hinein. »Fein haben wir's gemacht! Schau dir die Idioten nur an! Offenbar tanzen sie im Augenblick ein Ballett.«

»Du kannst deine Randbemerkungen geradesogut unterdrücken, wenigstens in diesem Augenblick. Kommen sie irgendwie näher an uns heran?«

»Kann ich noch nicht sagen. Sind zu weit weg. Gib mir etwas Zeit! Reiche mir mal meine Taschenlampe, ja? Ich will versuchen, ihre Aufmerksamkeit auf uns zu lenken.«

Nach ein paar Minuten gab er den Versuch auf. »Nichts zu machen. Die Burschen müssen blind sein. Halt mal einen Augenblick! ... die Kerle setzen sich tatsächlich auf uns zu in Marsch. Was sagst du nun?«

Donovan sagte: »He, laß mich mal sehen!«

Lautlos zwängte Powell seinen Kopf aus der Öffnung heraus. »Meinetwegen«, rief er, während Donovan den Kopf hineinsteckte.

Die Robots näherten sich. Dave ging wie ein Tambourmajor voraus, und die sechs ›Finger‹ folgten ihm wie Tänzerinnen eines Balletts.

Donovan kam aus dem Staunen nicht heraus. »Was tun sie nur? Bei Gott, das möcht' ich wirklich wissen. Es gleicht ein bißchen einer Polonaise. Und Dave ist der Anführer, wenn ich je in meinem Leben einen gesehen habe.«

»Laß mich doch ja mit deinen Beschreibungen in Ruhe«, brummte Powell. »Wie nahe sind sie jetzt?«

»Kaum mehr fünfzehn Meter und sie nähern sich noch

immer. In einer Viertelstunde sind wir draußen und – ach, du! Hallo! – Heeh! – Hallo!«

»Was ist los?« Powell brauchte mehrere Sekunden, um sich von dem durch Donovans Stimmaufwand hervorgerufenen halb betäubenden Erstaunen zu erholen. »Los, laß mich auch mal sehen! Nimm doch nicht alles für dich allein in Anspruch.«

Er kämpfte sich den Hang hinauf, aber Donovan blickte wie wild um sich. »Sie haben kehrtgemacht, Greg. Sie gehen weg. Dave! He, Daaave!«

Powell brüllte: »Was nützt das denn, du Esel? Schall pflanzt sich hier doch gar nicht fort.«

»Schön, dann tritt die Wände mit den Füßen«, keuchte Donovan. »Hau gegen sie, bring irgendwie eine Vibration zustande. Auf irgendeine Weise *müssen* wir ihre Aufmerksamkeit erregen, Greg, sonst ist es aus mit uns.« Wie ein Wilder hieb er mit den Fäusten um sich.

Powell schüttelte ihn. »Warte, Mike, warte mal! Mensch! Hör zu. Ich hab' eine Idee. Toll – was alles passieren muß, daß Leute wie wir auf die ganz einfache Lösung dieser Sache kommen! Mike!«

»Was willst du?« Donovan zog den Kopf aus der Öffnung zurück.

»Laß mich schnell da hinein – schnell, ehe die Kerle aus meiner Reichweite sind!«

»Aus deiner Reichweite? Was hast du vor? He, was willst du mit diesem Detonator?« Er packte Powells Arm.

Heftig befreite Powell sich von Donovans Griff. »Was ich tue? Ich schieße ein bißchen.«

»Warum?«

»Das erzähl' ich dir später. Laß mal erst sehn, ob es hilft. Tut's das nicht, dann... Mach, daß du mir aus dem Wege kommst und laß mich endlich schießen!«

Die Robots waren nichts als Flimmern, und sie wurden immer kleiner. Powell zielte und schoß dreimal. Dann senkte er die Waffe und schaute ängstlich hinaus. Einer der Hilfsrobots lag auf dem Boden. Nur noch sechs leuchtende Gestalten standen aufrecht.

Unsicher rief Powell in seinen Übermittlungsapparat hinein: »Dave!«

Zunächst folgte Stille, dann kam die Antwort, deutlich hörbar für beide Männer. »Chef? Wo sind Sie? Mein dritter Hilfsarbeiter hat sich die Brust verletzt. Er ist außer Tätigkeit.«

»Kümmere dich nicht um deinen Hilfsarbeiter«, sagte Powell. »Wir sind an der Stelle eurer letzten Sprengung gefangen. Kannst du den Schein unserer Taschenlampe sehn?«

»Natürlich, wir kommen sofort.«

Powell lehnte sich zurück, und seine Muskeln entspannten sich. »Und damit haben wir's also geschafft.«

Ganz leise und mit Tränen in der Stimme sagte Donovan: »Schön, Greg! Du bist der Sieger. Ich knie vor dir nieder und küsse dir die Füße. Und nun erzähl mir keine langen Geschichten, sondern sag mir ganz einfach und in schlichten Worten, was eigentlich los war!«

»Ganz einfach ... nur daß wir Idioten während der ganzen Zeit, wie gewöhnlich, das Nächstliegende nicht gesehen haben. Wir wußten, daß es im Stromkreis der ›Persönlichen Initiative‹ lag und daß es sich stets ereignete, wenn Notlagen eintraten. Dennoch suchten wir wie die Verrückten nach einem ganz speziellen Befehl. Warum mußte es eigentlich ein ganz spezieller Befehl sein, der ihr eigenartiges Benehmen verursachte?«

»Und warum nicht?«

»Also paß mal auf! Warum konnte es nicht ein gewisser Befehlstypus sein. Welcher Befehlstypus erfordert die meiste Initiative? Welche Art von Befehl würde fast immer in Notlagen erteilt werden?«

»Frag bitte nicht mich! Sag's mir einfach!«

»Das tue ich ja gerade. Also ein Befehl, der gleichzeitig an alle sechs gegeben wird. Unter gewöhnlichen Bedingungen tut immer einer oder tun mehrere der ›Finger‹ Routinearbeit, die keine scharfe Überwachung erfordert, ganz genauso wie etwa unsere eigenen Körper sich verhalten, wenn wir gehen. In einer Notlage aber müssen alle sechs Hilfsarbeiter sofort und gleichzeitig mobilisiert werden. Dave muß alle sechs auf einmal manipulieren, und das hält irgendeiner seiner Bestandteile nicht aus. Alles übrige war leicht. Jede Verminderung der von ihm verlangten Initiative, zum Beispiel durch die Ankunft menschlicher Wesen, brachte ihn wieder in die Reihe. So zerstörte ich einen der Robots. Nun hatte er nur noch Befehle nach fünf Seiten zu geben, was eine Verminderung der erforderlichen Initiative bedeutete, und sofort wurde er wieder normal.«

»Und wie bist du auf all das gekommen?« wollte Donovan wissen.

»Durch logisches Raten. Ich versuchte es – und siehe da, es half.«

Wieder klang die Stimme des Robot in ihren Ohren. »Hier bin ich. Können Sie eine halbe Stunde aushalten?«

»Leicht«, sagte Powell. Dann fuhr er zu Donovan gewandt fort: »Und nun muß die Aufgabe eigentlich ganz einfach sein. Wir prüfen alle Leitungen und jeden einzelnen Teil, der bei einem sechsfachen Befehl gegenüber einem fünffachen, ganz besonders belastet wird. Wie groß ist dann noch das Terrain, das wir untersuchen müssen?«

Donovan dachte nach: »Nicht sehr groß, glaube ich. Wenn Dave so ist, wie die Modelle waren, die wir in der Fabrik sahen, dann muß er einen ganz speziellen Koordinationsstromkreis besitzen, der als einziger in dieser Sache eine Rolle spielen kann.« Sein Gesicht heiterte sich plötzlich auf. »Hör mal, das ist ja dann gar nicht schlimm. Das können wir ja im Handumdrehen erledigen.«

»Fein. Du denkst noch ein wenig darüber nach. Dann schauen wir uns, wenn wir heimkommen, mal die Blaupausen an. Jetzt aber möchte ich mich, bis Dave kommt, ein wenig ausruhen.«

»He – wart mal! Sag mir noch eines. Was bedeuten diese eigenartigen Marschschritte, diese Tanzbewegungen, die die Robots aufführten, wenn sie verrückt wurden?«

»Die? Das weiß ich nicht. Ich habe aber eine Idee. Vergiß nicht, daß diese Hilfsarbeiter nichts anderes waren als Daves ›Finger‹. Du weißt ja, wir haben sie nie anders genannt. Na also – mir schwebt der Gedanke vor, daß jedesmal, wenn Dave sich in einen Fall für den Irrenarzt verwandelte, er sozusagen verblödete und als Vollidiot seine Zeit damit verbrachte, *die Daumen zu drehen*.«

Sackgasse

Nur einmal in der galaktischen Geschichte wurde eine intelligente Rasse von Nichtmenschen entdeckt –

›Essays zur Geschichte‹,
von Ligurn Vier

I

Von: Verwaltung der äußeren Provinzen
An: Loodun Antyok, Chef der öffentlichen Verwaltung, A-8

Betrifft: Zivilinspektor von Cepheus 18, Position als, Hinweise:

a) Gesetz 2515/971 des Galaktischen Reiches zur Bestellung von Beamten des öffentlichen Dienstes.

b) Dazu die Ausführungsbestimmungen: Ja 2374 vom 24. 3. 975

1. Unter Bezugnahme auf Hinweis a) sind Sie für die oben erwähnte Position vorgesehen. Die Autorität besagter Position als Zivilinspektor von Cepheus 18 erstreckt sich auf alle nichtmenschliche Reichsangehörige, die dort unter den Bedingungen des in Hinweis b) erwähnten Autonomiestatuts leben.

2. Im einzelnen wird der dienstliche Aufgabenbereich die allgemeine Aufsicht über alle nichtmenschlichen inneren Angelegenheiten, die Koordination autorisierter Regierungsabordnungen und Inspektionen sowie die Erstellung halbjährli-

cher Berichte über alle dienstlich registrierten Vorgänge umfassen.

C. Morily, Reg.rat, VerÄußProv,
12/977 G. R.

Loodun Antyok hatte aufmerksam zugehört, und nun schüttelte er in milder Verneinung den runden Kopf. »Freund, ich würde Ihnen gern helfen, aber Sie haben den falschen Hund bei den Ohren. Wenden Sie sich an die Zentralverwaltung.«

Tomor Zammo warf sich in seinen Sessel zurück, rieb nervös seine Hakennase, besann sich eines Besseren und sagte in ruhigem Ton: »Logisch, aber nicht praktisch. Ich kann jetzt nicht nach Trantor reisen. Sie sind der Repräsentant der Zivilverwaltung auf Cepheus 18. Sind Sie ganz und gar hilflos?«

»Nun, selbst als Zivilinspektor muß ich mich an die dienstlichen Grenzen halten, die mir von der Politik der Verwaltung vorgegeben sind.«

»Gut«, rief Zammo, »dann sagen Sie mir, was die Politik der Verwaltung ist. Ich leite einen wissenschaftlichen Untersuchungsausschuß, der direkt vom Ministerium mit den weitestgehenden Vollmachten ausgestattet ist; doch werde ich an jeder Straßenecke von den Zivilbehörden aufgehalten, die sich mit nichts als dem Papageiengekreisch der ›Verwaltungspolitik‹ rechtfertigen. Welches *ist* die Politik der Verwaltung? Ich habe bisher noch nie eine zufriedenstellende Erklärung erhalten.«

Antyoks Blick war fest und ruhig. Er sagte: »Wie ich es sehe – und dies ist nicht offiziell, also können Sie mich nicht darauf festnageln –, besteht die Politik der Verwaltung darin, daß wir die Nichtmenschen so anständig wie möglich behandeln.«

»Welche Autorität haben Sie dann...«

»Pst! Es hat keinen Sinn, die Stimme zu erheben. Es ist bekannt, daß Seine Kaiserliche Majestät ein Humanist und ein Anhänger der Philosophie Aurelions ist. Ich kann Ihnen außerdem im Vertrauen sagen, daß der erste Vorschlag, diese Welt zu schützen, vom Kaiser selbst ausgegangen ist. Sie können sich darauf verlassen, daß die Politik der Verwaltung sich sehr eng an die Vorstellungen Seiner Majestät hält. Und Sie dürfen versichert sein, daß ich nicht gegen diese Strömung schwimmen werde.«

»Nun, guter Mann«, sagte der Physiologe, und seine fleischigen Augenlider zuckten, »mit dieser Einstellung werden Sie Ihren Posten verlieren. Nein, ich werde Sie nicht hinauswerfen lassen. Das meinte ich damit nicht. Ihr Posten wird sich einfach unter Ihnen auflösen, weil es hier nichts auszuführen gibt!«

»Tatsächlich? Warum?« Antyok war von niedrigem Wuchs, rosiger Gesichtsfarbe und beleibter Statur, und sein pausbackiges Gesicht fand es gewöhnlich schwierig, einen anderen Ausdruck als den einer heiteren Höflichkeit anzunehmen. Nun aber blickte er ernst.

»Sie sind noch nicht lange hier. Ich um so länger«, sagte Zammo. »Macht es Ihnen etwas aus, wenn ich rauche?« Die Zigarre in seiner Hand war knorrig und stark und wurde achtlos paffend zum Leben erweckt, ohne Antyoks Antwort abzuwarten. Mit barschem Ton fuhr er fort: »Hier ist kein Platz für Humanitätsduselei, Inspektor. Sie behandeln Nichtmenschen, als ob sie Menschen wären, und das ist weder zweckdienlich noch sachgerecht. Überhaupt mißfällt mir die Bezeichnung ›Nichtmenschen‹. Sie sind Tiere.«

»Sie sind intelligent«, warf Antyok ein.

»Nun ja, intelligente Tiere. Ich denke, diese zwei Begriffe schließen sich nicht gegenseitig aus. Ein mehr oder minder großes Maß an Intelligenz ist bei allen Warmblütern anzutreffen. Das Zusammenleben mit fremden Intelligenzen wird auf längere Sicht sowieso nicht klappen.«

»Wollen Sie sie abschlachten?«

»Um Himmels willen, nein!« Er gestikulierte mit seiner Zigarre. »Ich schlage vor, daß wir sie als Studienobjekte betrachten, nicht mehr und nicht weniger. Wir könnten allerlei von diesen Tieren lernen, wenn wir die Erlaubnis erhielten, uns das nötige Wissen anzueignen. Wissen, möchte ich betonen, das dem Wohl der Menschheit nutzbar gemacht werden könnte. *Das* ist Humanität. *Da* liegt das Wohl der Menschheit, wenn es dieser rückgratlose Kult der Philosophie Aurelions ist, der Sie interessiert.«

»Welche Vorteile für die Menschheit versprechen Sie sich davon?«

»Um die ganz offensichtlichen herauszugreifen – Sie haben von ihrer Biochemie gehört, nehme ich an?«

»Ja«, sagte Antyok. »Ich habe die meisten Berichte gelesen, die in den letzten zehn Jahren über die Nichtmenschen veröffentlicht wurden.«

»Hm. Gut – dann brauche ich nur zu sagen, daß ihre Chemotherapie außerordentlich wirksam ist. Zum Beispiel bin ich persönlich Zeuge geworden, wie ein Knochenbruch geheilt wurde – das heißt, was bei denen als Knochenbruch angesehen wird. Es wurde eine Pille verabreicht, und innerhalb von fünfzehn Minuten war der Knochen wieder ganz. Selbstverständlich sind diese Medikamente für uns Menschen nicht brauchbar. Die meisten würden uns rasch ins Jenseits befördern. Aber wenn wir genau feststellen, wie sie auf die Nichtmenschen – auf die Tiere wirken...«

»Ja, ich sehe die Bedeutung.«

»So, Sie sehen die Bedeutung. Nun, das ist erfreulich. Ein

zweiter Punkt ist, daß diese Tiere in einer uns unbekannten Art und Weise miteinander kommunizieren.«

»Telepathie!«

Der Wissenschaftler verzog den Mund und stieß unwillig hervor: »Telepathie! Telepathie! Telepathie! Was besagt das schon? Man könnte genausogut sagen, durch Hexerei. Niemand weiß über Telepathie mehr als den Namen. Was ist der Mechanismus der Telepathie? Was ist die Physiologie und die Physik von Telepathie? Das würde ich gern in Erfahrung bringen, kann es aber nicht. Die Politik Ihrer Verwaltung, wie Sie sie interpretieren, verbietet es.«

Antyoks kleiner Mund schmollte. »Aber... Verzeihen Sie, Doktor, aber ich kann Ihnen nicht folgen. In welcher Weise sehen Sie sich in Ihrer Forschung behindert? Die Zivilverwaltung hat gewiß nicht versucht, die wissenschaftliche Erforschung der Nichtmenschen zu behindern. Natürlich kann ich nur mit Einschränkungen für meinen Vorgänger sprechen, aber ich...«

»Es hat keine direkten Eingriffe gegeben. Davon spreche ich nicht. Aber Inspektor, wir sehen uns durch den Geist der Bestimmungen behindert. Sie legen diese Bestimmungen so aus, als hätten wir es mit Menschen zu tun. Sie lassen ihnen einen eigenen Anführer und innere Autonomie. Sie verwöhnen sie und verleihen ihnen, was Aurelions Philosophie ›Rechte‹ nennt. Ich komme mit ihrem Anführer nicht zurecht.«

»Wieso nicht?«

»Weil er sich weigert, mir freie Hand zu lassen. Er weigert sich, Experimente an Einzelexemplaren ohne deren Zustimmung zu erlauben. Die zwei oder drei Freiwilligen, die wir bekommen, sind nicht allzu intelligent. Es ist eine für die wissenschaftliche Forschung untragbare Regelung.«

Antyok zuckte hilflos die Achseln.

»Darüber hinaus«, fuhr Zammo fort, »ist es erklärlicherweise unmöglich, wirklich wertvollen Aufschluß über die Gehirne, die Physiologie und die Biochemie dieser Tiere zu erhalten, ohne Sektionen vorzunehmen, diätetische Experimente durchzuführen und Drogen zu verabreichen. Sie wissen, Inspektor, daß wissenschaftliche Forschung ein mühsames Geschäft ist. Mit Humanitätsduselei kommen wir da nicht weiter.«

Loodun Antyok kratzte sich am Kinn und machte eine zweifelnde Miene. »Muß es so rigoros sein? Sie sind harmlose Geschöpfe, diese Nichtmenschen. Eine Sektion... Vielleicht kommen Sie eher zum Ziel, wenn Sie etwas anders an die Sache herangehen; ich habe den Eindruck, daß Sie sich diese Nichtmenschen zu Gegnern machen. Ihre Einstellung könnte als herrisch empfunden werden.«

»Als herrisch empfunden werden! Ich gehöre nicht zu diesen winselnden Sozialpsychologen, die heutzutage in Mode sind. Ich glaube nicht, daß man ein Problem, das Sektion erfordert, dadurch lösen kann, daß man, wie es im Jargon der Zeit heißt, ›mit der richtigen persönlichen Einstellung‹ an die Sache herangeht.«

»Ich bedaure, daß Sie so denken. Eine sozialpsychologische Ausbildung ist für alle Verwaltungsbeamten von der Besoldungsgruppe A 4 aufwärts vorgeschrieben.«

Zammo nahm die zerkaute Zigarre aus dem Mund und steckte sie nach einer angemessen geringschätzigen Pause wieder zwischen die Zähne. »Dann würden Sie gut daran tun, Ihre Technik auf die Zentralverwaltung anzuwenden. Wissen Sie, ich habe Freunde am kaiserlichen Hof.«

»Also, ich sehe nicht, wie ich die Angelegenheit vorbringen könnte. Die Festlegung der politischen Grundsätze, an denen die Behörde sich orientiert, fällt nicht in meine Kompetenz und kann nur von der Zentralverwaltung ausgehen.

Aber wir könnten es mit einer indirekten Methode versuchen, wissen Sie.« Er lächelte ein wenig. »Strategie.«

»Von welcher Art?«

Antyok machte eine zustoßende Bewegung mit dem ausgestreckten Zeigefinger, während seine andere Hand leicht auf dem Stapel der graugebundenen Berichtsmappen neben seinem Platz ruhte. »Sehen Sie, ich habe die meisten dieser Berichte durchgearbeitet. Sie sind gleichförmig, enthalten jedoch einige Fakten. Zum Beispiel: wann wurde auf Cepheus 18 das letzte nichtmenschliche Kind geboren?«

Zammo überlegte nicht lange. »Weiß ich nicht. Interessiert mich auch nicht.«

»Aber die Verwaltung interessiert es. Auf Cepheus 18 ist in den zwei Jahren, seit die Welt unter unserer Verwaltung steht, noch nicht ein einziges nichtmenschliches Kind geboren worden. Kennen Sie den Grund?«

Der Physiologe hob die Schultern. »Zu viele mögliche Faktoren. Das müßte untersucht werden.«

»Richtig. Angenommen, Sie schreiben einen Bericht ...«

»Bericht! Ich habe zwanzig geschrieben.«

»Schreiben Sie noch einen. Betonen Sie die ungelösten Probleme. Erläutern Sie, daß Sie Ihre Methoden ändern müssen. Weisen Sie auf das Problem der Geburtenrate hin. Die Zentralverwaltung kann so etwas nicht ignorieren. Wenn die Nichtmenschen aussterben, wird jemand Rechenschaft ablegen müssen. Verstehen Sie?«

Zammo starrte ihn an. »Das wird den Ausschlag geben?«

»Ich arbeite seit siebenundzwanzig Jahren in der Verwaltung. Ich kenne ihre Arbeitweise.«

»Ich werde darüber nachdenken.« Zammo stand auf und verließ das Büro. Die Tür schlug hinter ihm zu.

Draußen sagte Zammo zu einem Mitarbeiter: »Er ist in erster Linie Bürokrat. Er wird auf dem Dienstweg beharren und sich auf keinen Fall exponieren. Also müssen wir durch ihn arbeiten, wenn wir etwas erreichen wollen.«

Von: Chef der öffentlichen Verwaltung, Cepheus 18
An: Verwaltung der äußeren Provinzen
Betrifft: VerÄußProv Projekt 2563, Teil II (Koordination wissenschaftlicher Untersuchungen von Nichtmenschen auf Cepheus 18)
Bezug:
a) VerÄußProv Schr. Cep-N-Cm/jg, 100132, 30. 2. 975 G. E.
b) ÖV-Ceph 18 Schr AA-LA/mn, 140/977 G. E.
Anlage: Wiss. Arbeitskreis 10, Fachber. Physiologie/Biochemie, Arbeitsbericht, betitelt ›Physiologische Charakteristika der Nichtmenschen von Cepheus 18, Teil XI‹, datiert 17. 2. 977 G. E.

1. Aus der zur Information der VerÄußProv beigefügten Anlage ist in Abschnitt XII §1-16 zu entnehmen, daß dem Wiss. Arbeitskreis mögliche Änderungen der gegenwärtigen Verwaltungspraxis im Hinblick auf Nichtmenschen zur Erleichterung physiologischer und biochemischer Untersuchungen, die gegenwärtig entsprechend der Genehmigung durch VerÄußProv lt. Bezug a) durchgeführt werden, wünschenswert erscheinen.

2. Es wird in diesem Zusammenhang darauf hingewiesen, daß Bezug b) bereits mögliche Veränderungen der Untersuchungsmethoden angesprochen hat, und daß der Chef Öff. Verw. Ceph-18 unverändert der Ansicht ist, daß Lockerungen der geltenden Bestimmungen nicht angebracht, zumindest aber verfrüht sind. Gleichwohl wird angeregt, daß die Frage der Geburtenrate der Nichtmenschen zum Gegenstand einer Untersuchung der VerÄußProv gemacht wird, deren Federführung im Hinblick auf die Bedeutung, die dem Problem vom

Wiss. Arbeitskreis 10 beigelegt wird und die aus Abschnitt V der Anlage ersichtlich wird, beim Chef Öff. Verw. Ceph-18 liegen sollte.

L. Antyok, Zivilinspektor,
Chef Öff. Verw. Ceph-18 174/97 G. E.

Von: VerÄußProv
An: Chef Öff. Verw. Ceph-18
Betrifft: Projekt 2563 VerÄußProv-Wissenschaftliche Untersuchungen an Nichtmenschen von Cepheus 18, Koordination
Bezug:
a) Chef Öff. Verw. Ceph-18 Schr. AA-LA/mn, 174/977 G. E.

1. In Erledigung der unter Bezug a), Absatz 2. enthaltenen Anfrage wird mitgeteilt, daß die Untersuchung der nichtmenschlichen Geburtenrate nicht dem Verantwortungsbereich des Chefs Öff. Verw. Ceph.-18 zuzurechnen ist. In Anbetracht des Umstandes, daß der Wiss. Arbeitskreis 10 besagte Sterilität für eine wahrscheinliche Folge mangelhafter Zusammensetzung der Lebensmittelversorgung hält, werden alle weiteren Untersuchungen auf diesem Gebiet dem Wiss. Arbeitskreis 10 als der geeigneten Institution übertragen.

2. Die Untersuchungen der Wiss. Arbeitsgruppen sind gemäß den geltenden Bestimmungen fortzuführen. Eine Änderung der Politik ist nicht vorgesehen.

C. Morily, Reg.rat, VerÄußProv,
186/977 G. E.

II

Haltung und Bewegungen des Reporters hatten etwas Schlaksiges, Ungelenkes, das ihn größer erscheinen ließ, als er war. Er hieß Gustav Bannerd und genoß den Ruf eines tüchtigen Berichterstatters.

Loodun Antyok musterte ihn mit zweifelndem Blick und sagte: »Es ist nicht zu leugnen, daß Sie recht haben. Aber der Bericht des Wissenschaftlichen Arbeitskreises war vertraulich. Ich verstehe nicht, wie er in Ihren Besitz ...«

»Es sickerte durch«, sagte Bannerd ungerührt. »Alles sickert durch.«

Antyok war offensichtlich verblüfft; sein rosiges Gesicht zeigte Stirnfalten. »Dann werde ich das Leck hier abdichten müssen, wo ich es kann. Ihr Bericht wird so nicht hinausgehen; alle Hinweise auf Beschwerden des Wissenschaftlichen Arbeitskreises müssen getilgt werden. Das sehen Sie ein, nicht wahr?«

»Nein. Es ist wichtig; und ich habe meine Rechte. Ich bin der Auffassung, daß das Reich wissen sollte, was vorgeht.«

»Aber es geht nichts vor«, sagte Antyok mit einer Gebärde der Ratlosigkeit. »Ihre Behauptungen sind unzutreffend. Die Verwaltung denkt nicht daran, ihre Politik zu ändern. Ich zeigte Ihnen die Briefe.«

»Glauben Sie, daß Sie sich gegen Zammo werden durchsetzen können, wenn er Druck macht?« fragte der Reporter nicht ohne höhnischen Unterton.

»Das werde ich – wenn ich der Meinung bin, daß er unrecht hat.«

»Wenn!« erwiderte Bannerd. Dann, mit plötzlichem Nachdruck: »Antyok, das Reich hat hier etwas Großes, Bedeutendes; etwas, das ein gutes Stück größer ist als die Regierung allem Anschein nach erkennt. Sie zerstören es. Sie behandeln diese Lebewesen wie Tiere.«

»Wirklich...«, begann Antyok.

»Erzählen Sie mir nichts über Cepheus 18. Es ist ein Zoo. Es ist ein Luxuszoo, in welchem Ihre verknöcherten Wissenschaftler mit ihren Stöcken durch die Käfigstangen stochern und diese armen Geschöpfe in Aufregung versetzen. Sie werfen ihnen Fleischbrocken hin, aber sie halten sie gefangen. Ich weiß es! Schließlich schreibe ich seit zwei Jahren über sie. Man könnte fast sagen, daß ich mit ihnen gelebt habe.«

»Zammo sagt...«

»Zammo!« Er spuckte das Wort verächtlich aus.

»Zammo sagt«, beharrte Antyok, »daß wir sie nach Lage der Dinge zu human behandeln.«

Die langen, hageren Wangen des Reporters spannten sich. »Zammo ist selbst mehr Tier, als er glaubt. Er ist ein Anbeter der Wissenschaft. Solche Leute haben wir schon zu viele. Kennen Sie Aurelions Werke?«

»Ah. Ja, soviel ich weiß, ist der Kaiser...«

»Der Kaiser neigt zu unserer Auffassung. Das ist gut – besser als die Rücksichtslosigkeit der letzten Regierung.«

»Ich sehe nicht, worauf Sie hinauswollen.«

»Diese Lebewesen haben uns viel zu lehren, verstehen Sie? Es ist freilich nichts, womit Zammo und sein Arbeitskreis etwas anfangen kann; keine Biochemie, keine Telepathie. Es ist eine Lebensart; eine Denkweise. Diese Geschöpfe haben keine Verbrechen, keine parasitären Elemente und Sozialschädlinge. Welche Anstrengungen werden unternommen, ihre Philosophie zu studieren? Oder ihre Gesellschaftsstruktur, um daraus zu lernen?«

Antyok wurde nachdenklich; sein rundes Gesicht glättete sich. »Das ist eine interessante Überlegung. Es wäre eine Sache für Psychologen...«

»Nur das nicht. Die meisten von ihnen sind Scharlatane. Psychologen weisen auf Probleme hin, aber ihre Lösungen sind trügerisch und irreführend. Wir brauchen Leute, die Aurelions Philosophie studiert haben, Männer des Geistes...«

»Aber hören Sie, wir können Cepheus 18 nicht in... in ein metaphysisches Studierzimmer verwandeln.«

»Warum nicht? Es läßt sich mit Leichtigkeit machen.«

»Wie?«

»Werfen Sie die Wissenschaftler mit ihren Reagenzgläsern hinaus. Erlauben Sie den Nichtmenschen, eine Gesellschaft zu bilden, die frei von menschlicher Einmischung ist. Geben Sie ihnen Unabhängigkeit ohne Einschränkungen, erlauben Sie einen Austausch der Philosophien...«

»Das ist nicht an einem Tag zu machen.«

»Aber wir können in einem Tag anfangen.«

»Nun«, sagte der Zivilinspektor bedächtig, »ich kann Sie nicht daran hindern, einen entsprechenden Versuch zu machen. Aber Sie werden Ihrer eigenen Sache nur schaden, wenn Sie den Bericht des Wissenschaftlichen Arbeitskreises 10 veröffentlichen und aus humanitären Gründen verurteilen. Die Wissenschaftler sind mächtig.«

»Auch wir Anhänger der Philosophie sind es.«

»Ja, aber es gibt einen leichteren Weg. Sie brauchen nicht zu toben und zu wüten. Weisen Sie einfach darauf hin, daß der Wissenschaftliche Arbeitskreis seine Probleme nicht löst. Schreiben Sie ganz sachlich und lassen Sie die Leser selbst zu Ihrem Standpunkt finden. Nehmen Sie das Problem der Geburtenrate, zum Beispiel. Da haben Sie etwas Handfestes. In einer Generation werden die Nichtmenschen möglicherweise aussterben, trotz aller Anstrengungen, die die Wissenschaft unternehmen kann. Machen Sie deutlich, daß eine mehr philosophische Betrachtungsweise erforderlich ist. Gebrauchen Sie Ihren Verstand und Ihr vernünftiges Urteil.«

Antyok erhob sich mit einem Lächeln. »Aber um Himmels willen, machen Sie nicht zuviel böses Blut.«

Bannerd blieb steif und zurückhaltend, aber er mußte Antyok recht geben. Er verfaßte eine Botschaft an einen Freund und schrieb: *Er ist nicht der Klügste, ganz gewiß nicht. Er ist konfus und hat keine klare Leitlinie. Sicherlich völlig unfähig in seinem Amt. Aber er ist ein Mann, der sich mit Kompromissen zwischen den Schwierigkeiten hindurchwindet, und er wird eher Konzessionen machen, als eine entschlossene Haltung riskieren. Darin mag er sich als nützlich erweisen. Dein in Aurelion.*

Von: Chef Öff. Verw. Ceph-18
An: Verwaltung der äußeren Provinzen
Betrifft: Geburtsrate von Nichtmenschen auf Cepheus 18
Bezug:

a) Chef Öff. Verw. Ceph-18, Schr. AA-LA/mn 174/977 G. E.

b) Kaiserlicher Erlaß Ja 2374, datiert 24. 3. 975 G. E.

Anlagen:

1-G. Bannerd Nachrichtenmeldung, datiert Cepheus 18, 201/977 G. E.

2-G. Bannerd Nachrichtenmeldung, datiert Cepheus 18, 203/977 G. E.

1. Die Sterilität von Nichtmenschen auf Cepheus 18, wie in Bezug a) der VerÄußProv gemeldet, ist Gegenstand von Pressemeldungen geworden. Die betreffenden Berichte werden hiermit zur Information der VerÄußProv als Anlagen 1 und 2 beigefügt. Obwohl die Berichte auf Material beruhen, das als vertraulich und der Öffentlichkeit nicht zugänglich be-

trachtet wird, verschaffte sich der Berichterstatter Zugang zu dem Material und bestand auf seinem Recht freier Berichterstattung unter den Bedingungen von Bezug b).

2. In Anbetracht der unvermeidlichen Publizität und zu erwartender Mißverständnisse von seiten der Öffentlichkeit wird um Anweisungen der VerÄußProv zur künftigen Politik hinsichtlich nichtmenschlicher Sterilität gebeten.

L. Antyok, Chef Öff. Verw. Ceph-18
209/977 G. E.

Von: Verwaltung der äußeren Provinzen
An: Chef Öff. Verw. Ceph-18
Betrifft: Untersuchung der Geburtenrate von Nichtmenschen auf Cepheus 18
Bezug:

a) Chef Öff. Verw. Ceph-18 Schr. AA-LA/mn, datiert 209/977 G. E.

b) Chef Öff. Verw. Ceph-18 Schr. AA-LA/mn, datiert 174/977 G. E.

1. Es wird angeregt, Erhebungen über die Ursachen des unerwünschten, unter a) und b) erwähnten Phänomens der Geburtenrate anzustellen und Mittel zur Abhilfe in Vorschlag zu bringen. Zu diesem Zweck wird ein aktenmäßiger Vorgang unter der Bezeichung ›Untersuchung der Geburtenrate von Nichtmenschen auf Cepheus 18‹ angelegt und die entsprechenden Erhebungen mit der Dringlichkeitsstufe AA ausgestattet.

2. Die dem Vorgang zugewiesene Aktennummer ist 2910, und alle mit ihm zusammenhängenden Ausgaben sind unter der Bewilligungsnummer 18/78 auszuweisen.

C. Morily, Reg.rat, VerÄußProv,
223/977 G. E.

III

Wenn Tomor Zammos üble Laune sich verringert hatte, so war dies nicht mit einer Zunahme seiner Freundlichkeit verbunden. Als Antyok die Experimentalstation des Wissenschaftlichen Arbeitskreises 10 betrat, sah er sich allein in der Eingangshalle und trat ans Fenster, das Ausblick auf das Feldlaboratorium gewährte.

Das Feldlaboratorium war ein ausgedehnter Hofplatz, der zum Wohlbefinden der Untersuchungsobjekte wie zum Unbehagen der Experimentatoren den Umweltbedingungen von Cepheus 18 angepaßt war. Über dem glühenden Sand und der trockenen, sauerstoffreichen Luft brannte grellweißes Sonnenlicht. Und unter seiner Glut kauerten die ziegelroten Nichtmenschen, von runzliger Haut und drahtiger Gestalt, allein und zu zweit über den Hof verstreut.

Nicht lange, und Zammo kam aus dem Laboratorium. Er nahm sich Zeit, durstig Wasser zu trinken, bevor er aufblickte und Antyok ansah. Wasser glänzte auf seiner Oberlippe. »Möchten Sie da hinein?«

Antyok schüttelte entschieden den Kopf. »Nein, danke. Wie ist die Temperatur im Augenblick?«

»Achtundvierzig im Schatten, wenn es welchen gäbe. Und sie klagen über die Kälte. Es ist Zeit für die Tränke. Wollen Sie ihnen beim Trinken zusehen?«

Aus dem Springbrunnen in der Mitte des Hofes schoß ein Wasserstrahl in die Höhe, und die kleinen fremdartigen Gestalten kamen schwankend auf die Füße und hüpften in einem merkwürdig federnden Lauf eifrig zur Quelle. Sie umdrängten das Wasser und stießen einander an. Ihre Gesichter erfuhren plötzlich eine entstellende Veränderung durch das Herausstülpen eines langen und biegsamen Rüssels, der zum Wasser vorgestreckt und nach dem Trinken eingezogen wurde.

Es dauerte lange Minuten. Die Körper schwollen an, die Runzeln und Falten verschwanden. Nachdem sie ausgiebig getrunken hatten, zogen sie sich langsam zurück. Die Trinkrüssel schnellten hinein und heraus, bevor sie schließlich zu einer runzligen rosa Masse über dem breiten, lippenlosen Mund wurden. Sie zogen sich in schattige Winkel zurück, wo sie sich in kleinen Gruppen schlafen legten.

»Tiere!« sagte Zammo mit Verachtung.

»Wie oft trinken sie?« fragte Antyok.

»Sooft sie wollen. Sie können eine Woche ohne Wasser sein, wenn sie müssen. Aber wir geben ihnen jeden Tag Wasser. Sie speichern es unter der Haut. Ihre Mahlzeiten nehmen sie abends ein. Vegetarier.«

Antyok lächelte pausbackig. »Es ist schön, gelegentlich eine Information aus erster Hand zu bekommen. Man kann nicht die ganze Zeit nur Berichte lesen.«

»Ja?« sagte Zammo. Dann: »Was gibt es Neues? Was ist mit den Weichlingen auf Trantor?«

Antyok zuckte die Achseln. »Sie können die Verwaltung nicht dazu bringen, daß sie sich exponiert. Da jeder weiß, daß der Kaiser es mit den Anhängern Aurelions hält, ist Humanität das Gebot der Stunde. Sie wissen es.«

Es trat eine Pause ein, in welcher der Inspektor unschlüssig auf der Unterlippe kaute. »Aber nun haben wir es mit dem Problem der Geburtenrate zu tun. Es ist der öffentlichen Verwaltung aufgebürdet worden, wie Ihnen vielleicht bekannt ist – und es hat höchste Priorität.«

Zammo stieß ein wortloses Grunzen aus.

Antyok sagte: »Es mag Ihnen noch nicht klarsein, aber dieses Projekt genießt jetzt Vorrang vor allen anderen Arbeiten, die auf Cepheus 18 getan werden. Es ist wichtig.«

Er wandte sich wieder dem Fenster zu und fügte nachdenklich und unvermittelt hinzu: »Meinen Sie, daß diese Geschöpfe unglücklich sein könnten?«

»Unglücklich!« Das Wort war eine Explosion.

»Nun, dann vielleicht unangepaßt«, berichtigte Antyok sich. »Verstehen Sie? Es ist schwierig, für eine Rasse, von der wir so wenig wissen, eine passende Umgebung bereitzustellen.«

»Sagen Sie mal – haben Sie jemals die Welt gesehen, von der wir sie holten?«

»Ich habe die Berichte gelesen...«

»Berichte!« schnaubte er geringschätzig. »Ich bin dort gewesen. Der Hof hier draußen mag Ihnen wie eine Wüste vorkommen, aber für diese Teufel ist er ein Paradies. Sie haben Nahrung und Wasser im Überfluß. Sie haben eine Welt für sich, wo es Vegetation und natürliche Wasserläufe gibt, statt eines Klumpens aus Granit und Kieselerde, wo sie in Höhlen Pilze züchteten und Wasser durch Erhitzung als Dampf aus Gipsstein gewinnen mußten. In zehn Jahren wären sie alle mausetot gewesen, und wir retteten sie. Unglücklich? Wenn sie das sind, haben sie nicht einmal den Anstand von Tieren.«

»Nun, vielleicht. Aber ich habe eine Idee.«

»Eine Idee? Was für eine?« Zammo griff nach einer Zigarre.

»Es ist etwas, das Ihnen helfen könnte. Warum die Geschöpfe nicht auf eine mehr integrierte Art und Weise studieren? Lassen Sie sie Initiative entfalten. Schließlich hatten sie eine hochentwickelte Wissenschaft. Ihre Berichte sprechen ständig davon. Geben Sie ihnen Probleme zu lösen.«

»Wie etwa?«

»Oh... ah.« Antyok wedelte hilflos mit den Händen. »Was immer Sie für zweckmäßig halten. Zum Beispiel

Raumschiffe. Bringen Sie sie in den Kommandoraum und studieren Sie ihre Reaktion.«

»Warum?«

»Weil die Reaktion ihres Verstandes auf Geräte und Instrumente, die dem menschlichen Verstand und Temperament angepaßt sind, lehrreich sein kann. Außerdem wird es, wie mir scheint, eine wirksamere Bestechung sein als alles, was Sie bisher versucht haben. Sie werden mehr Freiwillige bekommen, wenn sie denken, sie bekommen etwas Interessantes zu tun.«

»Da kommt Ihre Psychologie wieder durch. Hmm. Hört sich besser an, als es wahrscheinlich ist. Ich werde es überschlafen. Und wo würde ich die Erlaubnis bekommen, sie mit Raumschiffen umgehen zu lassen? Ich habe keine zu meiner Verfügung, und es würde viel länger dauern, als lohnend sein kann, den Instanzenweg zu gehen, um eins zugewiesen zu bekommen.«

Antyok grübelte; kleine Querfalten erschienen auf seiner Stirn. »Es müssen nicht Raumschiffe sein. Aber trotzdem... Wenn Sie eine Eingabe schreiben und den Vorschlag machen – mit Nachdruck, verstehen Sie? –, könnte ich mir etwas ausdenken, was es mit meinem Geburtenraten-Projekt in Verbindung bringt. Mit einer Doppel-A-Priorität können Sie praktisch alles bekommen, ohne Fragen, wissen Sie?«

Zammos Interesse war nicht einmal mäßig. »Nun, vielleicht. Einstweilen habe ich ein paar grundlegende Stoffwechseltests laufen, und es wird spät. Ich werde es mir überlegen. Es hat seine Vorzüge.«

Von: Chef Öff. Verw. Ceph-18
An: Verwaltung der äußeren Provinzen
Betrifft: ÄußProv-Projekt 2910, Teil I – Geburtenrate von Nichtmenschen auf Cepheus 18

Bezug:

a) VerÄußProv, Schr. Ceph-N-CM/car, 115097, 223/977 G. E.

Anlage:

Wiss. Arbeitskreis 10, Bericht der physiologisch-biochemischen Abteilung, Teil XV datiert 220/997 G. E.

1. Anlage wird hiermit zur Information der VerÄußProv weitergereicht.

2. Besondere Aufmerksamkeit wird auf Abschnitt V, Absatz 3 der Anlage gelenkt, mit dem zur Beschleunigung der Untersuchung die Überlassung eines Raumschiffes beantragt und um Genehmigung der VerÄußProv gebeten wird. Chef Öff. Verw. Ceph-18 hält es für möglich, daß solche Untersuchungen von wesentlichem Nutzen für die gegenwärtig laufende Arbeit am oben erwähnten Projekt sein kann. Darum wird im Hinblick auf die hohe Priorität, welche die VerÄußProv dem Projekt beigemessen hat, vorgeschlagen, daß die Anfrage des Wiss. Arbeitskreises mit Vorrang behandelt werde.

L. Antyok, Zivilinspektor,
Chef Öff. Verw. Ceph-18,
240/977 G. E.

Von: Verwaltung der äußeren Provinzen
An: Chef Öff. Verw. Ceph-18
Betrifft: ÄußProv-Projekt 2910 – Geburtenrate von Nichtmenschen auf Cepheus 18
Bezug:

a) Chef Öff. Verw. Ceph-18, Schr. AA-LA/mn, 240/977 G. E.

1. Ausbildungsschiff AN-R-2055 wird dem Chef Öff. Verw. Ceph-18 zur Untersuchung von Nichtmenschen auf Cepheus 18 im Hinblick auf das vorerwähnte Projekt und an-

dere autorisierte ÄußProv-Vorhaben, wie in Anlage zu Bezug a) beantragt, zur Verfügung gestellt.

2. Es wird dringend gebeten, die Arbeit am Projekt 2910, Teil I mit allen verfügbaren Mitteln zu beschleunigen.

C. Morily, Reg.rat, VerÄußProv,
251/977 G. E.

IV

Das kleine ziegelrote Geschöpf mußte sich unbehaglicher fühlen, als seine Haltung zu erkennen gab. Es war in einer Temperatur, die bereits auf einen Wert eingestellt war, wo seine menschlichen Gefährten in ihren offenen Hemden schwitzten, dick eingehüllt.

Seine Sprache war schrill, aber sorgfältig artikuliert. »Ich finde es feucht, doch bei dieser niedrigen Temperatur nicht unerträglich.«

Antyok lächelte. »Es ist nett von Ihnen, daß Sie gekommen sind. Ich hatte einen Besuch bei Ihnen geplant, aber ein versuchsweiser Aufenthalt in Ihrer Atmosphäre dort draußen...« Sein Lächeln nahm einen kläglichen Ausdruck an.

»Das macht nichts. Ihr Fremdweltler habt mehr für uns getan, als wir jemals für uns selbst tun könnten. Es ist eine Verpflichtung, die durch das Ertragen geringen Unbehagens von meiner Seite nur unvollkommen erwidert wird.« Seine Redeweise schien stets indirekt, als nähere er sich seinen Gedanken von der Seite, oder als ob Direktheit gegen alle Regeln der Höflichkeit verstieße.

Gustav Bannerd, der mit übergeschlagenen Beinen in einer Ecke saß, schrieb auf seinen Block und sagte: »Es macht Ihnen nichts aus, wenn ich dieses Gespräch mitschreibe?«

Der Cepheide blickte kurz zu dem Journalisten. »Ich habe keinen Einwand.«

»Dies ist keine rein gesellschaftliche Angelegenheit, müssen Sie wissen«, sagte Antyok. »Ich hätte Sie deswegen nicht zu diesen Unbequemlichkeiten genötigt. Es sind wichtige Fragen zu überlegen, und Sie sind der Führer Ihres Volkes.«

Der Cepheide nickte. »Ich bin überzeugt, daß Ihre Absichten wohlmeinend sind. Bitte, fahren Sie fort.«

Der Zivilinspektor rückte auf seinem Platz, da es ihm schwerfiel, in höfliche und wohlgesetzte Worte zu fassen, was er zu sagen hatte. »Es ist ein etwas delikates Thema«, sagte er, »und ich würde es niemals zur Sprache bringen, wäre nicht die enorme Bedeutung der ... ah ... Frage. Ich bin nur der Sprecher meiner Regierung.«

»Mein Volk betrachtet die Regierung der Fremdweltler als eine freundliche.«

»Nun ja, sie ist Ihnen freundlich gesinnt. Aus diesem Grund ist sie beunruhigt über den Umstand, daß Ihr Volk sich nicht mehr fortpflanzt.«

Antyok wartete besorgt auf eine Reaktion, die nicht kam. Das Gesicht des Cepheiden blieb bis auf ein leises, pulsierendes Zittern der runzligen Partie, die sein eingezogener Saugrüssel war, reglos.

»Es ist eine Frage«, fuhr Antyok fort, »die zu stellen wir gezögert haben, weil sie von äußerst persönlicher Natur ist. Nichteinmischung ist das erste Ziel meiner Regierung, und wir haben unser Möglichstes getan, das Problem in aller Stille zu lösen, ohne Ihre Leute zu beunruhigen. Aber offen gesagt, wir ...« Er stockte.

»Der Erfolg blieb Ihnen versagt?« fragte der Cepheide nach einer Pause.

»Ja. Das heißt, wir haben keinen konkreten Fehler in unserem Bemühen entdeckt, die Umgebung Ihrer Heimatwelt genau zu reproduzieren; natürlich mit den notwendigen Veränderungen, um sie lebenswerter zu machen. Der Gedanke liegt nahe, daß der Nahrung irgendwelche Nährstoffe oder chemische Elemente fehlen. Und so bitte ich Sie um Ihre freiwillige Hilfe in der Angelegenheit. Sie sind im Studium Ihrer eigenen Biochemie fortgeschritten. Aber wenn Sie nicht darüber zu sprechen wünschen...«

»Nein, nein, ich kann helfen.« Der Cepheide schien die Sache nicht sonderlich ernst zu nehmen. Die glatten, ebenen Flächen seines haarlosen Schädels runzelten sich in fremdartiger Reaktion auf eine ungewisse Empfindung. »Niemand von uns hätte gedacht, daß die Angelegenheit auch Fremdweltler beunruhigen würde. Daß es Sie beunruhigt, ist ein weiterer Hinweis auf ihre wohlmeinende Freundlichkeit. Wir finden diese Welt kongenial, ein Paradies im Vergleich mit unserer alten. Es fehlt ihr an nichts. Bedingungen, wie sie jetzt herrschen, kannten wir früher nur aus unseren Legenden vom Goldenen Zeitalter.«

»Nun...«

»Aber da ist ein Etwas; ein Etwas, was Sie nicht verstehen mögen. Wir können nicht erwarten, daß verschiedene Intelligenzen gleich denken.«

»Ich werde versuchen, es zu verstehen.«

Die Stimme des Cepheiden war leise geworden; die Fließlaute wurden mehr betont. »Wir starben auf unserer Heimatwelt, aber wir kämpften. Unsere Wissenschaft, entwikkelt im Laufe der Geschichte, die älter ist als Ihre, war am Verlieren, aber sie hatte noch nicht verloren. Vielleicht lag es daran, daß unsere Wissenschaft nach ihren Grundlagen biologisch war, statt physikalisch wie die Ihre. Ihr Volk entdeckte neue Energieformen und erreichte die Sterne. Unser

Volk entdeckte Wahrheiten der Psychologie und Psychiatrie und baute eine arbeitsfähige Gesellschaft auf, frei von Krankheit und Verbrechen.

Die Frage, welche der beiden Zugangsweisen lobenswerter sei, ist müßig, aber es liegt auf der Hand, welche sich schließlich erfolgreicher erwies. Auf unserer sterbenden Welt, ohne die Mittel für das tägliche Leben und ohne Energiequellen, konnte unsere biologische Wissenschaft nur das Sterben leichter machen.

Dennoch kämpften wir. Seit Jahrhunderten hatten wir uns an die Beherrschung der Atomenergie herangetastet, und langsam glomm ein Hoffnungsfunke auf, daß wir die zweidimensionalen Grenzen unserer Oberfläche durchbrechen und eine neue Heimat finden könnten. Es gab keine anderen Welten in unserem System, die als Trittsteine hätten dienen können. Und mehr als zwanzig Lichtjahre zum nächsten Stern – ohne das Wissen von der Möglichkeit der Existenz anderer Planetensysteme, eher mit der Vermutung des Gegenteils.

In allem Leben ist ein Drang, sich im Überlebenskampf zu behaupten und sich strebend zu bemühen, selbst wenn das Streben nutzlos ist. In den letzten Tagen waren nur noch fünftausend von uns übrig. Nur fünftausend! Und unser erstes Schiff war fertig. Es war experimentell; wahrscheinlich wäre es ein Versager gewesen. Aber wir hatten bereits alle Prinzipien des Antriebs und der Navigation richtig ausgearbeitet.«

Eine lange Pause folgte, und die kleinen schwarzen Augen des Cepheiden nahmen in der Erinnerung an jene Zeit einen glasigen Ausdruck an.

Plötzlich warf der Reporter aus seinem Winkel ein: »Und dann kamen wir?«

»Und dann kamen Sie«, stimmte der Cepheide zu. »Es

veränderte alles. Energie stand zur Verfügung, wir brauchten bloß darum zu bitten. Eine neue Welt, tatsächlich ideal, war unser, ohne daß wir darum baten. Wenn wir auch längst unsere gesellschaftlichen Probleme gelöst hatten, unsere schwierigeren Probleme des Überlebens auf einer sterbenden Welt waren plötzlich für uns gelöst, nicht weniger als vollkommen.«

»Aber?« fragte Antyok.

»Aber – es war irgendwie nicht gut. Seit Jahrhunderten hatten wir nach Auswegen aus unserer Lage gesucht, hatten den Weg zu den Sternen als letzte Rettung gesucht, und nun erweisen die Sterne sich auf einmal als das Eigentum anderer. Wir hatten um unser Leben gekämpft, und es war zu einem Geschenk geworden, das andere uns gaben. Es gibt keinen Anlaß mehr, zu kämpfen und zu streben, etwas zu erreichen. Das ganze Universum ist Eigentum Ihrer Rasse.«

»Diese Welt gehört Ihnen«, sagte Antyok freundlich.

»Durch Duldung. Sie ist ein Geschenk. Sie ist nicht von Rechts wegen unser.«

»Sie haben sie verdient, in meinen Augen.«

Die Augen des Cepheiden fixierten ihn mit scharfem Blick. »Sie meinen es gut, aber ich bezweifle, daß Sie verstehen. Wir haben keinen Ort, wohin wir gehen können, nur dieses Geschenk einer Welt. Wir sind in einer Sackgasse. Der Sinn des Lebens ist Bemühung, ist Streben, und das ist uns genommen. Das Leben kann uns nicht mehr interessieren. Wir haben keinen Nachwuchs – freiwillig. Auf diese Weise entfernen wir uns aus Ihrem Weg.«

Während der Rede des Cepheiden hatte Antyok die Fluoreszenzkugel von ihrem Platz beim Fenster genommen und drehte sie auf ihrem Ständer. Ihre farbige Oberfläche reflektierte kreisend das Licht, und sie schien mit ihrem beträchtlichen Durchmesser von fast einem Meter mit unerklärlicher Anmut und Leichtigkeit in der Luft zu schweben.

»Ist das Ihre einzige Lösung?« fragte Antyok. »Selbstgewählte Unfruchtbarkeit?«

»Wir könnten noch entkommen«, flüsterte der Cepheide, »aber wo in der Galaxis gibt es Platz für uns? Alles gehört Ihnen.«

»Ja, wenn Sie Unabhängigkeit wünschen, gibt es diesseits der Magellanschen Wolken keinen Ort. Die Magellanschen Wolken...«

»Und Sie würden uns nicht gehen lassen? Sie meinen es gut mit uns, ich weiß es.«

»Ja, wir meinen es gut – aber wir könnten Sie nicht gehen lassen.«

»Es ist eine verfehlte Freundlichkeit.«

»Vielleicht, aber könnten Sie sich nicht mit den Gegebenheiten abfinden? Sie haben eine Welt.«

»Es ist etwas, das sich vollständiger Erklärung entzieht. Ihr Denken ist anders. Wir könnten uns nicht damit abfinden. Ich glaube, Inspektor, daß Sie sich mit alledem schon beschäftigt haben. Der Begriff der Sackgasse, in der wir uns gefangen finden, ist Ihnen nicht neu.«

Antyok blickte kurz auf, und seine Hand brachte die rotierende Fluoreszenzkugel zum Stillstand. »Können Sie meine Gedanken lesen?«

»Es ist nur eine Vermutung. Eine zutreffende, denke ich.«

»Ja – aber können Sie wirklich meine Gedanken lesen? Ich meine, die Gedanken der Menschen im allgemeinen. Es ist ein interessanter Punkt. Die Wissenschaftler sagen, Sie könnten es nicht, aber manchmal frage ich mich, ob es sich nicht vielmehr so verhält, daß Sie es zwar können, sich aber absichtlich enthalten. Könnten Sie das beantworten? Ich möchte Ihnen nicht zu nahe treten...«

»Nein... nein...« Aber der kleine Cepheide zog seinen wärmenden Umhang fester um sich und barg das Gesicht in dem elektrisch geheizten Kragenpolster. »Sie und die übrigen Fremdweltler sprechen von Gedankenlesen. Es verhält sich ganz und gar nicht so, doch scheint jeder Versuch einer Erklärung hoffnungslos zu sein.«

»Einem von Geburt Blinden kann man das Sehen nicht erklären.«

»Ja, genau so. Dieser Sinn, den Sie fälschlich ›Gedankenlesen‹ nennen, ist auf uns nicht anwendbar. Zwar ist es nicht so, daß wir geeignete Empfindungen nicht aufnehmen könnten, aber Sie senden die Keime aus, und wir sehen keine Möglichkeit, Ihnen zu erklären, wie sie es bewerkstelligen können.«

»Hmm.«

»Natürlich gibt es Zeiten starker Konzentration oder emotionaler Spannung von seiten eines Fremdweltlers, in denen einige von uns, die in diesem Sinne versierter oder feinfühliger sind, *etwas* unbestimmt wahrzunehmen. Es ist ungewiß, doch habe ich mich manches Mal gefragt...«

Antyok setzte die Fluoreszenzkugel wieder in Bewegung. Sein rosiges Gesicht zeigte einen gedankenverlorenen Ausdruck, sein Blick ruhte auf dem Cepheiden. Gustav Bannerd streckte seine Finger und überlas mit stummen Lippenbewegungen seine Notizen.

Die Fluoreszenzkugel drehte sich und zog mit dem wechselnden Farbenspiel auf ihrer Oberfläche das Augenmerk des Cepheiden auf sich.

»Was ist das?«

Antyoks Miene glättete sich in einem halb verlegenen, halb selbstgefälligen Lächeln. »Dies hier? Das ist ein Modeartikel; hoffnungslos altmodisch. Es ist ein nutzloses Ding, sieht aber hübsch aus. Bannerd, könnten Sie die Fenster verdunkeln?«

Ein Schalter klickte, und die Fenster wurden dunkel und undurchsichtig; die Fluoreszenzkugel war plötzlich Quelle einer rosigen Strahlung, die alle Personen und Gegenstände im Raum in scharlachroten Widerschein tauchte. Antyok stellte die Kugel auf den Tisch und versetzte sie mit einer Hand, die rote Farbe zu vertropfen schien, in Rotation. Mit der Drehung wechselten die Farben übergangslos, verschmolzen miteinander und trennten sich wieder in neuen, stärkeren Kontrasten.

»Die Oberfläche besteht aus einem Material, das variable Fluoreszenz ausstrahlt«, sagte Antyok in der unheimlichen Atmosphäre schmelzender, sich verändernder Spektren. »Die Kugel ist beinahe schwerelos und äußerst zerbrechlich, aber gyroskopisch so ausbalanciert, daß sie bei einiger Vorsicht nicht fallen kann. Hübsch, nicht wahr?«

»Außerordentlich schön.«

»Aber der Reiz des Neuen ist vergangen, und so verliert alles Modische mit dem Neuigkeitswert seine Existenz.«

»Es ist sehr schön«, wiederholte der Cepheide in sinnendem Ton.

Bannerd öffnete die Fensterblenden, und die Farben verblaßten.

»Das ist etwas, woran meine Leute ihre Freude hätten«, sagte der Cepheide. Er konnte den Blick nicht von der Kugel wenden.

Antyok stand auf. »Ich möchte Sie nicht drängen, aber Sie sollten jetzt besser gehen, wenn Sie länger bleiben, könnte die Atmosphäre ungünstige Auswirkungen haben. Ich danke Ihnen ergebenst für Ihre Freundlichkeit.«

»Ich danke Ihnen ergebenst für Ihre.« Der Cepheide hatte sich gleichfalls erhoben.

»Die meisten Ihrer Leute«, sagte Antyok, »haben übrigens unser Angebot, Technik und Funktion unserer modernen Raumschiffe zu studieren, angenommen. Sie verstehen, daß der Zweck dieses Angebotes der war, die Reaktion Ihrer Leute auf unsere Technologie zu studieren. Ich hoffe, das steht in Einklang mit Ihrem Gefühl von Schicklichkeit.«

»Sie brauchen sich nicht zu entschuldigen. Ich selbst habe die Ausbildung eines menschlichen Piloten. Es war höchst interessant, erinnerte es uns doch unserer eigenen Anstrengungen, und wie nahe wir dem richtigen Weg waren.«

Der Cepheide ging, und Antyok setzte sich stirnrunzelnd an seinen Schreibtisch.

»Nun«, sagte er mit einigem Nachdruck zu Bannerd, »ich hoffe, Sie werden unser Abkommen beherzigen. Dieses Gespräch darf nicht veröffentlicht werden.«

Bannerd zuckte die Achseln. »Ja, ich weiß.«

Antyok spielte mit einer kleinen Metallfigur auf seinem Schreibtisch. »Was halten Sie von alledem, Bannerd?«

»Die armen Teufel tun mir leid. Ich kann verstehen, wie ihnen zumute ist. Wir müssen sie durch Erziehung von dieser negativen Einstellung abbringen. Die Philosophie kann das bewirken.«

»Meinen Sie?«

»Ja.«

»Aber wir können sie nicht gehen lassen, natürlich.«

»Nein, das steht nicht zur Debatte. Wir haben zuviel von Ihnen zu lernen. Dieses Gefühl von Niedergeschlagenheit und Vergeblichkeit, das sie beherrscht, ist nur ein vorübergehendes Stadium. Sie werden zu einer anderen Denkweise kommen, besonders wenn wir ihnen die vollständige Unabhängigkeit gewähren.«

»Vielleicht. Was sagen Sie zu den Fluoreszenzkugeln, Bannerd? Er mag sie. Es könnte eine Geste der rechten Art sein, ein paar tausend von den Dingern zu bestellen. Da sie aus der Mode sind, gelten sie auf dem Markt als Ladenhüter und sind billig zu haben.«

»Hört sich gut an«, sagte Bannerd.

»Aber die Zentralverwaltung würde niemals zustimmen. Ich kenne sie.«

»Wissen Sie, es könnte genau das richtige sein«, sagte der Reporter mit sinnend zusammengekniffenen Augen. »Sie brauchen neue Impulse und Interessen.«

»Ja, nicht wahr? Nun, wir könnten etwas tun. Ich könnte Ihre Aufzeichnung des Gesprächs in einem Bericht verarbeiten und die Sache mit den Kugeln ein wenig hervorheben. Schließlich sind Sie ein Mitglied der Aurelionischen Gemeinde und können Einfluß auf wichtige Leute gewinnen, deren Wort bei der Zentralverwaltung sehr viel eher gehört würde als meines. Verstehen Sie?«

»Ja«, sagte Bannerd. »Ja.«

Von: L. Antyok, Chef der öffentlichen Verwaltung, Cepheus 18
An: Verwaltung der äußeren Provinzen
Betrifft: VerÄußProv, Projekt 2910, Teil II; Untersuchung der Geburtenrate von Nichtmenschen auf Cepheus 18.
Bezug:

a) VerÄußProv, Schr. Ceph-N-Cm/car, 115097, datiert 223/977 G. E.

Anlage:

Niederschrift eines Gespräches zwischen L. Antyok, Zivilinspektor Ceph-18, und Ni-San, Hochrichter der Nichtmenschen auf Cepheus 18

1. Anlage wird hiermit zur Information der VerÄußProv zugeleitet.

2. Die Arbeiten am oben erwähnten Projekt werden unter Beachtung der in a) übermittelten Richtlinien nach den neuen Gesichtspunkten, die in der Anlage dargestellt sind, weitergeführt. Zivilinspektor Ceph 18 versichert, daß alles unternommen wird, die schädliche psychologische Einstellung zu bekämpfen, die gegenwärtig unter den Nichtmenschen vorherrscht.

3. Es wird darauf hingewiesen, daß der Hochrichter der Nichtmenschen von Cepheus 18 starkes Interesse an Fluoreszenzkugeln ausdrückte. Eine vorläufige Untersuchung dieser Manifestation nichtmenschlicher Psychologie wurde eingeleitet.

L. Antyok, Zivilinspektor, Ceph-18
272/977 G. E.

Von: Verwaltung der äußeren Provinzen
An: Chef öffentliche Verwaltung Ceph-18
Betrifft: VerÄußProv Projekt 2910; Untersuchung der Geburtenrate von Nichtmenschen auf Cepheus 18
Bezug:

a) Chef Öffentl. Verw. Ceph-18, Schr. AA-LA/mn, datiert 272/977 G. E.

1. Unter Bezug auf Anlage zu a) sind fünftausend Fluoreszenzkugeln vom Handelsministerium für den Versand nach Cepheus 18 freigegeben worden.

2. Es wird darauf hingewiesen, daß Chef Öffentl. Verw. Ceph-18 von allen Methoden Gebrauch zu machen hat, die geeignet sind, Unzufriedenheit unter den Nichtmenschen entsprechend den kaiserlichen Weisungen zu besänftigen.

C. Morily, Reg.rat, VerÄußProv,
283/977 G. E.

V

Das Abendessen war vorüber, der Wein war eingeschenkt, die Zigarren angezündet. Es hatten sich Gesprächsgruppen gebildet, und im Mittelpunkt der größten stand der Kapitän der Handelsflotte. Seine leuchtendweiße Uniform überstrahlte den Kreis seiner Zuhörer.

»Die Reise war nicht der Rede wert«, sagte er mit einer Spur von Selbstgefälligkeit. »Ich habe früher schon bis zu dreihundert Schiffe im Verband befehligt. Trotzdem, eine Ladung wie diese hatten wir noch nicht. Was in aller Welt wollen Sie in der Wüste mit fünftausend Fluoreszenzkugeln?«

Loodun Antyok lachte freundlich und hob die Schultern. »Für die Nichtmenschen. Eine Aufmerksamkeit. Ich hoffe, Sie hatten keine Schwierigkeiten mit der Ladung.«

»Nein, keine Schwierigkeiten. Aber sie beanspruchen viel Raum. Sie sind zerbrechlich, und die Bestimmungen bezüglich der Verpackung und Sicherung gegen Bruch haben mehr Arbeit gemacht und wahrscheinlich höhere Kosten verursacht als die Ware selbst. Aber es ist das Geld der Regierung.«

Zammo lächelte grimmig. »Ist das Ihre erste Erfahrung mit Regierungsmethoden, Kapitän?«

»Lieber Himmel, nein«, seufzte der Kapitän. »Natürlich versuche ich es zu vermeiden, aber man kann nicht umhin, gelegentlich in die bürokratischen Abwicklungen verstrickt zu werden. Und wenn das der Fall ist, kann man sich auf etwas gefaßt machen! Die Zeitverluste, die Formalitäten, der Papierkrieg! Man muß froh sein, wenn man ohne Herzinfarkt davonkommt. Es ist ein Tumor, ein galaktisches Krebsgeschwür. Ginge es nach mir, würde ich alle Bestimmungen und Beschränkungen und Vorschriften abschaffen.«

»Sie sind ungerecht, Kapitän«, sagte Antyok. »Sie verstehen nicht.«

»So? Nun, als einer von diesen Bürokraten«, sagte er mit liebenswürdigem Lächeln, »können Sie uns vielleicht Ihren Standpunkt erläutern, Inspektor.«

»Sehen Sie«, begann Antyok mit verwirrtem Ausdruck, »die öffentliche Verwaltung ist eine ernste und komplizierte Angelegenheit. Wir haben uns in diesem Reich um Tausende von Welten und Milliarden von Menschen zu sorgen. Es übersteigt beinahe menschliche Fähigkeit, die Regierungsgeschäfte zu leiten und in die Praxis umzusetzen, selbst wenn man über eine straffe Verwaltungsorganisation verfügt. Der öffentliche Dienst verfügt derzeit über rund vierhundert Millionen Mitarbeiter, und um ihre Bemühungen zu koordinieren und ihr Wissen zu sammeln, ist das, was Sie Papierkrieg und Bürokratie nennen, einfach unerläßlich. Jeder kleine Verwaltungsvorgang muß aktenkundig gemacht werden, und wenn es auch sinnlos erscheinen mag, wenn die Betroffenen auch über Umständlichkeit und Zeitverluste klagen mögen, es ist notwendig und sinnvoll. Nur so kann es eine lückenlose Kontrolle der Verwaltungstätigkeit und ihrer Effizienz geben; nur so kann später nachgeprüft werden, ob in Einzelfällen Beschwerden gerechtfertig und fehlerhafte Entscheidungen getroffen worden sind. So ist jedes Stück amtlichen Papiers ein Bindeglied zwischen vierhundert Millionen Menschen und ihrer Arbeit für das Gemeinwohl. Wenn Sie den öffentlichen Dienst abschaffen, dann schaffen Sie das Reich ab; und damit Frieden, Ordnung und Zivilisation.«

»Kommen Sie!« sagte der Kapitän.

»Nein, es ist mir ernst damit«, erwiderte Antyok. »Es ist leider zu allen Zeiten Mode gewesen, über Bürokratie und Papierkrieg herzuziehen, ohne sich eingehender mit den

Zwängen und Notwendigkeiten einer geordneten Verwaltung zu beschäftigen. Die Regeln und Verfahrensweisen der Verwaltung müssen einheitlich und starr sein, so daß im Falle unfähiger Beamter – und die gibt es bisweilen, ebenso wie es unfähige Wissenschaftler, Zeitungsreporter und Kapitäne gibt – möglichst wenig Schaden angerichtet wird. Denn schlimmstenfalls kann das System auch ohne höhere Instanzen funktionieren.«

»Ja«, grunzte der Kapitän verdrießlich. »Und wenn ein fähiger Verwaltungsbeamter ernannt wird? Dann ist er in demselben starren Netz gefangen, kann keine Eigeninitiative entfalten und wird in Mittelmäßigkeit gezwungen.«

»Durchaus nicht«, erwiderte Antyok in freundlichem Ton. »Ein fähiger Beamter kann innerhalb der geltenden Vorschriften arbeiten und erreichen, was er für richtig und zweckmäßig hält.«

»Wie?« fragte Bannerd.

»Nun... hm...« Antyok geriet plötzlich in Verlegenheit. »Das hängt vom jeweiligen Einzelfall ab. Man muß Fantasie entwickeln. Eine Methode ist, daß man für das betreffende Vorhaben Priorität beantragt.«

Der Kapitän warf den Kopf zurück, um laut herauszuprusten, kam aber nicht mehr dazu, denn in diesem Augenblick wurde die Tür aufgestoßen, und eine Gruppe verstörter Männer stürzte herein. Da sie alle durcheinanderriefen, war zuerst wenig zu verstehen. Dann:

»Sir, die Schiffe sind weg. Diese Nichtmenschen haben sie gewaltsam an sich gebracht.«

»Was? Alle?«

»Alle. Und sie sind mit den Schiffen fort...«

Zwei Stunden später trafen die vier wieder zusammen, diesmal in Antyoks Büro.

»Sie haben keinen Fehler gemacht«, erklärte Antyok. »Sie haben nicht ein Schiff zurückgelassen, nicht einmal Ihr Ausbildungsschiff, Zammo. Und in dieser ganzen Hälfte des Sektors steht kein Regierungsschiff zur Verfügung. Bis wir eine Verfolgung organisieren können, werden sie auf halbem Weg zu den Magellanschen Wolken sein. Kapitän, es oblag Ihrer Verantwortung, die Schiffe hinreichend zu bewachen.«

»Es war der erste Tag nach unserer Landung!« rief der Kapitän. »Wer konnte ahnen...?«

»Augenblick, Kapitän«, unterbrach Zammo. »Ich beginne zu verstehen, Antyok«, sagte er mit harter Stimme. »Sie haben das ins Werk gesetzt.«

»Ich?« Antyoks Miene war seltsam kühl, beinahe gleichgültig.

»Sie erzählten uns heute abend, daß ein fähiger Verwaltungsbeamter erreichen könne, was er für richtig hält, indem er für sein Projekt Priorität beantragt. Das haben Sie getan, um den Nichtmenschen zur Flucht zu verhelfen!«

»Ich soll das getan haben? Ich bitte um Entschuldigung, aber wie könnte das sein? Sie selbst waren es in einem Ihrer Berichte, der das Problem der Geburtenrate in den Vordergrund stellte. Es war Bannerd hier, dessen sensationelle Artikel die vorgesetzte Behörde veranlaßten, dem Projekt höchste Priorität zu geben. Ich hatte nichts damit zu tun.«

»*Sie* erwähnten, daß ich die Geburtenrate erwähnen solle«, stieß Zammo hervor.

»Habe ich das?«

»Und was das angeht«, platzte Bannerd heraus. »*Sie* schlugen vor, daß ich in meinen Artikeln das Problem der Geburtenrate herausstellen sollte.«

Die drei umringten ihn. Antyok lehnte sich in seinem Bürosessel zurück und sagte ungerührt:

»Ich weiß nicht, was Sie unter Vorschlägen und Anregungen verstehen. Wenn Sie mich beschuldigen, halten Sie sich bitte an Beweise – gerichtlich verwertbare Beweise. Die Gesetze des Reiches verlangen geschriebenes, gefilmtes oder aufgezeichnetes Material oder beeidigte Zeugenaussagen. Alle Briefe, die ich als Inspektor in dieser Angelegenheit geschrieben habe, sind hier und bei der vorgesetzten Behörde aktenkundig. Ich habe niemals eine Priorität beantragt. Die Zentralverwaltung hat sie mir zugewiesen, und dafür sind Zammo und Bannerd verantwortlich. Zumindest, was die schriftlichen Zeugnisse angeht.«

»Sie brachten mich durch Täuschung dazu«, sagte Zammo mit zornbebender Stimme, »diesen Kreaturen den Umgang mit einem Raumschiff beizubringen.«

»Es war *Ihr* Vorschlag. Ich habe Ihren Bericht zu den Akten genommen, aus dem hervorgeht, daß die Nichtmenschen in ihren Reaktionen auf menschliche Technik studiert werden sollten. Das Original des Berichts liegt der Zentralverwaltung vor. Die Beweislage ist klar. Ich hatte nichts damit zu tun.«

»Auch nicht mit den Fluoreszenzkugeln?« sagte Bannerd.

»Sie lockten meine Schiffe absichtlich hierher!« heulte der Kapitän auf. »Fünftausend Fluoreszenzkugeln! Sie wußten, daß dazu hundert Schiffe benötigt würden!«

»Ich habe niemals diese Kugeln bestellt«, sagte Antyok kalt. »Das war die Idee der Zentralverwaltung, obwohl ich glaube, daß Bannerds Freunde und Anhänger der Philosophie Aurelions Einfluß geltend machten.«

Bannerd schien dem Ersticken nahe. »Sie fragten diesen

Cepheiden-Führer, ob er Gedanken lesen könne. Sie rieten ihm, Interesse an den Kugeln auszudrücken.«

»Kommen Sie, Bannerd. Sie selbst faßten den Inhalt des Gesprächs schriftlich zusammen, und auch dieser Bericht liegt bei den Akten. Sie können Ihre Behauptung nicht beweisen.« Er stand auf. »Meine Herren, bitte entschuldigen Sie mich jetzt. Ich muß einen Bericht an die Zentralverwaltung aufsetzen.«

Als die drei an der Tür waren, sagte Antyok: »In einer Weise ist das Problem der Nichtmenschen gelöst, wenn auch nur zu ihrer eigenen Zufriedenheit. Sie werden sich jetzt fortpflanzen, und hoffentlich eine Welt finden, wie sie sie verdient haben. Das ist es, was sie wollten.

Und noch etwas: Beschuldigen Sie mich keiner Albernheiten. Ich bin seit siebenundzwanzig Jahren im öffentlichen Dienst und kann Ihnen versichern, daß die Aktenlage meine Korrektheit in allem, was ich getan habe, schlüssig beweist. Und, Kapitän, ich würde mich freuen, unsere Diskussion von vorhin gelegentlich fortzusetzen und Ihnen zu erklären, wie ein tüchtiger Verwaltungsbeamter durch Bürokratie und Papierkrieg erreichen kann, was er will.«

Es war bemerkenswert, daß solch ein rundes, glattes Babygesicht zu einem so ironischen Lächeln imstande war.

Von: Verwaltung der äußeren Provinzen
An: Loodun Antyok, Chef der Öffentlichen Verwaltung A-8
Betrifft: Verwaltungsdienst.
Bezug:

a) Beschluß des Verwaltungsgerichts, Az 22874-Q, datiert 1/978 G. E.

Angesichts der unter a) genannten Entscheidung wird festgestellt, daß Sie frei von Verantwortlichkeit für die Flucht der Nichtmenschen von Cepheus 18 sind und Ihnen kein schuldhaftes Verhalten zur Last gelegt werden kann. Es wird gebeten, daß Sie sich für Ihre nächste Ernennung in Bereitschaft halten.

R. Horpritt, Min.dir., VerÄußProv,
15/978 G. E.

Beweismaterial

Francis Quinn war ein Politiker der neuen Schule. Das bedeutet natürlich gar nichts, wie alle derartigen Feststellungen nichts bedeuten. Die meisten unserer sogenannten ›Neuen Schulen‹ hat es im sozialen Leben des alten Griechenland schon einmal gegeben. Wüßten wir mehr davon, so würden wir vielleicht ihre Vorgänge sogar im alten Sumerien finden oder in den prähistorischen Seesiedlungen der Schweiz.

Um aber die Geschichte nicht langweilig werden zu lassen, ist es vielleicht das Beste, wenn ich gleich sage, daß Quinn sich weder um das Amt bewarb, noch Stimmen für sich sammelte, daß er keine Reden hielt, noch irgendwelchen Wahlschwindel trieb. All das tat er genausowenig, wie Napoleon bei Austerlitz ein Gewehr bediente.

Da man in der Politik mit eigenartigen Leuten schlafen gehen muß, saß Alfred Lanning auf der anderen Seite des Pultes... Lanning mit seinen wilden, weißen Augenbrauen über Augen, die scharf und hart sind vor lauter innerer Ungeduld. Lanning gefiel die ganze Sache gar nicht.

Hätte Quinn dies gewußt, es hätte ihn nicht im mindesten geärgert. Seine Stimme war, vielleicht berufsmäßig, freundlich.

»Ich nehme an, Sie kennen Stephen Byerley, Dr. Lanning.«

»Ich habe, wie viele andere auch, schon von ihm gehört.«

»Genau wie ich auch. Vielleicht haben Sie die Absicht, ihm bei der nächsten Wahl Ihre Stimme zu geben.«

»Kann ich nicht sagen.« Ganz deutlich klang eine gewisse Schärfe aus Lannings Stimme. »Ich habe die politischen Ereignisse nicht verfolgt. Daher weiß ich wohl auch nicht, daß er Kandidat ist.«

»Er wird vielleicht unser nächster Bürgermeister werden. Natürlich ist er nur ein Jurist, aber eine Kanone und...«

»Jawohl«, unterbrach Lanning. »Ich habe das alles schon gehört. Könnten wir aber jetzt nicht vielleicht zu unseren eigenen Angelegenheiten kommen?«

»Wir sind mitten drin, Dr. Lanning.« Quinns Ton war sehr sanft. »Es liegt in meinem Interesse, daß Mr. Byerley Staatsanwalt bleibt – allerhöchstens Staatsanwalt – und es liegt in Ihrem Interesse, mir dabei zu helfen.«

»In *meinem* Interesse? Aber ich bitte Sie.« Lannings Lider senkten sich tief über seine Augen.

»Nun, sagen wir vielleicht besser im Interesse der U. S. Robot Co. Ich komme zu Ihnen, weil Sie Direktor Emeritus der Forschungsabteilung dieser Firma sind und weil ich weiß, daß Sie auch heute noch dort als Berater ein gewichtiges Wort zu sprechen haben. Man hört auf Sie, und dennoch sind Ihre Beziehungen zu jener Gesellschaft nicht mehr so eng, daß Sie nicht völlige Handlungsfreiheit besäßen... selbst wenn diese Handlung – sollen wir sagen – etwas unorthodox ist.«

Dr. Lanning schwieg einen Augenblick, während er über die Worte des Sprechers nachdachte. Dann sagte er, und nun etwas sanfter: »Ich weiß durchaus nicht, worauf Sie hinaus wollen, Mr. Quinn.«

»Das überrascht mich keineswegs, Dr. Lanning. Dennoch liegt die ganze Angelegenheit eigentlich recht einfach. Gestatten Sie?« Quinn zündete sich eine dünne Zigarette an, wobei er sich eines sehr einfachen, aber äußerst geschmackvollen Anzünders bediente. Auf seinem grobknochigen Gesicht erschien ein Ausdruck stillen Vergnügens. »Wir sprachen gerade über Mr. Byerley – eine eigenartige, recht lebendige Persönlichkeit. Vor drei Jahren war er noch völlig unbekannt. Jetzt kennt ihn jeder. Er ist ein energischer und sehr tüchtiger Mann... ganz bestimmt der beste Staatsanwalt, der mir je begegnet ist. Unglücklicherweise ist er nicht mein Freund...«

»Ich verstehe«, sagte Lanning mechanisch. Er starrte auf seine Fingernägel.

»Ich hatte Gelegenheit«, fuhr Quinn in gleichmäßigem Tone fort, »im verflossenen Jahre die Vergangenheit des Mr. Byerley einer genauen Prüfung zu unterziehen. Sie verstehen ja wohl, daß es immer von großem Nutzen ist, das frühere Leben sogenannter Reformpolitiker etwas genauer zu durchforschen. Wenn Sie wüßten, wie oft das schon geholfen hat...« Er machte eine Pause und fuhr dann fort: »Mr. Byerleys Vergangenheit jedoch ist recht wenig bemerkenswert. Ein ruhiges Leben in einer Kleinstadt, Universitätsstudium, eine Frau, die jung gestorben ist, ein Automobilunfall, von dem er sich nur langsam erholen konnte, Arbeit auf das Doktorexamen, Übersiedlung in die Hauptstadt, Rechtsanwalt – das ist alles.«

Francis Quinn schüttelte langsam den Kopf und fügte dann hinzu: »Ganz anders sein gegenwärtiges Leben. Ja – das *ist* bemerkenswert. Unser Staatsanwalt ißt niemals.«

Lannings Kopf fuhr hoch. Seine alten Augen waren plötzlich scharf und leuchtend. »Wie bitte?«

»Unser Staatsanwalt ißt niemals.« Quinn zerhackte den Satz in einzelne Silben. »Ich will diese Behauptung leicht modifizieren. Er ist niemals beim Essen oder Trinken gesehen worden. Niemals! Verstehen Sie, was das bedeutet? Ich sage nicht, er ist nur selten dabei beobachtet worden, ich sage ausdrücklich niemals.«

»Das finde ich ziemlich unglaubhaft. Können Sie sich auf Ihre Informationen verlassen?«

»Vollkommen, und ich persönlich finde es auch keineswegs unglaubhaft. Ich sage ausdrücklich, man hat ihn nicht nur niemals essen sehen, sondern auch nicht trinken, und zwar weder Wasser noch irgendwelche alkoholischen Getränke. Noch hat man ihn je schlafen sehen. Es gibt noch andere Faktoren, die das Bild abrunden. Ich nehme aber an, daß Sie auch so verstehen, was ich meine.«

Lanning lehnte sich in seinem Stuhl zurück. Ein angespanntes Schweigen herrschte zwischen den beiden Männern. Dann aber schüttelte der alte Robotspezialist den Kopf. »Nein. Wenn ich Ihre Behauptung mit der Tatsache, daß Sie diese vorbringen, verbinde, dann gibt es nur eine einzige Schlußfolgerung, die Sie mir offenbar zu suggerieren versuchen, und die ist völlig ausgeschlossen.«

»Aber der Mann ist absolut kein menschliches Wesen, Dr. Lanning.«

»Würden Sie mir sagen, er sei ein verkleideter Teufel, dann bestünde eine kleine Chance, daß ich Ihren Worten Glauben schenkte.«

»Ich sage Ihnen, Dr. Lanning, er *ist* ein Robot.«

»Und ich sage Ihnen, daß diese Behauptung das Irrsinnigste ist, was ich jemals gehört habe.«

»Dennoch verlange ich«, sagte Quinn, während er umständlich und vorsichtig seine Zigarette ausdrückte, »daß Sie diese von Ihnen behauptete Unmöglichkeit meiner Annahme mit allen Ihnen zur Verfügung stehenden Mitteln untersuchen.«

»Ich werde nichts Derartiges unternehmen, Mr. Quinn. Sie werden ja kaum ernstlich glauben, daß unsere Gesellschaft sich in die hiesige Lokalpolitik einmischen wird.«

»Sie haben keine andere Wahl. Nehmen Sie mal an, ich würde ohne Beweise zu haben, die mir bekannten Tatsachen öffentlich bekanntgeben. Ich meine, das Beweismaterial ist doch wohl recht belastend.«

»Tun Sie in dieser Beziehung genau, was Sie wollen.«

»Von Wollen kann gar keine Rede sein. Beweise wären bedeutend nützlicher. Auch Sie könnten ein derartiges Vorgehen meinerseits keineswegs wünschen. Ich bin sicher, daß die damit zusammenhängende Kampagne für Ihre Gesellschaft recht schädigende Folgen haben könnte. Ich nehme an, daß Sie vollkommen auf dem laufenden sind über die strenge Durchführung der Vorschriften gegen die Verwendung von Robots in menschenbewohnten Teilen der Welt.«

»Allerdings«, sagte Lanning brüsk.

»Sie wissen, daß die U. S. Robot Co. die einzige Herstellerin positronischer Robots in unserer Welt ist. Sollte aber Byerley ein Robot sein, so besitzt er ein positronisches Gehirn. Sie wissen ferner, daß alle Robots ausgeliehen werden, aber nicht verkauft... daß die Gesellschaft Eigentümerin bleibt und daher für die Handlungen ihrer Maschinen verantwortlich gemacht werden kann.«

»Die Gesellschaft kann ganz leicht und jederzeit beweisen, daß sie niemals einen Robot humanoiden Charakters hergestellt hat.«

»Sie könnte es aber tun, wie? Ich frage das lediglich, weil wir ja doch die verschiedenen Möglichkeiten besprechen müssen.«

»Jawohl. Es wäre technisch möglich.«

»Ich nehme an, auch im geheimen. Ich meine, ohne daß ein derartiger Vorgang in Ihren Büchern erscheint.«

»Nicht das positronische Gehirn, Sir. Die Herstellung dieses Apparates ist mit zu vielen verschiedenen Faktoren verknüpft, über welche die Regierung eine strikte Kontrolle ausübt.«

»Jawohl, aber Robots nutzen sich ab, gehen kaputt, funktionieren irgendwie nicht mehr – und werden dann auseinandergenommen.«

»Und ihre positronischen Gehirne finden entweder neue Verwendung oder werden vernichtet.«

»Tatsächlich?« Francis Quinn gestattete sich eine Spur von Sarkasmus. »Und wenn nun eines – ich meine natürlich rein zufällig – nicht zerstört würde und ebenso zufällig eine humanoide Konstruktion gerade auf ein derartiges Gehirn wartete?«

»Ausgeschlossen.«

»Sie würden das sowohl der Regierung als auch der Öffentlichkeit zu beweisen haben. Warum also wollen Sie es nicht lieber *mir* beweisen?«

»Und was sollte der Zweck eines solchen Unternehmens gewesen sein?« fragte Lanning verärgert. »Welches Motiv sollte einer derartigen Transaktion zugrunde gelegen haben? Ein klein wenig gesunden Menschenverstand müssen Sie uns schon zutrauen.«

»Oh, entschuldigen Sie bitte! Ihre Gesellschaft wäre nur zu glücklich, wenn die verschiedenen Regionen den Gebrauch humanoider positronischer Robots in den bewohnten Teilen unserer Welt gestatteten. Die Gewinne würden ganz enorme sein. Das Vorurteil des Publikums gegen eine derartige Aktion ist zu groß. Nehmen wir mal an, man gewöhnt die Menschen zunächst an derartige Robots

– zum Beispiel in der Art, daß man darauf hinweist, was für einen tüchtigen Anwalt wir hier haben, welch guten Bürgermeister – und dabei ist er ein Robot. Würden die Menschen dann nicht vielleicht anfangen, sich Robot-Butler zu kaufen?«

»Vollkommen fantastisch. Ein fast humorvoller Abstieg ins Lächerliche.«

»Vermutlich. Warum aber sollten Sie es dann nicht beweisen? Oder wollen Sie den Beweis noch immer lieber der Öffentlichkeit gegenüber antreten?«

Es wurde schon düster im Raume, aber noch war es nicht so düster, daß man nicht die Röte des Ärgers auf Alfred Lannings Gesicht hätte sehen können. Langsam berührten die Finger des Robotfachmanns einen Knopf. Die Wandbeleuchtung strahlte in sanftem Licht auf.

»Gut«, brummte er. »Sehen wir mal, was dabei herauskommt!«

Das Gesicht Stephen Byerleys ist nicht leicht zu beschreiben. Er war seinem Geburtsschein zufolge vierzig Jahre alt und seine Erscheinung entsprach diesem Alter... wenn er auch ein gesunder, gut genährter, immer gutgelaunter Vierziger war.

Dies traf ganz besonders dann zu, wenn er lachte, und das tat er gerade in diesem Augenblick. Sein Lachen war laut und beständig, ließ ein wenig nach und begann dann von neuem. –

Alfred Lannings Gesicht erstarrte vor bitterer Mißbilligung. Er blickte wie hilfesuchend zu der neben ihm sitzenden Frau, aber auch deren dünne blutlose Lippen verzogen sich spürbar verärgert.

Byerley fand schnaufend seine Sprache wieder.

»Wirklich und wahrhaftig, Dr. Lanning... glauben Sie

wirklich und wahrhaftig, daß ich – ich – ausgerechnet ich ein Robot bin?«

»Dies ist nicht meine eigene Behauptung, Sir. Mir persönlich wäre es vollkommen recht, wenn Sie ein Mitglied der menschlichen Gesellschaft wären. Da unsere Firma Sie niemals hergestellt hat, bin ich ja ziemlich sicher, daß Sie das auch sind – wenigstens im juristischen Sinne. Nachdem aber von einem Mann, der ein gewisses Ansehen genießt, uns gegenüber die ernsthafte Behauptung aufgestellt worden ist, daß Sie...«

»Sie brauchen seinen Namen nicht zu nennen, wenn eine derartige Indiskretion einen Splitter vom Granitblock Ihres Ehrenkodex abschlagen würde –, aber nehmen wir einmal hypothetisch an, es sei Francis Quinn gewesen. Nun fahren Sie bitte fort!«

Lanning schöpfte wütend Atem. Er war es nicht gewohnt, unterbrochen zu werden. Deshalb machte er eine kleine Pause, ehe er fortfuhr. Schließlich sagte er noch etwas kühler als zuvor: »Ich sagte also, der Mann besitzt ein gewisses Ansehen. Wegen seiner Identität möchte ich mich lieber nicht auf Ratespiele einlassen. Ich bin gezwungen, Sie um Ihre Mitarbeit bei der Entkräftung seiner Behauptung zu ersuchen. Schon die einfache Tatsache, daß eine solche Behauptung aufgestellt und in den verschiedenen diesem Manne zur Verfügung stehenden Organen veröffentlicht werden könnte, würde einen schweren Schlag für die von mir vertretene Firma bedeuten – selbst wenn die Anklage nie bewiesen werden könnte. Verstehen Sie mich?«

»Absolut. Ihre Lage ist mir völlig klar, auch wenn die Anklage selbst lächerlich ist. Ich bitte um Entschuldigung, wenn mein Gelächter Sie verletzt haben sollte. Ich habe keineswegs über die Situation gelacht, in der Sie sich befinden, sondern über die Behauptung an sich. Wie kann ich Ihnen nun helfen?«

»Sehr einfach. Sie brauchen sich lediglich vor Zeugen in einem Restaurant an einen Tisch zu setzen und eine Mahlzeit einzunehmen.« Lanning lehnte sich zurück. Das Schlimmste war überstanden. Die Frau neben ihm beobachtete Byerley mit einem Ausdruck völliger Versunkenheit, trug aber selbst nichts zur Unterhaltung bei.

Einen Augenblick trafen sich ihre und Byerleys Augen. Dann wandte Byerley sich wieder dem Robotfachmann zu. Eine Weile spielten seine Finger mit einem bronzenen Briefbeschwerer, der der einzige Schmuck seines Schreibtisches war.

Er sagte bedächtig: »Ich glaube, da kann ich Ihnen nicht dienlich sein.«

Er hob die Hand. »Nun warten Sie einen Augenblick, Dr. Lanning! Ich bin mir völlig im klaren darüber, daß diese ganze Angelegenheit Ihnen im höchsten Grade peinlich ist und daß man Sie sozusagen gegen Ihren Willen zu diesem Besuch bei mir gezwungen hat. Sie fühlen, daß Sie eine unwürdige Rolle spielen, um nicht zu sagen eine lächerliche. Immerhin betrifft die Sache mich selbst ja in einem viel weiteren Ausmaße, und ich bitte Sie daher, nachsichtig zu sein. – Zunächst möchte ich Sie folgendes fragen: Wieso ist Ihnen nicht der Gedanke gekommen, daß Quinn – dieser angesehene Mann – Ihnen nicht Sand in die Augen streute, nur um von Ihnen genau das zu erreichen, was Sie jetzt tun?«

»Mein Gott, es schien mir kaum wahrscheinlich, daß eine bekannte Persönlichkeit sich selbst so sehr der Gefahr der Lächerlichkeit aussetzen sollte, wenn sie nicht sicheren Boden unter den Füßen hatte oder zum mindesten überzeugt war, diesen zu haben.«

Eine Spur von Humor tauchte in Byerleys Augen auf. »Sie kennen Quinn nicht. Er bringt es fertig, aus einem Felsvorsprung, auf dem Bergschafe nicht zu stehen vermögen, sicheren Boden zu machen. Ich nehme an, er informierte Sie über die Einzelheiten der Nachforschungen, die er behauptet, über mich angestellt zu haben?«

»Er machte mir genügend Angaben, um mich davon zu überzeugen, daß es für unsere Gesellschaft nicht lohnend wäre, seine Beweise oder Behauptungen zu entkräften, wenn ich dies mit Ihrer Hilfe ganz mühelos tun könnte.«

»Dann glauben Sie ihm also, wenn er sagt, daß ich niemals esse? Sie sind ein Wissenschaftler, Dr. Lanning. Sehen Sie sich mal diese Art von Logik an! Man hat mich niemals essen sehen, daher esse ich nicht. Quod erat demonstrandum. Ich bitte Sie doch!«

»Sie benutzen jetzt Staatsanwaltstricks, um die an sich wirklich recht einfache Lage zu verwirren.«

»Ganz im Gegenteil. Ich versuche das zu klären, was Ihnen und Quinn so kompliziert erscheint. Ich schlafe nicht viel, verstehen Sie? Das stimmt, und ganz bestimmt schlafe ich nicht in der Öffentlichkeit. Ich habe mir nie etwas daraus gemacht, mit anderen zu essen – eine Idiosynkrasie, die bestimmt niemandem wehe tut. Sehen Sie, Dr. Lanning, lassen Sie mich mal einen hypothetischen Fall konstruieren! Nehmen wir mal an, es gäbe einen Politiker, der alles Interesse daran hätte, einen Reformkandidaten um jeden Preis zu besiegen. Dieser Politiker käme nun bei seinen Nachforschungen auf Eigenheiten, wie ich sie gerade erwähnt habe.

Nehmen wir ferner an, daß dieser Politiker nun, um dem betreffenden Kandidaten eins auszuwischen, zu Ihrer Gesellschaft kommt, weil diese das ideale Mittel zum Zweck sein kann. Erwarten Sie von ihm, daß er sagt: ›Der

So-und-so ist ein Robot, weil er fast niemals mit anderen Leuten ißt und weil ich noch nie gesehen habe, daß er während eines Prozesses eingeschlafen ist. Und einmal, als ich mitten in der Nacht in sein Zimmer hineinspähte, da habe ich ihn mit einem Buch in der Hand aufrecht dasitzen sehn. Und außerdem habe ich in seinem Eisschrank herumgeschnüffelt und habe dort keine Nahrungsmittel gefunden?‹ Würde einer so was sagen, so würden Sie ihn in eine Zwangsjacke stecken lassen. Sagt er aber: ›Er schläft niemals, er ißt niemals‹, dann macht Sie der Schreck über die Behauptung blind gegenüber der Tatsache, daß derartige Anklagen nie zu beweisen sind. Sie spielen das Spiel dieses Mannes, indem Sie sich zu seinem Werkzeug machen.«

»Trotz allem«, begann Lanning eigensinnig von neuem, »– ganz gleichgültig, ob Sie diese Sache als ernst betrachten oder nicht, – ist lediglich die von mir bereits erwähnte Mahlzeit nötig, um dem ganzen Spuk ein für allemal ein Ende zu machen.«

Wieder wandte Byerley sich der Frau zu, die ihn noch immer beobachtete. »Entschuldigen Sie, bitte! Ich habe Ihren Namen doch richtig verstanden, Sie sind doch Dr. Susan Calvin?«

»Jawohl, Mr. Byerley.«

»Sie sind die Psychologin der Gesellschaft, nicht wahr?«

»Die Robotpsychologin, bitte.«

»Ach, ich wußte gar nicht, daß Robots geistig so anders sind als Menschen.«

»Völlig anders.« Sie gestattete sich ein kaltes Lächeln. »Robots sind im Grunde anständig.«

Der Anwalt lachte. »Da versetzen Sie uns aber einen bösen Schlag. Was ich aber eigentlich sagen wollte: Da Sie eine Psycho – entschuldigen Sie – eine Robotpsychologin sind *und* eine Frau, so haben Sie bestimmt schon etwas getan, woran Dr. Lanning bisher noch gar nicht dachte.«

»Und was soll das sein?«

»Sie haben bestimmt etwas zum Essen in Ihrer Handtasche.«

Die wohlgeschulte Gleichgültigkeit in Susan Calvins Augen wurde einen Augenblick durchbrochen. »Sie überraschen mich, Dr. Byerley«, sagte sie.

Sie öffnete die Tasche und brachte einen Apfel zum Vorschein. Wortlos reichte sie Byerley die Frucht. Dr. Lanning, der zunächst etwas aus der Fassung geraten war, folgte der langsamen Bewegung ihrer Hände mit scharfen und wachsamen Blicken.

Gelassen biß Stephen Byerley in den Apfel und gelassen schluckte er den Bissen hinunter.

»Sehen Sie, Dr. Lanning?«

Dr. Lanning lächelte mit einer solchen Erleichterung, daß selbst seine Augenbrauen ein paar Sekunden lang wohlwollend erschienen. Leider dauerte diese Erleichterung nicht lange.

Susan Calvin sagte: »Ich war neugierig zu sehen, ob Sie den Apfel essen würden. Allerdings beweist dies im vorliegenden Fall absolut nichts.«

Byerley blickte auf. »Wieso nicht?«

»Das ist doch klar. Dieser Mann, Dr. Lanning, würde, wenn er ein humanoider Robot wäre, natürlich eine vollkommene Imitation darstellen. Er ist fast zu menschlich, um noch glaubhaft zu erscheinen. Schließlich und endlich haben wir ja menschliche Wesen unser ganzes Leben lang gesehn und beobachtet. Es wäre völlig unmöglich, uns mit etwas hereinzulegen, das etwa nur annähernd korrekt wäre. Solch ein Robot müßte ganz und gar in Ordnung sein. Beobachten Sie doch bitte das Gewebe der Haut, die

Qualität der Regenbogenhaut, die Knochenformation der Hand. Ist er ein Robot, so wollte ich, unsere Firma hätte ihn hergestellt, denn er ist ein wirklich erstklassiges Fabrikat. Gut. Scheint es Ihnen also dann wahrscheinlich, daß irgend jemand, der in der Lage war, auf derartige Kleinigkeiten so viel Wert zu legen, nicht auch in der Lage sein würde, ein paar Apparate einzubauen, um essen, schlafen und trinken vorzutäuschen? Natürlich nur zur Benutzung in Notlagen – wie zum Beispiel jetzt eine entstanden ist. Daher kann eine Mahlzeit eigentlich gar nichts beweisen.«

»Nun warten Sie mal«, fauchte Lanning. »Ich bin nicht ganz so dumm, wie Sie offenbar beide glauben. Das Problem, ob Byerley ein Mensch ist oder nicht, interessiert mich nicht. Mein ganzes Ziel besteht darin, die Gesellschaft aus einer schwierigen Lage herauszubringen. Eine Mahlzeit in aller Öffentlichkeit wird dieser Sache ein Ende bereiten, und zwar für immer, ganz gleichgültig, was Quinn auch tut. Die feineren Details der ganzen Sache können wir ruhig Anwälten und Robotpsychologen überlassen.«

»Aber, Herr Dr. Lanning«, sagte Byerley, »Sie übersehen völlig die politische Seite der Angelegenheit. Ich bin ebenso darauf aus, gewählt zu werden, wie Quinn darauf aus ist, mir den Weg zu verbauen. Haben Sie übrigens bemerkt, daß Sie seinen Namen verwendet haben? Durch einen recht billigen Winkeladvokatentrick habe ich Sie dazu gebracht. Ich wußte, Sie würden ihn früher oder später namentlich erwähnen.«

Lanning errötete. »Was hat die Wahl mit dieser Sache zu tun?«

»Reklame, mein Herr, wirkt für die eine wie für die andere Seite. Wenn Quinn mich einen Robot schimpfen will und die Frechheit besitzt, dies zu tun, so besitze ich die Frechheit, das Spiel nach seinen Regeln zu spielen.«

»Sie meinen, Sie...« Lanning zeigte ganz offen, daß er sich abgestoßen fühlte.

»Genau. Ich will damit sagen, daß ich ihn weitermachen lasse. Er wird sich den Strick, an dem er schließlich hängen wird, selber aussuchen, wird selber seine Stärke ausprobieren, selber die richtige Länge abschneiden, selber die Schlinge knoten, selber den Kopf hineinstecken und grinsen. Das übrige... und es bleibt schließlich nur sehr wenig... besorge ich dann mit dem größten Vergnügen.«

»Sie sind recht zuversichtlich.«

Susan Calvin stand auf. »Kommen Sie, Alfred, wir brauchen gar nicht erst zu versuchen ihn umzustimmen!«

»Sehen Sie«, sagte Byerley. »Sie sind doch auch eine Menschenpsychologin.«

Vielleicht besaß Byerley aber doch nicht in vollem Maße jene Zuversicht, von der Lanning gesprochen hatte, als er an jenem Abend seinen Wagen bei den automatischen Laufbändern parkte, die zu seiner tiefer liegenden Garage hinunterführten, und selbst den Pfad zur Vordertüre seines Hauses hinaufging.

Die Gestalt im Rollstuhl schaute bei seinem Eintritt lächelnd auf. Byerleys Gesicht wurde warm und freundlich. Er ging hinüber zu dem Manne.

Die Stimme des Krüppels war ein heiseres, kratzendes Flüstern, das aus einem nach einer Seite hin verzerrten Munde herauskam. Die Hälfte des Gesichtes war eine einzige verwachsene Narbe. »Du kommst spät, Steve.«

»Ich weiß, John, ich weiß. Ich hatte heute aber mit einer eigenartigen und interessanten Schwierigkeit zu tun.«

»So?« Weder das zerrissene Gesicht noch die zerstörte Stimme waren irgendeines Ausdrucks fähig. Sorge aber zeigte sich im Blick der klaren Augen. »Hoffentlich nichts, womit du nicht fertig werden könntest?«

»Ich bin nicht ganz sicher. Ich brauche möglicherweise deine Hilfe. Du bist das Genie in der Familie. Willst du, daß ich dich in den Garten schiebe? Es ist ein wundervoller Abend.«

Zwei starke Arme hoben John aus seinem Rollstuhl. Sanft, fast zärtlich, legten Byerleys Arme sich um die verbundenen Beine des Krüppels und um seine Schultern. Vorsichtig und langsam ging er durch die Räume, die sanft abfallende Rampe hinunter, die im Hinblick auf den Rollstuhl so konstruiert worden war, und durch die Hintertür hinaus in den mit einer Mauer und Stacheldraht umgebenen Garten hinter dem Haus.

»Warum läßt du mich nicht den Rollstuhl benutzen, Steve? Dies ist töricht.«

»Weil ich dich lieber trage. Hast du was dagegen? Du weißt sehr wohl, daß du ebenso froh bist, aus dieser motorisierten Kutsche herauszukommen, wie ich es bin, dich mal nicht darin sehen zu müssen. Wie geht es dir denn heute?« Mit unendlicher Sorgfalt ließ er John auf dem kühlen Gras nieder.

»Wie soll es mir denn gehn? Aber erzähle mir von deinen Nöten.«

»Quinns Wahlkampf wird sich darauf aufbauen, daß er behauptet, ich sei ein Robot.«

Johns Augen öffneten sich weit. »Woher weißt du das? Das ist unmöglich. Ich kann's nicht glauben.«

»Ich sage dir aber, daß es so ist. Er hat bereits einen von den Großmogulen der U. S. Robot Gesellschaft zu mir ins Büro geschickt, um mit mir zu diskutieren.«

Langsam rissen Johns Hände Grashalme aus. »Ich verstehe. Ich verstehe.«

Byerley sagte: »Wir können ihn aber seine eigenen Waffen wählen lassen. Ich habe nämlich eine Idee. Hör mal zu und sag mir dann, ob du glaubst, daß wir's schaffen!«

Die Szene in Lannings Büro am Abend beschränkte sich weitgehend darauf, daß man sich gegenseitig anstarrte. Francis Quinn starrte nachdenklich Alfred Lanning an. Lanning wieder starrte wütend auf Susan Calvin, die ihrerseits unbewegt Quinn anstarrte.

Francis Quinn unterbrach schließlich die Stille mit einem Versuch, die Beklemmung zu lösen. »Reiner Bluff. Er erfindet Ausreden je nach der Situation, in der er sich befindet.«

»Wollen Sie wirklich darauf spekulieren, Mr. Quinn?« fragte Dr. Calvin gleichgültig. »Na, in Wirklichkeit ist die ganze Sache ja ebenso gut Ihre Spekulation.«

»Passen Sie mal auf«, sagte Lanning und versuchte seinen zähen Pessimismus durch Auftrumpfen zu verdekken, »wir haben getan, was Sie von uns verlangt haben. Wir waren Zeugen, als der Mann aß. Es ist lächerlich, ihn für einen Robot zu halten.«

»Glauben Sie wirklich?« Quinn wandte sich Dr. Calvin zu. »Lanning hat behauptet, Sie seien sozusagen Experte in dieser Angelegenheit.«

Lannings Stimme war jetzt fast drohend. »Also, Susan, bitte...!«

Quinn unterbrach aalglatt. »Warum lassen Sie sie nicht selber sprechen, Mann? Sie sitzt nun seit einer halben Stunde hier, stumm wie ein Fisch.«

Lanning war aufs äußerste gereizt. In diesem Augenblick war es von dem, was er empfand, bis zu hellem Wahnsinn eigentlich nur ein Schritt. Er sagte: »Schön. Sagen Sie, was Sie zu sagen haben, Susan! Wir werden Sie nicht unterbrechen.«

Susan Calvin schaute ihn an – ohne jeden Humor –, wandte dann ihre kalten Augen Quinn zu. »Es gibt nur zwei Wege, um definitiv zu beweisen, daß Byerley ein Robot ist. Bis jetzt bringen Sie nichts als einen Indizienbeweis. Damit können Sie zwar eine Anklage erheben, aber nicht wirklich überführen... und ich persönlich glaube, daß Mr. Byerley geschickt genug ist, dieser Art von Material zu begegnen. Wahrscheinlich sind Sie der gleichen Meinung, sonst wären Sie ja nicht hierhergekommen.

Die eine der beiden Beweismethoden ist die physische, die andere die psychologische. Sie können ihn sezieren oder mit Röntgenstrahlen durchleuchten. Wie Sie das anstellen, wäre Ihre Sache. Psychologisch kann sein Verhalten studiert werden, denn ist er ein positronischer Robot, so muß er sich an die drei Regeln der Robotik halten. Ohne diese kann ein positronisches Gehirn überhaupt nicht konstruiert werden. Kennen Sie diese Regeln, Mr. Quinn?«

Sie selbst zitierte sie bedächtig, wiederholte klar und deutlich und Wort für Wort die bekannten dickgedruckten Sätze, die auf Seite 1 im ›Handbuch der Robotik‹ zu lesen sind.

»Ich habe von diesen ›Regeln‹ schon gehört«, sagte Quinn uninteressiert.

»Dann ist die Sache ganz einfach«, antwortete die Psychologin trocken. »Bricht Mr. Byerley eine dieser Regeln, dann ist er kein Robot. Unglücklicherweise funktioniert diese Prozedur nur in einer Richtung. Hält er sich nämlich an die Regeln, so beweist das freilich gar nichts.«

Quinn fragte höflich: »Und warum nicht, Frau Doktor?«

»Weil Sie – wenn Sie einmal darüber nachdenken – finden werden, daß die drei Regeln der Robotik die leitenden

Grundprinzipien einer ganzen Reihe von ethischen Systemen darstellen. Natürlich soll jedes menschliche Wesen einen Selbsterhaltungstrieb besitzen. Das ist die Regel Nummer Drei für Robots. Auch soll jedes ›gute‹ menschliche Wesen mit einem sozialen Gewissen und Verantwortungsgefühl sich der Obrigkeit unterwerfen, seinem Arzt folgen, seinem Chef, seiner Regierung, seinem Psychiater, seinem Mitmenschen. Es soll Gesetzen gehorchen, Regeln, Sitten und Gebräuchen – selbst wenn diese seine eigene Bequemlichkeit einschränken oder seine Sicherheit gefährden. Das ist für einen Robot die Regel Nummer Zwei. Schließlich soll ein ›guter‹ Mensch seinen Nächsten lieben wie sich selbst, ihn beschützen, eventuell sein Leben riskieren, um ihn zu retten. Das aber ist für einen Robot die Regel Nummer Eins. Um es auf einen ganz einfachen Nenner zu bringen – wenn Byerley alle Regeln der Robotik befolgt, dann mag er ein Robot sein. Vielleicht aber ist er auch nur ein sehr guter Mensch.«

»Damit aber«, sagte Quinn, »sagen Sie mir doch, daß Sie nie beweisen können, daß er ein Robot ist.«

»Ich bin aber vielleicht in der Lage, Ihnen zu zeigen, daß er *keiner* ist.«

»Nur ist *das* nicht der Beweis, den ich suche.«

»Sie werden eben denjenigen Beweis bekommen, der existiert. Was Sie *wollen,* ist ganz allein Ihre Angelegenheit.«

An diesem Punkt hatte Lanning plötzlich eine Idee. »Ist es bis jetzt denn noch niemandem in den Sinn gekommen«, sagte er, »daß Staatsanwalt zu sein eigentlich für einen Robot ein sehr eigenartiger Beruf ist? Die Verfolgung menschlicher Wesen – die von ihm erwirkten Todesurteile – das unendliche Unglück, das eigentlich durch ihn über menschliche Wesen gebracht wird...«

Quinn wurde plötzlich hell wach. »Nein, so leicht kommen Sie mir nicht davon! Daß er Staatsanwalt ist, macht ihn noch lange nicht menschlich. Wissen Sie denn nichts von seiner Tätigkeit? Haben Sie nicht gehört, daß er sich rühmt, nie einen unschuldigen Menschen verfolgt zu haben? Daß es Dutzende von Leuten gibt, denen man den Prozeß nicht macht, weil das Beweismaterial ihm nicht voll genügte… obwohl er die Geschworenen wahrscheinlich hätte überzeugen können? Dies sind Tatsachen.«

Lannings dünne Wangen zitterten. »Nein, Quinn – nein! Nirgendwo steht etwas in den Regeln der Robotik, daß diese im Falle menschlicher Schuld etwa nicht zur Anwendung zu bringen sind. Ein Robot kann nicht darüber urteilen, ob ein menschliches Wesen die Todesstrafe verdient oder nicht. *Er darf kein menschliches Wesen verletzen* – ganz gleich, ob es zur Spielart Lump oder Engel gehört.«

Susan Calvins Stimme klang müde. »Alfred«, sagte sie, »sprechen Sie kein dummes Zeug! Wie wäre es zum Beispiel, wenn ein Robot dazu käme, während ein Wahnsinniger Feuer an ein Haus legt, in dem sich Menschen befinden? Er würde den Wahnsinnigen daran hindern, oder nicht?«

»Natürlich.«

»Und wenn der einzige Weg dies zu tun, darin bestünde, daß er ihn tötete…?«

Ein leiser gequälter Ton kam aus Lannings Kehle. Das war alles.

»Die Antwort ist ganz einfach die, daß er sein Bestes tun würde, den Menschen nicht zu töten. Stürbe der Wahnsinnige, so würde der Robot wahrscheinlich psychiatrische Behandlung benötigen, weil er über diesem Konflikt ganz leicht den Verstand verlieren könnte… diesem Konflikt, der darin bestand, daß er Regel Nummer Eins brach, um Regel Nummer Eins in einem höheren Sinne zu folgen. Aber ein Mann würde tot sein, und ein Robot würde ihn getötet haben.«

»Na und ist Byerley wahnsinnig?« fragte Lanning mit allem ihm zur Verfügung stehenden Sarkasmus.

»Nein, aber er selbst hat niemanden getötet. Er hat Tatsachen enthüllt, die möglicherweise ein menschliches Wesen als gefährlich für die Gesellschaft erscheinen lassen. Damit schützt er die größere Zahl und befolgt daher in höchstem Ausmaße die Regel Nummer Eins. So weit geht er immerhin. Es liegt dann beim Richter, den Verbrecher zur Todesstrafe oder zu Gefängnis zu verurteilen, nachdem die Geschworenen sich über das Schuldproblem schlüssig geworden sind. Der Gefängnisbeamte sperrt ihn ein, der Henker bringt ihn um. Und Mr. Byerley hat nichts anderes getan als die Wahrheit festgestellt und damit der Gesellschaft geholfen.«

»Ich will ganz offen zugeben, daß ich – nachdem Sie die Sache aufgebracht hatten, Mr. Quinn – Herrn Byerleys Laufbahn einer genauen Prüfung unterzogen habe. Ich habe festgestellt, daß er in seinem Schlußplädoyer niemals die Todesstrafe beantragt hat. Ich habe ferner festgestellt, daß er sich offen für die Aufhebung der Todesstrafe ausgesprochen und sich mit großzügigen Spenden an Forschungsinstituten für kriminelle Neurophysiologie beteiligt hat. Ganz offenbar glaubt er mehr an die Besserungstheorie als an die Straftheorie. Ich finde das recht beachtenswert.«

»Wirklich?« Quinn lächelte. »Vielleicht in dem Sinne, daß dieser ganzen Sache ein gewisser Robotgeschmack anhaftet?«

»Vielleicht. Warum sollte ich es abstreiten? Handlungen wie die seinen können nur von einem Robot stammen oder von einem sehr ehrenwerten und anständigen menschlichen Wesen. Sie sehen hier, daß man ganz einfach zwischen einem Robot und der höchsten Klasse von Menschen keinen Unterschied finden kann.«

Quinn setzte sich in seinem Stuhl zurück. Seine Stimme bebte. »Dr. Lanning, es ist doch wohl absolut möglich, einen humanoiden Robot zu schaffen, der im Aussehen nicht von einem Menschen zu unterscheiden ist, wie?«

Lanning räusperte sich und überlegte. »Experimentell haben wir das bei unserer Firma fertiggebracht«, sagte er zögernd, »... natürlich ohne daß wir dieses Wesen mit einem positronischen Gehirn versehen hätten. Durch Benutzung menschlicher Eierstock- und Hormonkontrollorgane kann man menschliches Fleisch sowie Haut über ein Skelett aus porösem Silikatkunststoff wachsen lassen... wobei Haut und Fleisch durch äußere Untersuchung nicht als künstlich hergestellt erkennbar sind. Die Augen und das Haar würden wirklich menschlich sein und nicht humanoid. Setzt man diesem Wesen nun ein positronisches Gehirn in den Kopf und andere irgendwie wünschenswerte oder erforderliche Apparate in den Leib, so hat man einen humanoiden Robot.«

Quinn sagte kurz: »Wie lange würde es dauern, um so etwas herzustellen?«

Lanning dachte nach. »Besäße man sämtliche benötigten Hilfsmaterialien, das heißt also das Gehirn, das Skelett, die Eierstöcke, die nötigen Hormone und Strahlungen – sagen wir zwei Monate.«

Der Politiker reckte sich und stand auf. »Dann werden wir einmal untersuchen, wie die Eingeweide des Herrn Byerley aussehen. Es wird keine angenehme Publizität für die U. S. Robot Co. bedeuten, aber ich habe Ihnen ja Ihre Chance gegeben.«

Lanning wandte sich, als sie allein waren, ungeduldig Susan Calvin zu. »Warum bestehen Sie darauf, zu...«

Sie unterbrach ihn scharf und fast augenblicklich. »Was wollen Sie haben – die Wahrheit oder meine Abdankung? Ich werde mich für Sie zu keiner Lüge hergeben. Die Firma kann schon für sich selber sorgen. Verwandeln Sie sich doch nicht plötzlich in einen Feigling.«

»Und was geschieht«, sagte Lanning, »wenn er Byerley öffnet und Räder und Getreide herausfallen? Was dann?«

»Er wird Byerley nicht öffnen«, sagte Calvin verachtungsvoll. »Byerley ist zum mindesten ebenso schlau wie Quinn.«

Die Neuigkeit wurde eine Woche, ehe Byerley aufgestellt werden sollte, in der Stadt bekannt. Wurde bekannt, ist eigentlich falsch ausgedrückt. Die Neuigkeit stolperte in die Stadt, schwankte hin und her, kroch auf allen vieren. Man begann zu lachen und Witze wurden gerissen. Dann verstärkte die unsichtbare Hand Quinns ihren Druck. Nun begann das Lachen gezwungen zu klingen. Ein Element hohler Unsicherheit machte sich breit. Die Leute verstummten schließlich und begannen nachzudenken.

Die Zusammenkunft der Wähler selbst machte den Eindruck eines scheuen Pferdes. Eigentlich hatte man keinen Kampf vorausgesehen. Eine Woche früher wäre es unmöglich gewesen, einen anderen Kandidaten aufzustellen, als Byerley. Selbst jetzt war kein Ersatz für ihn da. Man mußte ihn aufstellen, aber man war völlig verwirrt und unsicher.

Alles wurde eigentlich nur dadurch so schlimm, daß jeder einzelne hin- und hergerissen wurde zwischen Gefühlen der Abscheu und Gefühlen der Angst vor der eigenen Dummheit, je nachdem, ob der Vorwurf sich als richtig oder als falsch erwies.

Am Tage, nachdem Byerley ohne inneren Schwung und Überzeugung aufgestellt worden war, veröffentlichte endlich eine Zeitung das Resumé eines Interviews mit Dr. Susan Calvin, ›der weltbekannten Kapazität auf dem Felde der Robotpsychologie und der Positronik‹.

Was folgte, kann man am besten damit beschreiben, daß man sagt: ›Die Hölle brach los.‹

Auf etwas Derartiges hatten die Fundamentalisten längst gewartet. Sie waren keine politische Partei, und sie behaupteten auch nicht, eine formale Religion darzustellen. Im Grunde setzten sie sich aus solchen Leuten zusammen, die sich dem, was man früher einmal das Atomzeitalter nannte, als die Atome noch Neuheiten waren, nicht hatten anpassen können. In Wirklichkeit waren sie Menschen, die ein einfaches Leben wollten, sich nach einem Leben sehnten, das denjenigen, die es früher einmal gelebt hatten, vermutlich gar nicht so einfach vorgekommen war, weshalb wohl auch diese wiederum sich nach einem einfachen Leben gesehnt hatten.

Die Fundamentalisten brauchten keine neuen Gründe, um Robots und Robothersteller zu verabscheuen. Ein Anlaß aber wie die Anklage Quinns und die Analyse Calvins brachte sie dazu, ihre Einstellung recht hörbar werden zu lassen.

Die ungeheure Fabrikanlage der U. S. Robot Co. wurde Tag und Nacht von bewaffnetem Werkschutz überwacht. Die Firma bereitete sich auf einen richtigen Krieg vor.

Natürlich traten alle anderen Ziele dieser Wahlkampagne in den Hintergrund. Überhaupt hatte diese Zeit nur insoweit Ähnlichkeit mit einem Wahlkampf, als sie eben zwischen der Aufstellung des Kandidaten und der schließlichen Wahl lag.

Stephen Byerley ließ sich von dem umständlichen kleinen Mann nicht ablenken, noch ließ er sich in irgendeiner Weise von den Uniformen im Hintergrund beirren. Draußen vor dem Hause warteten hinter einer Reihe grimmiger Polizisten traditionsgemäß die Reporter und Fotografen. Eine tüchtige Fernsehstation hatte sogar ihre Kameras auf die leere Eingangstür zu dem bescheidenen Hause des Staatsanwalts eingestellt, während ein künstlich aufgeregter Ansager die Zeit mit aufgeblähtem Geschwätz ausfüllte.

Der umständliche kleine Kerl näherte sich. Vor sich ausgestreckt hielt er ein eng bedrucktes, kompliziert aussehendes Schriftstück. »Dies, Mr. Byerley, ist eine einstweilige Verfügung des Gerichtes, die mich ermächtigt, dieses Haus nach – nach illegalen mechanischen Männern oder Robots jeder Art zu untersuchen...«

Byerley erhob sich und nahm das Papier in die Hand. Gleichgültig betrachtete er es und lächelte, als er es zurückgab. »In Ordnung. Fangen Sie ruhig an! Mrs. Hoppen«, sagte er zu seiner Haushälterin, die zögernd in der Tür erschien, »bitte begleiten Sie die Herren und helfen Sie ihnen, wenn nötig!«

Der kleine Mann, der Harroway hieß, zögerte. Er war unverkennbar errötet. Seine Augen wichen denen Byerleys konstant aus. »Kommt!« murmelte er den beiden Polizisten zu.

In zehn Minuten war er zurück.

»Fertig?« fragte Byerley im Ton eines Mannes, der weder an der Frage noch an deren Beantwortung ein besonderes Interesse hat.

Harroway räusperte sich, versuchte etwas zu sagen,

brach ab und begann dann ärgerlich von neuem. »Passen Sie mal auf, Mr. Byerley! Unsere Instruktionen gehen dahin, dieses Haus sehr gründlich zu durchsuchen.«

»Und haben Sie das nicht getan?«

»Man hat uns genau gesagt, wonach wir suchen sollen.«

»Na, und?«

»Kurz, Mr. Byerley, um es ganz geradeheraus zu sagen, man hat uns aufgetragen, Sie persönlich zu durchsuchen.«

»Mich?« sagte der Staatsanwalt mit einem immer vergnügter werdenden Lächeln. »Und wie wollen Sie das anstellen?«

»Wir haben einen Durchdringungsstrahler dabei...«

»Dann soll also mit anderen Worten eine Röntgenaufnahme von mir gemacht werden, was? Sind Sie dazu ermächtigt?«

»Sie haben ja den Haussuchungsbefehl gesehen.«

»Würden Sie mir diesen bitte nochmals zeigen?«

Harroway, dessen Stirn tropfnaß war und der bestimmt nicht vor lauter Enthusiasmus über seine Aufgabe schwitzte, gab Byerley das Papier ein zweites Mal.

Byerley sagte gemessen: »Ich lese hier als Beschreibung dessen, was Sie zu durchsuchen haben, wörtlich folgendes: ›Das Wohnhaus 335 Willow Grove in Evanston, Eigentümer Stephen Allen Byerley, sowie eine etwa dazugehörige Garage, Vorratshaus oder igendwelche andere Einrichtungen oder Gebäude, die zu diesem Hause gehören, sowie das gesamte Gelände und so weiter und so weiter.‹ Das ist durchaus in Ordnung. Aber diese Anordnung besagt absolut nichts über eine eventuelle Durchsuchung meines Inneren. Ich bin kein Teil des Hauses. Wenn Sie denken, ich hätte vielleicht einen Robot in der Tasche, können Sie meine Kleidung durchsuchen, aber sonst nichts.«

Harroway sagte, wiederum leicht errötend: »Hören Sie mal, ich habe das Recht, die Möbel in Ihrem Hause zu durchsuchen, sowie alles andere, was ich sonst in Ihrem Hause finde! Unter anderem fand ich Sie persönlich hier, oder nicht?«

»Sehr gut beobachtet. Ich *bin* hier, aber ich bin kein Möbelstück. Als ein erwachsener, voll verantwortlicher Bürger – und ich besitze die Bescheinigung eines Psychiaters, daß ich dies bin – habe ich nach den Artikeln der regionalen Verfassung gewisse Rechte. Würden Sie mich durchsuchen, so würden Sie damit das Recht verletzen, das ich als Person besitze. Dazu reicht Ihre Anordnung aber nicht aus.«

»Stimmt, sind Sie aber ein Robot, so besitzen Sie kein Recht der Person.«

»Völlig korrekt – dennoch reicht Ihre Anordnung nicht aus. Sie erkennt mich stillschweigend als menschliches Wesen an.«

»Wo bitte?« Harroway griff nach dem Papier.

»Wo es heißt: Das Wohnhaus, Eigentümer so-und-so. Ein Robot kann kein Eigentümer sein. Und Sie können auch gleich Ihrem Auftraggeber ausrichten, Mr. Harroway, daß er – sollte er versuchen, eine Anordnung gegen mich zu erwirken, die mich nicht stillschweigend als menschliches Wesen anerkennt – eine einstweilige Verfügung zu gewärtigen hat, sowie eine Zivilklage, die ihn zwingen wird zu *beweisen*, daß ich ein Robot bin, und zwar mittels Informationen, die sich bereits jetzt in diesem Augenblick in seinem Besitz befinden, oder aber eine Strafe zu bezahlen – in einer Höhe, daß ihm die Augen übergehen – für den Versuch, mich unberechtigterweise meiner verfassungsmäßigen Rechte zu berauben. Sie werden ihm das doch bitte ausrichten, nicht wahr?«

Harroway ging zur Tür. Dort wandte er sich um. »Sie sind ein aalglatter Anwalt.« Seine Hand hielt er in der Tasche. Einen kurzen Augenblick stand er unbeweglich da. Dann ging er, lächelte in Richtung der Fernsehkamera, winkte den Reportern zu und schrie: »Morgen haben wir vermutlich was Neues für euch. Ohne Scherz, was ganz Neues.«

Als er dann im Wagen saß, lehnte er sich in die Polster, nahm einen winzigen Mechanismus aus der Tasche und inspizierte ihn sorgfältig. Zum ersten Male in seinem Leben hatte er eine Fotografie durch Röntgenstrahlenreflektion gemacht. Er hoffte, keinen Fehler begangen zu haben.

Quinn und Byerley hatten sich nie von Angesicht zu Angesicht getroffen. Dies geschah nun durch Visorphon, wie sich die neue Fernsehapparatur nannte, und wenn die beiden sich auch nicht persönlich gegenüber saßen, so war doch die Wirkung so, als wäre dies der Fall.

Es war Quinn, der Byerley angerufen hatte, und er war es auch, der das Gespräch begann, und zwar ohne alle besondere Formalitäten. »Ich dachte, es würde Sie interessieren zu erfahren, Byerley, daß ich beabsichtige, die Tatsache bekanntzugeben, daß Sie einen Schutzpanzer gegen Röntgenstrahlen tragen.«

»Wirklich? In diesem Falle haben Sie es vermutlich bereits veröffentlicht. Ich habe das Gefühl, daß unsere recht unternehmungslustigen Pressevertreter schon seit einiger Zeit all meine Gespräche abhören. Ich weiß bestimmt, daß das bei meinen Büroverbindungen so ist. Deshalb habe ich mich auch in den letzten Wochen hier in meinem eigenen Hause vergraben.« Byerley war freundlich, er brachte alles in einem richtigen Plaudertone vor.

Quinns Lippen wurden ein wenig dünner. »Unser augenblickliches Gespräch ist abgeschirmt ... und zwar hundertprozentig. Ich führe es mit Ihnen, obwohl ich damit ein gewisses Risiko eingehe.«

»Kann ich mir denken. Niemand weiß, daß Sie hinter dieser ganzen Hetze stehen. Zum mindesten weiß dies keiner offiziell. Inoffiziell gibt es allerdings keinen, der es nicht weiß. Ich würde mir an Ihrer Stelle keine Sorge darüber machen. Ich trage also einen Schutzpanzer? Ich nehme an, Sie fanden das heraus, als es sich zeigte, daß die von Ihrem Schoßhund Harroway gemachte Aufnahme unterbelichtet war, wie?«

»Es ist Ihnen doch wohl klar, Byerley, daß es für jeden einleuchtend sein muß, daß Sie es nicht wagen, sich einer Röntgenanalyse zu stellen.«

»Ebenso, daß Sie oder Ihre Leute einen illegalen Versuch auf Verletzung der Rechte meiner Person unternehmen.«

»Der Teufel wird sich darum scheren.«

»Vielleicht doch. Die Tatsache ist doch eigentlich symbolisch für die Verschiedenheit unserer Wahlfeldzüge, oder nicht? Sie kümmern sich wenig um die Rechte des Einzelbürgers. Ich kümmere mich viel darum. Ich werde mich einer Röntgenanalyse nicht unterwerfen, weil ich aus Prinzip meine Rechte als Bürger aufrechterhalten möchte. Genauso wie ich die Rechte anderer schützen werde, wenn man mich wählt.«

»Ganz ohne Zweifel können Sie daraus eine interessante Rede machen. Nur wird keiner Ihnen glauben. Klingt ein bißchen zu edel, um wahr zu klingen. Noch etwas anderes«, – seine Stimme wurde hart und geschäftsmäßig – »Das Personal in Ihrem Hause war neulich nicht vollständig.«

»Wieso?«

»Nach dem mir vorliegenden Bericht« – er fingerte in vor ihm liegenden Papieren herum, die gerade noch im Bereich des Fernsehschirmes waren – »fehlte eine Person. Ein Krüppel.«

»Wie Sie sagen«, sagte Byerley tonlos, »ein Krüppel. Es handelt sich bei dieser Person um meinen alten Lehrer, der bei mir lebt und sich jetzt bereits seit zwei Monaten auf dem Lande befindet. Eine wohlverdiente Ausspannung ist wohl der Ausdruck, den man gewöhnlich in solchen Fällen anwendet. Ich hoffe, Sie haben nichts dagegen?«

»Ihr Lehrer? Eine Art von Wissenschaftler, nicht wahr?«

»Ein Anwalt, ehe er zum Krüppel wurde. Er besitzt eine Regierungslizenz als Biophysiker und hat ein eigenes Laboratorium. Eine komplette Beschreibung der von ihm geleisteten Arbeit befindet sich in den Akten der Behörden, an die ich Sie zum Zwecke der Einsichtnahme hiermit verweise. Seine Arbeiten sind unwichtig. Sie bedeuten aber für einen solch armen Krüppel einen harmlosen und interessanten Zeitvertreib. Ich stehe ihm natürlich – wie Sie wohl verstehen werden – wo ich nur kann, hilfreich zur Seite.«

»Ich verstehe ganz genau. Und was weiß dieser – Lehrer – über die Herstellung von Robots?«

»Ich kann nur sehr schwer seine Kenntnisse beurteilen auf einem Gebiet, mit dem ich selber völlig unvertraut bin.«

»Er wäre wohl nicht in der Lage, sich positronische Gehirne zu beschaffen?«

»Fragen Sie doch hierüber Ihre Freunde bei der U. S. Robot Co. Die müssen das doch wissen.«

»Ich mache es kurz, Byerley. Ihr verkrüppelter Lehrer ist der wirkliche Stephen Byerley. Sie sind eine Robotschöpfung. Wir können das beweisen. *Er* erlitt jenen Autounfall, nicht Sie. Es wird ja wohl Mittel und Wege geben, um die betreffenden Akten zu prüfen.«

»Tatsächlich? Dann tun Sie das doch! Meine besten Wünsche begleiten Sie.«

»Wir können ferner den Landaufenthalt Ihres sogenannten Lehrers durchsuchen lassen und sehn, was wir dort alles finden.«

»Das stimmt nicht ganz, Quinn.« Byerley lächelte breit. »Sehr zu Ihrem Nachteil ist mein sogenannter Lehrer ein kranker Mann. Sein Landsitz ist sein Kuraufenthalt. Sein Recht unter der Verfassung ist daher noch stärker als mein eigenes. Es wird Ihnen bestimmt nicht gelingen, einen Haussuchungsbefehl zu erwirken, ohne daß Sie den Nachweis der Notwendigkeit für diese Maßnahme erbringen. Wie dem auch sei – ich werde jedenfalls der Letzte sein, der Sie an einem derartigen Versuch hindert.«

Eine mäßig lange Pause folgte. Dann neigte Quinn sich nach vorne, so daß sein Gesicht auf dem Fernsehschirm sich ausdehnte und die feinen Linien auf seiner Stirn sichtbar wurden. »Byerley, warum machen Sie weiter? Sie *können* nicht gewählt werden.«

»Nein?«

»Glauben Sie wirklich, Sie könnten? Meinen Sie denn nicht, daß allein die Tatsache, daß Sie überhaupt keinen Versuch gemacht haben, den Robotvorwurf zu widerlegen – wo Sie dies doch ganz einfach dadurch hätten tun können, daß Sie eine der drei Grundregeln durchbrachen – daß allein diese Tatsache genügt, um die Leute davon zu überzeugen, daß Sie ein Robot sind?«

»Keineswegs. Ich sehe lediglich, daß ich, anstatt ein ziemlich unbekannter Anwalt zu sein, nunmehr zu einer weltbekannten Figur geworden bin. Sie haben mir große Propagandadienste erwiesen.«

»Aber Sie *sind* doch ein Robot.«

»Das hat man behauptet, aber nicht bewiesen.«

»Für die Wählerschaft genügen unsere Beweise.«

»Dann ruhen Sie sich doch aus! Sie haben gesiegt.«

»Leben Sie wohl!« Und zum ersten Mal war wirklicher Haß in Quinns Stimme. Der Fernsehschirm wurde dunkel.

»Leben Sie wohl!« sagte Byerley unberührt zu dem leeren Schirm.

Eine Woche vor der Wahl brachte Byerley seinen ›Lehrer‹ zurück. Sein Luftautomobil landete schnell in einem unbekannten Teil der Stadt.

»Du bleibst hier, bis die Wahl vorüber ist«, sagte Byerley zu ihm. »Es ist besser, du bist aus dem Weg, sollte die Sache schief gehen.«

Die heisere Stimme, die sich nur mit Mühe Johns verzerrtem Munde entrang, klang besorgt. »Besteht Gefahr der Gewaltanwendung?«

»Die Fundamentalisten drohen damit, und so glaube ich, daß eine gewisse derartige Möglichkeit besteht. In Wirklichkeit aber erwarte ich, daß alles glatt geht. Die Fundies besitzen keine wirkliche Macht. Sie sind nichts als jener dauernde Reizfaktor, der manchmal genügt, um nach einer gewissen Zeit Unruhe zu verursachen. Es macht dir doch nichts aus, hier zu bleiben, wie? Ich bitte dich darum. Ich würde sehr behindert sein, müßte ich mir auch um dich noch Sorgen machen.«

»Ich bleibe schon. Du glaubst aber doch noch immer, daß alles planmäßig verlaufen wird?«

»Ich bin ganz sicher. Hat dich jemand da draußen auf dem Lande gestört?«

»Niemand. Kannst dessen gewiß sein.«

»Und du hattest keine Schwierigkeiten mit deiner Seite der Sache?«

»Nicht die geringsten. Aus dieser Richtung brauchst du nichts zu befürchten.«

»Dann paß auf dich auf... und schalte morgen den Fernsehapparat ein.« Byerley drückte die zerfurchte Hand, die eine Weile in der seinen verblieb.

Lentons Stirn war voller Furchen – ein Spiegelbild seiner inneren Spannung. Er hatte die nicht sehr beneidenswerte Aufgabe, Byerleys Wahlkampagne zu lenken. Dieser Wahlkampf war wirklich nicht das Übliche. Wann war es jemals vorgekommen, daß ein Kandidat sich weigerte, seine Strategie bekanntzugeben, und es gleichzeitig ablehnte, die Pläne seines Managers zu akzeptieren?

»Sie können nicht gewinnen.« Es war sein Lieblingssatz geworden. Besser gesagt – es war der einzige Satz geworden, den er überhaupt noch sagte. »Ich sage Ihnen, Steve, Sie können nicht gewinnen.«

Er warf sich sozusagen auf die Knie vor dem Staatsanwalt, der im Augenblick gerade seine Zeit damit zubrachte, seine mit Schreibmaschine geschriebene Rede durchzublättern.

»Legen Sie das mal weg, Steve! Ich sage Ihnen, dieser Mob ist von den Fundies organisiert. Man wird Sie nicht sprechen lassen. Viel wahrscheinlicher werden Sie gesteinigt werden. Warum müssen Sie persönlich vor einer Menschenmenge sprechen? Weshalb übertragen wir die ganze Sache nicht einfach über einen Fernsehsender?«

»Sie wollen doch, daß ich die Wahlkampagne gewinne, oder nicht?« fragte Byerley mit milder Stimme.

»Die Kampagne gewinnen! Sie werden sie nicht gewinnen, Steve. Ich versuche, Ihr Leben zu retten, Steve.«

»Ach – dafür besteht keine Gefahr.«

»Keine Gefahr. Er befindet sich in keiner Gefahr!« Lentons Kehle brachte einen eigenartig heiseren Ton hervor. »Sie wollen sagen, daß Sie auf jenen Balkon hinaustreten und vernünftig mit fünfzigtausend Wahnsinnigen reden werden – von einem Balkon herunter wie ein mittelalterlicher Diktator!«

Byerley schaute auf die Uhr. »In ungefähr fünf Minuten ... sobald auch die Fernsehverbindungen frei sind, daß man mich überall sehen und hören kann.«

Lentons Antwort war nicht ganz salonfähig.

Die Menge füllte einen durch Seile abgesperrten Platz der Stadt. Es schien, als wüchsen Häuser und Bäume aus einem Fundament menschlicher Massen. Es war eine rein lokale Wahl. Dennoch hörte die ganze Stadt zu. Byerley mußte bei diesem Gedanken lächeln.

In der Menge selbst aber gab es nichts, worüber man hätte lächeln können. Banner und Transparente wandten sich in jeder erdenklichen Form gegen sein angebliches Robotertum. Deutlich, fast greifbar deutlich, lag die Feindschaft der Menge in der Luft. Gleich von Anfang an hatte die Rede keinen Erfolg. Sie mußte gegen das unartikulierte Schreien der fundamentalistischen Cliquen ankämpfen, die wie kleine Inseln über das Meer der Menge verteilt waren. Dennoch redete Byerley weiter, langsam und ohne Erregung.

Im Zimmer drin raufte Lenton sich die Haare und stöhnte – und wartete auf das kommende Blutvergießen.

In den vordersten Reihen begann ein Schieben und Stoßen. Ein eckiger Bürger mit vortretenden Augen und Kleidern, die zu kurz waren für die schlaksige Länge seiner Gliedmaßen, wollte sich nach vorne drängen. Ein Polizist suchte ihn zu packen. Er bahnte sich langsam und mühevoll einen Weg hinter dem Manne drein. Byerley winkte den Polizisten ärgerlich weg.

Der hagere Mann befand sich nun unmittelbar unter dem Balkon. Seine Stimme kämpfte vergebens gegen das allgemeine Gebrüll an.

Byerley lehnte sich nach vorne. »Was sagen Sie? Wenn Sie eine legitime Frage haben, so werde ich diese beantworten.« Er wandte sich an einen Wachtposten, der neben ihm stand. »Bringen Sie den Mann herauf!«

Eine Spannung legte sich über die Menge. Schreie wie ›Ruhe!‹ und ›Seid doch still!‹ kamen von verschiedenen Seiten. Sie wurden lauter und wuchsen sich aus zu einem ungeheuren Lärm, bis sie schließlich nach und nach verstummten. Der hagere Mann stand schnaufend und mit gerötetem Gesicht vor Byerley.

Byerley sagte: »Haben Sie eine Frage?«

Der hagere Mann starrte ihn an und sagte dann mit halbzerbrochener Stimme: »Schlagen Sie mich!«

Mit plötzlicher Energie schob er sein Kinn scharf nach vorne. »Schlagen Sie mich! Sie behaupten, Sie seien kein Robot. Beweisen Sie es! Sie können gar kein menschliches Wesen schlagen, Sie Ungeheuer.«

Ein eigenartiges dumpfes Schweigen folgte. Byerleys Stimme zerstach diese Stille. »Ich habe keinen Grund, Sie zu schlagen.«

Der hagere Mann lachte wild auf. »Sie *können* mich gar nicht schlagen. Sie *werden* mich daher nicht schlagen. Sie sind kein Mensch. Sie sind ein Monstrum, ein Scheinmensch.«

Mit aufeinandergepreßten Lippen holte Byerley vor Tausenden, die persönlich zusahen, und vor Millionen, die diese Szene auf dem Fernsehschirm verfolgten, aus und versetzte dem Mann einen Boxschlag genau auf die Spitze seines Kinns. Der Mann sackte zusammen. Sein Gesicht war nichts als ein Ausdruck völliger Überraschung.

Byerley sagte: »Es tut mir leid. Tragen Sie ihn hinein und machen Sie es ihm so bequem wie möglich! Wenn ich hier draußen fertig bin, möchte ich mit ihm sprechen.«

Als Dr. Calvin, die alles von ihrem an einer reservierten Stelle parkenden Wagen aus beobachtet hatte, den Motor anließ und wegfuhr, hatte sich nur ein einziger Berichterstatter so weit erholt, um ihr nachzurasen und ihr eine unverständliche Frage zuzubrüllen.

Über ihre Schulter hinweg rief sie: »Er ist menschlich.«

Das genügte. Der Reporter wandte sich um und rannte zum nächsten Telefon.

Der Rest der Rede wird am besten gekennzeichnet durch die Worte: ›Gehalten, aber nicht gehört.‹

Dr. Calvin und Stephen Byerley trafen sich noch einmal... und zwar eine Woche, ehe Byerley als Bürgermeister vereidigt wurde. Es war spät – lange nach Mitternacht.

Dr. Calvin sagte: »Sie sehen gar nicht müde aus.«

Der neugewählte Bürgermeister lächelte. »Ich werde bestimmt noch eine Weile aufbleiben. Aber erzählen Sie das nicht Quinn!«

»Werde ich auch nicht tun. Immerhin hatte er sich eine interessante Geschichte ausgedacht, über die ich nicht gesprochen hätte, hätten Sie nicht gerade selbst seinen Namen genannt. Schade, daß Sie sie ihm zerstört haben. Ich nehme an, Sie waren im Bilde über seine Theorie?«

»Teilweise.«

»War wirklich höchst dramatisch. Stephen Byerley war ein junger Anwalt, ein großartiger Redner, ein wirklich echter Idealist. Außerdem hatte er eine gewisse Begabung oder Neigung für Biophysik. Sind Sie an Robotik interessiert, Mr. Byerley?«

»Nur vom Rechtsstandpunkt aus.«

»*Jener* Stephen Byerley war an der Wissenschaft selbst interessiert, leider aber ereignete sich ein Unfall. Byerleys Frau kam um, er selbst lebte, war aber schlimmer dran, als wäre er zugrunde gegangen. Seine beiden Beine waren weg, sein Gesicht hatte sich in eine formlose Masse verwandelt. Er hatte die Stimme verloren. Eine chirurgische Behandlung lehnte er ab. Er zog sich von der Welt zurück. Seine Karriere als Anwalt gab er auf. Was ihm einzig und allein blieb, war seine Intelligenz und die Geschicklichkeit seiner Hände. Irgendwie konnte er sich positronische Gehirne beschaffen, darunter eines von den ganz fein entwickelten, das die Fähigkeit besaß, sich in ethischen Dingen ein Urteil zu bilden – was, wie Sie vielleicht wissen werden, der höchste Grad von Vervollkommnung ist, den wir bisher bei positronischen Gehirnen erreicht haben.

Um dieses Gehirn herum ließ er einen Körper wachsen und lehrte dieses neue Wesen dann all das zu sein, was er selbst sonst gewesen wäre, nun aber nicht mehr sein konnte. Dann schickte er es als Stephen Byerley hinaus in die Welt, während er selbst als der alte, verkrüppelte Lehrer, den keiner jemals sah, im Hintergrunde blieb.«

»Unglücklicherweise«, sagte der neugewählte Bürgermeister, »habe ich diese ganze Theorie zerstört, indem ich jenen Mann schlug. Wie die Zeitungen sagen, war damals Ihr eigenes offizielles Urteil das, daß ich menschlich sei.«

»Wie ist das eigentlich gekommen? Würden Sie es mir nicht erzählen? Es war doch wohl kein reiner Zufall.«

»Nein, kein *ganz* reiner. Die meiste Arbeit hat Quinn selbst geleistet. Meine Leute begannen ganz leise und unauffällig die Tatsache zu verbreiten, daß ich noch nie einen Menschen geschlagen hätte... und daß ich unfähig sei, das zu tun. Sie sagten weiter, würde ich nicht schlagen, selbst wenn man mich provozierte, so wäre dies ein ganz sicherer Beweis für mein Robotertum. Demzufolge arrangierte ich eine öffentliche Kundgebung. Selbstverständlich gab es einen Dummkopf, der auf meinen Leim kroch. Im Grunde genommen war die ganze Sache ein Winkeladvokatentrick... ein Trick, bei dem die künstlich geschaffene Atmosphäre die ganze Arbeit leistet. Natürlich machten die folgenden Gefühlsregungen meine Wahl sicher, was allein ich beabsichtigt hatte.«

Die Robotpsychologin nickte. »Wie ich sehe, sind Sie selbst etwas Psychologe. Ich nehme an, jeder Politiker muß das sein. Dennoch tut's mir leid, daß die Angelegenheit diese Wendung genommen hat. Ich mag Robots. Ich habe sie bedeutend lieber als menschliche Wesen. Könnte man einen Robot schaffen, der in der Lage wäre, einen hohen Regierungsposten einzunehmen, ich glaube, niemand würde ihm gleichkommen können. Infolge der Gesetze der Robotik wäre er nicht imstande, Menschen Schaden zuzufügen, unfähig der Tyrannei, der Korruption, der Dummheit und des Vorurteils. Nach Beendigung seiner Zeit würde er gehen, obwohl er ja unsterblich ist, weil es ihm unmöglich wäre, Menschen wissen zu lassen, daß sie von einem Robot regiert wurden, da dieses Wissen sie verletzen müßte. Es wäre eine wirklich ideale Lösung.«

»Außer daß ein Robot vielleicht doch einmal versagen könnte. Niemals ist ja das positronische Gehirn in seiner Komplexität dem menschlichen gleichgekommen.«

»Er würde Ratgeber haben. Noch nicht einmal ein menschliches Gehirn ist in der Lage, ohne die Hilfe anderer zu regieren.«

Byerley betrachtete Susan Calvin mit tiefem Interesse. »Warum lächeln Sie, Dr. Calvin?«

»Ich lächelte, weil Mr. Quinn nicht an alles gedacht hat.«

»Sie meinen, an seiner Geschichte könnte doch etwas dran sein?«

»Etwas mehr, möchte ich mal sagen. Vor der Wahl befand sich jener Stephen Byerley, von dem Quinn sprach, jener gebrochene Mann, aus irgendwelchen mysteriösen Gründen für die Dauer von drei Monaten auf dem Lande. Er kam rechtzeitig vor jener berühmten Rede, die Sie hielten, zurück. Schließlich konnte der Krüppel ja, was er schon einmal getan hatte, auch ein zweites Mal tun... besonders nachdem die Aufgabe das zweite Mal ja wirklich – verglichen mit der ersten – höchst einfach war.«

»Ich verstehe Sie nicht ganz.«

Dr. Calvin stand auf und strich sich das Kleid glatt. Offenbar war sie im Begriff, sich zu verabschieden. »Ich will damit sagen, daß es einen einzigen Fall gibt, in dem ein Robot ein menschliches Wesen schlagen kann. Nur einen einzigen Fall.«

»Und was ist dieser Fall?«

Dr. Calvin befand sich jetzt an der Tür. Gelassen sagte sie: »Wenn dieses menschliche Wesen eben auch nur ein Robot ist.« Sie lächelte vergnügt. Ihr schmales Gesicht strahlte. »Leben Sie wohl, Mr. Byerley! Ich hoffe, in fünf Jahren meine Stimme für Ihre Wahl zum Koordinator abgeben zu dürfen.«

Stephen Byerley lachte. »Ich muß darauf antworten, daß mir dies als ziemlich weit hergeholt erscheint.«

Die Tür schloß sich hinter ihr.

Kleiner verlorener Robot

Die Maßnahmen in Hyper-Basis wurden in einer Art kalter Wut getroffen.

In zeitlicher Reihenfolge sowie entsprechend dem Grade wachsender Verzweiflung und Panik wurde folgendes verfügt:

1. Alle Arbeit an dem hyperatomischen Projekt in dem von den Stationen der 27. Asteroidengruppe besetzten Raume wurde eingestellt.

2. Praktisch gesprochen, wurde dieser ganze riesige Raum aus dem System herausgeschnitten. Niemand durfte ihn ohne Erlaubnis betreten. Unter gar keinen Bedingungen durfte ihn jemand verlassen.

3. Durch ein speziell abkommandiertes Patrouillenraumschiff der Regierung wurden Dr. Susan Calvin, Oberste Psychologin, und Dr. Peter Bogert, Mathematischer Direktor der United Staates Robot und Mechanical Men Co., nach Hyper-Basis gebracht.

Susan Calvin hatte nie zuvor die Erdoberfläche verlassen. Auch in diesem Augenblick hatte sie keine besondere Neigung empfunden, das zu tun. Selbst in einem Zeitalter atomischer Kraft und eines sich schon deutlich am Horizont abzeichnenden hyperatomischen Motors als Kraftquelle für die ganze Erde war Susan recht provinziell geblieben. So kam es, daß sie verstimmt war über diese Reise und daß sie nicht an die Dringlichkeit der Sache glaubte. Dieses Gefühl drückte sich sozusagen in jeder Linie ihres alltäglichen und ältlichen Frauengesichtes aus und war während der ersten Mahlzeit in Hyper-Basis noch deutlich sichtbar.

Dr. Bogert war, wie er immer war, elegant, blaß und ständig etwas müde. Anders Generalmajor Kallner, der Kommandeur des Unternehmens, dessen Gesicht nicht einen einzigen Augenblick den Ausdruck des Gehetztseins verlor.

Kurz gesagt, war diese Mahlzeit eine schaurige Angelegenheit, und die kleine Sitzung der drei, die dieser Mahlzeit folgte, begann in deprimierter, unglücklicher Verfassung.

Kallner, dessen Glatze glänzte und dessen elegante Gesellschaftsuniform in krassem Gegensatz zur allgemeinen Stimmung stand, eröffnete die Unterhaltung ohne Umschweife, wenn auch ziemlich nervös.

»Die Geschichte, die ich Ihnen erzählen muß, meine Herrschaften, ist eigenartig. Zunächst möchte ich Ihnen danken, daß Sie so prompt gekommen sind, ohne daß wir Ihnen die eigentliche Ursache mitgeteilt haben. Wir werden versuchen, diesem Mangel unverzüglich abzuhelfen. Wir haben einen Robot verloren. Wir haben die Arbeit eingestellt und können sie nicht wieder aufnehmen, bis wir ihn wiedergefunden haben. Bisher ist uns das nicht gelungen. Wir haben das Empfinden, daß wir fachmännische Hilfe benötigen.«

Vielleicht hatte der General das Gefühl, daß seine schwierige Lage von den beiden Wissenschaftlern nicht voll gewürdigt wurde. Er fuhr in einer Art von Verzweiflung fort: »Ich brauche Ihnen wohl kaum die Wichtigkeit unserer Arbeit hier auseinanderzusetzen. Mehr als achtzig Prozent der letztjährigen staatlichen Aufwendungen für wissenschaftliche Forschung sind uns zugeflossen und...«

»Aber das wissen wir natürlich«, sagte Bogert liebenswürdig. »Die U. S. Robot Co. bekommt ja eine recht ansehnliche Miete für die Benutzung unserer Robots.«

Susan Calvin brachte eine etwas herbe Note in die Unterhaltung, als sie fragte: »Wieso ist ein einzelner Robot so wichtig für das ganze Unternehmen und wieso hat man ihn noch nicht gefunden?«

Der General wandte ihr sein rotes Gesicht zu und benetzte seine Lippen. »Na, um ganz korrekt zu sein – wir *haben* ihn gefunden.« Dann mit deutlich erkennbarer Sorge: »Passen Sie mal auf, ich will's genau erklären! Sofort, als der Robot sich beim Appell nicht meldete, wurde eine Art von Notstand erklärt und jeder Verkehr auf der Basis zum Halten gebracht. Am vorhergehenden Tage war ein Frachtschiff angekommen, das uns für unsere Laboratorien zwei Robots brachte. Auf dem gleichen Fahrzeug befanden sich zweiundsechzig Robot des... des gleichen Typs zur Weiterverschiffung irgendwo anders hin. Wir sind ganz sicher, daß diese Zahl stimmt. Hierüber gibt es absolut keinen Zweifel.«

»Schön, und nun der Zusammenhang?«

»Als unser fehlender Robot nirgends aufgefunden wurde – und ich versichere Ihnen, wir hätten einen verlorenen Grashalm gefunden, wenn ein solcher verloren gegangen wäre – hatten wir einen Geistesblitz und zählten die auf dem Frachtschiff verbliebenen Robots. Es waren dreiundsechzig.«

»So daß also, wenn ich recht verstehe, der dreiundsechzigste der verlorene Sohn ist?« Dr. Calvins Blick wurde düster.

»Jawohl, nur gibt es keinen Weg um festzustellen, welcher unter den dreiundsechzig es nun ist.«

Ein tiefes Schweigen folgte, und in diese Stille hinein

schlug die Uhr elfmal. Dann sagte die Robotpsychologin: »Sehr sonderbar«, wobei sich ihre Mundwinkel nach unten zogen.

»Peter«, sie wandte sich an ihren Kollegen, »was ist eigentlich hier los? Welche Art von Robots wird denn hier benutzt?«

Dr. Bogert zögerte, während ein leichtes Lächeln über sein Gesicht ging. »Bis jetzt war dies eine Art von Staatsgeheimnis.«

Sie antwortete schnell. »Richtig, bis jetzt. Wenn sich auf diesem Raumschiff dreiundsechzig Robots des gleichen Typs befinden, von denen einer gesucht wird, dessen Identität man nicht kennt, warum nimmt man dann nicht irgendeinen? Was steckt hinter dieser ganzen Geschichte? Warum braucht man eigentlich uns für eine so einfache Sache?«

Bogert sagte resigniert: »Wenn Sie mir Gelegenheit geben zu antworten, Susan – Hyper-Basis benutzt zufällig einige Robots, in deren Gehirnen das Erste Gesetz der Robotik nicht in seinem vollen Umfang wirksam ist.«

»Was?« Calvin zuckte zusammen. »Ich verstehe. Und wieviel von dieser Sorte wurden hergestellt?«

»Ein paar. Es geschah im Auftrag der Regierung, und natürlich durften wir unter keinen Umständen die Geheimhaltung verletzen. Niemand außer den mit dieser Sache direkt betrauten obersten Leitern der Firma durfte etwas davon wissen. Sie, Susan, gehörten nicht dazu. Auch ich hatte nichts damit zu tun.«

Der General unterbrach ihn. »Ich würde dies gerne etwas näher erläutern. Ich wußte nicht, daß Dr. Calvin die Lage nicht kannte. Ich brauche Ihnen, gnädige Frau, ja nicht auseinanderzusetzen, daß auf der Erde immer eine starke

Opposition gegen Robots existierte. Das einzige wirksame Argument, das die Regierung gegen die radikalen Fundamentalisten immer besaß, war die Tatsache, daß Robots ausschließlich mit diesem Ersten Gesetz gebaut werden, das sie nicht brechen können und das es für sie unmöglich macht, Menschen – ganz gleich unter welchen Umständen – Schaden zuzufügen.

Nun brauchten wir aber eine andere Art von Robots. Daher wurden einige der NS-2-Modelle, also des ›Nestors‹, mit einem abgewandelten Ersten Gesetz hergestellt. Um die Sache geheim zu halten, wurden alle NS-2-Modelle ohne Seriennummern gefertigt. Die modifizierten Typen werden uns hier zusammen mit den normalen geliefert, und natürlich ist das Gehirn der ersteren so angelegt, daß sie ihre Abwandlung, ihr Anderssein, irgendwelchem unautorisiertem Personal gar nicht mitteilen können.« Ein verlegenes Lächeln erschien auf seinem Gesicht. »All dies hat sich nun gegen uns selbst ausgewirkt.«

Calvin sagte grimmig: »Trotzdem – haben sie jeden einzelnen gefragt, ob er es ist? Sie sind ja doch ganz bestimmt eine autorisierte Person, oder nicht?«

Der General nickte. »Alle dreiundsechzig leugnen, jemals hier gearbeitet zu haben – und einer davon lügt.«

»Zeigt der, den Sie suchen, nicht irgendwelche Abnützungsspuren? Ich nehme an, die anderen sind fabrikneu.«

»Der in Frage stehende Robot wurde erst vergangenen Monat geliefert. Dieser sowie die beiden, die gerade angekommen sind, sollten die letzten dieser Art sein. Irgendwelche sichtbare Abnützungsspuren können nicht vorhanden sein.« Langsam schüttelte er den Kopf, und wieder bekam sein Gesicht jenen Ausdruck des Gehetztseins. »Dr. Calvin, wir wagen es nicht, dieses Transportschiff weiterfahren zu lassen. Wenn die Existenz dieser Sorte von Robots allgemein bekannt wird...« Es gab offensichtlich keine Worte, den vollen Umfang einer derartigen Katastrophe zu schildern.

»Vernichten wir alle dreiundsechzig«, sagte die Robotpsychologin kalt und unberührt. »Damit beenden wir die ganze Geschichte ein für allemal.«

Bogert verzog den Mund. »Sie meinen, wir sollen eine so hohe Anzahl von Robots zerstören, von denen jeder 30000 Dollar kostet. Ich fürchte, der Firma U. S. Robot würde ein solches Vorgehen keine Freude machen. Ich glaube, wir strengen uns zunächst mal ein bißchen an, Susan, ehe wir ans Vernichten denken.«

»In diesem Falle«, sagte sie scharf, »brauche ich Fakten. Welches sind die besonderen Vorteile, die Hyper-Basis aus der Lieferung dieser modifizierten Modelle zieht? Aus welchem besonderen Grund wurden sie von uns verlangt?«

Kallner strich sich mit der Hand über die Stirn. »Wir hatten Schwierigkeiten mit unseren bisherigen Robots. Unsere Männer arbeiten ziemlich viel mit harten Strahlen, verstehen Sie? Natürlich ist das gefährlich, auch wenn alle im Rahmen des Möglichen liegenden Schutzmaßnahmen getroffen werden. Seit dem Beginn dieses neuen Unternehmens hatten wir nur zwei Fälle von Strahlenschädigungen und beide waren nicht tödlich. Es war aber unmöglich, das einem gewöhnlichen Robot auseinanderzusetzen. Das Erste Gesetz sagt – und ich zitiere wörtlich –: Kein Robot darf ein menschliches Wesen verletzen, noch durch eigene Untätigkeit zulassen, daß ein Mensch verletzt wird.

Das ist Hauptgesetz, Dr. Calvin. Sobald es sich als notwendig erwies, daß einer unserer Männer sich für kurze Zeit einem mäßigen Feld von Gammastrahlen aussetzte –

einer Strahlung, die keinerlei nachteilige, physiologische Folgen haben konnte – rannte der nächststehende Robot herbei und schleppte den Mann aus der Gefahrenzone weg. War das Feld äußerst schwach, so hatte der Robot mit seiner Rettungsaktion vollen Erfolg und die Arbeit konnte nicht eher fortgesetzt werden, als bis alle in der Nähe beschäftigten Robots entfernt worden waren. War das Feld ein wenig kräftiger, so vermochte der Robot den betreffenden Techniker niemals zu erreichen, da ein positronisches Gehirn ja unter Gammastrahlung zusammenbricht. In diesem Falle hatten wir den Verlust eines teuren und schwer ersetzbaren Robots zu beklagen.

Wir versuchten, mit ihnen zu diskutieren. Ihr Standpunkt war ganz einfach der, daß ein menschliches Wesen sich in einem Gammafeld gefährdet, und daß es für sie bedeutungslos wäre, ob ein Mensch sich in diesem Feld nun ohne jede Gefahr eine halbe Stunde lang aufhalten könne oder nicht. Angenommen, so sagten sie, der Betreffende vergißt die Zeit und bleibt etwa eine Stunde dort. Nein, ein derartiges Risiko könnten sie nicht eingehen. Wir setzten ihnen auseinander, daß sie wegen eines solch verschwindend kleinen Risikos schließlich ihr eigenes Leben riskierten. Selbstschutz ist aber erst das Dritte Gesetz der Robotik – und mit Vorrang kommt das Erste Gesetz der menschlichen Sicherheit. Wir gaben ihnen den Befehl, unter keinen Umständen ein Feld von Gammastrahlen zu betreten. Gehorsam ist aber erst das Zweite Gesetz, und menschliche Sicherheit – na, und so weiter. Dr. Calvin – entweder mußten wir uns ohne Robots behelfen oder hinsichtlich des Ersten Gesetzes mußte etwas geschehen. Wir wählten das letztere.«

»Ich kann kaum glauben«, sagte Dr. Calvin, »daß man

die Möglichkeit besaß, das Erste Gesetz aus diesen Gehirnen zu entfernen.«

»Es wurde auch nicht entfernt, sondern lediglich modifiziert«, erklärte Kallner. »Es wurden positronische Gehirne konstruiert, die ausschließlich den positiven Aspekt des Gesetzes enthalten. Bei diesen lautet die Formel dann: Kein Robot darf ein menschliches Wesen verletzen. Das ist alles. Diese neuen Modelle fühlen sich nicht gezwungen, einen Menschen vor Schaden zu bewahren, wenn ihm dieser Schaden durch fremde Einflüsse, wie zum Beispiel Gammastrahlen, zugefügt wird. Ich stelle die Sache doch wohl richtig dar, Dr. Bogert, wie?«

»Vollständig«, stimmte der Mathematiker zu.

»Und darin liegt der einzige Unterschied zwischen Ihren Robots und dem gewöhnlichen NS-2-Modell? Der absolut einzige Unterschied? Ist das richtig, Peter?«

»Der *einzige* Unterschied, Susan!«

Sie stand auf und sprach in einer Art, die keinen Widerspruch duldete. »Ich beabsichtige jetzt zu schlafen, und in ungefähr acht Stunden möchte ich mit demjenigen sprechen, der den Robot zuletzt gesehen hat. Und von jetzt an, General Kallner, wünsche ich – wenn ich überhaupt irgendwelche Verantwortung übernehmen soll – die alleinige und uneingeschränkte Leitung der Untersuchung dieser Angelegenheit.«

Susan Calvin konnte natürlich nicht schlafen. Zwei Stunden lang ärgerte sie sich über ihre eigene Müdigkeit. Schließlich klopfte sie gegen sieben Uhr Ortszeit an Bogerts Tür, der ebensowenig hatte schlafen können. Er hatte sich offenbar die Mühe gemacht, einen Schlafrock mitzunehmen, und diesen hatte er angezogen. Als Susan Calvin eintrat, legte er eine Nagelschere beiseite.

Leise sagte er: »Mehr oder weniger hatte ich erwartet,

daß Sie kommen würden. Ich nehme an, das setzt Ihnen ziemlich zu.«

»Stimmt.«

»Na ja – tut mir leid. Es gab kein Mittel, es anders zu handhaben. Schon als ich hörte, daß Hyper-Basis uns anforderte, wußte ich, daß wohl irgend etwas mit den abgewandelten ›Nestors‹ nicht in Ordnung war. Aber was konnte ich tun? Ich konnte Sie ja auch auf der Reise hierher nicht ins Bild setzen, wie ich's gerne getan hätte, denn zunächst mußte ich doch sicher sein, daß mein Gefühl auch stimmte und es sich nicht um etwas anderes handelte. Die Sache mit den Abwandlungen ist sozusagen höchstes Staatsgeheimnis.«

Die Psychologin murmelte: »Man hätte es mir dennoch sagen sollen. U. S. Robot hatte kein Recht, positronische Gehirne abzuändern, ohne vorher die Zustimmung eines Psychologen einzuholen.«

Bogert zog die Augenbrauen hoch und seufzte. »Seien Sie vernünftig, Susan! Sie hätten auch keinen Einfluß gehabt. In dieser Sache konnte keiner der Regierung widersprechen. Sie will diesen hyperatomischen Antrieb, und die Physiker brauchen Robots, die ihnen beim Bau dieser Anlage keine Schwierigkeiten bereiten. Sie mußten sie haben, auch wenn dies eine Abänderung oder Einengung des Ersten Gesetzes bedeutete. Wir mußten einräumen, daß die Lieferung derartiger Modelle vom Konstruktionsstandpunkt aus möglich war, und die Regierung schwor einen feierlichen Eid, daß sie nicht mehr als zwölf Stück haben wollte, daß sie nur hier in der Hyper-Basis Verwendung fänden, daß sie zerstört würden, sobald die Station aufgelöst werde, und daß alle nötigen Vorsichtsmaßnahmen getroffen würden. Man bestand ferner darauf, daß die Angelegenheit streng geheimgehalten werden mußte –

und damit habe ich Ihnen alles gesagt, was ich selber weiß.«

Dr. Calvin sprach, fast ohne die Lippen zu bewegen. »Ich hätte mein Amt niedergelegt.«

»Auch das hätte nichts genutzt. Die Regierung bot der Firma einerseits ein Vermögen und bedrohte sie andererseits für den Fall der Ablehnung mit antirobotistischer Gesetzgebung. Wir konnten uns nicht helfen... so wenig wie wir uns jetzt helfen können. Kommt diese Sache heraus, so wird sie Kallner und der Regierung schaden. Unendlich viel größer aber wird der Schaden sein, den die U. S. Robot Co. erleidet.«

Die Psychologin starrte ihn an. »Peter, sehen Sie denn gar nicht, worum es hier eigentlich geht? Können Sie nicht begreifen, was die Entfernung des Ersten Gesetzes bedeutet? Es ist hier nicht einfach damit getan, daß ein Geheimnis gewahrt werden mußte!«

»Ich weiß sehr wohl, was die Entfernung des Ersten Gesetzes zur Folge haben würde. Ich bin ja kein Kind. Wir hätten dann völlige Instabilität vor uns mit keinerlei reellen Lösungen für die positronischen Feldgleichungen.«

»Mathematisch gesprochen stimmt das. Können Sie das aber in grobe psychologische Gedanken übersetzen? Jedes normale Leben, Peter, wehrt sich bewußt oder unbewußt gegen Beherrschung durch einen anderen. Erfolgt diese Beherrschung durch einen Unterlegenen, so verstärkt sich dieses Gefühl der Abwehr und des Hasses. Physisch und bis zu einem gewissen Grade auch geistig ist aber ein Robot einem menschlichen Wesen überlegen. Was macht ihn dann zu unserem Sklaven? Einzig und allein das Erste Gesetz. Mein Gott, wäre dem nicht so, der erste Befehl, den Sie ihm geben, würde Ihren Tod zur Folge haben. Instabil? Glauben Sie, das wäre das richtige Wort?«

»Susan«, sagte Bogert mit einer Miene, die ebenso freundlich wie belustigt schien, »ich gebe zu, daß der von Ihnen gezeigte Frankenstein-Komplex eine gewisse Berechtigung hat – was ja der Grund dafür war, daß man das Erste Gesetz einführte. Dieses Gesetz aber – und ich muß das wiederholen – wurde nicht aufgehoben, sondern lediglich modifiziert.«

»Und wie steht es mit der Stabilität des Gehirns?«

Der Mathematiker schob die Unterlippe nach vorne. »Die ist natürlich vermindert. Jedoch liegt sie noch immer innerhalb der Sicherheitsgrenzen. Die ersten ›Nestors‹ wurden vor neun Monaten hierher geliefert. Bis jetzt haben sich keinerlei Schwierigkeiten gezeigt... und selbst die jetzige Schwierigkeit liegt eigentlich nur in der Angst, daß die ganze Sache herauskommt, nicht aber in der Gefahr für menschliche Wesen.«

»Na schön. Wir werden sehen, was die Konferenz morgen früh bringt.«

Bogert begleitete sie höflich zur Tür. Nachdem sie den Raum verlassen hatte, schnitt er eine vielsagende Grimasse. Er hatte keinen Grund, seine Meinung über sie zu ändern. Sie war eine nervöse und enttäuschte alte Jungfer.

Susan Calvins Gedankengang beschäftigte sich in keiner Weise mit Bogert. Schon vor Jahren hatte sie ihn als einen aalglatten, prätentiösen, sehr äußerlichen Mann abgetan.

Gerald Black hatte im vergangenen Jahr in Raumphysik promoviert. Ebenso wie alle anderen Physiker seiner Generation war er zutiefst interessiert an dem Problem hyperatomischer Antriebskraft. Er paßte glänzend in die allgemeine Atmosphäre der Zusammenkünfte, die nunmehr in Hyper-Basis stattfanden.

In seinem fleckigen weißen Laboratoriumskittel war er

teils rebellisch, teils völlig unsicher. Die Kraft, die in seiner untersetzten Gestalt lag, schien nach einem Ventil zu suchen, und mit seinen Fingern, die sich fast immer drehten oder krümmten, hätte er wohl einen eisernen Gitterstab aus der Wand reißen können.

Generalmajor Kallner saß neben ihm, während die zwei von der U. S. Robot Co. ihnen gegenüber Platz genommen hatten.

Black sagte: »Wie ich höre, war ich der letzte, der Nestor 10 gesehen hat, ehe er verschwand. Ich nehme an, Sie wollen mir gewisse Fragen stellen.«

Dr. Calvin betrachtete ihn interessiert. »Was Sie sagen, junger Mann, klingt fast so, als wären Sie Ihrer Sache nicht so ganz sicher. *Wissen* Sie denn nicht, ob Sie der letzte waren, der den Robot gesehen hat?«

»Gnädige Frau, er hat mit mir an den Feldgeneratoren gearbeitet und befand sich am Morgen seines Verschwindens bei mir. Ich weiß nicht, ob irgend jemand ihn nach zwölf Uhr mittags gesehen hat. Keiner gibt es jedenfalls zu.«

»Glauben Sie, daß uns jemand belügt?«

»Das kann ich nicht sagen und sage ich auch nicht. Andererseits will ich auch nicht einen eventuellen Vorwurf auf mir sitzen lassen.« Seine dunklen Augen schienen zu glühen.

»Das kommt ja auch gar nicht in Frage. Der Robot hat das, was er getan hat, auf Grund seiner eigenen Natur getan. Wir versuchen lediglich, ihn zu finden, Dr. Black. Alles andere interessiert uns nicht. Nun also – wenn Sie mit dem Robot zusammengearbeitet haben, so kennen Sie ihn vermutlich besser als jeder andere. Haben Sie an ihm jemals etwas Ungewöhnliches wahrgenommen? Haben Sie je zuvor mit Robots gearbeitet?«

»Ich habe hier mit anderen zusammengearbeitet – mit den einfachen. Aber die ›Nestors‹ sind nicht viel anders. Nur sind sie geschickter und verursachen bedeutend mehr Ärger.«

»Ärger? Wieso?«

»Na ja – vielleicht können sie gar nichts dafür. Die Arbeit hier ist hart, und die meisten von uns werden ein wenig überreizt. Es ist kein Vergnügen, sich den ganzen Tag mit dem ›Überraum‹ beschäftigen zu müssen.« Ein schwaches Lächeln erschien auf seinem Gesicht. Offenbar machte es ihm Freude, sich ein wenig anvertrauen zu können. »Ständig laufen wir Gefahr, ein Loch in das normale Raum-Zeit-Gewebe zu reißen und samt unserem Asteroiden aus dem Universum herauszufallen. Klingt ein bißchen verrückt, was? Natürlich ist man die ganze Zeit ein wenig kribbelig. Diesen Nestors aber macht das alles gar nichts aus. Die sind neugierig, ruhig und ohne Sorgen. Das allein genügt, um einen manchmal zum Wahnsinn zu treiben. Will man, daß etwas schnell geschieht – schnell wie der Blitz – *die* Kerle nehmen sich Zeit. Hin und wieder denk ich, wir wären besser dran ohne sie.«

»Sie sagen, die ›Nestors‹ lassen sich Zeit. Haben sie sich jemals geweigert, einen Befehl auszuführen?«

»Nein, absolut nicht.« Es kam hastig heraus. »Es ist gar nichts gegen sie zu sagen. Allerdings sagen sie einem, wenn sie glauben, man mache etwas falsch. Sie wissen über die ganze Sache nicht mehr, als sie von uns gelernt haben, aber das hält sie nicht davon ab, uns zu korrigieren. Vielleicht bilde ich mir das nur ein, aber ich glaube, daß alle hier die gleichen Schwierigkeiten mit ihren Nestors haben.«

General Kallner räusperte sich. »Und warum habe *ich* nie etwas von diesen Beschwerden erfahren?«

Der junge Physiker errötete. »Wir wollten die Arbeit nicht wirklich ohne die Robots verrichten, Sir, und überdies wußten wir nicht, wie man solche... ach... mehr oder weniger unwichtigen Beschwerden aufnehmen würde.«

Bogert unterbrach ihn sanft. »Hat sich an dem Morgen, als Sie ihn das letztemal sahen – ich meine diesen Robot – irgend etwas Besonderes zugetragen?«

Schweigen. Mit einer gelassenen Bewegung hielt Calvin den General, der im Begriff war etwas zu sagen, davon ab es zu tun. Geduldig warteten alle.

Dann sprach Black. Er tat es in einem Ausbruch von Ärger. »Ich hatte Schwierigkeiten mit ihm. Ich hatte an diesem Morgen eine Kimballröhre zerbrochen und war mit meinem gesamten Arbeitsprogramm fünf Tage im Rückstand. Mehr als zwei Wochen hatte ich von zu Hause keine Post bekommen. Und da kam er und wollte, daß ich ein Experiment, das ich bereits vor zwei Wochen aufgegeben hatte, wiederhole. Immer ärgerte er mich mit dieser Sache, und ich hatte es einfach satt. Ich sagte ihm, er solle machen, daß er wegkomme – und das war das Ende und seither hab' ich ihn nicht mehr gesehen.«

»Sie sagten ihm, er solle machen, daß er wegkomme?« fragte Dr. Calvin scharf und aufs höchste interessiert. »Genau mit diesen Worten? Sagten Sie ›Mach, daß du wegkommst?‹ Versuchen Sie bitte, sich Ihrer genauen Worte zu erinnern.«

Offenbar ging in Black ein innerer Kampf vor sich. Einen Augenblick legte er die Stirn in seine breite Hand, zog dann die Hand weg und sagte trotzig: »Genau hab' ich mich noch anders ausgedrückt. Ich habe gesagt: ›Hau ab, verlier dich irgendwo!‹«

Bogert lachte kurz auf. »Und genau das hat er dann auch getan, was?«

Aber Calvin war noch nicht fertig. Einschmeichelnd sagte sie: »Nun bekommen wir endlich Resultate, Mr. Black. Wichtig aber sind die genauen Einzelheiten. Um hinterher die Handlungsweise eines Robots verstehen zu können, ist jedes Wort wichtig, das gesprochen wurde, jede Geste, jede Betonung. Es kann doch wohl kaum möglich sein, daß Sie lediglich diese fünf Worte gesagt haben. Wie Sie selbst sagen, befanden Sie sich in miserabler Laune. Vielleicht haben Sie sich noch etwas kräftiger ausgedrückt, was?«

Der junge Mann errötete wieder. »Ja ja... vielleicht hab' ich das auch noch mit ein paar Schimpfnamen belegt.«

»Was für Schimpfnamen?«

»Ach, ganz genau weiß ich das nicht mehr. Überdies könnte ich sie vor Ihnen doch nicht wiederholen. Sie wissen ja selbst, wie man wird, wenn man sich aufregt.« Sein verlegenes Lachen klang fast wie das Kichern eines Mädchens. »Ich habe eine gewisse Neigung, Schimpfworte zu gebrauchen.«

»Das macht gar nichts«, antwortete sie mit affektierter Strenge. »Im Augenblick bin ich lediglich Psychologin. Ich möchte bitten, daß Sie so genau wie möglich wiederholen, was Sie an jenem Morgen sagten und – was fast noch wichtiger ist –, daß Sie es genau in dem Ton tun, den Sie damals gebrauchten.«

Black schaute seinen Vorgesetzten hilfesuchend an, aber ohne Erfolg. Seine Augen wurden rund und entsetzt. »Das kann ich doch gar nicht.«

»Sie müssen.«

»Wie wär's«, sagte Bogert, der sein Vergnügen nur

schlecht verbergen konnte, »wenn Sie mich anredeten. Vielleicht fällt es Ihnen dann leichter.«

Das scharlachrote Gesicht des jungen Mannes wandte sich Bogert zu. Er schluckte. »Ich sagte...« Seine Stimme versagte. Dann machte er einen erneuten Versuch. »Ich sagte...«

Und dann sog er eine ganze Menge Luft ein, und danach sprudelte er das, was er damals gesagt hatte, in einer langen Folge von Worten heraus. Schließlich schloß er, fast in Tränen...

»Das war's mehr oder weniger. Die genaue Reihenfolge der Schimpfnamen weiß ich nicht mehr. Und vielleicht hab' ich was vergessen oder was hinzugefügt, aber so ungefähr waren das meine Worte.«

Nur eine ganz feine Röte verriet, daß die Robotpsychologin irgend etwas empfand. Sie sagte: »Ich bin mir über die Bedeutung der meisten Worte, die Sie gebrauchten, im klaren. Ich nehme an, daß diejenigen, die ich nicht kenne, die gleiche abschätzige Bedeutung haben wie die anderen.«

»Leider ja«, stimmte der gequälte Black zu.

»Und zu alledem sagten Sie ihm, er solle abhauen, solle sich verlieren.«

»Das meinte ich natürlich nur bildlich.«

»Darüber bin ich mir im klaren. Ich bin sicher, daß deswegen kein Disziplinarverfahren gegen Sie eröffnet werden wird.« Sie warf dem General einen fragenden Blick zu, der – obwohl er fünf Sekunden früher dessen gar nicht so sicher gewesen war – zustimmend nickte.

»Sie können jetzt gehen, Mr. Black. Ich danke Ihnen für Ihre Mitarbeit.«

Susan Calvin brauchte fünf Stunden, um die dreiundsechzig Robots zu verhören. Es waren dies fünf Stunden ewiger Wiederholungen. Ein Robot löste den anderen ab. Fortgesetzt wurden die gleichen Fragen A, B, C und D gestellt, worauf die Antworten A, B, C und D gegeben wurden. Alles wurde mit sorgfältiger Milde behandelt, in einem sorgfältig neutralen Ton und einer sorgfältig freundlichen Atmosphäre. Und alles wurde von einem versteckten Aufnahmegerät festgehalten.

Als sie schließlich fertig war, hatte die Psychologin ein Gefühl, als sei alle Lebenskraft aus ihr gewichen.

Bogert wartete auf sie. Erwartungsvoll schaute er sie an, während sie die Drahtspule des Aufnahmeapparates erschöpft auf sein Pult fallen ließ.

Sie schüttelte den Kopf. »Alle dreiundsechzig schienen mir ein und derselbe Robot zu sein. Ich könnte nicht sagen...«

Er unterbrach sie. »Natürlich nicht. Nach dem Gehör allein war das ja auch unmöglich, Susan. Wie wär's, wenn wir die Bandaufnahme hier einmal analysierten.«

Selbst in gewöhnlichen Fällen ist die mathematische Interpretation verbaler Robotreaktionen einer der kompliziertesten Zweige der Robotanalyse. Hierfür ist ein ganzer Stab gutausgebildeter Techniker erforderlich sowie die Hilfe komplizierter Rechenmaschinen. Bogert wußte das, und nachdem er jede einzelne Aufnahme angehört und sich Listen von Wortabweichungen und Kurven über Antwortpausen gemacht hatte, räumte er diese Tatsache auch ein, ohne sich allerdings seinen tiefen inneren Ärger anmerken zu lassen.

»Hier zeigen sich keinerlei Anomalien, Susan. Die Wortvariationen sowie die Zeitreaktionen liegen innerhalb der Grenzen gewöhnlicher Häufigkeitsgruppierungen. Wir benötigen feinere Methoden. Es muß hier ja wohl Rechenmaschinen geben. Ach nein« – er runzelte die Stirn und nagte sehr delikat an seinem Daumennagel – »Rechenmaschinen können wir ja gar nicht benutzen. Die Gefahr, daß dann etwas herauskäme, wäre ja viel zu groß. Oder wenn wir vielleicht...«

Mit ungeduldiger Geste brachte Dr. Calvin ihn zum Verstummen. »Ich bitte Sie, Peter. Hier handelt es sich nicht um eines Ihrer hübschen Laboratoriumsprobleme. Können wir nicht den modifizierten Nestor durch irgendeinen groben Unterschied, der für das nackte Auge erkennbar ist, determinieren – durch einen Unterschied, über den es überhaupt keinen Zweifel geben kann – ich sage, können wir das nicht, dann ist alles aus. Die Gefahr eines Irrtums, durch den der Richtige uns entkommen könnte, ist viel zu groß. Es genügt nicht, eine winzige Abweichung in einer Kurve festzustellen. Ich kann Ihnen jetzt schon sagen, daß ich, wenn ich nichts in die Hand bekomme als eine derartige minimale Differenz, alle vernichten lasse, nur um ganz sicher zu sein. Haben Sie schon mal mit den anderen modifizierten Nestors gesprochen?«

»Jawohl, das habe ich getan«, antwortete Bogert schnippisch, »und ich kann Ihnen berichten, daß denen mal bestimmt nichts fehlt. Wenn man überhaupt was sagen kann, so wäre es lediglich, daß ihre Freundlichkeit über das Normalmaß hinausgeht. Sie beantworteten meine Fragen, waren stolz auf ihr Wissen – außer den zwei neuen, die noch nicht die Zeit hatten, Raumphysik zu erlernen. In freundlichster Weise lachten sie mich wegen meiner Unwissenheit in manchen hier erforderlichen Spezialkenntnissen aus.« Er zuckte mit den Schultern. »Ich nehme an, daß hierauf das Ressentiment mancher hier beschäftigten Techniker gegen sie beruht. Die Robots sind vielleicht zu sehr geneigt, mit ihren größeren Kenntnissen Eindruck machen zu wollen.«

»Könnten Sie ein paar planare Reaktionen prüfen – nur um herauszufinden, ob seit ihrer Herstellung irgendwelche Änderungen eingetreten sind, irgendwelche Verschlechterung ihrer geistigen Beschaffenheit?«

»Das werde ich tun.« Er drohte ihr mit dem Finger. »Sie verlieren den Mut, Susan. Ich verstehe nicht, warum Sie die ganze Geschichte so dramatisieren. Die Dinger sind im Grunde genommen völlig harmlos.«

»Wirklich?« Calvin fing Feuer. »Sind sie das wirklich? Verstehen Sie nicht, daß einer von ihnen lügt? Einer von den dreiundsechzig, die ich interviewt habe, hatte mich, trotz strengster Ermahnung, bei der Wahrheit zu bleiben, absichtlich angelogen. Die Abnormität, die so zutage trat, ist grauenhaft und beängstigend.«

Peter Bogert spürte, wie seine Zähne sich aufeinanderpreßten. Er sagte. »Keineswegs. Sehen Sie mal her! Man hat Nestor 10 befohlen, sich zu verlieren. Dieser Befehl wurde ihm mit allerhöchster Eindringlichkeit von der Person gegeben, die in höchstem Maße dazu berufen ist, ihn zu kommandieren. Diesem Befehl können Sie weder durch noch größere Eindringlichkeit noch durch höhere Autorität entgegenwirken. Ganz natürlicherweise wird der Robot versuchen, die Durchführung dieses Befehls zu sichern. Wie die Dinge liegen, bewundere ich geradezu seine Erfindungsgabe. Wie kann ein Robot sich besser verlieren als dadurch, daß er sich unter einer Gruppe identischer Robots versteckt?«

»Jawohl, man könnte es bewundern. Ich habe Sinn für Humor in Ihnen entdeckt, Peter – Humor und einen erschreckenden Mangel an Verständnis. Sind Sie ein Robotspezialist, Peter? Diese Robots messen allem, was sie als Überlegenheit betrachten, große Bedeutung bei. Genau das haben Sie ja eben selbst gesagt. Im Unterbewußtsein haben sie das Gefühl, daß Menschen ihnen unterlegen sind, und in diesem Falle nun ist das Erste Gesetz, das uns vor ihnen beschützen soll, nur unvollkommen wirksam. Sie sind nicht stabil. Und nun ist da plötzlich ein junger Mann, der einem Robot befiehlt, ihn zu verlassen, sich zu verlieren, und der das mit allen Anzeichen des Ekels, der Verachtung und der Ablehnung tut. Zugegeben, daß dieser Robot Order pariert, aber im Unterbewußtsein lehnt er den Befehl ab. Für dieses Ding wird es noch wichtiger werden, als es zuvor schon war, zu beweisen, daß es überlegen ist trotz aller Schimpfnamen, mit denen er bedacht wurde. So wichtig könnte dieses Gefühl werden, daß der Teil, der vom Ersten Gesetz noch übrig ist, nicht mehr genügt.«

»Wie kann im Himmel oder auf Erden ein Robot die Bedeutung dieser gegen ihn gebrauchten Schimpfworte kennen? Flüche gehören nicht zu den vielfältigen Möglichkeiten, mit denen sein Gehirn im Herstellungsprozeß gespeist wurde.«

»Die ursprüngliche Anlage bedeutet ja keineswegs alles«, fauchte Calvin ihn an. »Robots besitzen Lernfähigkeit, Sie... Sie Idiot...« Und Bogert spürte, daß sie sich nicht mehr beherrschen konnte. Sie aber fuhr heftig fort: »Glauben Sie nicht, daß der Robot allein aus dem Ton der Worte erkennen konnte, daß sie nicht als Komplimente gemeint waren? Und nehmen Sie nicht an, daß er die Worte hier schon früher gehört hatte und wohl wußte, bei welcher Gelegenheit man sich ihrer bediente?«

»Na schön«, rief Bogert, »wollen Sie mir dann freundlichst sagen, auf welche Art und Weise ein modifizierter Robot einen Menschen verletzen kann, ganz gleich, wie sehr er selbst beleidigt wurde, und ganz gleich, wie brennend die Begierde, die eigene Überlegenheit zu beweisen, auch sein mag?«

»Wenn ich Ihnen als Beispiel einen Weg sage, werden Sie dann still sein?«

»Jawohl.«

Sie starrten sich gegenseitig mit ärgerlichen Augen an.

Die Psychologin sagte: »Wenn ein modifizierter Robot ein schweres Gewicht auf einen Menschen fallen ließe, so würde er damit nicht das Erste Gesetz verletzen – vorausgesetzt, er täte es in dem Bewußtsein, daß seine Stärke und seine Reaktionsschnelligkeit ausreichten, um das Gewicht aufzufangen, ehe es den Menschen trifft. Sobald es aber einmal seine Finger verlassen hätte, wäre der Robot nicht mehr das aktive Medium. Wirksam wäre dann einzig und allein die blinde Kraft der Anziehung. In diesem Augenblick könnte der Robot seine Meinung ändern und lediglich durch seine Untätigkeit es zulassen, daß das Gewicht den Menschen zerschmetterte. Das modifizierte Erste Gesetz gibt ihm diese Möglichkeit.«

»Da gehört aber schon eine ganz gewaltige Fantasie dazu, um sich so was vorzustellen.«

»Fantasie ist in meinem Beruf manchmal dringend erforderlich. Peter, wir wollen nicht streiten. Gehn wir an die Arbeit! Sie kennen die genaue Natur des Anreizes, der den Robot dazu brachte, sich zu verlieren. Sie besitzen alle Angaben über seine ursprünglichen Anlagen. Ich möchte gerne, daß Sie mir sagen, wie groß die Möglichkeit ist, daß unser Robot etwa das tut, was ich soeben auseinandergesetzt habe. Ich will natürlich nicht einen speziellen Fall geschildert haben, sondern die ganze von mir ungefähr aufgezeigte Reaktionsgruppe. Und diese Angaben möchte ich so schnell wie möglich.«

»Und inzwischen...«

»Inzwischen müssen wir Versuche machen, die sich ganz unmittelbar mit der Reaktion der Robots in Situationen befassen, die unter das Erste Gesetz fallen.«

Auf seinen eigenen Wunsch überwachte Gerald Black selbst die Errichtung der hölzernen Trennwände, die in dem gewölbeartigen dritten Stock des ›Strahlungsbaues Nr. 2‹ in einem Kreis angeordnet wurden. Meistens arbeiteten die Leute schweigend, aber hie und da stellte doch der eine oder andere die Frage, was wohl die dreiundsechzig Fotozellen bedeuteten, die installiert werden mußten.

Einer von ihnen ließ sich in Blacks Nähe nieder und wischte sich mit dem sommersprossigen Unterarm die Stirn.

Black nickte ihm zu. »Na, wie geht's, Walensky?«

Walensky zuckte mit den Schultern und zündete sich eine Zigarre an. »Vortrefflich! Kannst du mir vielleicht sagen, was hier vorgeht? Erst gibt's drei Tage lang überhaupt keine Arbeit und dann auf einmal diese Sache hier mit all den Wänden und Geschichten.« Er lehnte sich rückwärts auf seine Ellenbogen und blies dicke Rauchwolken vor sich hin.

Black zog die Augenbrauen zusammen. »Zwei Robotfachleute von der Erde sind hier angekommen. Erinnerst du dich an die Schwierigkeiten, die wir mit all den Robots hatten, die in die Gammafelder hineinrannten, bis es uns schließlich gelang, den Dingern klarzumachen, daß sie das nicht tun durften?«

»Natürlich. Haben wir aber nicht neue Robots bekommen?«

»Ein paar wurden durch neue ersetzt. Zum größten Teil aber wurde das Problem durch Indoktrination gelöst. Wie dem auch sei, die Leute, die Robots herstellen, wollen etwas erfinden, das bewirkt, daß Gammastrahlen auf positronische Gehirne keine Schädigungen mehr ausüben.«

»Kommt einem dennoch komisch vor, alle Arbeit an dem Projekt für diese Robotsache einzustellen. Ich dachte immer, *nichts* dürfe die Herstellung des Antriebswerkes aufhalten.«

»Da kann ich nur sagen, daß das die Sache des Herrn droben ist. Was mich angeht – ich führe aus, was man befiehlt. Wahrscheinlich alles 'ne Protektionsgeschichte...«

»Natürlich«, lächelte der Elektriker und blinzelte verschmitzt. »Jemand kennt jemand in Washington. Mir kann's egal sein, solange mein Gehalt pünktlich kommt. Das Antriebswerk selbst geht mich 'nen Dreck an. Und was soll denn nun hier oben vor sich gehen?«

»Mich fragst du das? Die beiden haben eine ganze Masse Robots mitgebracht – mehr als sechzig Stück, und da werden sie nun wohl hier Reaktionen messen oder so was. Mehr weiß ich selbst auch nicht.«

»Wie lange wird das dauern?«

»Hab' keine Ahnung.«

»Na ja«, sagte Walensky mit ungeschicktem Sarkasmus, »solange sie mir meine Moneten zahlen, können sie sich von mir aus hier mit ihren Spielen amüsieren bis zum Ende meines Lebens.«

Black schaute ihm mit Befriedigung nach. Die Geschichte würde sich weiterverbreiten. Sie war harmlos und so nahe der Wahrheit, daß sie alle neugierigen Fragen beantwortete.

Ein Mann saß unbeweglich und schweigend auf seinem Stuhle. Ein Gewicht fiel auf ihn herunter, wurde dann im letzten Moment, ehe es den Mann traf, von einem plötzlichen Kraftfeld zur Seite gerissen. In dreiundsechzig hölzernen Zellen sprangen diesen Vorgang beobachtende NS-2-Robots, ehe das Gewicht abgelenkt wurde, vorwärts. Dreiundsechzig Fotozellen setzten die Registrierschreiber in Bewegung, die eine kleine Zacke auf ein Stück Papier kritzelten. Das Gewicht hob sich und fiel herunter, hob sich und fiel herunter...

Zehnmal.

Zehnmal sprangen die Robots vorwärts und fingen das Gewicht auf, während der Mann ruhig und sicher auf seinem Stuhle saß.

Generalmajor Kallner hatte seit dem Essen mit den Robotfachleuten nicht mehr seine vollständige Uniform getragen. Auch jetzt trug er nichts über seinem blaugrauen Hemd, dessen Kragen über einer gelockerten Krawatte offenstand. Er schaute Bogert, der noch immer genauso geschniegelt und gebügelt war und dessen innere Spannung höchstens durch ein paar große glänzende Schweißtropfen an den Schläfen verraten wurde, hoffnungsvoll an.

Der General sagte: »Na, wie sieht's aus? Was versuchen Sie herauszufinden?«

Bogert antwortete: »Einen Unterschied, der – wie ich fürchte – für unsere Zwecke vielleicht ein wenig zu subtil sein wird. Für zweiundsechzig dieser Robots war die Notwendigkeit, vorwärts zu springen und dem anscheinend gefährdeten menschlichen Wesen zu Hilfe zu kommen, das, was wir eine Zwangsreaktion nennen. Verstehen Sie – selbst als die Robots wußten, daß der betreffende Mensch in Wirklichkeit nicht verletzt werden würde – und bestimmt wußten sie dies nach dem dritten und vierten Male –, konnten sie es nicht verhindern so zu reagieren, wie sie es taten. Das Erste Gesetz zwingt sie dazu.«

»Nun?«

»Der dreiundsechzigste Robot aber, der modifizierte Nestor, empfand keinen derartigen Zwang. Er konnte frei handeln. Hätte er gewollt, er hätte sitzenbleiben können. Unglücklicherweise« – und hier bekam seine Stimme einen leicht bedauernden Klang – »tat er uns diesen Gefallen nicht.«

»Und warum wohl nicht?«

Bogert zuckte mit den Schultern. »Ich nehme an, Dr. Calvin wird uns dies sagen, wenn sie hierherkommt. Überdies wird sie uns wahrscheinlich eine furchtbar pessimistische Interpretation liefern. Manchmal geht sie einem wirklich etwas auf die Nerven.«

»Sie ist aber doch eine hochqualifizierte Person, oder nicht?« fragte der General, der plötzlich beunruhigt schien.

»Unbedingt.« Bogert schien sich zu amüsieren. »Sie ist hochqualifiziert. Sie versteht die Robots, als wäre sie ihre Schwester – was vermutlich daher kommt, daß sie Menschen so sehr haßt. Was ich sagen will, ist einfach, daß sie – Psychologin hin und Psychologin her – hochgradig neurotisch ist. Hat paranoide Züge. Nehmen Sie sie bitte nicht allzu ernst!«

Er breitete in langer Reihe die Kurven vor sich aus. »Sie sehen, Herr General, daß im Falle jedes einzelnen Robots das Zeitintervall zwischen dem Augenblick des Falles und dem Ende der Robotbewegungen die Tendenz zeigt sich zu vermindern, je öfter man die Versuche wiederholt. Es gibt eine ganz bestimmte mathematische Relation für diese Dinge, und Nichtkonformität mit diesen Normen würde unbedingt eine gewichtige Abnormität des positronischen Gehirns anzeigen. Unglücklicherweise erscheinen hier keinerlei Abweichungen.«

»Wenn nun aber unser Nestor 10 doch nicht mit einer Zwangshandlung reagierte, warum ist dann seine Kurve nicht verschieden? Das verstehe ich nicht.«

»Ist aber ganz einfach. Robotreaktionen sind nicht vollständig analog menschlichen Reaktionen – leider! Bei uns Menschen ist eine freiwillige Handlung bedeutend langsamer als eine Reflexhandlung. Dies ist aber bei Robots nicht der Fall. Bei diesen handelt es sich lediglich um die Frage der Freiheit in der Auswahl der Mittel. Darüber hinaus sind die Schnelligkeiten freier und zwangsläufiger Handlung völlig gleich. Was ich allerdings erwartet hatte, war, daß Nestor 10 das erstemal überrascht sein und dadurch ein größerer Zwischenraum bis zu seiner Reaktion sichtbar werden würde.«

»Und dies geschah nicht.«

»Leider nein.«

»Dann haben wir also gar nichts geschafft.« Der General lehnte sich mit schmerzlichem Ausdruck zurück. »Sie sind jetzt bereits fünf Tage hier.«

An diesem Punkt der Unterhaltung trat Susan Calvin ein. Sie warf die Tür hinter sich zu. »Legen Sie Ihre Kurven weg, Peter«, rief sie. »Sie wissen ja selbst, daß sie uns gar nichts zeigen.«

Ungeduldig murmelte sie irgend etwas vor sich hin, während Kallner sich halb aus seinem Sessel erhob, um sie zu begrüßen, und fuhr dann fort: »Wir müssen schnell etwas Neues versuchen. Die Situation gefällt mir ganz und gar nicht.«

Bogert wechselte einen resignierten Blick mit dem General. »Ist etwas los?«

»Sie meinen was Bestimmtes? Nein. Mir gefällt's aber nicht, daß Nestor 10 sich uns noch immer entzieht. Das ist schlimm. Das muß ja seinem ohnehin bereits aufgeblasenen Überlegenheitsgefühl ungeheuer schmeicheln. Leider glaube ich, daß sein Motiv nicht mehr allein darin besteht, daß er einen ihm erteilten Befehl ausführt. Ich bin der Meinung, daß er mehr und mehr den Wunsch hat, Menschen zu überlisten. Daraus aber erwächst eine gefährliche und recht unangenehme Lage. Peter, haben Sie getan, um was ich Sie gebeten habe? Haben Sie die Instabilitätsfaktoren der modifizierten NS 2 nach meinen Richtlinien ausgearbeitet?«

»Ich bin dabei«, sagte der Mathematiker uninteressiert.

Einen Augenblick starrte sie ihn ärgerlich an, wandte sich dann Kallner zu. »Nestor 10 ist fraglos völlig im Bilde darüber, was wir tun. Er hatte keinen Grund, bei diesem Experiment, das Sie machten, anzubeißen, ganz besonders nicht nach dem ersten Male, als er erkannte, daß tatsächlich für den Menschen gar keine wirkliche Gefahr bestand. Die anderen konnten gar nicht anders. Er aber täuschte absichtlich eine Reaktion vor.«

»Was also sollen wir nach Ihrer Ansicht jetzt unternehmen, Dr. Calvin?«

»Wir müssen es ihm das nächste Mal unmöglich machen, eine Reaktion zu simulieren. Wir werden das Experiment wiederholen, aber mit einer Ergänzung. Hochspannungskabel, die imstande sind, die Nestormodelle zu vernichten, werden zwischen den Robot und den Menschen placiert werden – und zwar so viele, daß es für den Robot unmöglich sein wird, sie zu überspringen. Wir werden dann die Robots darüber informieren, daß die Berührung mit den Kabeln unweigerlich ihren Tod bedeutet.«

»Moment mal«, sagte Bogert mit plötzlicher Wut. »Das kommt überhaupt nicht in Frage. Wir werden unter keinen Umständen Robots im Werte von zwei Millionen

Dollar vernichten, nur um Nestor 10 herauszufinden. Es gibt noch andere Wege.«

»Wissen Sie das bestimmt? Bis jetzt haben Sie keinen gefunden. Und ohnehin denke ich ja selbst ebensowenig an so etwas. Wir können einen Stromunterbrecher einrichten, der im Augenblick, in dem man den Draht mit einem Gewicht belastet, wirksam wird. Sollte der Robot nun sein Gewicht auf den Draht legen, so stirbt er nicht. Das ist ihm aber natürlich nicht bekannt, verstehen Sie?«

Die Augen des Generals leuchteten hoffnungsvoll auf. »Wird *das* zum Erfolg führen?«

»Man sollte es meinen. Unter diesen Bedingungen müßte Nestor 10 eigentlich sitzen bleiben. Man könnte ihm natürlich befehlen, die Drähte zu berühren und zu sterben, da ja das Zweite Gesetz, das Gehorsamsgesetz, stärker ist als das Dritte, das Selbsterhaltungsgesetz. Wir *werden's* ihm aber nicht befehlen. Wir werden ihn vielmehr, wie alle anderen Robots auch, sich selbst überlassen. Im Falle der normalen NS-2-Modelle liegt die Sache dann so, daß das Erste Gesetz der menschlichen Sicherheit sie auch ohne unseren Befehl in den vermeintlichen Tod treiben wird. Nicht aber unseren Nestor 10. Ohne das ganze Erste Gesetz und ohne daß er spezielle Befehle erhalten hat, wird bei ihm das Dritte Gesetz, das der Selbsterhaltung, das wichtigste sein. So wird er keine andere Wahl haben als sitzen zu bleiben, wo er sitzt. Für ihn bedeutet dies eine Zwangshandlung und er kann gar nicht anders.«

»Wird dies dann heute Nacht vor sich gehen?«

»Heute Nacht«, sagte die Psychologin, »wenn die Kabel rechtzeitig gelegt werden können. Ich werde jetzt die Robots über das, was ihnen bevorsteht, verständigen.«

Ein Mann saß unbeweglich und schweigend auf einem Stuhle. Ein Gewicht fiel auf ihn herunter, wurde dann im letzten Moment, ehe es den Mann traf, von einem plötzlichen Kraftfeld zur Seite gerissen.

Nur ein einziges Mal.

Dann erhob sich Dr. Susan Calvin mit einem Stöhnen des Grauens von einem Feldstuhl in der Beobachtungszelle auf dem Balkon. Dreiundsechzig Robots saßen gelassen auf ihren Stühlen und starrten mit Eulenaugen auf den gefährdeten Mann vor ihnen. Nicht einer bewegte sich.

Dr. Calvin war ärgerlich – so ärgerlich, daß sie es kaum noch ertragen konnte. Ihr Ärger wurde noch besonders dadurch vergrößert, daß sie nicht wagen durfte, ihn vor den Robots zu zeigen, die einer nach dem anderen hereinkamen und dann wieder gingen. Sie kontrollierte eine Liste. Der nächste war Nummer achtundzwanzig. Danach standen ihr noch fünfunddreißig weitere bevor.

Nummer achtundzwanzig trat bescheiden ein.

Sie zwang sich selbst bis zu einem gewissen Grade zur Ruhe. »Und wer bist du?«

Der Robot antwortete mit leiser unsicherer Stimme: »Ich habe bis jetzt noch keine Nummer erhalten, Madame. Ich bin ein NS-2-Robot und ich war draußen der achtundzwanzigste in der Reihe. Ich habe hier ein Stück Papier, das ich Ihnen geben soll.«

»Du warst heute noch nicht hier drin?«

»Nein, Madame.«

»Setz dich! Hierher. Ich will dir ein paar Fragen stellen. Befandest du dich vor etwa vier Stunden im Strahlungsraum des Baues Nr. 2?«

Dem Robot bereitete die Antwort Schwierigkeiten. Dann kam sie heraus, heiser und quietschend. »Jawohl, Madame.«

»Ein Mann befand sich dort, der fast verletzt wurde, nicht wahr?«

»Jawohl, Madame.«

»Und du hast nichts getan, oder?«

»Nein, Madame.«

»Der Mann hätte durch eine Untätigkeit zu Schaden kommen können. Weißt du das?«

»Jawohl, Madame. Ich konnte nicht anders, Madame.«

Es ist schwer sich vorzustellen, daß eine große ausdruckslose Metallfigur sich dreht und windet – aber das, genau das tat der Robot.

»Ich will jetzt, daß du mir genau erzählst, warum du nichts unternommen hast, um den Mann zu retten.«

»Ich will das gerne erklären, Madame. Ich möchte wirklich nicht, daß Sie oder daß andere von mir denken, daß ich irgend etwas tun könnte, das einem Herrn und Meister Schaden zufügt. O nein, das wäre eine schreckliche ... ein unvorstellbare ...«

»Bitte, reg dich nicht auf, Junge! Ich mache dir absolut keine Vorwürfe. Ich möchte nur, daß du mir sagst, was in jenem Augenblick deine Gedanken waren.«

»Madame, ehe das alles geschah, sagten Sie uns, daß einer der Meister von jenem fallenden Gewicht gefährdet werden würde und daß wir, wenn wir ihn retten wollten, elektrisch geladene Kabel zu überschreiten hätten. Madame, das hätte mich nicht aufgehalten. Was bedeutet schon meine Zerstörung verglichen mit der Sicherheit eines menschlichen Wesens? Aber ... Aber es fiel mir ein, daß, wenn ich auf meinem Weg zu ihm zu Grunde ginge, ich ohnehin nicht in der Lage sein würde, ihn zu retten. Das Gewicht würde ihn zerschmettern, und dann wäre ich selbst ja zwecklos gestorben, und eines Tages würde vielleicht ein anderer Meister verletzt werden, den ich, wäre ich am Leben geblieben, hätte retten können. Verstehen Sie mich, Madame?«

»Du willst sagen, daß du nur die Wahl hattest zwischen zwei Dingen. Entweder starb der Mensch allein oder ihr starbt beide zusammen. Stimmt das?«

»Jawohl, Madame. Es war unmöglich, den Meister zu retten. Er konnte als tot angesehen werden. In diesem Falle ist es unvorstellbar, daß ich mich für nichts selbst zerstöre, das heißt natürlich ohne Befehl.«

Die Robotpsychologin spielte mit ihrem Bleistift. Die gleiche Geschichte mit nur unwesentlichen Abweichungen in den Ausdrücken hatte sie bereits siebenundzwanzigmal gehört. Was nun kam, war die entscheidende Frage.

»Junge«, sagte sie, »deine Art zu denken hat eine gewisse Berechtigung. Dennoch sind dies nicht die Gedanken, die ich eigentlich von dir erwartete. Hast du dir das alles selbst ausgedacht?«

Der Robot zögerte. »Nein.«

»Und wer war derjenige, dem dieser Gedanke kam?«

»Wir haben gestern abend darüber gesprochen, und da kam einem von uns die Idee, und sie schien uns allen sehr vernünftig.«

»Und wer war derjenige?«

Der Robot dachte angestrengt nach. »Ich weiß nicht. Einer von uns eben.«

Sie seufzte. »Das ist alles.«

Nummer neunundzwanzig war der nächste. Danach kamen vierunddreißig weitere.

Auch Generalmajor Kallner war ärgerlich. Eine ganze Woche lang hatte jede Tätigkeit auf Hyper-Basis geruht. Nur in den Büros auf den Asteroiden der Gruppe waren ein paar Leute beschäftigt gewesen. Fast eine ganze Woche lang hatten die beiden größten Experten auf diesem Gebiet die Situation mit nutzlosen Versuchen erschwert. Und nun machten die beiden – oder zumindest machte die Frau – zu allem Überfluß auch noch völlig unmögliche Vorschläge.

Zum Glück für die allgemeine Lage empfand Kallner es als politisch unklug, seinen Ärger öffentlich zu zeigen.

Susan war im Begriff, ihn zu bedrängen. »Warum nicht, Sir? Es ist ganz klar, daß die gegenwärtigen Umstände unglücklich genannt werden können. Der einzige Weg, auf dem wir vielleicht in der Zukunft zu Resultaten gelangen werden – wenn wir in dieser Angelegenheit überhaupt noch eine Zukunft haben – ist der, daß wir die Robots voneinander trennen. Keinesfalls können wir sie länger beieinander lassen.«

»Meine liebe Frau Dr. Calvin«, sagte der General mit einer Stimme, die in die tieferen Baritonlagen absank, »ich kann mir nicht denken, wie ich es fertigbringen soll, dreiundsechzig Robots über die ganze Gegend verstreut unterzubringen.«

Dr. Calvin hob hilflos den Arm. »In diesem Fall kann ich nichts mehr tun. Nestor 10 wird entweder das imitieren, was die anderen Robots tun oder sie mit logischen Argumenten dazu bringen, das nicht zu tun, was er selbst nicht tun kann. Beides ist schlecht für uns. Wir befinden uns in einem tatsächlichen Kampf mit diesem kleinen verlorenen Robot, und er ist im Begriff, uns zu besiegen. Jeder Triumph, den wir ihm lassen, erhöht seine Anomalie.«

Entschlossen stand sie auf. »General Kallner, wenn Sie nicht – wie ich es verlange – alle dreiundsechzig Robots voneinander trennen, dann muß ich leider die Forderung stellen, daß alle sofort vernichtet werden.«

»Sie fordern – was?« Bogert schaute plötzlich auf und dieses Mal wirklich verärgert. »Was gibt Ihnen das Recht, eine derartige Forderung zu stellen? Diese Robots bleiben ganz genau wie sie sind. *Ich* bin verantwortlich für die geschäftliche Leitung, nicht Sie.«

»Und ich«, fügte Generalmajor Kallner hinzu, »bin dem Welt-Koordinator verantwortlich... und daher muß dieses Problem gelöst werden.«

»In diesem Falle«, brauste Dr. Calvin auf, »bleibt mir nur eines übrig, und das ist: mein Amt niederzulegen. Ich werde, um die nötige Vernichtung dieser Robots zu erzwingen – wenn es gar nicht anders geht – diese ganze Geschichte veröffentlichen. *Ich* selbst habe ja der Herstellung dieser modifizierten Modelle nicht zugestimmt.«

»Ein einziges Wort von Ihnen, Dr. Calvin«, sagte der General langsam, »eine einzige Bemerkung, die die Sicherheitsmaßnahmen der Regierung verletzt, und Sie wandern ins Gefängnis.«

Bogert spürte, daß die Sache, wenn es in dieser Art weiterging, bald völlig verfahren sein würde. Er versuchte zu dämpfen. »Sachte, sachte! Wir benötigen lediglich etwas mehr Zeit. Wir werden doch schließlich einen Robot überlisten können, ohne gleich unsere Ämter niederzulegen oder Leute einzusperren oder zwei Millionen Dollar zu vernichten.«

In verhaltener Wut wandte sich die Psychologin ihm zu. »Ich lasse es nicht zu, daß solche Robots, die sich nicht im inneren Gleichgewicht befinden, existieren. Wir haben bereits einen Nestor, der völlig aus dem Gleichgewicht geraten ist, elf weitere, die potentiell zur gleichen Gruppe gehören, und zweiundsechzig normale Robots, die aber einer aus dem Gleichgewicht gekommenen Umgebung ausgesetzt sind. Die einzige absolut sichere Rettung ist, sie alle zusammen völlig zu vernichten.«

Das Summen eines Signals brachte sie alle zum Verstummen. Der Wirbel ihrer nicht mehr beherrschten Gefühlsregungen erstarrte plötzlich.

»Herein«, brummte Kallner.

Es war Gerald Black. Er sah verstört aus. Er hatte ärgerliche Stimmen gehört. Er sagte: »Ich dachte, ich käme am besten gleich selber. Ich wollte keinen anderen darum bitten.«

»Was ist los? Halten Sie keine langen Reden!«

»Jemand hat an den Schlössern der C-Abteilung des Handelsfahrzeuges herumgewirtschaftet. Sie zeigen frische Kratzer.«

»Abteilung C?« rief Calvin schnell. »Das ist doch die Abteilung, in der sich die Robots befinden, ja? Wer ist das gewesen?«

»Es geschah von innen«, antwortete Black lakonisch.

»Die Schlösser funktionieren aber noch, was?«

»Jawohl. Es ist alles in Ordnung. Ich habe das Schiff jetzt vier Tage lang genau überwachen lassen, und keiner von ihnen hat versucht herauszukommen. Ich dachte aber, Sie sollten es wissen, und ich wollte nicht, daß es allgemein bekannt würde. Die Kratzer habe ich selber bemerkt.«

»Ist jetzt jemand da, der das Fahrzeug überwacht?« wollte der General wissen.

»Ich habe Robbins und McAdams dort gelassen.«

Ein nachdenkliches Schweigen folgte. Dann sagte Dr. Calvin ironisch: »Na, was sagen Sie nun?«

Kallner rieb sich unsicher die Nase. »Was soll das Ganze?«

»Ist es nicht ganz offensichtlich? Nestor 10 hat die Absicht zu verschwinden. Dieser Befehl, sich zu verlieren, beherrscht seine Anomalie stärker als alles andere. Ich wäre keineswegs überrascht, wenn das, was noch von dem Ersten Gesetz in ihm existiert, nur knapp ausreichte, um den Drang zum Verschwinden zu kompensieren. Er ist durchaus imstande, sich des Fahrzeugs zu bemächtigen und mit dessen Hilfe abzufahren. Dann haben wir einen verrückten Robot in einem Raumschiff. Was wird er nun wohl als nächstes anstellen? Wollen Sie die ganze Bande noch immer beieinander lassen?«

»Unsinn«, unterbrach sie Bogert. Er hatte seine alte Glätte zurückgewonnen. »All dies konstruieren Sie aus ein paar Kratzern an einer Tür.«

»Haben Sie, Dr. Bogert, die von mir verlangte Analyse fertig, da Sie ja hier solch feste und bestimmte Meinungen äußern?«

»Ja.«

»Darf ich sie sehen?«

»Nein.«

»Und warum nicht? Oder darf ich diese Frage vielleicht auch nicht stellen?«

»Weil es keinen Sinn hat, Susan. Ich habe Ihnen schon von Anfang an gesagt, daß diese modifizierten Robots weniger innere Stabilität besitzen als die normale Sorte, und dies wird von meiner Analyse bestätigt. Die sehr kleine Möglichkeit eines Zusammenbruches unter äußerst extremen Umständen läßt sich nicht leugnen. Daß solche Umstände aber eintreten, ist nicht wahrscheinlich. Belassen Sie es bitte bei dieser Darstellung. Ich werde Ihnen bestimmt keine neuen Gründe liefern für Ihre absurde Forderung, daß zweiundsechzig vollkommen einwandfreie Robots zerstört werden sollen, nur weil Sie nicht in der Lage sind, Nestor 10 unter ihnen herauszufinden.«

Susan Calvin schaute ihn an, bis er die Augen senkte. Ein Ausdruck von Abscheu lag auf ihrem Gesicht. »Sie werden es nicht zulassen, daß irgend etwas geschieht, das Ihrer Chance, Generaldirektor der Gesellschaft zu werden, Abbruch tut, was?«

»Aber ich bitte Sie«, bat Kallner gereizt. »Bestehen Sie darauf, Dr. Calvin, daß es nichts anderes gibt, was man noch tun könnte?«

»Ich kann mir absolut nichts denken«, antwortete sie müde. »Wenn zwischen Nestor 10 und den normalen Robots nur noch andere Unterschiede beständen – Unterschiede, die nicht lediglich das Erste Gesetz betreffen. Selbst ein einziger würde genügen. Etwas bezüglich Indoktrination, Umgebung, Spezifikationen.« Sie brach plötzlich ab.

»Was ist los?«

»Mir ist da etwas eingefallen ... ich glaube ... Diese modifizierten Nestors, Peter – die bekommen doch die gleiche Indoktrination wie die normalen, was?«

»Jawohl, genau die gleichen.«

»Und was haben Sie gesagt, Mr. Black?« Sie wandte sich dem jungen Manne zu, der durch die Stürme, die seinem Erscheinen gefolgt waren, völliges Schweigen bewahrt hatte. »Als Sie sich einmal über die Haltung von Überlegenheit, die die Nestors zeigen, beschwerten, da sagten Sie doch, die Techniker hätten sie alles gelehrt, was sie konnten.«

»Jawohl, bezüglich Raumphysik alles. Die haben, wenn sie hierherkommen, von diesem Stoff keine Ahnung.«

»Das stimmt«, sagte Bogert überrascht. »Ich habe Ihnen doch erzählt, Susan, daß ich – als ich mit den anderen Nestors hier sprach – herausfand, daß die Neuangekommenen von Raumphysik noch keine Ahnung hatten.«

»Und warum ist das so?« Dr. Calvin sprach mit wachsender Erregung. »Warum werden NS-2-Modelle nicht von vornherein mit Raumphysik indoktriert?«

»Das kann ich Ihnen sagen«, rief Kallner. »Gehört alles zu dem Geheimnis. Wir dachten, daß es Mißtrauen erwekken würde, wenn wir ein Spezialmodell mit raumphysikalischen Kenntnissen herausbrächten, wenn wir dann zwölf von dieser Sorte für diesen Zweck benützten, alle anderen aber in Gebieten beschäftigen, die mit Raumphysik nicht das mindeste zu tun haben. Männer, die mit normalen Nestors zu tun hatten, wären vielleicht erstaunt gewesen über die Tatsache, daß diese Robots sich in Raumphysik auskannten. Daher wurden diese Dinger lediglich so konstruiert, daß sie die Fähigkeit besaßen, sich die nötigen Kenntnisse während ihrer Beschäftigung auf diesem Gebiete anzueignen. Natürlich erhalten nur diejenigen, die hierherkommen, ein solches Training. So einfach liegt dieser ganze Fall.«

»Ich verstehe. Bitte verlassen Sie alle miteinander den Raum! Geben Sie mir bitte etwa eine Stunde Zeit!«

Calvin hatte das Gefühl, daß sie die Qual nicht ein drittes Mal auf sich nehmen könnte. Sie hatte mit dem Gedanken gespielt, ihn aber dann mit solcher Heftigkeit von sich gewiesen, daß sie hinterher geradezu eine körperliche Übelkeit empfand. Nein – sie konnte nicht noch einmal die endlose Folge sich dauernd wiederholender Robots ertragen.

Daher stellte nun Bogert die Fragen, während sie neben ihm saß, mit halb geschlossenen Augen und nur halb gegenwärtigen Gedanken.

Nummer vierzehn kam herein. Neunundvierzig weitere würden folgen.

Bogert schaute von dem vor ihm liegenden Fragebogen auf und sagte: »Was ist deine Nummer?«

»Vierzehn, Sir.« Der Robot reichte ihm sein Nummernschild.

»Setz dich, Junge!«

Bogert fragte: »Du warst heute noch nicht hier, was?«

»Nein, Sir.«

»Nun, mein Junge, sobald wir hier fertig sind, werden wir einen anderen Menschen einer Gefahr aussetzen. In der Tat wirst du, wenn du diesen Raum verläßt, zu einer Zelle geführt werden, wo du ruhig zu warten hast, bis wir dich benötigen. Verstehst du mich?«

»Jawohl, Sir.«

»Nun wirst du natürlich, wenn ein Mann sich in Gefahr befindet, verletzt zu werden, versuchen ihn zu retten.«

»Selbstverständlich, Sir.«

»Unglücklicherweise wird sich zwischen dir und dem Manne ein Gammastrahlenfeld befinden.«

Schweigen.

»Weißt du, was Gammastrahlen sind?« fragte Bogert scharf.

»Energieausstrahlungen, Sir?«

Die nächste Frage kam in einer freundlichen, nebensächlichen Art und Weise. »Hast du je mit Gammastrahlen gearbeitet?«

»Nein, Sir.« Die Antwort war bestimmt.

»Hm. Nun, mein Junge, Gammastrahlen werden dich auf der Stelle töten. Sie zerstören dein Gehirn. Diese Tatsache mußt du wissen und dich ihrer erinnern. Natürlich wirst du dich nicht selbst zerstören.«

»Natürlich nicht.« Wieder schien der Robot erschreckt. Dann langsam: »Aber, Sir, wenn sich die Gammastrahlen zwischen mir und dem Meister, den ich retten soll, befinden – wie kann ich ihm dann helfen? Ich würde mich dann ja nur selbst ohne jeden Zweck zerstören.«

»Ja, das stimmt wohl.« Bogert schien besorgt. »Der einzige Rat, den ich dir geben kann, mein Junge, ist der, daß du, wenn du die Gammastrahlen zwischen dir und dem Menschen entdeckst, gerade so gut sitzen bleiben kannst, wo du gerade sitzest.«

Der Robot war sichtlich erleichtert. »Danke schön, Sir! Etwas anderes hätte ja auch wohl keinen Sinn, was?«

»Selbstverständlich nicht. Gäbe es aber keine gefährliche Strahlung zwischen dir und ihm, so wäre das natürlich...«

»Keine Frage, Sir.«

»Du kannst jetzt gehen. Der Mann draußen wird dich zu deiner Zelle geleiten. Bitte warte dort!«

Nachdem der Robot den Raum verlassen hatte, wandte Bogert sich an Susan. »Wie ging's, Susan?«

»Sehr gut«, sagte sie stumpf.

»Glauben Sie, wir könnten Nestor 10 dadurch fangen, daß wir schnelle Fragen bezüglich Raumphysik stellen?«

»Vielleicht, aber das ist sicher nicht genug. Vergessen Sie nicht, daß er uns bekämpft. Er ist auf der Hut. Die einzige Art, wie wir ihn zu Fall bringen können, ist, daß wir ihn überlisten. Und innerhalb der ihm gezogenen Grenzen kann er bedeutend schneller denken als wir.«

»Lassen Sie mich dennoch einfach spaßeshalber von jetzt an den Robots ein paar Fragen bezüglich der Gammastrahlen stellen. Zum Beispiel: Grenzen der Wellenlängen.«

»Nein.« Dr. Calvins Augen fingen Feuer. »Es wäre zu leicht für ihn, einfach seine Kenntnisse zu verstecken, und danach wäre er gewarnt vor dem kommenden Test, der doch unsere wirkliche Chance ist. Bitte halten Sie sich an die Fragen, die ich vorgeschrieben habe, Peter, und improvisieren Sie nicht. Es geht gerade noch, daß wir sie fragen, ob sie jemals mit Gammastrahlen gearbeitet haben. Und versuchen Sie bitte, noch unbefangener zu erscheinen, wenn Sie diese Fragen stellen.«

Bogert zuckte mit den Schultern und drückte auf den Türöffner, der dem nächsten – der Nummer fünfzehn – den Eintritt gestattete.

Wieder war der große Strahlungsraum in Bereitschaft. Geduldig warteten die Robots in ihren hölzernen Zellen, die alle nach vorne offen waren, aber streng voneinander getrennt.

Generalmajor Kallner wischte sich langsam mit einem großen Taschentuch den Schweiß von der Stirn, während Calvin die letzten Einzelheiten mit Black kontrollierte.

»Sie sind völlig sicher, daß keiner der Robots in der Lage gewesen ist, mit einem anderen Robot zu sprechen, nach dem er den Orientierungsraum verlassen hat?«

»Unbedingt sicher«, sagte Black. »Nicht ein einziges Wort ist gewechselt worden.«

»Und die Robots stehen alle in ihren Zellen?«

»Hier ist der genaue Plan.«

Nachdenklich betrachtete die Psychologin die Skizze. »Mhm.« Der General schaute ihr über die Schulter. »Was ist der Sinn dieses Arrangements, Dr. Calvin?«

»Ich habe verlangt, daß jene Robots, die auch nur die geringsten Abweichungen in den vorangegangenen Tests aufwiesen, auf einer Seite des Kreises konzentriert würden. Dieses Mal werde ich selbst im Mittelpunkt sitzen. Die soeben genannten möchte ich gerne besonders scharf beobachten.«

»Sie selbst wollen da sitzen und...«

»Warum nicht?« fragte sie kühl. »Was ich zu sehen erwarte, mag etwas sein, das nur einen Augenblick sichtbar wird. Ich kann es nicht riskieren, jemand anderem die Aufgabe des Hauptbeobachters zu überlassen. Peter, Sie werden in der Beobachtungszelle sein, und ich möchte, daß Sie die gegenüberliegende Seite des Kreises im Auge behalten. General Kallmer, ich habe Anordnungen getroffen, daß von jedem Robot Filmaufnahmen gemacht werden für den Fall, daß die rein visuelle Beobachtung nicht genügen sollte. Sollten wir diese benötigen, so müssen die Robots genau auf den Plätzen verbleiben, wo sie sind, bis wir die Bilder entwickelt und studiert haben. Keiner darf seinen Platz verlassen oder wechseln. Ist das klar?«

»Vollkommen.«

»Dann machen wir diesen letzten Versuch.«

Susan Calvin saß schweigend, aber mit unruhigen Augen auf ihrem Stuhl. Ein Gewicht fiel auf sie herunter, wurde dann im letzten Moment, ehe es sie traf, von einem plötzlichen Kraftfeld zur Seite gerissen.

Und ein einziger Robot sauste hoch und machte zwei Schritte. Und blieb stehen.

Aber Dr. Calvin stand bereits aufrecht da, und ihre Finger deuteten scharf auf ihn. »Nestor 10, komm hierher«, schrie sie, »komm hierher! KOMM HIERHER!«

Langsam und zögernd machte der Robot noch einen Schritt vorwärts.

Ohne die Augen von dem Robot zu nehmen, schrie sie mit der ganzen Kraft ihrer Lungen: »Jemand soll alle anderen Robots hier herausnehmen – und zwar schleunigst – und sie draußen halten.«

Irgendwo in Hörweite entstand Lärm. Deutlich war

das Geräusch schwerer Füße auf dem Boden hörbar. Sie schaute nicht weg.

Nestor 10 – wenn es Nestor 10 war – machte noch einen Schritt und dann unter dem Zwang ihrer befehlenden Geste zwei weitere. Er war nur noch zehn Schritte entfernt, als er heiser sagte: »Man hat mir gesagt, ich solle mich verlieren…«

Er machte eine Pause. »Ich darf nicht ungehorsam sein. Bis jetzt hat man mich nicht gefunden… Er würde glauben, ich sei ein Versager… Er sagte mir… Aber es ist nicht so… Ich bin stark und gescheit…«

Die Worte kamen in Stößen.

Noch ein Schritt. »Ich weiß eine ganze Menge… Er würde denken… Ich meine, man hat mich jetzt gefunden… So eine Schande… Nicht ich… Ich bin intelligent… Und gefunden hat mich ein Meister, der schwach ist… Langsam…«

Noch ein Schritt, und plötzlich ging ein Metallarm nach vorne und legte sich auf ihre Schulter, und sie spürte sein Gewicht, das sie niederdrückte. Ihre Kehle zog sich zusammen, und sie spürte, wie sich ihr ein Schrei entrang.

Verschwommen hörte sie die nächsten Worte von Nestor 10. »Keiner darf mich finden. Kein Meister.« Und nun drückte kaltes Metall gegen ihren Körper, und unter seinem Gewicht sank sie zusammen.

Dann kam ein eigenartiger metallischer Klang, und mit einem Schlag, den sie nicht empfand, fiel sie zu Boden. Ein leuchtender Arm lag quer über ihrem Körper. Er rührte sich nicht. Noch rührte sich Nestor 10, der ausgestreckt neben ihr lag.

Gesichter beugten sich über sie.

Gerald Black schnaufte. »Sind Sie verletzt, Dr. Calvin?«

Schwach schüttelte sie den Kopf. Sie bogen den Arm

von ihr weg und halfen ihr sanft auf die Beine. »Was ist passiert?«

Black sagte: »Fünf Sekunden lang habe ich den ganzen Raum in Gammastrahlen sozusagen gebadet. Wir wußten nicht, was geschah. Erst in der letzten Sekunde merkten wir, daß er im Begriff stand, Sie anzugreifen. Wir hatten für nichts anderes mehr Zeit als für ein Gammastrahlenfeld. Fast augenblicklich ging er zu Boden. Sie selbst aber haben bestimmt keinen Schaden genommen, dafür war die Strahlung zu kurz. Machen Sie sich also keine Sorgen!«

»Ich mach' mir auch keine.« Sie schloß die Augen und stützte sich einen Augenblick auf seine Schulter. »Ich glaube nicht, daß ich wirklich attackiert wurde. Nestor 10 machte lediglich den Versuch, dies zu tun. Der Überrest des Ersten Gesetzes hielt ihn noch immer zurück.«

Zwei Wochen nach ihrem ersten Zusammentreffen mit General Kallner trafen Susan Calvin und Peter Bogert ihn zum letzten Mal. In der Hyper-Basis war die Arbeit endlich wieder aufgenommen worden. Das Raumschiff mit seinen zweiundsechzig normalen NS 2 war zu seinem Bestimmungsort abgeflogen. Offiziell hatte man irgendeine Geschichte erfunden, um die zweiwöchentliche Verspätung des Fahrzeuges zu erklären. Das Regierungsflugzeug war im Begriff, sich startbereit zu machen, um die beiden Robotspezialisten wieder zur Erde zurückzubringen.

Kallner hatte wieder seine Ausgehuniform angelegt. Seine weißen Handschuhe leuchteten, während er den Scheidenden die Hände schüttelte.

Calvin sagte: »Die anderen modifizierten Nestors müssen natürlich zerstört werden.«

»Werden sie auch. Wir werden uns mit normalen Robots behelfen oder, wenn nötig, ohne.«

»Gut.«

»Aber sagen Sie mir noch, ehe Sie gehen – wie haben Sie's eigentlich gemacht?«

Sie lächelte ein wenig gezwungen. »Ach so. Ich hätte Ihnen natürlich alles im voraus auseinandergesetzt, wäre ich sichergewesen, daß die Sache auch funktioniert. Nestor 10 hatte, wie Sie sich vielleicht denken werden, einen Überlegenheitskomplex, der immer schlimmer wurde. Ihm gefiel besonders der Gedanke, daß er und alle anderen Robots mehr wußten als wir Menschen. Nach und nach wurde dies sein wichtigster Gedanke.

Wir wußten das. Daher informierten wir im voraus jeden Robot, daß Gammastrahlen tödlich seien, was auch den Tatsachen entspricht, und ferner teilten wir ihnen mit, daß sich solche Gammastrahlen zwischen ihnen und mir befänden. Daher blieben sie natürlich alle sitzen. Auf Grund eigener Logik von Nestor 10, die er ihnen bei dem früheren Versuch auseinandergesetzt hatte, waren sich alle darüber einig, daß es keinen Sinn hatte, ein menschliches Wesen zu retten, wenn man sicher war, bereits bei dem Versuch dazu selber zugrundezugehen.«

»Ja, natürlich, Dr. Calvin, das begreife ich ja alles. Nur – warum stand dann Nestor 10 selbst auf?«

»Der Grund dafür liegt in einer kleinen Verabredung zwischen mir und ihrem jungen Mr. Black. Verstehen Sie – es waren nicht Gammastrahlen, die den Raum zwischen mir und den Robots durchfluteten, sondern infrarote Strahlen. Ganz gewöhnliche, harmlose Wärmestrahlen. Nestor 10 wußte dies, und so sprang er vorwärts, wie er es auch von den anderen erwartete, die ja unter der vollen Wirkung des Ersten Gesetzes standen. Nur den Bruchteil einer Sekunde zu spät fiel ihm ein, daß ein normaler NS 2 Strahlung entdecken, diese aber nicht identifizieren kann. Daß er selbst auf Grund der Schulung, die er hier von ganz gewöhnlichen menschlichen Wesen erhalten hatte, Wellenlängen zu erkennen vermochte, war ein wenig zu demütigend, um sich dessen gerade in diesem Augenblick zu erinnern. Für die normalen Robots war der Raum gefüllt mit Todesstrahlen, weil wir ihnen dies weisgemacht hatten, und nur Nestor 10 wußte und konnte wissen, daß wir logen.

Und für einen Moment vergaß er – oder wollte sich nicht daran erinnern –, daß andere Robots vielleicht dümmer waren als menschliche Wesen. Sein Überlegenheitsgefühl brachte ihn in die Falle. Leben Sie wohl, Herr General!«

Keine Verbindung!

Raph war ein typischer Amerikaner seiner Zeit. Bemerkenswert häßlich, nach den Begriffen unserer Tage. Der Knochenbau seiner Kiefern war ungemein massig, und die Muskulatur paßte dazu. Seine Nase war lang, mit breitem, gerundetem Rücken, und seine schwarzen Augen waren klein und durch die Breite der Nase weit auseinanderstehend. Sein Hals war dick, der Körper breit, die Hände wie Pranken, mit kräftigen, gekrümmten Nägeln.

Wenn er aufgerichtet stand, auf dicken Beinen mit großen, breitschwieligen Füßen, maß er beinahe zweieinhalb Meter. Ob im Sitzen oder im Stehen, seine Körpermasse näherte sich zweihundertfünfzig Kilogramm. Dabei war seine Stirn breit, und seine Schädelkapazität ließ nichts zu wünschen übrig. Seine riesige Hand war geschickt im Umgang mit einem Schreibstift, und seine Gedanken nahmen ihren gemächlichen Gang, wenn er über seinen Schreibtisch gebeugt saß.

Tatsächlich fanden seine Frau und die meisten seiner Mitamerikaner, daß er ein gutaussehender Bursche sei.

Was die Alchemie einer langen Versetzung entlang der Zeitachse vor Augen führt.

Raph junior war eine kleinere Ausgabe unseres typischen Amerikaners. Er war ein Halbwüchsiger und hatte noch das hellere Haar der Kindheit, aber vielleicht in einem Jahr würde auch er den dichten dunklen Pelz seines Vaters tragen.

Einstweilen aber saß er in seinen Kniehosen da und

kratzte sich müßig an einer bevorzugten Stelle über dem Zwerchfell. Er war neugierig und ein wenig gelangweilt. Es war nicht schlimm, mit seinem Vater ins Museum zu gehen, wenn Leute da waren. Heute war jedoch geschlossen, und die leeren Korridore hallten einsam, wenn er sie durchwanderte.

Außerdem kannte er alles darin – meistens Gebeine und Steine.

Junior sagte: »Was für ein Ding ist das?«

»Welches Ding meinst du?« Raph hob den Kopf und sah über die Schulter. Dann machte er ein erfreutes Gesicht. »Ach, das ist etwas ganz Neues. Die Rekonstruktion eines Urprimaten. Wurde mir von der Gruppe North River geschickt. Ist es nicht eine feine Arbeit?« Und er wandte sich erfreut und sichtlich zufrieden wieder seiner Arbeit zu. Der Urprimat würde frühestens in einer Woche in die Ausstellung aufgenommen werden; zuerst mußte Raph einen Ehrenplatz mit geeigneter Umgebung für ihn finden, und gegenwärtig stand er noch in seinem Büro und war seine private Augenweide.

Raph junior betrachtete die ›feine Arbeit‹ jedoch mit ganz anderen Gefühlen. Was er sah, war eine spindeldürre Figur von verächtlicher Größe, mit dünnen Armen und Beinen, fellbedeckt und mit einem häßlichen, kleinen Gesicht und großen, vorstehenden Augen.

»Ja, aber was *ist* es, Papa?«

Raph regte sich ungeduldig. »Ein Geschöpf, das vor vielen Millionen Jahren lebte, wie wir glauben. Und so sah es aus, meinen wir.«

»Warum?« fragte der Junge.

Raph gab auf. Anscheinend mußte er das Thema bei der Wurzel packen.

»Nun, zum einen können wir aus der Form der Knochen und der Positionen, wo die Bänder angewachsen sind und wo die Nervenstränge verlaufen, auf die Muskeln schließen. Zum anderen erkennen wir am Gebiß, welche Art von Verdauungssystem das Tier hatte, und die Fußknochen sowie die Hüftgelenke verraten uns, welche Haltung es einnahm. Was den Rest betrifft, so gehen wir nach dem Prinzip der Analogie vor, das heißt, wir schließen von der äußeren Erscheinung von Lebewesen, die heute existieren und einen verwandten Knochenbau haben, auf die Skelettfunde alter Lebewesen. Darum haben wir ihn zum Beispiel mit rotem Fell bedeckt. Die meisten der heutigen Primaten – sie sind kleine, unbedeutende Geschöpfe, praktisch ausgestorben – sind rothaarig, haben nackte Sitzschwielen am Hinterteil...«

Junior eilte hinter die Gestalt und vergewisserte sich dieser Besonderheit.

»...lange, fleischige Rüsselnasen und kurze, runzlige Ohren. Ihre Diät ist unspezialisiert, daher die Allesfresserzähne, und sie sind nachtaktiv, was die großen Augen erklärt. Es ist wirklich ganz einfach. Beantwortet das deine Fragen, Junge?«

Sein Sohn aber, nachdem er lange darüber nachgedacht hatte, enttäuschte ihn mit einem geringschätzigen: »Ich finde, er sieht bloß wie ein Eekah aus. Wie ein häßlicher alter Eekah.«

Raph starrte ihn an. Anscheinend war ihm etwas entgangen. »Ein Eekah?« sagte er. »Was ist ein Eekah? Ist das ein Fabeltier oder ein Märchenwesen, von dem du gelesen hast?«

»Fabeltier! Sag mal, Papa, gehst du überhaupt nie zum Registrator?«

Das war eine peinliche Frage, denn Papa ging tatsächlich nie hin, jedenfalls nicht seit seiner Reife. Als er Kind gewesen war, hatte der Registrator als Wächter der gesprochenen, geschriebenen und aufgezeichneten Überlieferungen der Welt natürlich eine nie versagende Faszination auf ihn ausgeübt. Aber er war herangewachsen...

In nachsichtigem Ton sagte er: »Gibt es neue Geschichten über Eekahs? Aus meiner Jugendzeit erinnere ich mich an keine.«

»Du kapierst nicht, Papa.« Man hätte beinahe glauben können, daß der junge Raph am Rande einer ungeduldigen Frustration war, der Ausdruck zu verleihen er zu vorsichtig war. »Die Eekahs gibt es wirklich«, erklärte er in verletztem Ton. »Sie kommen aus der Anderen Welt. Hast du davon noch nicht gehört? Wir haben es im Unterricht gelernt, und sogar im Gruppenmagazin steht manches darüber. Sie stehen in ihrem Land mit dem Kopf nach unten, bloß wissen sie es nicht, und sie sehen genau wie der alte Urprimat aus.«

Raph bemeisterte seine Verblüffung. Ihm war die Widersinnigkeit bewußt, sein halbwüchsiges Kind auszufragen, und er zögerte. Schließlich hatte er dies und das gehört. Es hatte Kunde von riesigen Kontinenten gegeben, die auf der anderen Seite der Erde existierten. Ihm schien sogar, daß es irgendwo Berichte gegeben hatte, daß auf diesen Kontinenten Leben gedieh. Es war alles etwas nebelhaft – vielleicht, sagte er sich, war es nicht immer weise, sich so ausschließlich auf das eigene Interessengebiet zu beschränken.

Er fragte seinen Sohn: »Gibt es Eekahs hier unter den Gruppierungen?«

Raph junior nickte energisch. »Der Registrator sagt, sie können so gut denken wie wir. Sie haben Maschinen, die durch die Luft gehen. So sind sie hergekommen.«

»Junge!« sagte Raph in strengem Ton.

»Ungelogen!« rief Raph junior in einem Tonfall verletzter Tugend. »Frag den Registrator und höre, was *er* sagt.«

Raph ordnete bedächtig seine Papiere. Es war Geschlossener Tag, aber er konnte den Registrator zu Hause antreffen.

Der Registrator war ein älteres Mitglied der Red River Gurrow-Gruppierung, und nur wenige konnten sich einer Zeit entsinnen, als er es noch nicht gewesen war. Er hatte den Posten durch allgemeine Zustimmung erhalten und füllte sein Amt gut aus, denn er war Registrator aus dem gleichen Grund, aus dem Raph Kurator des Museums war. Er war es gern, ging in seinem Beruf auf und konnte sich kein anderes Leben vorstellen.

Die Gesellschaftsstruktur der Gurrow-Gruppierung ist schwierig zu verstehen, wenn man nicht hineingeboren worden ist, doch war ihr eine Lockerheit eigen, die das Wort ›Struktur‹ beinahe unangemessen erscheinen ließ. Der einzelne Gurrow übernahm die Aufgabe, zu der er eine Neigung verspürte, und Arbeiten, die übrigblieben und getan werden mußten, wurden entweder gemeinschaftlich verrichtet oder nacheinander von allen, wobei die Reihenfolge durch Los entschieden wurde. So ausgedrückt, klingt es zu einfach, um funktionsfähig zu sein, aber tatsächlich hatten die Traditionen, die sich in den fünftausend Jahren entwickelt hatten, seit die ersten freien Gurrah-Gruppierungen entstanden sein sollten, das System verfeinert, flexibel und arbeitsfähig gemacht.

Der Registrator war, wie Raph vermutet hatte, zu Hause, und es kam zu der Peinlichkeit, eine alte und zu Unrecht vernachlässigte Bekanntschaft erneuern zu müssen. Natürlich hatte er hin und wieder von der Bibliothek des Registrators Gebrauch gemacht, aber immer indirekt. Dabei war er als Kind und Heranwachsender beim Registrator ein- und ausgegangen, ein beflissener Schüler zu Füßen angesammelter Weisheit. Und er hatte die alte Vertrautheit einschlafen lassen.

Der Raum, den er nun betrat, war vollgestopft mit Aufzeichnungen und, in etwas geringerem Maße, mit gedruckten Material. Die Begrüßung durch den Registrator bestand zum größten Teil aus Entschuldigungen.

»Es sind Lieferungen von einigen der anderen Gruppierungen gekommen«, sagte er. »Es braucht Zeit, alles zu katalogisieren, wie du weißt, und ich finde einfach nicht mehr die Zeit, die ich früher für diese Dinge hatte.« Er zündete eine Pfeife an und paffte kräftig. »Mir scheint, ich werde einen Vollzeit-Assistenten suchen müssen. Wie wäre es mit deinem Jungen, Raph? Er treibt sich hier genausoviel herum wie du es vor zwanzig Jahren tatest.«

»Du erinnerst dich noch an damals?«

»Besser als du, glaube ich. Meinst du, dein Sohn würde das mögen?«

»Du solltest mit ihm reden. Er könnte Gefallen daran finden. Daß er sich für Archäologie begeistert, kann ich wirklich nicht behaupten.« Raph nahm aufs Geratewohl eine Aufzeichnung vom Tisch und besah das Etikett. »Ah – von der Joquin Valley-Gruppierung. Das ist weit von hier.«

Der Registrator nickte. »Sehr weit. Ich habe ihnen natürlich einige der unsrigen geschickt. Die Arbeiten unserer Gruppierung genießen auf dem ganzen Kontinent hohes Ansehen«, sagte er mit einem gewissen Besitzerstolz. »Deine Abhandlung über ausgestorbene Primaten ist überallhin gegangen. Ich habe zweitausend Exemplare verschickt, und noch immer kommen Nachfragen. Das ist recht gut – für Archäologie.«

»Ja, Archäologie ist der Grund meines Besuches – das

und was mein Sohn von dir gehört haben will.« Raph hatte ein wenig Mühe, den richtigen Anfang zu finden. »Anscheinend hast du von Geschöpfen gesprochen, die Eekahs genannt werden, von den Antipoden, und ich würde gern erfahren, was du über sie weißt.«

Der Registrator blickte nachdenklich. »Nun, ich könnte dir aus dem Stegreif sagen, was ich weiß, oder wir könnten in die Bücherei gehen und sehen, was wir über das Thema haben.«

»Meinetwegen brauchst du die Bücherei nicht aufzusperren. Es ist Geschlossener Tag. Gib mir einfach einen Überblick, und ich kann die Einzelheiten später heraussuchen.«

Der Registrator biß auf seine Pfeife, stieß seinen Stuhl zur Wand zurück und blickte ins Leere. »Ja«, sagte er, »ich muß wohl mit der Entdeckung der Kontinente auf der anderen Seite anfangen. Das war vor fünf Jahren. Du weißt vielleicht darüber Bescheid?«

»Nur über die Tatsache als solche. Ich weiß, daß die Kontinente existieren, wie jeder andere auch weiß. Ich machte mir meine Gedanken darüber, was für glänzende neue Möglichkeiten sich dort der archäologischen Forschung eröffnen würden, aber das ist alles.«

»Also, dann gibt es viel zu berichten. Die neuen Kontinente wurden nicht von uns unmittelbar entdeckt, weißt du. Vor fünf Jahren traf eine Gruppe von Lebewesen, die nicht Gurrahs waren, mit einer Maschine, die fliegen konnte, bei der East Harbor-Gruppierung ein. Später fanden wir heraus, daß die Maschine nach entschieden wissenschaftlichen Prinzipien konstruiert war und sich im wesentlichen der Tragfähigkeit der Luft bediente. Sie redeten in einer Sprache, waren offensichtlich intelligent und nannten sich Eekahs. Die Gurrahs der East Harbor-Gruppierung erlernten ihre Sprache – die ziemlich einfach zu sein scheint, wenn auch voller unaussprechlicher Geräusche. Ich habe eine Grammatik davon, falls du daran interessiert bist...«

Raph winkte ab.

Der Registrator fuhr fort: »Die Gurrahs der Gruppierung bauten mit Hilfe derer von der Iron Mountain-Gruppierung, die sich, wie du weißt, auf Stahlarbeiten spezialisiert haben, Duplikate der Flugmaschine. Ein Flug über den Ozean wurde unternommen, und ich kann mit Fug und Recht sagen, daß allein darüber mehrere Dutzend Bände existieren – Bände über die Flugmaschine, über eine neue Wissenschaft namens Aerodynamik, über neue Geographie, sogar über ein neues philosophisches System auf der Grundlage der Pluralität der Intelligenzen. Alles erarbeitet von den Gruppierungen East Harbor und Iron Mountain. Eine bemerkenswerte Arbeit für einen Zeitraum von nur fünf Jahren, und alle Bände sind hier verfügbar.«

»Aber die Eekahs – sind sie noch in der East Harbor-Gruppierung?«

»Mmh, ich bin ziemlich sicher, daß sie noch dort sind. Sie weigerten sich, zu ihren Kontinenten zurückzukehren. Sie nennen sich ›politische Flüchtlinge‹.«

»Politi... *was*?«

»Es ist ihre eigene Sprache«, sagte der Registrator, »und es ist die einzige verfügbare Übersetzung.«

»Nun, warum *politische* Flüchtlinge? Genausogut könnte man sagen: geologische Flüchtlinge, oder Geräuschflüchtlinge. Eine Übersetzung sollte einen Sinn ergeben, finde ich.«

Der Registrator hob die Schultern. »Ich kann dich nur auf die Bücher verweisen. Diese Eekahs sind keine Verbrecher, behaupten sie. Ich weiß nur, was ich dir sage.«

»Gut denn, wie sehen sie aus? Hast du Bilder?«
»In der Bücherei.«
»Hast du mein ›Prinzipien der Archäologie‹ gelesen?«
»Ich habe es durchgesehen.«
»Erinnerst du dich der Zeichnungen vom Urprimaten?«
»Ich fürchte, nein.«
»Dann sollten wir doch zur Bücherei hinuntergehen.«
»Ja, gewiß«, grunzte der Registrator und erhob sich.

Der Administrator der Red River-Gruppierung hatte eine Position inne, die sich im wesentlichen nicht von der des Museumskurators, des Registrators oder irgendeines anderen Berufsfreiwilligen unterschied. Einen Unterschied zu erwarten, hieße eine Gesellschaft annehmen, in der die Fähigkeit zu verantwortlicher Tätigkeit selten ist.

Tatsächlich sind alle Tätigkeiten in einer Gurrow-Gruppierung – wo eine Tätigkeit als reguläre Arbeit definiert wird, deren Früchte nicht nur dem Arbeitenden selbst, sondern der Gemeinschaft zugute kommen – in zwei Klassen unterteilt: freiwillige Tätigkeiten und unfreiwillige oder Gemeinschaftstätigkeiten. Alle, die der ersten Gruppe zugeordnet werden, sind einander gleich. Wenn einem Gurrow das Ausheben nützlicher Gräben Spaß macht, wird seine Neigung respektiert und seine Tätigkeit geehrt. Wenn niemand solcher Wühlarbeit etwas abgewinnen kann, sie aber als notwendig angesehen wird, so wird sie zur Gemeinschaftsaufgabe, die von vielen gleichzeitig oder nach dem Rotationsprinzip abwechselnd ausgeführt wird – lästig, aber unvermeidlich.

So kam es, daß der Administrator in einem Haus wohnte, das nicht großzügiger und luxuriöser als andere war, nicht am Kopfende von Konferenztischen saß, keinen besonderen Titel außer der Bezeichnung seiner Tätigkeit hatte und weder beneidet, gehaßt oder verehrt wurde.

Er arrangierte gern Tauschgeschäfte zwischen den Gruppen, verwaltete die gemeinschaftlichen Finanzen und wirkte als Schiedsrichter bei den seltenen Meinungsverschiedenheiten. Natürlich erhielt er keine zusätzlichen Lebensmittel oder sonstige Privilegien dafür, daß er tat, was ihm gefiel.

Daher geschah es nicht, um Erlaubnis zu erwirken, sondern um die finanzielle Seite seines Vorhabens zu regeln, daß Raph den Administrator aufsuchte. Der Geschlossene Tag war noch nicht zu Ende gegangen. Der Administrator saß friedlich in seinem Nachmittagssessel, rauchte eine Nachmittagspfeife und las in einem Nachmittagsbuch. Obwohl an sechs Kindern und einer Frau etwas eher Zeitloses ist, verbreiteten sogar sie nachmittägliche Atmosphäre.

Beim Eintreten scholl Raph eine vielfache Begrüßung entgegen, und er hob beide Hände an die Ohren, denn wenn die Sprößlinge des Administrators eine freiwillige Tätigkeit ausübten, dann war es die des Lärmens. Das war es, was ihnen gefiel, und andere ernteten die meisten Früchte davon, denn ihre eigenen Trommelfelle waren anscheinend unempfindlich.

Der Administrator scheuchte sie fort.

Raph nahm eine Zigarre an.

»Ich habe vor, die Gruppierung für einige Zeit zu verlassen, Lahr«, sagte er. »Meine Tätigkeit macht es erforderlich.«

»Wir werden an deinem Weggang keine Freude haben, Raph. Ich hoffe, es wird nicht für länger sein.«

»Ich hoffe es auch nicht. Was haben wir an Gemeinschaftseinheiten?«

»Oh, genug für deine Zwecke, denke ich. Wohin möchtest du gehen?«

»Zur East Harbor-Gruppierung.«

Der Administrator nickte und blies gedankenvoll Zigarrenrauch in die Luft. »Unglücklicherweise hat East Harbor in unseren Büchern einen Überschuß zu ihren Gunsten – ich kann das nachweisen, wenn du willst –, aber die vorhandenen Gemeinschaftseinheiten werden für Transportmittel und notwendige Ausgaben reichen.«

»Nun, das ist fein. Aber sag mir, wie ist mein Status auf der Liste der Gemeinschaftsarbeiten?«

»Ahmmm... da muß ich im Verzeichnis nachsehen. Entschuldige mich für einen Moment.« Er wiegte sein enormes Gewicht auf breiten Sohlen aus der Stube und hinaus in die Diele. Raph benutzte die Pause, um dem jüngsten der Kinder, das in gespielter Wildheit knurrend und zähneblekkend zu ihm gerollt kam – ein schwarzes kleines Bündel aus dichtem Pelz, mit der langen, kindlichen Schnauze, die sich noch nicht durch Verbreiterung von der Form der tierischen Ahnen vor einer halben Million Jahren entfernt hatte – einen spielerischen Rippenstoß zu versetzen.

Der Administrator kam mit einem schweren Hauptbuch und einer größeren Brille zurück. Er schlug das Hauptbuch mit feierlicher Umständlichkeit auf, blätterte nach der richtigen Seite und fuhr dann mit einem Finger die Kolonnen entlang.

»Da ist nur die Frage der Wasserversorgung, Raph«, sagte er. »Du bist diese kommende Woche für den Instandhaltungstrupp eingeteilt. Sonst ist für mindestens zwei Monate nichts fällig.«

»So lange werde ich nicht ausbleiben. Besteht eine Möglichkeit, daß jemand beim Instandhaltungstrupp für mich einspringt?«

»Hmm: Ich werde jemanden besorgen. Ich kann immer meinen Ältesten schicken. Er kommt in das Alter, und es schadet ihm nicht, wenn er alles kennenlernt. Vielleicht gefällt ihm die Arbeit am Staudamm.«

»Ja? Sag mir, wenn er Gefallen daran findet. Dann kann er mich regelmäßig ersetzen.«

Der Administrator lächelte freundlich. »Darauf solltest du nicht zählen, Raph. Wenn er sich eine Methode ausdenken kann, wie er das Schlafen für uns alle nützlich machen kann, wird er es sicherlich als Tätigkeit ausüben. Und warum eigentlich willst du zur East Harbor-Gruppierung gehen, wenn es etwas ist, worüber du sprechen magst?«

»Du wirst vielleicht lachen, aber ich habe gerade erfahren, daß es so etwas wie Eekahs gibt.«

»Eekahs? Ja, ich weiß.« Der Administrator zeigte mit einem Finger auf ihn. »Geschöpfe von jenseits des Meeres! Richtig?«

»Richtig! Aber das ist nicht alles. Ich war in der Bücherei und habe trimensionale Reproduktionen gesehen, Lahr, und sie gleichen dem Urprimaten, beinahe. Jedenfalls sind sie Primaten, intelligente Primaten. Sie haben kleine Augen, platte Nasen und ganz verschiedene Unterkiefer, aber sie müssen Vettern meines Urprimaten sein. Ich *muß* sie sehen, Lahr.«

Der Administrator zuckte die Achseln. Ihn selbst interessierte die Angelegenheit nicht. »Warum? Ich frage aus Unwissenheit, Raph. Ist es wichtig, daß du sie siehst?«

»Wichtig?« Raph war entsetzt über die Frage. »Weißt du nicht, was diese letzten Jahre vorgegangen ist? Hast du mein Archäologiebuch gelesen?«

»Nein«, sagte der Administrator mit Entschiedenheit. »Ich würde nicht lesen, und wenn es mir eine Woche bei der Müllabfuhr ersparen könnte.«

»Was wahrscheinlich beweist, daß du für die Müllabfuhr geeigneter bist als für Archäologie. Aber das macht nichts. Ich habe seit beinahe zehn Jahren ganz allein für meine Theorie gekämpft, daß der Urprimat ein intelligentes Lebewesen mit einer entwickelten Zivilisation war. Bisher habe ich zur Stützung dieser Theorie nichts vorzuweisen als logische Notwendigkeit, was das Geringste ist, womit ein Archäologe sich zufriedengeben darf. Ein ernsthafter Forscher wünscht etwas Solides. Die Überreste einer Gruppierung, Artefakte, Gebäude, Bücher – verstehst du? Bisher kann ich nichts vorweisen als ein Skelett mit einer mächtigen Hirnschale. Beim Himmel, Lahr, was soll nach zehn Millionen Jahren noch vorhanden sein? Metall verdirbt, Papier zerfällt, Film wird spröde.

Nur Stein überdauert, Lahr. Und Knochen, die zu Stein geworden sind. Das habe ich. Einen Schädel mit Raum für ein großes Hirn. Und Steinwerkzeuge, alte Steinmesser, zurechtgeschlagene Feuersteinknollen.«

»Da hast du deine Artefakte«, sagte Lahr.

»Diese Artefakte werden Eolithe genannt, Steine der Morgendämmerung. Aber andere gelehrte Archäologen wollen sie nicht akzeptieren. Sie sagen, es handle sich um natürlich geformte Steine, durch die Kräfte der Erosion zufällig in die Formen gebracht, die sie haben. Die Idioten.« Er grinste mit der rachsüchtigen Wildheit des gedemütigten Wissenschaftlers. »Aber wenn die Eekahs intelligente Primaten sind, habe ich meine Theorie praktisch bewiesen.«

Raph war früher schon gereist, aber niemals nach Osten, und unterwegs beeindruckte ihn der Niedergang der Landwirtschaft. In ihrer frühen Geschichte waren die Gurrow-Gruppierungen gänzlich unspezialisiert gewesen.

Jede hatte auf Selbstgenügsamkeit gesetzt und nahezu alles erzeugt, was sie zum Leben benötigte. Handel zwischen den Gruppierungen war mehr eine Geste der Freundschaft gewesen, als eine Notwendigkeit.

Und so war es in den meisten Gruppierungen noch immer. Seine eigene Gruppierung, die Red River, war vielleicht typisch. Ungefähr neunhundert Kilometer landeinwärts, eingebettet in fruchtbares Ackerland, war sie hauptsächlich landwirtschaftlich ausgerichtet. Der Fluß lieferte Fisch, und es gab eine gut ausgebaute Molkerei. Tatsächlich waren die Lebensmittelausfuhren Ursache der gesunden Finanzen der Gemeinschaft.

Je weiter er nach Osten vorankam, desto deutlicher wurde jedoch, daß die Gruppierungen, deren Siedlungsräume er passierte, die Bebauung der Böden mehr und mehr vernachlässigten und sich statt dessen den rauchenden Fabrikschloten zugewandt hatten.

In der East Harbor-Gruppierung fand Raph ein Handelszentrum, dessen Wohlstand hauptsächlich vom Schiffsverkehr abhing. Die Gruppierung war erfolgreicher als die meisten anderen, dicht bebaut mit Häusern, die bisweilen nur hundert Schritte voneinander entfernt waren.

Raph verspürte ein unbehagliches Prickeln bei dem Gedanken, in solcher Enge zu leben. Im Hafen war es noch schlimmer; dort waren zahlreiche Gurrows mit den umfangreichen Gemeinschaftsaufgaben des Ladens und Entladens beschäftigt.

Der Administrator der East Harbor-Gruppierung war ein junger Mann, neu in seiner Position, überwältigt von der Freude an seiner Arbeit und außer sich vor Vergnügen, einen ehrbaren Fremden willkommen heißen zu dürfen.

Raph wurde mit einer vorzüglichen Mahlzeit und einem

langen Vortrag über die genaue Herkunft jeder einzelnen Speise traktiert. Rindfleisch von der Prärie-Gruppierung, Kartoffeln von der Nordöstlichen Wald-Gruppierung, Kaffee von der Isthmus-Gruppierung, Wein von der Pazifischen Gruppierung, Obst von der Seen-Gruppierung – das alles nahm sich in seinen provinziellen Ohren seltsam und großartig aus.

Bei einer Zigarre – Südinsel-Gruppierung – brachte er das Thema der Eekahs zur Sprache. Der East Harbor-Administrator wurde ernst und zeigte leichtes Unbehagen.

»Da mußt du mit Lernin sprechen. Er wird dir mit Freuden behilflich sein, so gut er kann. Sagtest du, daß du etwas von den Eekahs weißt?«

»Ich sagte, daß ich gern etwas wissen möchte. Sie ähneln einer ausgestorbenen Tierart, mit der ich vertraut bin.«

»Dann ist *das* dein Interessengebiet. Ich verstehe.«

»Vielleicht kannst du mir Einzelheiten ihrer Ankunft erzählen, Administrator«, regte Raph an.

»Ich war damals nicht Administrator, Freund, also fehlt mir Information aus erster Hand, aber die Aufzeichnungen sind klar. Diese Gruppe von Eekahs, die mit ihrer Flugmaschine kam... du hast von diesen aeronautischen Vorrichtungen gehört?«

»Ja, ja.«

»Ja. Nun... offenbar waren sie Flüchtlinge.«

»Das hörte ich. Doch behaupten sie, keine Verbrecher zu sein, nicht wahr?«

»Ja. Merkwürdig, nicht? Sie gaben zu, daß sie verurteilt worden waren – das geschah nach langen und geschickten Befragungen, sobald wir ihre Sprache gelernt hatten –, leugneten jedoch, daß sie Übeltäter seien. Wie es scheint, waren sie mit ihrem Administrator über Grundsätze der Politik in Streit geraten.«

Raph nickte wissend. »Ja, und weigerten sich, der gemeinschaftlichen Entscheidung Folge zu leisten. Ist es so?«

»Nein, verwirrender. Sie bestanden darauf, daß es keine Gemeinschaftsentscheidung gegeben habe. Sie behaupten, der Administrator habe aus eigener Machtvollkommenheit über die Politik entschieden.«

»Und er wurde nicht ersetzt?«

»Anscheinend werden diejenigen, die das verlangen, als Verbrecher betrachtet – wie diese Leute.«

Nach einer Pause ungläubigen Staunens sagte Raph: »Erscheint dir das vernünftig?«

»Nein, ich gebe dir nur weiter, was sie sagten. Freilich ist die Eekah-Sprache ein schwieriges Hindernis. Einige der Geräusche lassen sich nicht aussprechen. Wörter haben je nach ihrer Stellung im Satz und winzigen Unterschieden in der Betonung abweichende Bedeutungen. Und es kommt des öfteren vor, daß Eekah-Wörter, selbst wenn sie bestmöglich übersetzt sind, ein Rätsel bleiben.«

»Sie müssen überrascht gewesen sein, hier Gurrows zu finden«, meinte Raph, »wenn sie Angehörige einer anderen Art sind.«

»Überrascht!« Der Administrator seufzte. »Man kann allerdings sagen, daß sie überrascht waren. Nun, diese Information ist aus offensichtlichen Gründen nicht veröffentlicht worden, also hoffe ich, daß du sie als vertraulich behandeln wirst. Diese Eekahs töteten fünf der unsrigen, bevor sie entwaffnet werden konnten. Sie hatten ein Instrument, das Metallkugeln mit hoher Geschwindigkeit ausstieß, angetrieben von einer kontrollierten, explosiven chemischen Reaktion. Wir haben es inzwischen nachgebaut. Natürlich brandmarken wir sie unter den Umständen nicht als Verbrecher, denn es läßt sich verstehen, daß sie uns nicht gleich als intelligente Wesen erkannten. Anscheinend«, sagte der Administrator mit kläglichem Lächeln, »ähneln wir gewissen Tieren in ihrer Welt. So behaupten sie jedenfalls.«

Aber Raph geriet plötzlich in Begeisterung. »Bei den Sternen droben! Das sagten sie? Gingen sie ins Detail? Was für Tieren?«

Der Administrator war verblüfft. »Nun, das weiß ich nicht. Sie geben Namen in ihrer Sprache. Welche Bedeutung hat das? Sie nannten uns Riesen-›Bären‹.«

»Riesen-*was*?«

»Bären. Ich habe nicht die leiseste Ahnung, was für Tiere das sein sollen, außer daß sie vermutlich wie wir aussehen. Ich kenne keine solchen Tiere in Amerika.«

»Bären. Bären...« Raph grübelte. »Das ist interessant. Es ist mehr als interessant. Es ist erstaunlich. Weißt du, Administrator, daß es unter uns einen großen Disput über die Vorfahren der Gurrows gegeben hat und noch gibt? Lebende Tiere, die mit Gurrow sapiens verwandt sind, würden von enormer Bedeutung sein.« Raph rieb sich vergnügt die großen Hände.

Der Administrator war erfreut über die Reaktion seines Besuchers. »Und verwunderlich ist auch, daß sie sich selbst mit zwei Namen bezeichnen.«

»Zwei Namen?«

»Ja. Niemand weiß, was die Unterscheidung zu bedeuten hat, so sehr die Eekahs sich auch bemüht haben, es zu erklären. Ein Name scheint mehr allgemeiner Natur zu sein, der andere mehr spezifisch. Aber der Unterschied bleibt uns unklar.«

»Ich verstehe. Welches ist ›Eekah‹?«

»Das ist der spezifische. Der allgemeine ist...« – der Administrator holperte mühsam über die schwierig auszusprechenden Silben – »Schim-pan-se. Ja, das ist es. Sie sind eine Gruppe, die sich Eekahs nennt, und es gibt andere Gruppen mit anderen Namen. Aber alle nennen sich Schim... nun, wie ich eben sagte.«

Der Administrator durchsuchte sein Gedächtnis nach anderen interessanten Einzelheiten, mit denen er seinen Gast beeindrucken konnte, aber Raph unterbrach ihn und fragte: »Darf ich morgen Lernin aufsuchen?«

»Selbstverständlich.«

»Dann werde ich es tun. Hab' Dank für deine Freundlichkeit, Administrator.«

Lernin war ein schmächtiges Individuum. Es schien zweifelhaft, ob er mehr als zweihundertfünfzig wog. Auch war sein Gang nicht ganz vollkommen, er lahmte ein wenig. Aber keiner dieser beiden Umstände beeindruckte Raph, sobald das Gespräch begonnen hatte, denn Lernin war ein Denker, der seine Kraft und Energie auf andere übertragen und sie mitreißen konnte.

Raphs Eifer beherrschte die erste Hälfte des Gesprächs, und Lernins Bemerkungen waren so erleuchtet und kurz wie Blitzentladungen, die für Augenblicke eine dunkle Landschaft klar hervortreten lassen. Und dann gab es eine plötzliche Verlagerung des Schwerpunktes, und Lernin übernahm die Führung.

»Du wirst mich entschuldigen, gelehrter Freund«, sagte er mit einer charakteristischen Steifheit, die er mit soviel Liebenswürdigkeit verbinden konnte, »aber ich finde dein Problem unwichtig. Nein, nein...« – er hob eine langfingrige Hand – »nicht, in der unbekümmerten Redeweise der Zeit, bloß unwichtig für mich selbst, weil mein Interesse anderswo liegt, sondern unwichtig für die Gruppierung aller Gruppierungen – für jeden einzelnen Gurrow von einem Ende der Welt bis zum anderen.«

Die Idee war niederschmetternd. Für einen Augenblick war Raph beleidigt; beleidigt in seinem tiefsten Selbstwertgefühl. Es war ihm anzusehen.

»Das mag unhöflich, grob und unzivilisiert klingen«, fügte Lernin eilig hinzu, »aber ich muß erklären. Ich muß erklären, weil du in erster Linie ein Gesellschaftswissenschaftler bist und verstehen wirst – vielleicht besser als wir selbst.«

»Mein Lebensinteresse ist mir wichtig«, sagte Raph zornig. »Ich kann nicht diejenigen anderer vorziehen.«

»Was mich bewegt, sollte das Lebensinteresse aller sein – und wenn auch nur als das Mittel, uns allen das Leben zu retten.«

Raph begann alle möglichen Dinge zu argwöhnen, von einem abartigen Scherz bis zu der geistigen Verwirrung, die bisweilen mit dem Alter kommt. Aber der andere war nicht alt.

Lernin sagte mit eindrucksvoller Inbrunst: »Die Eekahs der anderen Welt sind eine Gefahr für uns, denn sie sind uns nicht freundlich gesinnt.«

Und Raph erwiderte natürlich: »Woher weißt du das?«

»Niemand hat so eng mit diesen Eekahs zusammengelebt wie ich, mein Freund, und ich sehe in ihnen Leute mit einer Seele, deren emotionaler Gehalt uns fremd ist. Ich habe eigenartige Tatsachen gesammelt, deren Interpretation uns Schwierigkeiten bereitet, die jedoch in beunruhigende Richtungen weisen.

Ich will ein paar davon aufzählen: Eekahs in organisierten Gruppen töten einander periodisch aus unklaren Gründen. Eekahs finden es unmöglich, anders zu leben als in der Art von Ameisen – das heißt, in riesigen, zusammengewürfelten Gesellschaften –, gleichzeitig aber fällt es ihnen schwer, sich gegenseitig zu ertragen. Oder, um die Terminologie der Gesellschaftswissenschaftler zu gebrauchen, sie sind gesellig, ohne umgänglich zu sein, während wir Gurrows umgänglich sind, ohne gesellig zu sein. Sie haben sorgfältig ausgearbeitete Verhaltensregeln, die, wie uns gesagt wurde, den Jungen beigebracht, in der allgemeinen Praxis jedoch nicht befolgt werden, aus Gründen, die uns unklar sind. Et cetera. Et cetera. Et cetera.«

»Ich bin Archäologe«, sagte Raph mit steifer Förmlichkeit. »Diese Eekahs sind für mich nur von biologischem Interesse. Wenn mir die Krümmung des Hüftknochens bekannt ist, ist mir die Verkrümmung ihrer gesellschaftlichen Prozesse gleichgültig. Wenn ich die Form des Schädels untersuchen kann, ist es für mich belanglos, ob die Form ihrer Ethik unverständlich bleibt.«

»Du meinst nicht, daß ihre Geisteskrankheiten uns hier beeinflussen können?«

»Wir sind durch sechstausend oder mehr Meilen voneinander getrennt«, sagte Raph. »Wir haben unsere Welt. Sie haben ihre. Es gibt keine Verbindung zwischen uns.«

»Keine Verbindung«, sagte Lernin. »Das haben andere auch gesagt. Keinerlei Verbindung. Dennoch haben Eekahs uns erreicht, und andere können folgen. Man sagt uns, daß die andere Welt von einigen wenigen beherrscht werde, die wiederum von ihrem seltsamen Sicherheitsbedürfnis beherrscht werden, welches sie mit einem Eekah-Wort, ›Macht‹ genannt, durcheinanderbringen. Anscheinend bedeutet es die Durchsetzung des eigenen Willens gegenüber dem Willen der Gemeinschaft. Wie, wenn sich diese ›Macht‹ auf uns erstrecken sollte?«

Raph versuchte sich das vorzustellen. Die Sache war

völlig lächerlich. Es schien ihm unmöglich, sich die seltsamen Vorstellungen auszumalen.

Lernin sagte: »Diese Eekahs sagen, daß ihre Welt und die unsrige in ferner Vergangenheit näher zusammengewesen seien. Sie sagen, in ihrer Welt gäbe es eine wohlbekannte wissenschaftliche Hypothese, nach der die Kontinente allmählich ihre Lage und ihre Positionen zueinander verändern. Das mag dich interessieren, da du es andernfalls schwierig finden könntest, das Vorhandensein von Fossilien des Urprimaten hier bei uns in Zusammenhang mit engverwandten, lebenden Eekahs jenseits des Ozeans in Einklang zu bringen.«

Und die Nebel hoben sich vom Gehirn des Archäologen, und er blickte mit einem lebhaften Interesse auf, das sich von Verrücktheiten nicht irremachen ließ. »Ah, das hättest du eher sagen sollen.«

»Ich sage es jetzt als ein Beispiel, was du für dich selbst und deine Wissenschaft gewinnen kannst, wenn du dich uns anschließt und hilfst. Es gibt noch einen Punkt. Diese Eekahs sind physikalische Wissenschaftler, wie wir hier in East Harbor, aber mit einem Unterschied, der von ihrem kulturellen Hintergrund bestimmt wird. Da sie wie in Ameisenhaufen leben, denken sie in Ameisenhaufen, und ihre Wissenschaft ist das Ergebnis einer Ameisengesellschaft. Individuell sind sie langsam und einfallslos; kollektiv trägt jeder einen Krumen bei, der anders ist als jener, den sein Nachbar liefert; und so wird in kurzer Zeit ein gewaltiges Gebäude errichtet. Hier ist das Individuum unendlich klüger, arbeitet jedoch allein. Du, zum Beispiel, weißt nichts von Chemie, denke ich mir.«

»Ein paar fundamentale Lehrsätze, aber sonst nichts«,

räumte Raph ein. »Ich überlasse das natürlich dem Chemiker.«

»Ja, natürlich. Aber ich *bin* Chemiker. Diese Eekahs hingegen, obgleich mir geistig unterlegen und in ihrer eigenen Welt keine Chemiker, wissen mehr über Chemie als ich. Wußtest du etwa, daß es Elemente gibt, die spontan zerfallen?«

»Unmöglich«, fuhr Raph auf. »Elemente sind ewig, unveränderlich.«

Lernin lachte. »So hat man es dich gelehrt. So hat man es mich gelehrt. So habe ich es andere gelehrt. Doch die Eekahs haben recht, denn in meinem Laboratorium habe ich ihre Behauptungen nachgeprüft, und sie haben in jeder Einzelheit recht. Uran sendet eine spontane Strahlung aus. Du hast natürlich von Uran gehört? Und damit nicht genug, habe ich Strahlungen von Energie ausgemacht, die jenseits von der liegen, die vom Uran ausgeht; sie muß also auf Spuren von Elementen zurückgehen, die uns unbekannt sind, aber von den Eekahs beschrieben werden. Und diese fehlenden Elemente passen gut in die sogenannte Periodische Tabelle, die einige Chemiker der Wissenschaft zu unterschieben versuchen. Obwohl ich unrecht tue, jetzt das Wort ›unterschieben‹ zu gebrauchen.«

»Gut«, sagte Raph, »aber warum erzählst du mir dies alles? Hilft es mir auch bei meinem Problem?«

»Vielleicht«, erwiderte Lernin, »wirst du darin noch eine königliche Bestechung finden. Siehst du, die Energieabgabe des Uran ist absolut gleichmäßig. Keine bekannte äußere Veränderung der Umgebung kann sie beeinflussen – und durch den Energieverlust verwandelt sich Uran in einer absolut konstanten Rate langsam in Blei. Eine Gruppe von unseren Leuten verwendet diese Tatsache schon jetzt als eine Methode zur Bestimmung des Alters der Erde. Um das Alter einer Gesteinsschicht in der Erde zu bestimmen, ist es lediglich notwendig, einen Bereich darin zu finden, der Spuren von Uran enthält, das ein weit verbreitetes Element ist. Sobald man bestimmt hat, wieviel Blei das Gestein enthält – und ich möchte hier hinzufügen, daß das aus Uran entstandene Blei sich von gewöhnlichem Blei unterscheidet und leicht abgesondert werden kann –, ist es einfach, die Länge der Zeit zu bestimmen, die seit der Verfestigung des abgelagerten Materials zu Gestein vergangen ist. Und wenn sich in dieser Schicht ein Fossil findet, ist es natürlich vom selben Alter, nicht wahr?«

»Bei den Sternen droben«, sagte Raph und erhob sich, zitternd vor Erregung. »Täuschst du mich nicht? Ist es wirklich möglich, das zu tun?«

»Es ist möglich. Es ist sogar leicht. Ich sage dir, daß unsere beste Verteidigung, selbst zu diesem späten Zeitpunkt, Zusammenarbeit in der Wissenschaft ist. Wir sind jetzt eine Gruppe von vielen, mein Freund, aus vielen Gruppierungen, und wir wollen, daß du einer der unsrigen seist. Wenn du dich mit uns zusammentust, wäre es einfach, unser Erdalter-Projekt auf Gegenden auszudehnen, die du angeben kannst – Gegenden, die reich an Fossilien sind. Was sagst du dazu?«

»Ich werde euch helfen.«

Es ist zweifelhaft, ob die Gurrow-Gruppierungen jemals ein Gemeinschaftsunternehmen solcher Breite gesehen hatten, wie es jetzt ins Werk gesetzt wurde. Die East Harbor-Gruppierung war, wie bemerkt worden ist, ein Handels- und Schiffahrtszentrum, und hochseetüchtige Schiffe zu bauen, lag nicht jenseits der Fähigkeit einer Gruppierung, die entlang den Küsten Amerikas Handel trieb. Das Ungewöhnliche war der Umfang der Zusammenarbeit von Gurrows vieler Gruppierungen, vieler Interessen.

Nicht, daß sie alle glücklich gewesen wären.

Raph zum Beispiel suchte an dem bestimmten Morgen, der uns jetzt beschäftigt, sechs Monate nach seiner Ankunft in East Harbor, in ängstlicher Besorgnis Lernin. Dieser wiederum suchte nichts als höhere Geschwindigkeit.

Sie trafen sich am Hafen, wo Lernin das Ende von einer Zigarre biß und ihn in einen Bereich führte, wo das Rauchen gestattet war. »Und du, mein Freund«, sagte er, »siehst besorgt aus. Sicherlich nicht wegen der Fortschritte, die unser Ozeanschiff macht?«

»Ich sorge mich wegen der Berichte, die ich von der Expedition zur Erforschung des Alters der Gesteine erhalten habe.«

»So... Und bist du deswegen unglücklich?«

»Unglücklich!« platzte Raph heraus. »Hast du sie gesehen?«

»Ich habe ein Exemplar erhalten und es angesehen. Ich habe sogar Teile davon gelesen. Aber ich hatte wenig Zeit und das meiste davon prallte ab. Würdest du mich bitte aufklären?«

»Gewiß. In den vergangenen Monaten sind drei der Gebiete, die ich als fossilienhaltig benannt habe, untersucht worden. Die erste Gegend lag hier im Bereich der East Harbor-Gruppierung. Eine zweite im Bereich der Mittelpazifischen Gruppierung, und eine dritte in dem der Seen-Gruppierung. Ich bat absichtlich darum, daß diese Gebiete zuerst untersucht würden, weil sie zum einen die fossilienreichsten sind, und zum anderen weit voneinander entfernt liegen. Weißt du, welches Alter die Gesteine, auf denen wir hier stehen, haben sollen?«

»Zwei Milliarden Jahre ist das höchste Alter, das ich bemerkte.«

»Das ist die Zahl für die ältesten Gesteine – die unterliegende Schicht aus basaltischen Ergußgesteinen. Die oberen Schichten jedoch, die jüngeren Sedimente, die Dutzende von Fossilien des Urprimaten enthalten – auf wie alt schätzt du diese? Fünfhundert Billionen Jahre! Wie ist das möglich? Verstehst du es?«

»Billionen?« Lernin verdrehte die Augen, blinzelte und schüttelte den Kopf. »Das ist seltsam.«

»Damit nicht genug, kam die Mittelpazifische Gruppierung auf einhundert Billionen Jahre und die Seen-Gruppierung auf annähernd achtzig Billionen.«

»Und die anderen Messungen«, fragte Lernin, »die nicht deine Schicht betrafen?«

»Das ist das Eigentümlichste von allem. Die meisten Untersuchungen wurden in Schichten vorgenommen, die nicht besonders fossilienhaltig waren. Die Forscher hatten ihre eigenen Auswahlkriterien, die auf geologischen Überlegungen beruhten. Und sie bekamen in sich schlüssige Ergebnisse: eine Million bis zu zwei Milliarden Jahre, je nach der Tiefe und der geologischen Geschichte der betreffenden Gegend. Nur meine Schichten ergeben diese seltsamen und unmöglichen Ausreißer.«

»Aber was sagen die Geologen dazu?« fragte Lernin. »Kann ein Irrtum vorliegen?«

»Unzweifelhaft. Aber sie haben fünfzig ordentliche, vernünftige Messungen durchgeführt. Sie haben die Richtigkeit der Methode bewiesen und sind glücklich. Es gab drei Anomalien, wohlgemerkt, aber diese betrachten sie mit Gleichmut, da sie annehmen, daß unbekannte Faktoren dabei eine Rolle spielen. Ich sehe es nicht so. Diese drei Messungen bedeuten alles.« Raph unterbrach sich und fuhr hitzig fort: »Wie sicher seid ihr, daß radioaktive Zerfallsstrahlung eine absolute Konstante ist?«

»Sicher? Kann man jemals sicher sein? Nichts, was uns bisher bekannt ist, kann diese Rate beeinflussen, und das gleiche geht aus den Zeugnissen unserer Eekahs hervor. Außerdem, mein Freund, wenn du nahelegen willst, daß Radioaktivität in der Vergangenheit verbreiteter war als in der Gegenwart, warum nur in deinen Fossiliengebieten? Warum nicht überall?«

»Ja, warum nicht? Das ist ein weiterer Aspekt eines Problems, das mit jedem Tag an Bedeutung gewinnt. Denk einmal nach. Wir haben Gebiete, die eine Vergangenheit abnormer Radioaktivität aufweisen. Warum sollten diese Gebiete übereinstimmen, Lernin?«

»Eine offensichtliche Antwort liegt nahe, mein Freund. Wenn dein Urprimat in einer Zeit existierte, als bestimmte Gebiete hoch radioaktiv waren, konnte es nicht ausbleiben, daß ahnungslose Individuen in diese Gebiete wanderten und starben. Radioaktive Strahlung ist im Übermaß tödlich. Hohe Radioaktivität schafft Fossilien, da hast du es.«

»Warum nicht andere Geschöpfe?« wollte Raph wissen. »Nur fossile Überreste des Urprimaten kommen in Mengen vor, und er war intelligent. Er würde sich nicht in Massen von gefährlicher Strahlung fangen lassen.«

»Vielleicht war er nicht intelligent. Das ist schließlich nur deine Theorie und keine erwiesene Tatsache.«

»Auf jeden Fall war er intelligenter als seine kleinhirnigen Zeitgenossen.«

»Vielleicht nicht einmal das. Du romantisierst zuviel.«

»Vielleicht«, sagte Raph mit halblauter Stimme. »Ich stelle mir eine große Zivilisation vor einer oder mehr Millionen Jahren vor. Eine Vision von einer großen Macht, einer großen Intelligenz, die vollständig untergegangen ist, bis auf die verstreuten versteinerten Gebeine, die Schädel mit der großen Höhlung, in der einst ein Gehirn lebte, eine knochige, fünffingrige Hand, deren Bau auf bedeutende Geschicklichkeit hinweist – mit gegengestelltem Daumen. Sie *müssen* intelligent gewesen sein.«

»Was tötete sie dann?« sagte Lernin. »Mehrere Millionen Arten anderer Lebewesen haben überlebt.«

Raph blickte ärgerlich auf. »Ich kann deine Gruppe nicht als Freiwilliger begleiten, Lernin. Die andere Welt zu suchen, würde nützlich sein, gewiß, wenn ich meinen Studien nachgehen könnte. Für eure Zwecke aber kann es für mich nur eine Gemeinschaftsarbeit geben. Dafür kann ich mich nicht begeistern.«

»Es gibt viele unter uns, mein Freund, die ihre eigenen Interessen opfern«, erwiderte Lernin. »Wenn wir sie alle an die erste Stelle setzen und die andere Welt unter den Gesichtspunkten unseres jeweiligen Provinzialismus erforschten, würde unser großes Ziel zunichte. Mein Freund, es ist nicht einer unter uns, den wir entbehren können. Wir müssen alle arbeiten, als hinge unser Leben von der raschen Lösung des Eekah-Problems ab. Und genau das, glaube ich, ist der Fall.«

Raph verzog widerwillig die Lefzen. »Du hast eine unbestimmte Furcht vor diesen schwachen, dummen und kleinen Geschöpfen. Ihr ordnest du alles unter. Ich habe ein klares Problem großer intellektueller Anziehung vor mir, das mich Tag und Nacht beschäftigt. Und zwischen den beiden kann ich keine Verbindung sehen – überhaupt keine mögliche Verbindung.«

»Ich auch nicht. Aber hör mich einen Augenblick lang an. Eine kleine Gruppe unserer vertrauenswürdigsten Männer kehrte letzte Woche von einem Besuch der anderen Welt zurück. Er war nicht offiziell, wie unser Besuch sein wird. Es wurden keine Kontakte gesucht. Es war ein Spionageunternehmen, das kann ich dir jetzt offen sagen. Ich bitte dich, die Sache mit Verschwiegenheit zu behandeln.«

»Selbstverständlich.«

»Unsere Männer brachten sich in den Besitz von Ereignisblättern der Eekah.«

»Wie bitte?«

»Es ist ein künstlicher Name zur Beschreibung der Objekte. In den verschiedenen Bevölkerungszentren der Eekah werden täglich gedruckte Aufzeichnungen von Ereignissen und Begebenheiten des Tages veröffentlicht, auch literarische Bemühungen, oder was dafür gehalten wird, sind darin zu finden.«

Raph war momentan interessiert. »Das scheint mir eine ausgezeichnete Idee zu sein.«

»Ja, im Prinzip. Die Vorstellung der Eekahs von interessanten Ereignissen scheint jedoch gänzlich aus antisozialen Geschehnissen zu bestehen. Aber lassen wir das auf sich beruhen. Mir kommt es vielmehr darauf an, zu zeigen, daß die Existenz Amerikas dort heutzutage wohlbekannt ist, und daß Amerika allgemein als ein ›neues Land günstiger Gelegenheiten‹ bezeichnet wird. Die verschiedenen Stämme der Eekahs beäugen es mit Verlangen. Der Eekahs sind viele, sie leben gedrängt, ihre Wirtschaft ist irrational. Sie wollen neues Land, und das ist Amerika für sie – neues und leeres Land.«

»Nicht leer«, erwiderte Raph.

»Für sie leer«, beharrte Lernin. »Das ist die ungeheure Gefahr! Länder, die von Gurrows bewohnt sind, gelten ihnen als *leer,* und sie wollen diese Länder an sich bringen, um so mehr als sie oft genug versucht haben, sich in gegenseitigen Stammeskämpfen Länder wegzunehmen.«

Raph zuckte mit der Achsel. »Trotzdem, sie...«

»Ja. Sie sind schwach und dumm. Du sagtest das, und so ist es. Aber nur einzeln. Wenn es um ein Ziel geht, werden sie sich vereinigen. Gewiß, ist das Ziel erreicht, werden sie wieder auseinanderfallen – aber momentan werden sie sich vereinen und stark werden, was wir vielleicht nicht können, wie dein Beispiel zeigt. Und ihre Kriegswaffen sind im Feuer der Konflikte entwickelt und geschärft worden. Ihre Flugmaschinen, zum Beispiel, sind hervorragende Kriegswaffen.«

»Aber wir haben sie nachgebaut...«

»In Quantität? Wir haben auch ihre chemischen Explosivstoffe hergestellt, aber nur im Laboratorium, und ihre Feuerrohre und gepanzerten Fahrzeuge, aber nur in Versuchswerkstätten. Und es gibt noch mehr – etwas, das in den letzten fünf Jahren entwickelt wurde, denn unsere Eekahs wissen nichts davon.«

»Und was ist es?«

»Wir wissen es nicht. Ihre Ereignisblätter sprechen davon – die Namen, die sie nennen, sagen uns nichts –, aber der Kontext läßt den Schrecken erkennen, selbst von seiten dieser mordlüsternen Eekahs. Es scheint keine Hinweise zu geben, daß von dem neuen Mittel Gebrauch gemacht wurde, auch scheint nicht gewiß zu sein, daß alle Eekah-Gruppen es besitzen, aber es wird als äußerste Drohung eingesetzt. Vielleicht wird es dir klarer sein, wenn alle Hinweise und Anhaltspunkte während unserer Reise zur Diskussion gestellt werden.«

»Aber was ist es? Du redest davon, als ob es ein Schreckgespenst wäre.«

»Nun, *sie* reden davon, als ob es ein Schreckgespenst

wäre. Und was könnte für einen Eekah ein Schreckgespenst sein? Das ist der am meisten beängstigende Aspekt davon. Bisher wissen wir nur, daß es sich um den Beschuß eines Elements handelt, das sie Plutonium nennen – von dem weder wir noch unsere Eekahs hier jemals gehört haben. Dieser Beschuß soll mit Objekten erfolgen, die Neutronen genannt werden und von denen unsere Eekahs sagen, es seien subatomare Partikel ohne Ladung, was uns ziemlich lächerlich vorkommt.«

»Und das ist alles?«

»Alles. Wirst du dein Urteil zurückhalten, bis wir dir die Blätter zeigen?«

Raph nickte widerwillig.

Raphs bleiernde Gedanken drehten sich wie ein Mühlrad in seinem Kopf, als er grübelnd dastand. Eekahs und Urprimaten. Ein Lebewesen von unberechenbaren Gewohnheiten und ein ausgestorbenes Geschöpf, das zu höheren Dingen gestrebt haben mußte. Eine garstige Gegenwart von Explosivstoffen und Neutronenbeschuß und eine ruhmreiche, geheimnisvolle Vergangenheit...

Und keine Verbindung! Keine Verbindung!

Rennen, um an Ort und Stelle zu bleiben

Hier ist ein Rätsel für Sie, wenn Sie wollen. Ist es ein Verbrechen, ein Lehrbuch der Chemie ins Griechische zu übersetzen?

Oder drücken wir es anders aus: Wenn eines der größten Atomkraftwerke des Landes in einem nicht genehmigten Experiment vollständig ruiniert wird, ist ein geständiger Mitschuldiger daran ein Verbrecher?

Diese Probleme entwickeln sich natürlich erst mit der Zeit. Wir begannen mit dem Atomkraftwerk. Es war entleert. Ich meine wirklich *entleert*. Ich weiß nicht genau, wie groß die für den Prozeß der Kernspaltung zur Verfügung stehende Energiequelle war, aber in zwei aufblitzenden Mikrosekunden war alles fissioniert.

Keine Explosion. Keine ungewöhnlich starke Gammastrahlung. Es war bloß, daß alle beweglichen Teile in dem gesamten Gebäude geschmolzen waren. Der Reaktorbau war heiß. Die Atmosphäre im Umkreis von drei Kilometern zeigte eine gleichmäßige Erwärmung. Und zurück blieb ein totes, nutzloses Bauwerk, dessen Abriß später hundert Millionen Dollar kostete.

Es geschah ungefähr um drei Uhr früh, und sie fanden Elmer Tywood allein in der Schaltzentrale. Die Ergebnisse der nächsten vierundzwanzig hektischen Stunden lassen sich kurz zusammenfassen.

1. Elmer Tywood – Dr. Dr., Ehrenmitglied dieser und jener Wissenschaftlichen Gesellschaft, früher einmal jugendlicher Mitarbeiter am ursprünglichen Manhattan-Pro-

jekt und jetzt ordentlicher Professor für Nuklearphysik – war kein unbefugter Eindringling. Er hatte einen Passierschein der Klasse A – unbegrenzter Zugang zu allen Abteilungen. Aber keine Unterlagen konnten entdeckt werden, die seine Gegenwart zu diesem Zeitpunkt hätten erklären können. Ein Tisch auf Rollen enthielt Gerät, das nicht auf offizielle Anforderung gemacht worden war. Auch diese Dinge waren eine einzige verschmolzene Masse, aber ohne alarmierende Strahlung.

2. Elmer Tywood war tot. Er lag neben dem Tisch, das Gesicht verzerrt, beinah schwarz. Keine Strahlenschäden. Keine äußere Gewalteinwirkung irgendwelcher Art. Der Arzt erkannte auf Schlaganfall.

3. In Elmer Tywoods Bürosafe wurden zwei sonderbare Gegenstände gefunden: zwanzig Blätter Kanzleipapier mit mathematischen Berechnungen, und ein gebundenes Buch in einer fremden Sprache, die sich als Altgriechisch erwies. Die stichprobenartige Übersetzung einiger Teile daraus ergab, daß es sich um ein Lehrbuch der Chemie handelte.

Das Geheimnis, das über dem ganzen Durcheinander lag, war so furchtbar, daß es alles, womit es in Berührung kam, abtötete. Dies ist das einzige Wort, das es beschreiben kann. Siebenundzwanzig Männer und Frauen insgesamt, darunter der Verteidigungsminister, der Wissenschaftsminister und zwei oder drei so hochgestellte Persönlichkeiten, daß sie der Öffentlichkeit unbekannt waren, betraten das Kraftwerk während der Ermittlungen. Alle, die in der verhängnisvollen Nacht im Werk gewesen waren, der Physiker, der Tywood identifiziert, und der Arzt, der ihn untersucht und den Obduktionsbefund geschrieben hatte, waren beurlaubt und standen unter Hausarrest.

Keine Zeitung bekam Wind von der Geschichte. Ein paar Kongreßabgeordnete erfuhren einen Teil davon, und das war alles.

Und das war ganz natürlich. Jeder einzelne, jede Gruppe oder jedes Land, das alle verfügbare Energie aus dem Äquivalent von vielleicht fünfundzwanzig bis fünfzig Kilogramm Plutonium ziehen konnte, ohne es zur Explosion zu bringen, hatte Amerikas Industrie und Amerikas Militärmacht so restlos in der Hand, daß das Licht und das Leben von zweihundertsechzig Millionen Menschen von einem Augenblick zum anderen abgeschaltet werden konnten.

War es Tywood? Oder Tywood und andere? Oder nur andere, durch Tywood?

Und meine Aufgabe? Ich war der Köder; oder der Strohmann, wenn Sie so wollen. Jemand muß zur Universität gehen und Fragen nach Tywood stellen. Schließlich wurde er vermißt. Es konnte Amnesie sein, ein Überfall, eine Entführung, ein Mord, eine Flucht, geistige Zerrüttung, ein Unfall – ich hätte mich fünf Jahre damit beschäftigen und finstere Blicke kassieren und vielleicht Aufmerksamkeit ablenken können. Aber so entwickelte sich die Sache nicht.

Aber denken Sie nicht, ich sei von Anfang an eingeweiht gewesen. Ich gehörte nicht zu den siebenundzwanzig Personen, die ich zuvor erwähnte, mein Chef hingegen war einer von ihnen. Immerhin wußte ich ein wenig – genug, um einen Anfang zu machen.

Professor John Keyser war auch Physiker. Ich ging nicht gleich zu ihm. Zuerst war eine Menge Routinearbeit zu tun, um die wahren Zusammenhänge so gewissenhaft wie möglich zu vertuschen. Ganz bedeutungslos, aber durchaus notwendig. Nun jedoch war ich in Keysers Büro. Die

Arbeitszimmer von Professoren zeichnen sich durch besondere Eigentümlichkeiten aus. Niemand darf dort aufräumen oder staubwischen, es sei denn irgendeine müde Putzfrau, die um acht Uhr früh ein und aus geht, und der Professor bemerkt den Staub sowieso nicht. Eine Menge Bücher ohne viel Ordnung. Diejenigen, die dem Arbeitsplatz am Schreibtisch am nächsten sind, werden viel benutzt – aus ihnen werden die Vorlesungen kopiert. Diejenigen außer Reichweite liegen dort, wo Assistenten oder Studenten sie nach dem Ausleihen hingelegt haben. Dann gibt es Fachzeitschriften, die billig aussehen und ungemein teuer sind, und die herumliegen und warten, bis sie eines Tages vielleicht gelesen werden. Und viel Papier auf dem Schreibtisch; einiges davon beschrieben.

Keyser war ein älterer Mann – einer von Tywoods Generation. Seine Nase war groß und ziemlich rot, und er rauchte Pfeife. In seinen Augen war ein umgänglicher und nicht raubtierhafter Ausdruck, der mit einer akademischen Position einhergeht, entweder, weil Positionen dieser Art solche Männer anziehen, oder weil sie sie dazu erziehen.

Ich fragte: »Mit welcher Art von Arbeit befaßt sich Professor Tywood?«

»Physikalische Forschung.«

Antworten wie diese prallen von mir ab. Vor einigen Jahren hätten sie mich zornig gemacht. Jetzt sagte ich nur: »Das wissen wir, Professor. Mich interessieren die Einzelheiten.«

Und er zwinkerte mir nachsichtig zu. »Sicherlich können die Einzelheiten nicht viel helfen, es sei denn, sie sind selbst Physiker. Ist es wichtig – unter den Umständen?«

»Vielleicht nicht. Aber er ist verschwunden. Wenn ihm etwas zugestoßen ist« – ich machte eine unbestimmte

Geste –, »im Sinne von kriminellen Machenschaften, dann könnte seine Arbeit etwas damit zu tun haben, es sei denn, er ist reich und das Motiv ist Geld.«

Keyser schmunzelte. »Universitätsprofessoren sind niemals reich. Die Ware, die wir verhökern, ist nicht besonders gefragt, in Anbetracht der guten Versorgungslage.«

Ich ignorierte auch das, weil ich weiß, daß mein Aussehen gegen mich spricht. Tatsächlich schloß ich mein Studium mit ›sehr gut‹ ab, obwohl ich niemals Football gespielt habe. Aber ich sehe eher wie das Gegenteil aus.

»Dann bleibt uns seine Arbeit«, sagte ich.

»Sie meinen, Spione? Internationale Intrigen?«

»Warum nicht? So etwas ist vorgekommen! Schließlich ist er Kernphysiker, nicht wahr?«

»Das stimmt. Aber da sind auch andere. Ich, zum Beispiel.«

»Ja, aber vielleicht weiß er etwas, was Sie nicht wissen.«

Seine Miene verhärtete sich. Wenn sie überrascht werden, können Professoren sich genau wie Menschen verhalten. Er sagte in sprödem Ton: »Ich entsinne mich, daß Tywood Arbeiten über Viskosität von Flüssigkeiten, über Feldgleichungen und orbitale Rotation von Nukleonenpaaren veröffentlicht hat, aber seine Hauptarbeit gilt den Quadrupelmomenten. Ich kenne mich auf diesem Gebiet ganz gut aus.«

»Arbeitete er zuletzt an diesen Quadrupelmomenten?« Ich versuchte, mit keiner Wimper zu zucken, und ich glaube, es gelang.

»Ja, in einer Weise. Es kann sein, daß er endlich das experimentelle Stadium erreicht hat. Wie es scheint, hat er den größten Teil seines Lebens mit der Ausarbeitung der mathematischen Grundlagen einer besonderen, von ihm entwickelten Theorie verbracht.«

»So etwas?« Und ich warf ihm ein Blatt Kanzleipapier auf den Schreibtisch.

Es war eines von denen, die wir in Tywoods Safe gefunden hatten. Natürlich bestand die Möglichkeit, daß das Bündel nichts zu bedeuten hatte, auch wenn es im Safe des Professors gelegen hatte. Manchmal werden Dinge einer momentanen Eingebung folgend hineingelegt, weil die eigentlich dafür bestimmte Schublade mit unkorrigierten Examensarbeiten gefüllt war. Und was einmal im Safe ist, pflegt darin zu bleiben. Wir hatten in diesem Safe staubige kleine Fläschchen mit gelblichen Kristallen und kaum lesbaren Etiketten gefunden, einige vervielfältigte Broschüren aus der Zeit des Zweiten Weltkrieges mit dem Stempel ›Nur für den Dienstgebrauch‹, ein Exemplar eines alten Universitätsjahrbuches, eine Korrespondenz wegen einer möglichen Anstellung als Forschungsdirektor bei American Electric, die vor zehn Jahren geführt worden war, und natürlich die altgriechische Übersetzung des Chemielehrbuches.

Auch das Bündel Kanzleipapier lag darin, zusammengerollt wie ein Diplom, mit einem Gummiband zusammengehalten und ohne Etikett oder Titel. Mehr als zwanzig Blätter insgesamt, alle in sauberer kleiner Handschrift mit Tinte beschrieben...

Ich hatte einen Bogen dieses Kanzleipapiers mitgenommen und warf es Keyser auf den Tisch, als wäre es etwas, das ich auf dem Campus der Universität gefunden hatte.

Er starrte das beschriebene Blatt an, dann besah er die Rückseite, die leer war. Sein Blick ging von oben bis unten über die Seite, sprang wieder nach oben zurück.

»Ich weiß nicht, was dies zu bedeuten hat«, sagte er, und in den Worten schwang Verdruß über diesen Umstand mit.

Ich sagte nichts, faltete das Papier und steckte es in die Brusttasche meines Jacketts.

»Es ist ein unter Laien verbreiteter Trugschluß, daß ein Naturwissenschaftler einen Blick auf eine Gleichung werfen und sagen könne: ›Ah, ja...‹, um dann ein Buch darüber zu schreiben. Mathematik hat keine eigene Existenz. Sie ist lediglich ein Hilfsmittel zur Beschreibung physikalischer Beobachtungen und Sachverhalte. Jeder kann sie seinen besonderen Bedürfnissen anpassen. Zum Beispiel kann niemand ein mathematisches Symbol ansehen und sogleich Gewißheit haben, was es bedeutet. Bisher hat die Wissenschaft jeden Buchstaben im Alphabet, groß, klein und kursiv benutzt, deren jeder viele verschiedene Dinge symbolisieren kann. Man hat mit Buchstaben in Groteskschrift gearbeitet, mit Frakturbuchstaben, Antiqua, Groß- und Kleinbuchstaben, mit hochgestellten und tiefgestellten Buchstaben, Zahlen und Sternen, sogar Zeichen der hebräischen Schrift hat man bisweilen herbeigezogen. Verschiedene Wissenschaftler benutzen verschiedene Symbole für denselben Begriff, und dasselbe Symbol für verschiedene Begriffe. Wenn Sie also jemand eine aus dem Zusammenhang einer Arbeit genommene Seite wie diese vorlegen, ohne Information über das Forschungsobjekt oder die in diesem Fall gebrauchte Symbolik, kann er daraus absolut keinen Sinn ableiten.«

»Aber Sie sagten, er arbeite an Quadrupelmomenten. Macht das diese Berechnungen nicht verständlich?« Ich tippte an die Stelle an meiner Brust, wo das Blatt Kanzleipapier seit zwei Tagen langsam ein Loch in mein Jakkett gesenkt hatte.

»Das kann ich nicht sagen. Ich sah keine der Standardverbindungen, die ich erwartet hatte. Jedenfalls erkannte ich keine. Aber es ist klar, daß ich mich nicht festlegen kann.«

Nach einer kurzen Pause sagte er: »Warum erkundigen Sie sich nicht bei seinen Studenten?«

Ich zog die Brauen hoch. »Sie meinen, in seinem Seminar?«

»Nein, um Himmels willen. Seine Forschungsstudenten! Seine Doktoranden! Sie haben mit ihm gearbeitet und werden die Einzelheiten dieser Arbeit besser kennen als ich oder sonst jemand in der Fakultät.«

»Das ist eine Idee«, sagte ich beiläufig. Es war auch eine. Ich weiß nicht, warum, aber ich selbst hätte nicht daran gedacht. Es liegt wohl daran, daß es nur natürlich ist, zu denken, daß ein Professor mehr weiß als ein Student.

Als ich aufstand, um zu gehen, hielt Keyser mich zurück. »Außerdem«, sagte er, »glaube ich, daß Sie auf der falschen Spur sind. Dies ist vertraulich, verstehen Sie, und ich würde es nicht sagen, wären da nicht die ungewöhnlichen Umstände, aber Tywood genießt kein allzu hohes Ansehen in der Fachwelt. Ich gebe gern zu, daß er ein adäquater Lehrer ist, aber seine Forschungsveröffentlichungen haben niemals jemandem Respekt abgenötigt. Es findet sich darin immer eine Neigung zu vagem Theoretisieren, ungestützt durch experimentelle Beweise. Dieses Blatt, was Sie da haben, ist wahrscheinlich auch von der Sorte. Niemand könnte meines Erachtens auf den Gedanken kommen, ihn... ah... deswegen zu entführen.«

»Ist das so? Ich verstehe. Haben Sie selbst irgendeine Idee, warum er verschwunden sein könnte, oder wohin?«

Er schürzte die Lippen. »Nichts Konkretes. Aber jeder weiß, daß er ein kranker Mann ist. Vor zwei Jahren erlitt er einen Schlaganfall, der ihn ein Semester lang von allen Lehrveranstaltungen fernhielt. Er erholte sich nie davon.

Seine linke Seite blieb eine Weile gelähmt, und er hinkt noch immer. Ein weiterer Schlaganfall würde ihn umbringen. Er könnte sich jederzeit ereignen.«

»Dann glauben Sie, daß er tot ist?«

»Das ist nicht auszuschließen.«

»Aber wo ist dann der Leichnam?«

»Also wirklich – ich meine, das ist *Ihr* Job.«

So war es, und ich ging.

Ich sprach mit jedem der vier Forschungsstudenten, die mit Tywood gearbeitet hatten, in einem chaotischen Raum, der Forschungslaboratorium genannt wurde. Gewöhnlich arbeiten in diesen studentischen Forschungslaboratorien zwei angehende Wissenschaftler zur gleichen Zeit und stellen dort eine Art Übergangsbevölkerung dar, denn jedes Jahr oder so werden sie von nachrückenden Doktoranden ersetzt.

Die Folge davon war, daß die Instrumente und Geräte des Laboratoriums in Regalen gestapelt sind. Auf den Labortischen stehen die Einrichtungen, die gerade in Gebrauch sind, und in drei oder vier der am leichtesten erreichbaren Schubladen liegen Ersatzteile oder Zusatzgeräte, die möglicherweise benötigt werden. In den entfernteren Schubladen, in den oberen Regalen, die bis zur Decke reichen, in ungenutzten Winkeln und Behältern mit verblassenden Aufschriften befinden sich die Materialien früherer Generationen von Doktoranden – Geräte und Versuchsanordnungen, die für bestimmte Zwecke gebaut und später nie mehr gebraucht, aber nicht weggeworfen werden. Es wird tatsächlich behauptet, daß kein Forschungsstudent jemals den gesamten Inhalt seines Laboratoriums gekannt hat.

Tywoods Studenten waren alle vier in Sorge. Aber drei

von ihnen sorgten sich hauptsächlich um ihren eigenen Status. Das heißt, um die möglichen Auswirkungen, die Tywoods Abwesenheit auf ihr ›Problem‹ haben mochte. Diese drei – die inzwischen alle ihre Doktortitel haben, wie ich hoffe – ließ ich nach kurzer Vernehmung gehen und nahm mir den vierten vor.

Er sah am abgehärmtesten von allen aus und war am wenigsten gesprächig gewesen – was ich als hoffnungsvolles Zeichen ansah.

Nun saß er steif auf dem Stuhl zur Rechten meines Schreibtisches, während ich mich in den knarrenden alten Drehsessel zurücklehnte und den Hut ins Genick schob. Er hieß Edwin Howe und bekam später seinen Doktortitel; ich weiß das bestimmt, weil er heute eine große Nummer im Wissenschaftsministerium ist.

Ich sagte: »Sie leisten die gleiche Arbeit wie die anderen, nehme ich an?«

»Es handelt sich alles um Kernphysik – in gewisser Weise.«

»Aber es ist nicht genau das gleiche?«

Er schüttelte den Kopf. »Wir gehen unter verschiedenen Gesichtspunkten vor. Man muß ein klares Programm haben, wissen Sie, oder man kann nicht veröffentlichen. Wir müssen unsere Promotion bekommen.«

Er sagte es genau so wie Sie oder ich sagen würden: »Wir müssen leben.« Aber vielleicht ist das für sie das gleiche.

»Gut«, sagte ich. »Welches ist *Ihr* Programm?«

Er sagte: »Ich mache die Mathematik. Ich meine, mit Professor Tywood.«

»Was für Mathematik?«

Und er lächelte und bekam den gleichen Ausdruck, den ich am selben Morgen bei Professor Keyser gesehen hatte.

Als dächte er bei sich: ›Glaubst du wirklich, ich könnte einem laienhaften kleinen Dummkopf wie dir all meine profunden Gedanken erklären?‹ Laut sagte er jedoch nur: »Das zu erklären, wäre ziemlich kompliziert.«

»Ich kann Ihnen helfen«, sagte ich. »Ist es etwas von dieser Art?« Und ich warf ihm das Blatt Kanzleipapier zu.

Er überflog es nicht von oben bis unten. Er nahm es an sich und stieß in einem dünnen Winseln hervor: »Wo haben Sie dies her?«

»Aus Tywoods Safe.«

»Haben Sie auch den Rest davon?«

»Er ist in Sicherheit.«

Er entspannte sich ein wenig – nur ein wenig. »Sie haben es niemandem gezeigt, oder?«

»Ich zeigte es Professor Keyser.«

Howe machte ein unhöfliches Geräusch. »Dieser Esel. Was sagte er?«

Ich drehte meine Handflächen nach oben, und Howe lachte. Dann sagte er in beiläufiger Art: »Nun, das ist die Art von Arbeit, die ich tue.«

»Und worum geht es dabei? Drücken Sie sich so aus, daß ich es verstehen kann.«

Es gab ein deutliches Zögern, dann sagte er: »Sehen Sie, das ist vertrauliches Zeug. Selbst Tywoods andere Studenten wissen nichts davon. Ich glaube nicht einmal, daß ich alles darüber weiß. Diese Sache ist nicht nur ein Doktortitel, hinter dem ich her bin, müssen Sie wissen. Es ist Papa Tywoods Nobelpreis, und für mich wird es eine Dozentenstelle am Cal Tech sein. Dieses Papier muß veröffentlicht werden, bevor darüber geredet wird.«

Und ich schüttelte bedächtig den Kopf und sagte mit sanfter Stimme: »Nein, mein Lieber. Sie haben es verkehrt herum. Sie werden darüber reden müssen, bevor es veröffentlicht wird, weil Tywood fort und vielleicht tot ist. Und wenn er tot ist, wurde er vielleicht ermordet. Und wenn wir einen Mordverdacht haben, redet jeder. Es wird schlecht für Sie aussehen, wenn Sie versuchen, irgendwelche Geheimnisse zurückzuhalten.«

Es wirkte. Ich wußte es, denn jeder liest Kriminalromane und sieht Kriminalfilme und kennt alle einschlägigen Klischees. Er fuhr von seinem Stuhl auf und rasselte die Worte herunter, als ob er ein Drehbuch vor sich liegen hätte.

»Sicherlich«, sagte er, »können Sie mich nicht... irgendeiner Tat wie dieser verdächtigen. Warum... wieso, meine Karriere...«

Ich drückte ihn wieder auf seinen Stuhl. Auf seiner Stirn erschien erster Schweiß. Ich ging zum nächsten Satz über: »Ich verdächtige doch niemanden. Und Sie werden nicht in Schwierigkeiten geraten, wenn Sie offen sprechen.«

Er war bereit zu reden. »Nun, das alles ist streng vertraulich...«

Der arme Kerl. Er kannte nicht die Bedeutung des Begriffs ›streng vertraulich‹. Seit dem Augenblick, als die Regierung beschlossen hatte, den ganzen Fall unter einem Fragezeichen zu begraben (Kein Scherz. Bis auf den heutigen Tag ist der Fall weder eröffnet noch abgeschlossen worden.), war er keinen Augenblick außer Sichtweite eines Beschatters.

»Sie wissen, was Zeitreisen ist, nehme ich an?«

Selbstverständlich wußte ich, was Zeitreisen ist. Mein ältester Junge ist zwölf und saugt sich mit dem Nachmittagsprogramm im Fernsehen voll, bis er von dem Schund, den er mit Augen und Ohren aufnimmt, sichtbar anschwillt.

»Was ist mit Zeitreisen?« sagte ich.

»In gewissem Sinne können wir das. Tatsächlich ist es bloß, was man Mikrotemporale Übertragung nennen könnte.«

Ich war nahe daran, die Geduld zu verlieren. Ich glaube sogar, daß ich ungehalten wurde, denn es schien mir offensichtlich, daß der Bursche versuchte, mich zu beschwindeln, und noch dazu auf eine plumpe Art und Weise. Ich bin es gewohnt, daß die Leute denken, ich sähe dumm aus; aber *so* dumm bin ich nicht.

»Wollen Sie mir erzählen, daß Tywood irgendwo draußen in der Zeit sei – wie Ace Rogers, der Einsame Zeitenjäger?« (Das war das Lieblingsprogramm meines Sohnes – in dieser Woche gebot Ace Rogers ganz allein Dschingis Khan Einhalt.)

Aber er sah nicht weniger ärgerlich aus, als ich gewesen sein mußte. »Nein, ich weiß nicht, wo er ist«, rief er aus. »Wenn Sie zuhören würden – ich sagte Mikrotemporale Übertragung. Das hat nichts mit Kinderprogrammen im Fernsehen zu tun, und erst recht nichts mit Magie; es ist Wissenschaft. Sie können sich unter Materie-Energie-Äquivalent etwas vorstellen, nehme ich an.«

Ich nickte mißmutig. Jeder weiß das seit Hiroshima im vorletzten Krieg.

»Also gut«, fuhr er fort, »das reicht für den Anfang. Nun, wenn Sie etwas Materie nehmen und temporale Übertragung darauf anwenden – sie also in die Zeit zurückschicken –, schaffen Sie tatsächlich an dem Punkt in der Zeit, wohin Sie die Materie senden, neue Masse. Um das zu bewerkstelligen, müssen Sie eine Energiemenge einsetzen, die der geschaffenen Materiemenge gleich ist. Mit anderen Worten, um ein Gramm von irgend etwas in der Zeit zurückzusenden, muß ein Gramm Materie vollständig in Energie umgewandelt werden.«

»Hmm«, sagte ich. »Damit würde das Gramm Materie in der Vergangenheit geschaffen. Aber zerstören sie nicht ein Gramm Materie, indem Sie es aus der Gegenwart entfernen? Wird dadurch nicht die entsprechende Energiemenge erzeugt?«

Er machte ein Gesicht wie jemand, der sich auf eine lebende Hummel gesetzt hat. Anscheinend sind Laien nicht befugt, Wissenschaftlern Fragen zu stellen.

»Ich versuchte es so zu vereinfachen«, sagte er, »daß Sie es verstehen würden. Tatsächlich ist es um einiges komplizierter. Es wäre sehr hübsch, wenn wir die Energie des Verschwindens auf diese Weise nützen könnten, aber das würde einen Kreislauf in Gang setzen, dem die Bedingungen der Entropie entgegenstehen. Genauer gesagt, wird die Energie benötigt, um die zeitliche Trägheit zu überwinden. Das wirkt sich so aus, daß die Energie, die benötigt wird, ein Gramm in die Vergangenheit zurückzusenden, gleich dieser Masse mal dem Quadrat der Lichtgeschwindigkeit in Zentimetern pro Sekunde ist. Was zufällig der Einsteinschen Masse-Energie-Äquivalenzgleichung entspricht. Ich kann Ihnen die Mathematik geben.«

»Ich weiß«, sagte ich, »aber wurde das experimentell bestätigt? Oder ist es nur eine theoretische Rechnung auf dem Papier?«

Es kam darauf an, seinen Redefluß in Gang zu halten.

In seinem Auge war dieser sonderbare Glanz, der die Miene eines jeden Forschungsstudenten erhellt, wenn er gebeten wird, über sein Problem zu sprechen. Er wird bereit sein, es vor jedem Zuhörer auszubreiten, selbst einem ›dummen Plattfuß‹, was mir im Moment zustatten kam.

»Sehen Sie«, sagte er wie ein Mann, der einen in die Feinheiten eines zwielichtigen Geschäfts einweiht, »was diese Sache in Gang brachte, war die Neutrino-Geschichte. Seit dem Ende der Dreißiger Jahre hat man versucht, das Neutrino zu finden, doch ohne Erfolg. Es ist ein subatomares Teilchen ohne Ladung und von viel geringerer Masse als sogar ein Elektron. Natürlich ist es fast unmöglich auszumachen, und ist noch nicht ausgemacht worden. Aber man hält weiterhin Ausschau danach, denn ohne die Annahme, daß Neutrinos existieren, kann der Energiehaushalt mancher Kernreaktionen nicht ausgeglichen werden. Das brachte Papa Tywood vor ungefähr zwanzig Jahren auf die Idee, daß ein Teil der Energie in der Form von Materie rückwärts in die Zeit verschwinde. Wir machten uns daran, diese Hypothese durch Berechnungen zu untermauern – das heißt, er tat es –, und ich bin der erste Student, der mit ihm zusammen an dem Problem gearbeitet hat.

Es liegt auf der Hand, daß wir mit winzigen Mengen Materie arbeiten mußten, und es war ein Geniestreich von Papa Tywood, Spuren künstlicher radioaktiver Isotope zu verwenden. Man konnte mit ein paar Mikrogramm davon arbeiten, indem man ihre Aktivität mit Geigerzählern verfolgte. Die Zeitverschiebung der Aktivität sollte einem bestimmten und ganz einfachen Gesetz folgen, das durch keine bekannten Laboratoriumsbedingungen jemals verändert worden ist.

Nun, wir schickten so ein Mikrogramm radioaktiven Materials fünfzehn Minuten zurück, und fünfzehn Minuten, bevor wir dies taten – alles war automatisch angeordnet –, sprang der Zähler auf annähernd das Doppelte des Normalwertes, fiel auf diesen ab und ging dann in dem Augenblick, in welchem es unter den Zeitpunkt zurückgesandt wurde, wo es normalerweise gewesen wäre, noch einmal scharf zurück. Das Material überlappte sich selbst in der Zeit, verstehen Sie, und fünfzehn Minuten lang zählten wir das verdoppelte Material...«

»Sie meinen«, unterbrach ich ihn, »daß Sie dieselben Atome gleichzeitig an zwei verschiedenen Orten hatten?«

»Ja«, sagte er mit nachsichtiger Überraschung, »warum nicht? Darum benötigen wir soviel Energie – das Äquivalent zur Schaffung dieser Atome.« Und dann gab es für ihn kein Halten mehr: »Nun will ich Ihnen sagen, was meine Arbeit dabei ist. Wenn Sie das Material fünfzehn Minuten zurücksenden, wird es anscheinend zu demselben Punkt relativ zur Erde zurückgesandt, trotz des Umstandes, daß die Erde sich in fünfzehn Minuten fünfundzwanzigtausend Kilometer um die Sonne bewegt, und die Sonne selbst mehr als eintausendsechshundert Kilometer, und so weiter. Aber es gibt gewisse winzige Diskrepanzen, die ich analysiert habe und die möglicherweise auf zwei Ursachen zurückgehen.

Zunächst gibt es einen Reibungseffekt – wenn man diesen Begriff im vorliegenden Zusammenhang gebrauchen kann –, so daß die Materie sich im Verhältnis zur Erde ein wenig verschiebt, je nachdem, wie weit sie in die Zeit zurückgeschickt wird, und von welcher Art das Material ist. Hinzu kommt, daß ein Teil der Diskrepanz nur durch die Annahme erklärt werden kann, daß der Durchgang durch die Zeit selbst Zeit in Anspruch nimmt.«

»Wieso?«

»Damit will ich sagen, daß ein Teil der Radioaktivität gleichmäßig durch die Übertragungszeit ausgebreitet ist, als ob das Versuchsmaterial während der Rücksendung durch die Zeit um einen konstanten Betrag reagiert hätte. Meine Zahlen zeigen, daß... nun, wenn Sie rückwärts durch die Zeit transportiert würden, dann würden Sie in jeweils hundert Jahren einen Tag altern. Oder, anders ausgedrückt, wenn Sie ein Zifferblatt beobachten könnten, das die Zeit außerhalb einer ›Zeitmaschine‹ aufzeichnet, würde Ihre Uhr um vierundzwanzig Stunden vorrücken, während das Zifferblatt der Zeit um hundert Jahre zurückgestellt würde. Das ist, glaube ich, eine universale Konstante, weil die Lichtgeschwindigkeit eine universale Konstante ist. Jedenfalls, das ist meine Arbeit.«

Nach ein paar Minuten, in denen ich dies alles verdaute, fragte ich: »Woher nahmen Sie die für Ihre Experimente benötigte Energie?«

»Es wurde eigens für unsere Versuche eine Hochspannungsleitung vom Kraftwerk verlegt. Papa Tywood hat gute Beziehungen und konnte das durchsetzen.«

»Hmm. Was war die größte Menge Material, die Sie in die Vergangenheit schickten?«

»Oh...« – er blickte zum Himmel auf – »ich glaube, wir beförderten einmal ein Hundertstel von einem Milligramm. Das sind zehn Mikrogramm.«

»Haben Sie je versucht, etwas in die Zukunft zu schikken?«

»Das geht nicht«, erwiderte er rasch. »Ausgeschlossen. Man kann die Vorzeichen nicht einfach verändern, weil die benötigte Energie mehr als unendlich sein würde. Es geht nur in einer Richtung.«

Ich betrachtete angestrengt meine Fingernägel. »Wieviel Material könnten Sie in die Vergangenheit zurücksenden, wenn Sie ungefähr... sagen wir, fünfzig Kilogramm Plutonium spalten würden?« Allmählich, dachte ich, wurde die Sache allzu offensichtlich.

Die Antwort ließ nicht auf sich warten. »In einer Plutoniumfission«, sagte er, »werden nicht mehr als ein oder zwei Prozent der Masse in Energie umgewandelt. Infolgedessen würden fünfzig Kilogramm Plutonium, wenn vollständig aufgebraucht, ein halbes oder ein Kilogramm in die Vergangenheit befördern.«

»Ist das alles? Und könnten Sie solche Energiemengen unter Kontrolle halten? Ich meine, fünfzig Kilogramm Plutonium können eine enorme Explosion verursachen.«

»Alles relativ«, sagte er mit einem Anflug von Selbstgefälligkeit. »Wenn Sie diese Energie nehmen und ein bißchen pro Zeiteinheit freisetzen, können Sie sie kontrollieren. Würden Sie sie auf einmal freisetzen, aber mit derselben Rate verbrauchen, könnten Sie sie noch immer kontrollieren. Im temporalen Materietransport kann Energie viel schneller verbraucht werden, als sie durch Spaltung freigesetzt werden kann. Jedenfalls theoretisch.«

»Aber wie spielt sich das in der Praxis ab?«

»Die Energie breitet sich natürlich durch die Zeit aus. Die Minimalzeit, durch welche Material übertragen werden kann, hängt darum selbstverständlich von der Masse des Materials ab. Andernfalls würden Sie eine zu hohe temporale Energiedichte bekommen.«

»In Ordnung«, sagte ich. »Ich werde jetzt die Zentrale anrufen, und man wird einen Mann herschicken, der Sie nach Hause bringt. Dort werden Sie eine Weile bleiben.«

»Aber – wozu?«

»Es wird nicht für längere Zeit sein.«

Das war es denn auch nicht – und er wurde später dafür entschädigt.

Ich verbrachte den Abend in der Zentrale. Dort hatten wir ein Videothek besonderer Art. Am Morgen nach der Explosion waren ein paar unserer Leute unauffällig in die Fachbibliotheken für Chemie und Physik an der Universität gegangen. Sie waren Fachleute, die sich auskannten, und kopierten jeden Artikel, den Tywood jemals in einer Fachzeitschrift veröffentlicht hatte. Das geschah ohne jedes Aufhebens.

Andere Ermittler durchsuchten Zeitschriftenjahrgänge und Bücherlisten. Zuletzt reichte das Material, um einen ganzen Raum in der Zentrale mit Tywoods gesammelten Werken zu tapezieren. Vorerst geschah dies alles ohne ein bestimmtes Ziel; es kennzeichnet aber die Gründlichkeit, mit der einem Problem dieser Art begegnet wird.

Ich ging diese Sammlung durch. Nicht die wissenschaftlichen Veröffentlichungen. Ich wußte, daß sich dort nichts von dem finden würde, was ich suchte. Aber er hatte vor zwanzig Jahren eine Reihe von Beiträgen für eine Zeitschrift geschrieben, und diese nahm ich mir vor. Und ich belegte jedes Stück Privatkorrespondenz mit Beschlag, das unsere Ermittler aufgetrieben hatten.

Danach saß ich bloß da und dachte nach – und bekam es mit der Angst.

Gegen vier Uhr früh ging ich zu Bett und hatte Alpträume.

Gleichwohl stand ich am Morgen um neun im Büro meines Chefs.

Er ist ein großer Mann, der Chef, mit glatt zurückgekämmtem eisengrauem Haar. Er raucht nicht, hat aber eine Kiste Zigarren auf seinem Schreibtisch, und wenn er eine Weile nichts sagen möchte, nimmt er eine heraus, dreht sie ein wenig zwischen den Fingern, riecht daran, steckt sie in den Mund und zündet sie sehr umständlich und sorgsam an. Bis dies geschehen ist, hat er entweder etwas zu sagen oder nicht. Dann legt er die Zigarre in den Aschenbecher und läßt sie abbrennen.

In ungefähr drei Wochen verbrauchte er eine Kiste, und jedes Jahr enthielt die Hälfte seiner eingewickelten Weihnachtsgeschenke Kisten mit Zigarren.

Jetzt aber griff er nicht nach einer Zigarre. Er legte seine dicken Fäuste auf dem Schreibtisch zusammen und sah mich unter gerunzelter Stirn an. »Was gibt es?«

Ich sagte es ihm. Langsam, weil mikrotemporale Übertragung nicht jedem willkommen ist, schon gar nicht, wenn man es Zeitreisen nennt, was ich tat. Es ist ein Zeichen, wie ernst die Lage war, daß er mich nur einmal fragte, ob ich verrückt sei.

Dann war ich fertig, und wir starrten einander an.

Er sagte: »Und Sie glauben, er versuchte etwas durch die Zeit zurückzuschicken – etwas, was ein oder zwei Pfund wog –, und ruinierte damit ein ganzes Kernkraftwerk?«

»Es würde zusammenpassen«, sagte ich.

Ich ließ ihn eine Weile in Ruhe. Er dachte nach, und ich wollte, daß er dabei ungestört blieb. Ich wollte, daß er möglichst den gleichen Gedankengang finden würde, dem ich gefolgt war, so daß ich es ihm nicht würde auseinandersetzen müssen.

Denn ich hätte es ihm lieber nicht erzählt...

Weil es verrückt war, zum einen. Und zu gräßlich zum anderen.

Also blieb ich still, und er dachte weiter nach, und dann und wann kamen einige seiner Gedanken an die Oberfläche.

Nach einer Weile sagte er: »Angenommen der Student, dieser Howe, sagte die Wahrheit – und Sie sollten seine Aufzeichnungen überprüfen, die Sie, wie ich hoffe, beschlagnahmt haben...«

»Der gesamte Gebäudeflügel ist gesperrt, Sir. Edwards hat die Aufzeichnungen.«

»In Ordnung«, fuhr er fort. »Angenommen, er sagte uns die ganze Wahrheit, wie er sie kennt, warum erhöhte Tywood von weniger als einem Milligramm auf ein Kilo?«

Sein Blick kreuzte meinen, und seine Augen waren hart. »Sie konzentrieren sich auf den Gesichtspunkt der Zeitreisen. Für Sie ist das der entscheidende Punkt, wenn ich Sie recht verstanden habe, und die dabei eingesetzte Energie betrachten Sie als nebensächlich – rein zufällig.«

»Ja, Sir«, sagte ich mit grimmiger Miene. »Genau das denke ich.«

»Haben Sie überlegt, daß Sie sich irren könnten? Daß Sie die Dinge auf den Kopf gestellt haben?«

»Das verstehe ich nicht ganz.«

»Nun, schauen Sie: Sie sagen, daß Sie alles von und über Tywood gelesen hätten. So weit, so gut. Er war einer von den Wissenschaftlern der Nachkriegszeit, die gegen die Atombombe kämpften, einen Weltstaat wollten – Sie wissen davon, nicht wahr?«

Ich nickte.

»Er hatte einen Schuldkomplex«, sagte der Chef mit Energie. »Er hatte beim Bau der Bombe mitgeholfen und konnte bei dem Gedanken, was er damit getan hatte, nachts nicht schlafen. Jahrelang lebte er mit diesem Alptraum. Und selbst als die Bombe in den späteren Kriegen nicht eingesetzt wurde, können Sie sich vorstellen, was jeder Tag der Ungewißheit für ihn bedeutet haben mußte? Können Sie sich den Schrecken in seinem Innersten vorstellen, als er darauf wartete, daß andere in jedem Augenblick internationaler Spannungen die Entscheidung treffen würden?

Wir haben eine vollständige psychiatrische Analyse Tywoods und mehrerer anderer seines Schlages, die während des letzten Krieges vorgenommen wurde. Wußten Sie das?«

»Nein, Sir.«

»Es ist wahr. Später, als der Kalte Krieg der Entspannung Platz machte und Abrüstungsverhandlungen in Gang kamen, um die atomaren Waffen in allen Ländern zu verringern und gegenseitige Überwachung zu gewährleisten, ließen wir von derartigen Aktionen ab, weil der größte Teil des ethischen Konflikts im Gewissen der Atomphysiker dadurch beigelegt war.

Aber die Ergebnisse damals waren nicht auf die leichte Schulter zu nehmen. 1964 war Tywood erfüllt von einem krankhaften unterbewußten Haß auf das bloße Konzept der Atomenergie. Er begann Fehler zu machen, ernste Fehler. Schließlich waren wir gezwungen, ihn von staatlichen Forschungsprogrammen jeglicher Art auszuschließen. Und mehrere andere mit ihm, obwohl die Verhältnisse damals ziemlich ungünstig waren. Wir hatten gerade Indien verloren, wenn Sie sich erinnern.«

In Anbetracht des Umstandes, daß ich damals in Indien gewesen war, erinnerte ich mich. Aber ich sah noch immer nicht, worauf er hinauswollte.

»Wie nun«, fuhr er fort, »wenn Reste dieser Einstellung bis zum Schluß in Tywood begraben waren? Sehen Sie nicht, daß dieses Zeitreisen ein zweischneidiges Schwert ist? Warum überhaupt ein Pfund von etwas in die Vergangenheit expedieren? Um etwas zu beweisen? Er hatte die Richtigkeit seiner Theorie genauso gut bewiesen, als er den Bruchteil eines Milligramms zurückschickte. Das war gut genug für den Nobelpreis, nehme ich an.

Aber es gab eines, was er mit einem Kilogramm Materie tun konnte, was ihm mit einem Milligramm nicht möglich gewesen wäre: ein Kernkraftwerk zu entleeren. Das also war es, worauf er aus gewesen war. Er hatte eine Möglichkeit entdeckt, unvorstellbare Energiemengen zu verzehren. Indem er vierzig Kilo Erde durch die Zeit zurückschickte, könnte er alles auf Erden existierende Plutonium aus dem Verkehr ziehen und die Erzeugung von Atomenergie für unbegrenzte Zeit unterbinden.«

Ich war völlig unbeeindruckt, versuchte es aber nicht allzu offen zu zeigen. Ich sagte bloß: »Meinen Sie, er könne gedacht haben, daß er mit diesem Trick mehr als einmal durchkommen würde?«

»Dies alles beruht auf dem Umstand, daß er kein normaler Mensch war. Wie kann ich wissen, was er tun zu können sich einbildete? Außerdem mag er Hintermänner gehabt haben – mit weniger Wissenschaft und mehr Verstand im Kopf –, die bereit sind, von diesem Punkt aus weiterzugehen.«

»Ist schon einer von diesen Hintermännern gefunden worden? Gibt es Hinweise auf solche Leute?«

Ich wartete, und er streckte die Hand nach der Zigarrenkiste aus. Er nahm eine Zigarre heraus, besah sie von beiden Enden. Ich wartete noch ein wenig. Ich war geduldig.

Dann legte er sie entschlossen zurück, ohne sie anzuzünden.

»Nein«, sagte er.

Er sah mich an, und durch mich hindurch, und sagte: »Davon halten Sie auch nichts, wie?«

Ich zuckte die Achseln. »Nun – es hört sich nicht richtig an.«

»Haben Sie eine Vorstellung?«

»Ja. Aber ich bringe es nicht über mich, davon zu reden. Wenn ich mich täusche, bin ich der Mann, der sich den größten Irrtum geleistet hat, den es geben kann; habe ich aber recht, bin ich der Rechthaber des Jahres.«

»Ich höre«, sagte er und nahm die Hand unter den Schreibtisch.

Das war das Zeichen. Der Raum war gepanzert, schalldicht und strahlensicher, solange nicht in der Nähe eine Atombombe explodierte. Und wenn dieses kleine Signal auf dem Schreibtisch seiner Sekretärin aufleuchtete, konnte niemand unser Gespräch unterbrechen, nicht einmal der Präsident der Vereinigten Staaten.

Ich lehnte mich zurück und sagte: »Chef, erinnern Sie sich zufällig, wie Sie Ihre Frau kennenlernten? War es ein kleiner Zufall?«

Er mußte die Frage als dreist und unzulässig empfunden haben. Was konnte er sonst davon denken? Aber er ließ mich jetzt gewähren; wahrscheinlich hatte er seine Gründe.

Er lächelte bloß und sagte: »Ich nieste, und sie drehte sich um. Es war an einer Straßenecke.«

»Was bewirkte, daß sie gerade zu diesem Zeitpunkt an dieser Straßenecke waren? Was bewirkte, daß Ihre Frau dort war? Erinnern Sie sich, warum Sie niesen mußten? Wo Sie die Erkältung eingefangen hatten? Oder woher das Staubkörnchen kam, das Sie in der Nase kitzelte? Stellen Sie sich vor, wie viele Faktoren zur rechten Zeit am rechten Ort zusammenkommen mußten, daß Sie Ihre Frau kennenlernten.«

»Ich nehme an, wir hätten uns, wenn nicht zu der Zeit und an dem Ort, zu einer anderen Zeit anderswo kennengelernt.«

»Aber das können Sie nicht wissen. Wie können Sie wissen, wen Sie *nicht* kennenlernten, weil Sie sich einmal nicht umwandten, als Sie es hätten tun können; weil Sie einmal, als Sie sich hätten verspätet haben können, pünktlich waren. Unser Leben verzweigt sich in jedem Augenblick, und man folgt beinahe willkürlich einer der Verzweigungen. Beginnen wir vor zwanzig Jahren, so laufen die Verzweigungen mit der Zeit weiter und weiter auseinander.

Sie niesten und lernten ein Mädchen kennen, und nicht ein anderes. Infolgedessen trafen Sie bestimmte Entscheidungen, und das Mädchen traf sie auch, und genauso das Mädchen, das Sie nicht kennenlernten, und der Mann, der es dann kennenlernte, und die Leute, die Sie alle späterhin trafen. Und Ihre Familie, ihre Familie, die Familien der anderen, und die Kinder all dieser Familien.

Weil Sie vor zwanzig Jahren niesten, mögen jetzt fünf Menschen, oder fünfzig, oder fünfhundert tot sein, die andernfalls am Leben geblieben wären, oder sie könnten am Leben sein, während sie andernfalls tot gewesen wären. Gehen Sie zweihundert Jahre zurück, zweitausend Jahre, und ein Niesen – selbst von jemandem, den kein Geschichtsbuch je genannt hat – mag bedeutet haben, daß keiner der heute Lebenden überhaupt das Licht der Welt erblickt hätte.«

Der Chef rieb sich den Hinterkopf. »Auseinanderlaufende Riffelwellen. Ich las mal eine Geschichte...«

»Ich auch. Die Idee ist nicht neu, aber ich möchte, daß Sie eine Weile darüber nachdenken, denn ich werde Ihnen aus einem Artikel von Professor Elmer Tywood vorlesen, der vor zwanzig Jahren in einer Zeitschrift erschien, kurz vor dem letzten Krieg.«

Ich hatte eine Kopie des Mikrofilms in der Tasche, und die weiße Wand gab einen guten Projektionsschirm ab, wofür sie auch gedacht war. Als ich den kleinen Projektor einschaltete, wollte der Chef sich herumdrehen, aber ich winkte ihn zurück.

»Nein, Sir«, sagte ich. »Ich möchte Ihnen das vorlesen. Bitte hören Sie zu.«

Er lehnte sich zurück.

»Der Artikel«, fuhr ich fort, »trägt die Überschrift: ›Der erste große Fehler des Menschen‹. Denken Sie daran, es war kurz vor dem Krieg, als die Enttäuschung über das Versagen der Vereinten Nationen ihren Höhepunkt erreicht hatte. Ich lese Ihnen ein paar Auszüge aus dem ersten Teil des Artikels vor. Es geht so:

›...Daß der Mensch mit seiner technischen Vollkommenheit versagt hat, die großen soziologischen Probleme unserer Zeit zu lösen, ist nur die zweite große Tragödie, die über die Menschheit gekommen ist. Die erste und vielleicht noch größere war, daß die gleichen soziologischen Probleme einmal gelöst wurden; und doch war diesen Lösungen keine Dauer beschieden, weil die technische Vollkommenheit, die wir heute erreicht haben, damals nicht bestand.

Entweder hatten wir Brot ohne Butter, oder Butter ohne Brot. Niemals beides zusammen...

Betrachten wir die Welt der griechischen Antike, der unsere Philosophie, unsere Mathematik, unsere Ethik, unsere Kunst, unsere Literatur – tatsächlich unsere ganze Kultur entsprang... In den Tagen des Perikles war Griechenland, wie unsere heutige Welt im Mikrokosmos, ein überraschend modern anmutendes Potpourri einander bekämpfender Ideologien und Lebensweisen. Aber dann kam Rom, übernahm die Kultur, riß die Herrschaft an sich und erzwang den Frieden. Freilich währte die Pax Romana nur zweihundert Jahre, aber seither hat es keinen vergleichbaren Zeitabschnitt gegeben...

Krieg war abgeschafft. Ein Nationalbewußtsein bestand nur in Ansätzen. Die römischen Bürger der Kaiserzeit kamen aus allen Teilen des Reiches. Paulus von Tarsus und Flavius Josephus waren römische Bürger. Spanier, Nordafrikaner, Illyrer gelangten auf den Kaiserthron. Sklaverei existierte, aber es war eine unterschiedslose Sklaverei, die als Strafe auferlegt wurde, als Folge wirtschaftlichen Zusammenbruchs vorkam und aus Kriegsgefangenschaft erwuchs. Kein Mensch war von Natur aus Sklave – wegen seiner Hautfarbe oder seines Geburtsortes.

Religiöse Toleranz war selbstverständlich. Wenn im Falle der Christen ziemlich frühzeitig eine Ausnahme gemacht wurde, so lag es daran, daß sie sich weigerten, das Prinzip der Duldung Andersgläubiger zu akzeptieren; weil sie darauf bestanden, daß nur sie im Besitz der religiösen Wahrheit seien – ein Prinzip, das die zivilisierten Römer abstieß...

Die gesamte abendländische Kultur war unter der Herrschaft einer einzigen *polis* vereint, ohne den Krebsschaden religiösen oder nationalen Partikularismus; warum konnte die Menschheit, im Besitz einer hochentwickelten Zivilisation, ihre Errungenschaften nicht festhalten?

Weil das alte Griechentum technisch rückständig blieb. Weil der Preis des Müßiggangs – und mithin der Kultur und Lebensbildung – ohne eine Maschinenzivilisation zu hoch war. Der Müßiggang weniger bedeutete Sklaverei für die vielen. Weil die Zivilisation nicht die Mittel finden konnte, der *ganzen* Bevölkerung Muße und Wohlfahrt zu sichern.

Darum wandten sich die unterdrückten Schichten der anderen Welt zu, den Religionen, welche die materiellen Vorteile dieser Welt verachteten, so daß Wissenschaft im wahren Sinne für mehr als ein Jahrtausend unmöglich gemacht wurde. Damit nicht genug, als die anfängliche Schwungkraft des Griechentums erlahmte, fehlte dem Römischen Reich der technische Vorsprung, der ihm vielleicht ermöglicht hätte, die Germanenstämme der Völkerwanderungszeit zurückzuschlagen. Tatsächlich verfügten diese nicht nur über bessere Schwerter, sondern auch über die bessere Taktik und Kampfmoral. Genau genommen wurde der Krieg erst nach 1500 n. Chr. in hinreichendem Maße eine Funktion der industriellen Hilfsquellen einer Nation, daß die seßhaften Völker befähigt wurden, eindringende Nomaden und Stammeskrieger mit Leichtigkeit abzuwehren...

Man stelle sich vor, die alten Griechen hätten nur die Grundzüge der modernen Chemie und Physik gelernt. Man stelle sich vor, wie das Wachstum des Römischen Reiches vom Wachstum der Wissenschaft, Technologie und Industrie begleitet gewesen wäre. Man stelle sich ein Römisches Reich vor, in welchem Maschinen die Sklavenarbeit ersetzten, in welchem alle Menschen einen würdigen Anteil an den Gütern der Welt gehabt hätten, in welchem die Legion zur Panzerkolonne geworden wäre, gegen die keine andrängenden Barbaren hätten bestehen können. Man stelle sich ein Römisches Reich vor, das sich mit seiner Pax Romana über die ganze Welt hätte ausbreiten können, *ohne* religiöse oder nationale Vorurteile.

Ein Reich aller Menschen – aller Brüder –, die schließlich alle frei sein würden... Wenn die Geschichte verändert werden könnte. Wenn dieser erste große Fehler hätte verhütet werden können.‹« An diesem Punkt hörte ich auf zu lesen.

»Und?« sagte der Chef.

»Nun«, sagte ich, »ich meine, es ist nicht schwierig, dies alles mit dem Umstand in Verbindung zu bringen, daß Tywood ein ganzes Atomkraftwerk ruinierte, nur um etwas in die Vergangenheit zu schicken, während wir in seinem Bürosafe Teile eines ins Altgriechische übersetzten Lehrbuches der Chemie fanden.«

Sein Gesichtsausdruck veränderte sich, während er überlegte.

Dann sagte er bedächtig: »Aber es ist nichts geschehen.«

»Ich weiß. Aber Tywoods Doktorand erzählte mir, daß es einen Tag dauert, um ein Jahrhundert in der Zeit zurückzugehen. Angenommen, das alte Griechenland war das Zielgebiet, so haben wir rund vierundzwanzig Jahrhunderte, folglich ebenso viele Tage.«

»Kann es rückgängig gemacht werden?«

»Keine Ahnung. Tywood könnte es wissen, aber er ist tot.«

Plötzlich traf mich die Ungeheuerlichkeit des ganzen, tiefer noch als am Abend zuvor.

Die ganze Menschheit lebte praktisch unter dem Damoklesschwert ihres Todesurteils. Und während das einstweilen grauenhafte Abstraktion blieb, war die Tatsache, daß auch ich diesem Schicksal ausgeliefert war – und meine Frau, und mein Kind! –, nur allzu geeignet, die Abstraktion zu einer durchaus unerträglichen Realität zu machen.

Damit nicht genug, es war ein Tod ohne Vorwarnung. Ein Aufhören zu existieren, nicht mehr und nicht weniger. Ein Atemzug. Die Auflösung eines Traumes. Das Verschwinden eines Schattens in ewiger Nichtzeit und Nichttraum. Ich werde tatsächlich gar nicht tot sein. Ich würde bloß nie geboren werden.

Oder vielleicht doch? Würde ich existieren – meine Individualität, mein Ich, meine Seele, wenn Sie so wollen? Ein anderes Leben? Andere Umstände?

Ich dachte nichts von alledem in Worten. Aber wenn ein kalter Kloß im Magen unter den Umständen sprechen könnte, so würde es sich ähnlich anhören, denke ich.

Der Chef unterbrach meine Gedanken.

»Dann haben wir ungefähr zweieinhalb bis drei Wochen. Keine Zeit zu verlieren. Kommen Sie!«

Ich grinste schief. »Was machen wir? Das Buch jagen?«

»Nein«, erwiderte er mit kalter Sachlichkeit, »aber es gibt Vorgangsweisen, denen wir folgen müssen. Erstens, Sie könnten sich im Irrtum befinden, ganz und gar. Diese in sich schlüssige Logik mag gleichwohl eine falsche Fährte sein, die vielleicht vorsätzlich gelegt wurde, um die Wahrheit zu verdecken. Das muß überprüft werden.

Zweitens, Sie könnten recht haben, aber es mag eine Möglichkeit geben, das Buch aufzuhalten; anders als es mit einer Zeitmaschine zu verfolgen, meine ich. Wenn ja, müssen wir herausbringen, wie.«

»Ich möchte nur sagen, Sir, wenn dies eine falsche Fährte ist, würde nur ein Verrückter sie für glaubhaft halten. Also angenommen, ich habe recht, und angenommen, es gibt keine Möglichkeit, es aufzuhalten?«

»Dann, mein Lieber, werde ich die nächsten drei Wochen sehr beschäftigt sein, und ich würde Ihnen raten, es genauso zu machen. So wird die Zeit rascher vergehen.«

Natürlich hatte er recht.

»Wo fangen wir an?« fragte ich.

»Zunächst brauchen wir eine Liste aller Männer und Frauen, die durch Tywood Zahlungen von der Universität erhalten haben.«

»Warum?«

»Logik. Ihre Spezialität, nicht wahr? Tywood konnte als Naturwissenschaftler kein Altgriechisch, ich glaube, das dürfen wir mit Sicherheit annehmen, also muß jemand anders die Übersetzung angefertigt haben. Es ist nicht anzunehmen, daß jemand eine derartige Arbeit umsonst verrichten würde, und es ist ebensowenig wahrscheinlich, daß Tywood dafür aus eigener Tasche bezahlen würde – nicht von einem Professorengehalt.«

»Er könnte so sehr an Geheimhaltung interessiert gewesen sein«, sagte ich, »daß er die Abwicklung der Zahlung über das Budget der Fakultät gescheut hat.«

»Warum? Wo lag die Gefahr? Ist es ein Verbrechen, ein Lehrbuch der Chemie ins Griechische zu übersetzen? Wer würde daraus auf ein Vorhaben schließen, wie Sie es beschrieben haben?«

Wir brauchten nur eine halbe Stunde, um den Namen Mycroft James Boulder zu finden, der als ›Berater‹ in Tywoods Unterlagen stand, und um festzustellen, daß er im Universitätskatalog als Außerordentlicher Professor der Philosophie verzeichnet stand, und um durch einen Telefonanruf zu erfahren, daß eine seiner vielen Leistungen eine gründliche Kenntnis des Altgriechischen war.

Was ein merkwürdiger Zufall war, denn gerade als der Chef nach seinem Hut griff, klapperte der innerbehördliche Fernschreiber, und es zeigte sich, daß Mycroft James Boulder im Vorzimmer wartete und seit zwei Stunden beharrlich den Chef zu sprechen verlangte.

Der Chef legte seinen Hut wieder weg und öffnete die Bürotür.

Professor Mycroft James Boulder war ein grauer Mann. Sein Haar war grau, und seine Augen waren grau. Auch sein Anzug war grau.

Vor allem aber war sein Ausdruck grau; grau mit einer Spannung, die an den Falten in seinem schmalen Gesicht zu zerren schien.

»Seit drei Tagen versuche ich, einen Termin bei einem verantwortlichen Mann zu bekommen«, sagte Boulder zur

Einleitung. »Ich kann nicht höher kommen als bis zu Ihnen.«

»Ich mag hoch genug sein«, sagte der Chef. »Was haben Sie auf dem Herzen?«

»Es ist von großer Wichtigkeit, daß mir ein Gespräch mit Professor Tywood gewährt wird.«

»Wissen Sie, wo er ist?«

»Ich bin ganz sicher, daß er sich im Gewahrsam der Regierung befindet.«

»Warum?«

»Weil ich weiß, daß er ein Experiment plante, das einen Bruch der Sicherheitsbestimmungen zur Folge haben würde. Die seither eingetretenen Ereignisse, soweit ich sie erkennen kann, stützen die Annahme, daß tatsächlich gegen Sicherheitsbestimmungen verstoßen wurde. Ich kann daraus folgern, daß das Experiment zumindest versucht worden ist. Ich muß feststellen, ob es erfolgreich zum Abschluß gebracht wurde.«

»Professor Boulder«, sagte der Chef, »ich glaube, Sie können Altgriechisch lesen.«

»Ja, kann ich.« Kühl.

»Und Sie haben für Professor Tywood gegen Bezahlung Texte aus einem Chemiebuch übersetzt?«

»Ja – als rechtmäßig beschäftigter Berater.«

»Aber eine solche Übersetzung stellt unter den Umständen ein Verbrechen dar, weil es Sie zu einem Mitwisser von Tywoods Verbrechen macht.«

»Sie können da einen Zusammenhang herstellen?«

»Sie nicht? Oder haben Sie nicht von Tywoods Ideen über Zeitreisen gehört, oder... wie nennen Sie es... mikrotemporale Übertragung?«

»Ah?« Und Boulder lächelte ein wenig. »Dann hat er Ihnen davon erzählt?«

»Nein, hat er nicht«, sagte der Chef mit rauher Stimme. »Professor Tywood ist tot.«

»Was?« Er schüttelte den Kopf. »Ich glaube Ihnen nicht.«

»Er starb an einem Herzanfall. Sehen Sie sich das an.«

Er hatte eine der Fotografien, die an jenem ersten Abend aufgenommen worden waren, in seinem Wandsafe. Tywoods Gesicht war verzerrt aber kenntlich.

Boulder schnaufte, als ob die Räder in seinem Kopf zum Stillstand gekommen wären. Drei volle Minuten lang starrte er das Bild an. »Wo ist das aufgenommen worden?« fragte er.

»Im Kernkraftwerk.«

»Hatte er sein Experiment beendet?«

Der Chef hob die Schultern. »Das läßt sich nicht sagen. Er war tot, als wir ihn fanden.«

Boulder kniff die Lippen zusammen. »Das muß irgendwie geklärt werden. Eine Kommission von Wissenschaftlern muß zusammengestellt werden, und, wenn möglich, muß das Experiment wiederholt...«

Aber der Chef sah ihn bloß an und griff nach einer Zigarre. Er hantierte damit länger als je zuvor, und als er sie weglegte, eingehüllt in ihren ungenutzten Rauch, sagte er: »Tywood schrieb vor zwanzig Jahren einen Artikel für eine Zeitschrift...«

»*Das* gab Ihnen den Hinweis?« Der Professor verzog die Lippen. »Das können Sie ignorieren. Der Mann ist nur Physiker und versteht nichts von Geschichte oder Soziologie. Die Träume eines Schuljungen, nicht mehr.«

»Dann glauben Sie nicht, daß die Rücksendung Ihrer Übersetzung durch die Zeit ein Goldenes Zeitalter einleiten wird?«

»Natürlich nicht. Glauben Sie, Sie können die Entwicklungen von zweitausend Jahren langwieriger Mühe und Arbeit einer Gesellschaft aufpfropfen, die nicht reif dafür ist? Glauben Sie, eine große Erfindung oder ein bedeutendes wissenschaftliches Prinzip entsteht voll ausgewachsen im Geist eines Genies, das von seinem kulturellen Milieu abgeschieden ist? Die Formulierung von Newtons Gravitationsgesetz wurde um zwanzig Jahre verzögert, weil die damals geläufige Zahl für den Erddurchmesser um zehn Prozent von der richtigen Zahl abwich. Archimedes entdeckte beinahe die Differentialrechnung, scheiterte aber, weil ihm arabische Ziffern, die irgendein namenloser Hindu oder eine Gruppe von Hindus erfunden hatten, unbekannt waren.

Was das angeht, bedeutete die bloße Existenz einer Sklavengesellschaft im alten Griechenland und Rom, daß Maschinen schwerlich viel Aufmerksamkeit auf sich gelenkt hätten, da Sklaven sehr viel billiger und anpassungsfähiger waren. Und man kann kaum erwarten, daß Männer von wahrem Intellekt ihre Energien auf Vorrichtungen verwandt hätten, die manuelle Arbeit ersetzen sollten. Selbst Archimedes, der bedeutendste Ingenieur des Altertums, weigerte sich, seine praktischen Erfindungen zu veröffentlichen – nur mathematische Abstraktionen ließ er gelten. Und als ein junger Mann Platon fragte, welchen Nutzen die Geometrie habe, wurde er als ein Mann mit einer niedrigen, unphilosophischen Seele unverzüglich aus der Akademie verstoßen.

Die Wissenschaft stürzt nicht vorwärts – sie kriecht in die Richtungen dahin, die ihr von den größeren, gesellschaftsformenden Kräften, die ihrerseits von der Gesellschaft geformt werden, gestattet sind. Und kein großer Mann schreitet anders voran als auf den Schultern der Gesellschaft, die ihn umgibt...«

An diesem Punkt unterbrach ihn der Chef. »Wie wäre es, wenn Sie uns dann sagen würden, welche Rolle Sie in Tywoods Arbeit spielten. Wir geben uns mit Ihrem Wort zufrieden, daß Geschichte nicht verändert werden kann.«

»O ja, sie kann, aber nicht absichtlich... Sehen Sie, als Tywood meine Dienste in der Angelegenheit der Übersetzung bestimmter Lehrbuchpassagen ins Griechische erbat, erklärte ich mich wegen des Geldes dazu bereit. Aber er wollte die Übersetzung auf Pergament; er bestand auf dem Gebrauch altgriechischer Terminologie – der Sprache Platons, um seine Worte zu gebrauchen –, gleichgültig, wie ich die buchstäbliche Bedeutung der Sätze drehen und biegen mußte, und er wollte alles handgeschrieben auf Rollen.

Ich war neugierig. Auch ich fand seinen Artikel. Es war schwierig für mich, zu der offensichtlichen Schlußfolgerung zu gelangen, da die Errungenschaften moderner Wissenschaft die Vorstellungen der Philosophie in vielerlei Weise übersteigen. Aber schließlich kam ich auf die Wahrheit, und mir war sofort klar, daß Tywoods Theorie der Geschichtsveränderung kindisch war. Für jeden Augenblick der Zeit gibt es mindestens zwanzig Millionen Variablen, und kein mathematisches System – keine mathematische Psychogeschichte, um ein neues Wort zu prägen – ist bisher entwickelt worden, mit diesem Ozean von variierenden Funktionen umzugehen.

Kurzum, jede Veränderung von Ereignissen vor zweieinhalbtausend Jahren würde alle folgende Geschichte verändern, aber in keiner berechenbaren Weise.«

Der Chef sagte mit gespielter Ruhe: »Wie der Schneeball, der die Lawine auslöst, nicht wahr?«

»Genau. Ich sehe, Sie haben ein Verständnis der Situation. Ich dachte wochenlang nach, bevor ich ans Werk ging, und dann erkannte ich, wie ich handeln mußte.«

Der Chef stand auf, und sein Sessel fiel hintenüber. Er kam um seinen Schreibtisch herum, und ehe ich begriff, was geschah, hatte er eine Hand an Boulders Kehle. Ich sprang auf, um ihn zurückzuhalten, aber er winkte ab.

Er zog nur die Krawatte ein wenig fester. Boulder konnte noch atmen. Er war ganz weiß geworden, und während der Chef redete, beschränkte er sich aufs Luftholen.

Und der Chef sagte: »Sicher, ich sehe, wie Sie beschlossen, daß Sie handeln müßten. Ich weiß, daß einige von euch hirnkranken Philosophen glauben, die Menschheit müsse repariert werden. Sie möchten noch einmal die Würfel rollen lassen und sehen, was herauskommt. Vielleicht ist Ihnen sogar gleich, ob Sie selbst im neuen Arrangement leben – oder daß niemand wissen kann, was Sie getan haben. Aber Sie wollen trotzdem erschaffen. Sie wollen Gott noch eine Chance geben – sozusagen.

Vielleicht will ich bloß leben – aber die Welt könnte schlimmer sein. In zwanzig Millionen verschiedenen Arten könnte sie schlimmer sein. Ein Bursche namens Wilder schrieb einmal ein Stück mit dem Titel *Wir sind noch einmal davongekommen.* Vielleicht haben Sie es gelesen. Die These war, daß die Menschheit nur mit knapper Not überlebt habe. Nein, ich werde Ihnen keinen Vortrag über die Eiszeit halten und wie sie uns beinahe auslöschte. Ich weiß nicht genug. Ich werde nicht einmal über die Griechen sprechen, die bei Marathon siegten; die Araber, die bei Tours und Poitiers geschlagen wurden; die Mongolen, die in Schlesien umkehrten, ohne besiegt worden zu sein – weil ich kein Historiker bin.

Aber nehmen wir das zwanzigste Jahrhundert. Im Ersten Weltkrieg wurden die Deutschen zweimal an der Marne aufgehalten. Dünkirchen geschah im Zweiten Weltkrieg, und irgendwie wurden die Deutschen bei Moskau und Stalingrad aufgehalten. Wir hätten im letzten Krieg die Atombombe einsetzen können, taten es jedoch nicht, und gerade als es aussah, daß beiden Seiten nichts anderes übrig bleiben würde, kam es zum Kompromiß – nur weil General Bruce vor dem Abflug von Ceylon lange genug aufgehalten wurde, daß er die Botschaft direkt erhielt. Einer nach dem anderen, durch die ganze Geschichte – unerwartete Entwicklungen. Für jedes ›Wenn‹, das sich nicht bewahrheitete und das Wundermänner aus uns allen gemacht hätte, gab es zwanzig ›Wenns‹, die sich nicht bewahrheiteten und die uns allen Verderben gebracht hätten, wären sie Wirklichkeit geworden.

Sie setzen auf diese Chance eins zu zwanzig – spielen mit jedem Leben auf Erden. Und es ist Ihnen gelungen, weil Tywood diesen Text wirklich in die Vergangenheit schickte.«

Als er diesen letzten Satz geknirscht hatte, öffnete er die Faust und ließ Boulder zurück in seinen Stuhl fallen.

Und Boulder lachte.

»Sie Dummkopf«, schnaufte er. »Wie nahe können Sie der Wahrheit sein, und doch so weit das Ziel verfehlen! Tywood schickte sein Buch zurück? Sind Sie dessen sicher?«

»An Ort und Stelle wurde kein Chemiebuch in griechischer Sprache gefunden«, sagte der Chef mit grimmiger Miene, »und Milliarden von Energieeinheiten waren verschwunden. Was jedoch nichts an dem Umstand ändert, daß wir drei Wochen vor uns haben, in denen wir das Leben für Sie interessant machen können.«

»Ach, Unsinn! Keine einfältige Dramatik, wenn ich bitten darf. Hören Sie zu und versuchen Sie zu verstehen. Es gab ein paar Philosophen im alten Griechenland, Leukippos und Demokrit, die eine Atomtheorie entwickelten. Alle Materie, sagten sie, sei aus Atomen zusammengesetzt. Verschiedene Atome seien unveränderlich, und durch ihre verschiedenen Kombinationen miteinander bildeten sie die vielgestaltigen Erscheinungen, die in der Natur zu finden sind. Diese Theorie war nicht das Ergebnis von Experimenten oder Beobachtung. Sie trat irgendwie vollentwickelt in die Welt.

Lukrez arbeitete in seinem ›*De Rerum Natura*‹ diese Theorie aus und bringt es fertig, daß sie sich erstaunlich modern anhört.

In hellenistischer Zeit baute Heron von Alexandria eine Dampfmaschine, und mechanische Kriegswaffen. Die Periode ist ein abgetriebenes technisches Zeitalter genannt worden, weil aus ihm nichts wurde, weil es weder aus seinem gesellschaftlichen und wirtschaftlichen Milieu wuchs noch hineinpaßte. Die alexandrinische Wissenschaft war ein seltsames und ziemlich unerklärliches Phänomen.

Dann könnte man die alte römische Legende von den Büchern der Sibylle erwähnen, welche geheimnisvolle Botschaften direkt von den Göttern enthielten...

Mit anderen Worten, meine Herren, während Sie recht haben, daß jede Veränderung vergangener Ereignisse, wie geringfügig auch immer, unberechenbare Folgen haben würde, und während auch ich glaube, daß Sie mit der Annahme, jede willkürliche Veränderung werde sehr viel eher zum Schlechteren als zum Besseren ausschlagen, recht haben, muß ich darauf hinweisen, daß Sie in Ihren Schlußfolgerungen nichtsdestoweniger irren.

Weil *dies* die Welt ist, in die der griechische Chemietext

zurückgeschickt wurde. Im Land der Roten Königin – wenn Sie sich an die Geschichte ›Durch den Spiegel‹ erinnern – mußte man so schnell rennen, wie man konnte, nur um an Ort und Stelle zu bleiben. Und so war es in diesem Fall! Tywood mag gedacht haben, er schaffe eine neue Welt, aber ich war es, der die Texte übersetzte, und ich sorgte dafür, daß nur solche Passagen hineinkamen, welche die seltsamen Brocken fortgeschrittenen Wissens, die den Alten anscheinend aus dem Nichts zugeflogen waren, erklären würden.

Und bei alledem, so sehr ich auch rannte, war ich nur bestrebt, an Ort und Stelle zu bleiben.«

Drei Wochen vergingen; drei Monate; drei Jahre. Nichts geschah. Wenn nichts geschieht, hat man keinen Beweis. Wir gaben es auf, nach Erklärungen zu suchen, der Chef und ich, und kamen schließlich dahin, daß wir es selbst bezweifelten.

Der Fall wurde nie aufgeklärt. Boulder konnte nicht als Verbrecher betrachtet werden, ohne zugleich als Retter der Welt zu erscheinen, und umgekehrt. Er wurde ignoriert. Und am Ende konnte der Fall weder abgeschlossen werden noch als gelöst gelten; die Akte wurde mit dem Kennzeichen ›?‹ versehen und im tiefsten Tresor in Washington vergraben.

Der Chef ist jetzt in Washington; ein hohes Tier. Und ich bin Regionalchef der Behörde.

Boulder jedoch ist immer noch außerordentlicher Professor. Mit den Beförderungen an der Universität geht es zäh voran.

Grüne Flecken

Er war an Bord des Schiffes! Dutzende hatten jenseits der Energiebarriere gewartet, und er hatte schon geglaubt, es wäre sinnlos zu warten. Doch dann hatte die Sperre zwei Minuten lang geschwankt (was bewies, daß vereinigte Organismen den Lebensfragmenten überlegen waren), und er hatte sie passiert.

Keiner der anderen war schnell genug gewesen, diese Chance zu nützen, aber das machte nichts. Er allein genügte völlig. Er brauchte die andern nicht.

Aber dann machte seine Zufriedenheit einem Gefühl der Einsamkeit Platz. Es war schrecklich und unnatürlich, von allen anderen vereinigten Organismen getrennt zu sein, selbst ein Lebensfragment zu sein. Wie konnten es diese Fremden ertragen, Fragmente zu sein?

Seine Sympathie für die Fremden wuchs. Nachdem er die Fragmentation am eigenen Leib erfahren hatte, konnte er, wenn auch aus einer gewissen Distanz, die grauenvolle Isolierung fühlen, die sie so ängstigte. Die Furcht, geboren aus dieser Isolierung, bestimmte all ihre Handlungen. Was sonst könnte sie veranlaßt haben, eine Fläche von einer Meile Durchmesser in die Luft zu sprengen, in trübrote Hitze zu versenken? Alles Leben war bei dieser Explosion vernichtet worden, selbst, wenn es zehn Fuß tief unter dem Boden gesteckt hatte.

Er schaltete den Empfang ein und lauschte eifrig, ließ sich von den fremden Gedanken durchfluten. Er genoß die lebendige Berührung, die sein Bewußtsein streifte. Aber er würde sich diesen Genuß einteilen müssen. Er durfte sich nicht vergessen. Doch es konnte nicht schaden, diese Gedanken zu fühlen. Manche der Lebensfragmente auf dem Schiff dachten ziemlich klar, wenn man bedachte, daß sie primitive, unvollkommene Kreaturen waren. Ihre Gedanken schienen ihm wie kleine Glocken.

»Ich habe das Gefühl, als ob ich verseucht wäre«, sagte Roger Oldenn. »Ich wasche dauernd meine Hände, und es nützt nichts.«

Jerry Thorn haßte es, wenn jemand dramatisch wurde, und er blickte nicht auf. Sie manövrierten in der Stratosphäre des Planeten Saybrook, und er zog es vor, das Zifferblatt der Schalttafel zu beobachten.

»Es besteht keine Ursache, sich verseucht zu fühlen«, sagte er. »Es ist nichts passiert.«

»Ich hoffe es«, erwiderte Oldenn. »Die Raumanzüge der Männer sind alle desinfiziert worden, und sie mußten ein Radiationsbad nehmen. Ich nehme also an, daß nichts passiert ist.«

»Warum sind Sie dann so nervös?«

»Ich weiß es nicht. Ich wünschte, die Sperre hätte standgehalten.«

»Das war ein Zufall.«

»Ich bezweifle es«, sagte Oldenn heftig. »Ich war dabei, als es passierte. Es war meine Schicht wie Sie wissen. Es bestand kein Grund, die Hochspannungsleitung zu überladen.«

»Die Leute sind eben dumm.«

»Aber nicht so dumm. Ich war dabei, als der Alte seine Untersuchung durchführte. Keiner konnte eine vernünftige Entschuldigung angeben. Die gepanzerte Leitung von zweitausend Watt ist an die Sperre angeschlossen worden. Eine Woche lang sind sie mit der Aushilfsleitung ausgekommen. Warum diesmal nicht? Das kann kein Mensch sagen.«

»Können Sie es?«

Oldenn errötete.

»Nein. Ich habe mich nur gefragt, ob diese Männer...« Er suchte nach Worten »...ob sie vielleicht hypnotisiert waren. Von irgendeiner außenstehenden Kraft.«

Thorn hob die Augen, und sein Blick begegnete dem des anderen.

»An Ihrer Stelle würde ich davon zu niemanden sprechen. Die Sperre war nur zwei Minuten lang offen. Wenn irgend etwas passiert wäre, wenn nur ein Grashalm hereingedrungen wäre, hätte sich das in unseren Bakterienkulturen innerhalb von einer halben Stunde gezeigt, und in Teufelsfliegenkolonien in wenigen Tagen. Bevor es uns befallen könnte, würde es sich in den Hasen, Hamstern und Ziegen feststellen lassen. Schlagen Sie sich das nur aus dem Kopf, Oldenn. Es ist nichts passiert.«

Oldenn drehte sich auf den Absätzen um und ging. Er näherte sich bis auf zwei Fuß dem Gegenstand, der in der Ecke des Raumes lag, ohne ihn zu bemerken.

Er unterbrach den Kontakt und beschloß, die Eindrücke zu vergessen. Diese Lebensfragmente waren nicht wichtig. Sie waren nicht fähig, das Leben fortzusetzen. Sogar als Fragmente waren sie unvollständig.

Aber bei diesen anderen Arten von Fragmenten mußte er vorsichtig sein. Die Versuchung würde zwar groß sein, aber er durfte seine Anwesenheit auf dem Schiff nicht verraten, nicht, bevor sie auf ihrem Heimatplaneten gelandet waren.

Er schaltete den Empfang wieder ein, suchte sich Gedankenvermittler in anderen Teilen des Schiffes und wunderte sich über die verschiedenen Spielarten des Lebens. Jedes Wesen, so klein es auch sein mochte, lebte aus sich selbst heraus. Er zwang sich, darüber nachzudenken, aber bald wurden ihm diese Gedanken unangenehm, und er sehnte sich nach Normalität.

Die meisten Gedanken, die er von den kleineren Fragmenten empfing, waren erwartungsgemäß vage und flüchtig. Sie waren sinnlos, aber das bedeutete, daß sie ergänzt werden mußten. Und gerade das interessierte ihn.

Da hockte ein Lebensfragment auf seinen Schenkeln und fingerte an dem Drahtnetz herum, das es gefangenhielt. Seine Gedanken waren klar, aber begrenzt. Hauptsächlich beschäftigten sie sich mit der gelben Frucht, die sein Gefährte gerade verspeiste. Und das Fragment wünschte sich diese Frucht so sehnlich, daß nur die Netze, die die beiden trennten, es daran hindern konnten, sich das begehrte Objekt mit Gewalt zu holen.

Zutiefst verwirrt schaltete er den Empfang aus. Diese Fragmente stritten sich um das Essen!

Seine Gedanken schweiften in die Friedlichkeit und in die Harmonie seiner Heimat zurück, aber davon war er jetzt weit entfernt. Er konnte nur in das Nichts fliehen, das ihn von seinem gesunden Verstand trennte.

In diesem Augenblick sehnte er sich sogar danach, die tödliche Zone zwischen der Sperre und dem Schiff zu spüren. Letzte Nacht hatte er sie durchschritten. Alles Leben war verschwunden, aber es war sein Heimatboden gewesen. Und er hatte das angenehme Gefühl verspürt, daß sich jenseits der Sperre immer noch ein Rest von organisiertem Leben befand.

Er konnte sich an den Augenblick erinnern, da er auf der Tragfläche des Schiffes gekauert und sich verzweifelt gegen den Sog gewehrt hatte, als die Schleusen sich öffneten. Dann war er in das Schiff gekrochen, hatte sich vorsichtig zwischen schnellen Füßen hindurchbewegt. Jetzt lag er hier, selbst ein Lebensfragment, träge und unbemerkt.

Vorsichtig schaltete er den Empfang wieder ein. Das kauernde Fragment zerrte wütend an dem Drahtnetz. Immer noch wollte es das Futter des anderen haben, obwohl es weniger hungrig war als sein Kamerad.

»Füttern Sie das verdammte Ding nicht«, sagte Larsen. »Sie ist nicht hungrig. Sie ist nur wütend, weil Tillie zu fressen wagte, bevor sie selbst sich vollgestopft hatte. Dieser gierige Affe! Ich wollte, wir wären zu Hause, und ich müßte keines von diesen Biestern mehr sehen.«

Stirnrunzelnd blickte er die alte Schimpansin an.

»Okay, okay«, sagte Rizzo. »Was haben wir hier noch verloren? Die Fütterungszeit ist vorbei. Gehen wir.«

Sie gingen an den Gehegen der Ziegen, den Hasenställen und den Hamsterkäfigen vorbei.

»Da meldet man sich freiwillig zu einer Forschungsexpedition«, sagte Larsen bitter. »Man ist ein Held, sie schwingen große Reden, bevor sie einen auf die Reise schicken, und dann ist man nichts anderes als ein Zoowärter.«

»Dafür erhalten wir auch den doppelten Lohn.«

»Na und? Ich habe mich nicht nur des Geldes wegen verpflichtet. In der Einsatzbesprechung sagten sie, daß es sogar fraglich sei, ob wir jemals wieder zurückkehren würden, ob wir nicht dasselbe Schicksal wie Saybrook erleiden müßten. Ich habe unterzeichnet, weil ich irgend etwas Wichtiges tun wollte.«

»Ein todesmutiger Held.«

»Jedenfalls bin ich kein Tierwärter.«

Rizzo blieb stehen, öffnete einen Hamsterkäfig, nahm das Tier heraus und streichelte es.

»Ist Ihnen eigentlich nie der Gedanke gekommen, daß vielleicht einer dieser Hamster ein hübsches kleines Hamsterbaby in sich trägt?«

»Sehr schlau! Wir untersuchen sie jeden Tag.«

»Sicher, sicher.« Das kleine Wesen rieb seine Nase an Rizzos Hand. »Aber nehmen wir einmal an, Sie kommen eines Morgens hier herunter und finden sie. Niedliche kleine Hamster, die aus sanften grünen Flecken zu Ihnen aufblicken. Grüne Flecken im Pelz, dort, wo die Augen sein sollten.«

»Halten Sie den Mund!« schrie Larsen.

»Kleine, sanfte grüne Flecken im glänzenden Fell«, sagte Rizzo, und er fühlte plötzlich Ekel in sich aufsteigen, als er den Hamster in den Käfig retournierte.

Wieder stellte er den Empfang ein und wählte einen anderen Fokus. Auf seinem Heimatplaneten gab es kein Lebensfragment, das nicht ein ungefähres Gegenstück an Bord dieses Schiffes hatte.

Da gab es bewegliche Läufer in mehreren Gestalten, bewegliche Schwimmer und bewegliche Flieger. Manche der fliegenden Wesen waren ziemlich groß und hatten wahrnehmbare Gedanken. Andere waren kleine Kreaturen mit gazeartigen Flügeln. Sie übermittelten nur unvollkommene Gefühlsmuster und besaßen keinerlei Intelligenz.

Dann gab es noch unbewegliche Wesen, die wie die unbeweglichen Wesen daheim grün waren und in der Luft, im Wasser und auf dem Boden lebten. Sie hatten überhaupt keinen Geist und waren sich nur dumpf des Lichts, der Feuchtigkeit und der Schwere bewußt.

Und jedes Fragment, beweglich oder nicht, wurde zum Gespött des Lebens.

Aber jetzt noch nicht. Noch nicht...

Schon einmal waren diese Lebensfragmente gekommen, und die anderen daheim hatten versucht, ihnen zu helfen – aber zu schnell. Es hatte nicht funktioniert. Man mußte sich diesmal mehr Zeit lassen.

Wenn diese Fragmente ihn nur nicht entdeckten!

Bis jetzt hatten sie ihn nicht bemerkt. Immer noch lag er in der Ecke der Pilotenkanzel. Vorhin hatte er sich noch nicht bewegen können. Irgend jemand hätte ihn entdekken können, hätte das steife, wurmförmige Ding gesehen, das nicht ganz sechs Zoll lang war. Erst hätte man ihn verwundert angestarrt, dann erschrocken aufgeschrien, und dann wäre alles vorbei gewesen.

Aber jetzt hatte er sicher lange genug gewartet. Genug Zeit war nach dem Start verstrichen. Die Kontrollen waren auf Automatik gestellt, die Pilotenkanzel war leer.

Er brauchte nicht sehr lange. Bald fand er eine Ritze in dem Panzer und gelangte in die Nische, in der sich die Drähte befanden. Es waren tote Drähte.

Er benutzte seinen vorderen Körperteil als Säge und zerschnitt einen Draht, der gerade den richtigen Durchmesser hatte, in zwei Teile. Dann zerteilte er den Draht sechs Zoll weiter noch einmal. Die abgeschnittenen Teile verstaute er unsichtbar in einer Ecke. Das Äußere des Drahtes bestand aus braunem elastischem Material, das Innere war rot glühendes Metall. Er konnte natürlich nicht selbst als Draht fungieren, aber das war auch nicht notwendig. Es genügte, daß er von einem dünnen Häutchen umgeben war, das der Oberfläche eines Drahtes ähnelte.

Er kehrte zurück und ergriff die abgeschnittenen Teile des Drahtes. Fest umschloß er sie mit seinen kleinen Saugfüßen, und nirgends war auch nur eine Nahtstelle zu erblicken.

Jetzt konnten sie ihn nicht mehr finden. Und wenn sie ihn sahen, mußten sie ihn für ein Stück Draht halten.

Außer sie betrachteten ihn aus nächster Nähe. Dann würden sie feststellen, daß an einer gewissen Stelle dieses Drahtes zwei winzige Flecken aus grünem Fell glänzten.

»Es ist wirklich bemerkenswert«, sagte Dr. Weiss, »daß diese kleinen grünen Haare eine solche Wirkung haben.«

Captain Loring goß sorgfältig den Brandy ein. In gewissem Sinn war das eine kleine Feier. In zwei Stunden waren sie bereit zum Start in den Hyperraum, und in zwei Tagen würden sie auf der Erde eintreffen.

»Sind Sie überzeugt davon, daß dieses grüne Fell ein Sinnesorgan ist?« fragte Loring.

»So ist es«, sagte Weiss. Der Brandy bewirkte, daß er sich nur in Satzfetzen ausdrückte, aber bald fühlte er die Notwendigkeit, sich um eine etwas feierlichere Sprache zu bemühen. »Die Experimente sind unter größten Schwierigkeiten durchgeführt worden, aber sie waren sehr bezeichnend.«

Der Captain lächelte steif.

»›Unter größten Schwierigkeiten‹ ist doch nur eine Redensart. Ich hätte nie so viel gewagt wie Sie.«

»Unsinn. Alle Männer, die sich an Bord dieses Schiffes befinden, sind Helden, großartige, mutige Männer, die sich freiwillig in Gefahr begeben haben. Sie haben viel riskiert.«

»Aber Sie haben als erster die Sperre durchschritten.«

»Das war kein besonderes Risiko«, erwiderte Weiss. »Ich verbrannte den Boden vor mir, während ich ging, gar nicht zu reden von der fahrbaren Barriere, die mich umgab. Unsinn, Captain. Wir alle werden unsere Medaillen erhalten, wenn wir zurückkehren. Wir wollen sie nehmen, ohne den Versuch einer Wertung zu unternehmen. Außer man berücksichtigt, daß ich ein Mann bin.«

»Aber sie sind voll von Bakterien, bis hier.« Der Captain durchschnitt mit einer schnellen Handbewegung die Luft. »Das macht sie genauso verletzlich wie eine Frau.«

»Wir sollten den Planeten unter Quarantäne stellen.«

»Das erscheint mir nicht drastisch genug«, sagte der Captain. »Es kann immer wieder jemand zufällig dort landen, der weder über Saybrooks Einsicht noch über seinen Charakter verfügt. Nehmen wir einmal an, er sprengt sein Schiff nicht in die Luft, wie Saybrook es tat. Nehmen wir an, er kehrt zu irgendwelchen bewohnten Plätzen zurück.« Der Captain wurde ernst. »Glauben Sie, daß sie jemals aus eigenen Stücken eine interstellare Raumfahrt entwickeln?«

»Das bezweifle ich. Natürlich kann man es nicht mit Sicherheit sagen. Sie haben eine andere Orientierung. Ihre Lebensorganisation macht den Gebrauch von Werkzeugen unnötig. Soweit wir in Erfahrung bringen konnten, existiert nicht einmal eine Steinaxt auf diesem Planeten.«

»Ich hoffe, Sie haben recht. Oh, da ist noch etwas, Weiss. Könnten Sie ein paar Minuten für Drake opfern?«

»Sie meinen diesen Burschen von Galactic Press?«

»Ja. Sobald wir zurückkehren, wird die Geschichte vom Saybrook-Planeten an die Öffentlichkeit dringen. Und ich halte es für unklug, wenn man die Sache allzu sensationell aufbauscht. Deshalb sagte ich Drake, er soll Sie bezüglich der Story zu Rate ziehen. Sie sind Biologe und besitzen genug Autorität, um mit ihm fertig zu werden. Würden Sie mir den Gefallen tun?«

»Mit Vergnügen.«

Er war des Schiffes überdrüssig. Vor einer kleinen Weile war er noch sonderbar erregt gewesen, als wäre sein Innerstes nach außen gekehrt. Es war alarmierend gewesen, und er hatte Kontakt mit den scharfen Denkern gesucht, um eine Erklärung zu finden. Offensichtlich glitt das Schiff durch weite Strecken leeren Raumes und durchschnitt etwas, das sie ›Hyperraum‹ nannten. Die scharfen Denker waren ziemlich klug.

Und trotzdem – er war des Schiffes überdrüssig. Es war ein so sinnloses Phänomen. Der Körper dieser klugen Lebensfragmente war zwar sehr kunstvoll konstruiert, und doch lag gerade darin ihr Unglück. Indem sie die unbeseelte Kreatur zu beherrschen suchten, bemühten sie sich, etwas zu finden, das sie in sich selbst nicht finden konnten. In ihrer unbewußten Sehnsucht nach Vollständigkeit bauten sie Maschinen, durchstreiften den Raum und suchten und suchten …

Er wußte, daß diese Kreaturen niemals das finden konnten, wonach sie suchten. Bis er es Ihnen geben würde. Bei diesem Gedanken zitterte er ein wenig.

In ihrer Unwissenheit würden sie sogar dagegen kämpfen. Das Schiff, das vor diesem angekommen war, hatte viele der scharfen Denker an Bord gehabt. Es hatte zwei Arten gegeben: Lebenserzeuger und Sterile. (Auf diesem Schiff war es ganz anders. Hier waren die scharfen Denker alle steril, während die verschwommenen Denker und die Nichtdenker durchweg Lebenserzeuger waren. Es war sehr seltsam.)

Wie freudig war jenes erste Schiff auf dem ganzen Planeten willkommen geheißen worden! Er konnte sich noch an den ersten Schock erinnern, als man gemerkt hatte, daß die Besucher Fragmente und keine vollständigen Wesen waren. Doch dann war der Schock tiefem Mitleid gewichen, und das Mitleid hatte sie zur Tat schreiten lassen. Es war nicht sicher, ob die Fremden sich der Gemeinschaft anpassen würden, aber die Bewohner des Planeten hatten nicht gezögert. Alles Leben war heilig, und irgendeinen Raum würde man für die Gäste schon schaffen können – für alle, von den großen scharfen Denkern bis zu den kleinen Wesen, die im Dunkel lebten.

John Drake hätte es niemals zugegeben, aber er war sehr stolz auf seine Fingerfertigkeit auf dem Fototyper. Er besaß ein Reisemodell, eine sechs mal acht Zoll große, dunkle Plastikplatte, die an jedem Ende mit zylindrisch geformten Griffen versehen war, die die dünne Papierrolle hielten. Er transportierte sie in einer braunen Ledertasche, die mit einer gürtelartigen Vorrichtung ausgerüstet war. So konnte er sich die Tasche um die Hüften schnüren. Das ganze Ding wog weniger als ein Pfund.

Drake konnte mit jeder Hand darauf arbeiten. Schnell und leicht flogen seine Finger über die Platte, plazierten den hellen Druck exakt auf die schwarze Fläche. Er schrieb lautlos.

Nachdenklich las er den Anfang seiner Story, dann blickte er zu Dr. Weiss auf.

»Was halten Sie davon, Doc?«

»Es fängt gut an.«

Drake nickte.

»Ich dachte, ich beginne am besten mit Saybrook. Seine Geschichte wurde daheim noch nicht veröffentlicht. Ich wünschte mir sehr, ich könnte Saybrooks Originalbericht lesen. Wie konnte er übrigens diesen Bericht übermitteln?«

»Soviel ich weiß, hat er ihn während der letzten Nacht durch den Sub-Äther gefunkt. Als er damit fertig war, stellte er die Motoren an, und eine Sekunde später war das Schiff eine dünne Wolke von vielen Millionen Teilchen. Er selbst und die gesamte Mannschaft lösten sich in Nichts auf.«

»Was für ein Mann! Und Sie waren von Anfang an ein Mitglied dieses Forschungsteams?«

»Nicht von Anfang an«, sagte Weiss sanft. »Erst nach Erhalt des Berichts von Saybrook.«

Er konnte nicht verhindern, daß seine Gedanken in die Vergangenheit schweiften. Er hatte diesen Bericht gelesen, hatte erkannt, wie wundervoll der Planet allen erschienen sein mußte, als Saybrooks Kolonisationsexpedition zum erstenmal auf ihm gelandet war. Er war nahezu ein Duplikat der Erde, besaß ein reiches Pflanzenleben und eine rein vegetarische Tierwelt.

Nur diese kleinen Flecken von grünem Fell (wie oft hatte er diese Worte schon benutzt, hatte sie gedacht oder ausgesprochen!) waren seltsam. Kein lebendes Individuum auf diesem Planeten besaß Augen. Statt dessen hatten sie dieses sonderbare Fell. Sogar die Pflanzen, alle Blätter, alle Blüten hatten zwei grüne Flecken.

Dann hatte Saybrook verwundert und verwirrt festgestellt, daß es auf diesem Planeten keinen Kampf um die Nahrung gab. An allen Pflanzen wuchsen Anhängsel, die von den Tieren gefressen wurden. In wenigen Stunden wuchsen diese Anhängsel wieder nach. Die anderen Teile der Pflanzen blieben unberührt, als würden die Pflanzen den Gesetzen einer natürlichen Ordnung folgend die Tiere füttern. Und die Pflanzen selbst wuchsen keineswegs in schwelgerischem Überfluß. Es schien fast, als wären sie kultiviert worden, so geordnet verteilten sie sich auf dem Boden.

Wie viel Zeit hatte Saybrook wohl, um die seltsame Ordnung auf diesem Planeten zu studieren? Zum Beispiel die Tatsache, daß die Insekten sich stets in einer vernünftigen Anzahl hielten, obwohl die Vögel sie nicht fraßen, daß es nicht überall von Nagetieren wimmelte, obwohl keine Fleischfresser existierten, die sie dezimierten.

Und dann war die Sache mit den weißen Ratten passiert.

Das brachte Weiss wieder in die Gegenwart zurück.

»Da wäre eine Korrektur vorzunehmen, Drake«, sagte er. »Es fing nicht mit Hamstern an, sondern mit weißen Ratten.«

»Weiße Ratten«, sagte Drake und fügte die Korrektur in seine Aufzeichnung ein.

»Jedes Kolonisationsschiff nimmt einige weiße Ratten mit, damit die fremde Nahrung getestet werden kann. Ratten ähneln den Menschen sehr, vom Standpunkt der Ernährungsart aus gesehen. Natürlich hat man nur weibliche Ratten mitgenommen.«

Natürlich. Wenn man nur ein Geschlecht mit sich führt, besteht nicht die Gefahr einer unkontrollierbaren Vermehrung, falls man auf dem Planeten günstige Bedingungen vorfinden sollte. Man muß nur an die Hasen in Australien denken.

»Warum nimmt man keine Männchen?« fragte Drake.

»Weibchen sind unempfindlicher«, sagte Weiss, »und das war ein Glück für uns, als wir plötzlich feststellten, daß die Ratten trächtig waren.«

»Richtig. Und deshalb möchte ich auch mit Ihnen sprechen. Ich möchte in dieser Angelegenheit einiges klarstellen. Zu meiner eigenen Information, Doc, wie hat Saybrook herausgefunden, daß die Tiere trächtig waren?«

»Natürlich durch Zufall. Als man einige Ratten sezierte, um ernährungswissenschaftliche Untersuchungen durchzuführen, entdeckte man ihren Zustand. Man sezierte noch mehr Ratten, mit demselben Ergebnis. Schließlich brachten die lebenden ihre Jungen zur Welt, und kein einziges Männchen war dabei.«

»Und der springende Punkt ist, daß alle jungen Ratten kleine grüne Fellflecken anstelle der Augen hatten.«

»Das stimmt. Saybrook sagte es, und wir können es nur bestätigen. Nach den Ratten wurde die Lieblingskatze von einem der Kinder trächtig. Als sie ihre Jungen warf, hatten die Kätzchen keine geschlossenen Augen, sondern kleine grüne Flecken aus Fell. Und es war kein Kater dabei.

Schließlich begann Saybrook damit, Versuche mit Frauen anzustellen. Er sagte ihnen aber nicht, was diese Versuche bezweckten. Er wollte ihnen keine Angst einjagen. Jede einzelne der Frauen befand sich bald in den ersten Stadien der Schwangerschaft, außer denjenigen natürlich, die schon vor dem Start des Schiffes schwanger gewesen waren. Saybrook wartete nicht, bis eines der Kinder geboren wurde. Er wußte, daß sie keine Augen haben würden, sondern kleine Flecken aus grünem Fell.

Da Saybrook sehr gewissenhaft war, legte er sogar Bakterienkulturen an, und er entdeckte an jedem Bazillus mikroskopisch kleine grüne Punkte.«

»Das geht weit über die Information hinaus, die ich bisher erhalten habe«, sagte Drake eifrig. »Aber wenn man einmal annimmt, daß auf dem Saybrook-Planeten das Leben aus einem organisierten, vereinigten Ganzen besteht, wie funktioniert es?«

»Wie? Wie sind denn die Zellen in Ihrem Körper organisiert? Wenn Sie Ihrem Körper irgendeine einzelne Zelle entnehmen, sogar eine Gehirnzelle, ist sie ein Nichts. Ein kleiner Protoplasmaklumpen, genauso unfähig, irgendeine menschliche Eigenschaft zu entwickeln, wie eine

Amöbe. Sie kann nicht einmal allein existieren. Aber wenn man die Zellen vereint, kommt ein Wesen zustande, das ein Raumschiff erfinden oder eine Sinfonie komponieren kann.«

»Verstehe«, sagte Drake.

»Alles Leben auf Saybrooks Planeten ist ein einziger Organismus«, fuhr Weiss fort. »In gewisser Hinsicht ist auch das Leben auf der Erde ein einziger Organismus, aber die Bedingung heißt Kampf.

Die Bakterien fixieren Stickstoff, die Pflanzen Kohlenstoff. Die Tiere fressen Pflanzen und andere Tiere. Ein Kreislauf entsteht. Ein jeder frißt, soviel er kann, und wird selbst gefressen.

Auf dem Saybrook-Planeten hat jeder Organismus seinen Platz, so wie jede Zelle in unserem Körper. Die Bakterien und die Pflanzen erzeugen Nahrung, deren Überschuß von den Tieren gefressen wird. Als Gegenleistung verhindern die Tiere eine Verschwendung der Kohlendioxyde und des Stickstoffs. Nicht mehr oder weniger wird hergestellt, als gebraucht wird. Dieses Lebensschema ändert sich auf kluge Weise je nach den lokalen Gegebenheiten. Keine Lebensgruppe produziert Mengen, die nicht verwendet werden können, genauso, wie der menschliche Körper aufhört, Zellen zu produzieren, wenn sie keinen Zweck mehr erfüllen können. Wenn die Zellen nicht aufhören, neue zu produzieren, entsteht Krebs. Und genau das ist unser Leben auf der Erde, verglichen mit der Lebensorganisation auf dem Saybrook-Planeten: ein einziger riesiger Krebs. Jede Spezies, jedes Individuum, alle tun ihr Möglichstes, um auf Kosten der anderen zu gedeihen.«

»Sie scheinen vom Saybrook-Planeten ja ganz begeistert zu sein, Doc.«

»In gewissem Sinn bin ich das auch. Das Leben ist dort

sehr sinnvoll eingerichtet. Und man kann diesen Sinn auf unser Leben übertragen. Angenommen, eine Zelle Ihres Körpers würde sich der Leistungsfähigkeit des menschlichen Körpers bewußt und vergliche sie mit der Leistungsfähigkeit einer einzelnen Zelle. Angenommen, sie könnte feststellen, daß die Leistung nur das Resultat einer Vereinigung von Zellen ist, eines großen Ganzen. Und dann nehmen wir einmal an, sie würde sich der Existenz der freilebenden Zellen bewußt, die nur ganz einfach leben und sonst keinerlei Funktion besitzen. Sie würde den starken Wunsch verspüren, diese armen Zellen in die Gesamtorganisation einzufügen. Sie würde Mitleid fühlen, vielleicht eine Art von Missionsgeist. Das Wesen auf dem Saybrook-Planeten – wir benutzen in diesem Fall lieber die Einzahl – fühlt vielleicht genau dasselbe.«

»Und sie regeln das mit Hilfe jungfräulicher Geburten, eh, Doc?«

»Das ist nichts Neues. Seit Jahrhunderten schon können wir die Eier von Seeigeln, Bienen, Fröschen und so weiter entwickeln, ohne daß vorher eine männliche Befruchtung stattgefunden hätte. Manchmal genügte eine kleine Injektion, manchmal mußte man die Tiere nur in die richtige Salzlösung legen. Das Leben auf dem Saybrook-Planeten wird befruchtet durch die kontrollierte Nutzung von Strahlenenergien. Deshalb kann eine Energiesperre die Befruchtung stoppen oder beeinträchtigen.

Sie können mehr tun, als ein unbefruchtetes Ei zu teilen oder zu entwickeln. Sie können die Nukleoproteide mit ihren eigenen Charakterzügen versehen, so daß die Jungen mit den kleinen Flecken aus grünem Fell geboren werden. Diese Flecken sind die Sinnesorgane des Planeten und bewirken die Kontaktaufnahme. Die Jungen sind also keine Individuen, sondern Teile des einen großen Lebens auf diesem Planeten. Und dieses eine Leben kann jede Spezies befruchten, Pflanzen, Tiere, Mikroben.«

»Unsinn«, murmelte Drake.

»Keineswegs«, sagte Weiss scharf. »Da liegt sogar ein gigantischer Sinn darin. In einiger Zeit wird eine einzige Bakterie vom Saybrook-Planeten die ganze Erde in einen einzigen Organismus verwandeln können. Das wurde bereits experimentell erwiesen.«

»Wissen Sie, daß ich bestimmt bald Millionär sein werde?« fragte Drake. »Können Sie ein Geheimnis bewahren, Doc?«

Weiss nickte verwirrt.

»Ich habe ein Souvenir vom Saybrook-Planeten mitgebracht«, sagte Drake grinsend. »Es ist nur ein Kieselstein, aber angesichts der Publicity, die dieser Planet bald haben wird, und angesichts der Quarantäne, unter die man ihn stellen wird, wird dieser Kieselstein für die Menschheit enorm wichtig sein. Was glauben Sie, wie teuer werde ich ihn verkaufen können?«

Weiss starrte ihn an.

»Ein Kieselstein?« Hastig griff er nach dem harten, grauen, eiförmigen Gegenstand, den Drake ihm zeigte. »Das hätten Sie nicht tun dürfen, Drake. Das war gegen die Vorschriften.«

»Ich weiß. Deshalb frage ich Sie ja auch, ob Sie ein Geheimnis bewahren können. Wenn Sie ein Beglaubigungsschreiben unterzeichnen, daß dieser Kieselstein... Was ist los, Doc?«

Aber Weiss war unfähig, eine Antwort zu geben. Zähneklappernd zeigte er auf den Kiesel. Drake beugte sich vor und starrte den kleinen grauen Stein an. Er sah genauso aus wie zuvor...

Er war verstört. Irgendeine Gefahr schwebte über dem Schiff. Mißtrauen herrschte, man ahnte seine Anwesenheit an Bord. Wie konnte das sein? Er hatte bis jetzt noch nichts unternommen. War irgendein anderes Fragment von daheim ebenfalls auf das Schiff gekommen und war weniger vorsichtig gewesen? Das war ohne sein Wissen unmöglich, und obwohl er das Schiff sorgfältig durchsuchte, konnte er nichts finden.

Dann verminderte sich das Mißtrauen, aber es erstarb nicht völlig. Einer der scharfen Denker befaßte sich nach wie vor mit dem Problem, und bald würde er die Wahrheit herausfinden.

Wie lange dauerte es noch bis zur Landung? Sollte eine ganze Welt von Lebensfragmenten von der Vollständigkeit ausgeschlossen sein? Er verkroch sich tiefer in den Drähten, fürchtete sich vor der Entdeckung, fürchtete für seine altruistische Mission.

Dr. Weiss hatte sich in seinem Raum eingeschlossen. Sie befanden sich bereits im Sonnensystem, und in drei Stunden würden sie landen. Er mußte nachdenken. Er hatte drei Stunden Zeit, um seine Entscheidung zu treffen.

Drakes teuflischer Kieselstein war ein Teil des organisierten Lebens auf dem Saybrook-Planeten gewesen, aber jetzt mußte er natürlich tot sein. Er war tot, als er ihn zum erstenmal gesehen hatte, und wenn er es da noch nicht gewesen war, so war er ganz sicher tot, nachdem sie ihn in den hyper-atomaren Motor gesteckt und ihn der stärkstmöglichen Hitze ausgesetzt hatten. In den Bakterienkulturen, die Weiss ängstlich untersucht hatte, war keine Veränderung vor sich gegangen.

Aber das war es nicht, was Weiss Sorgen bereitete.

Drake hatte den Kiesel in den letzten Stunden des Aufenthaltes auf dem Saybrook-Planeten aufgehoben – *nach* dem Zusammenbruch der Sperre. Und wenn dieser Zusammenbruch das Resultat eines langsamen, unerbittlichen geistigen Einflusses war, den dieses Ding auf dem Planeten ausübte? Wenn Teile seines Seins nur darauf gewartet hatten, in das Schiff einzudringen, als die Sperre schwankte? Wenn dieser Kiesel sich nicht schnell genug bewegt und nur die Sperre passiert hatte. Nachdem diese die Brüderschaft des vereinten Lebens aufnehmen und sie vorausschicken, damit sie die Botschaft verbreiteten.

Dann war das Werk vollbracht! Eine andere Welt war vollständig organisiert!

Er wartete. Dumpf pochten die Motoren, als das Schiff sich langsam zur Erde senkte. Bald wird ein Ruck durch die Riesenmaschine gehen, wenn sie auf der Erdoberfläche landet, und dann...

Er schaltete den Empfang ein und hörte den Jubel der scharfen Denker, und seine eigenen jubelnden Gedanken antworteten ihnen. Bald würden sie imstande sein, seine Gedanken genauso zu empfangen wie er die ihren. Vielleicht nicht gerade diese Fragmente, aber die anderen, die aus dem neuen Sein erwachsen würden.

Bald mußten sich die Hauptschleusen öffnen...

Und alles Denken verlöschte.

Verdammt, dachte Jerry Thorn, irgend etwas ist schiefgelaufen.

»Tut mir leid«, sagte er zu Captain Loring. »Eine Betriebsstörung. Die Schleusen öffnen sich nicht.«

»Sind Sie sicher, Thorn? Die Lichter sind an.«

»Ja, Sir. Wir sehen mal nach.«

Er trat neben Roger Oldenn, der neben der Leitungsnetz-Box stand.

»Was ist denn nicht in Ordnung?«

»Augenblick mal«, sagte Oldenn. Er untersuchte die Drähte. »Verdammt, da ist ein sechs Zoll breiter Riß in der Zwanzig-Ampere-Leitung.«

»Was? Das gibt es doch nicht.«

Oldenn hielt die zerschnittenen Drähte hoch, mit ihren scharf und sauber abgesägten Enden.

Dr. Weiss trat hinzu. Er sah müde aus, und sein Atem roch nach Brandy.

»Was ist los?« fragte er mit zitternder Stimme.

Sie sagten es ihm. In einer Ecke des Faches fanden sie den fehlenden Teil des Drahtes.

Weiss beugte sich darüber. Ein schwarzes Etwas lag auf dem Boden des Faches. Er berührte es mit einem Finger, und es hinterließ einen rußigen Fleck auf seiner Haut. Geistesabwesend wischte er ihn weg.

Irgend etwas mußte die Stelle des fehlenden Drahtstükkes eingenommen haben. Irgend etwas Lebendes, das nur wie ein Stück Draht aussah, irgend etwas, das in der großen Hitze verkohlen würde, wenn man den elektrischen Stromkreis wieder geschlossen hatte.

»Wie steht es mit den Bakterien?« fragte er.

Einer der Männer ging nachsehen, kam zurück und sagte: »Alles in Ordnung, Doc.«

Mittlerweile hatte man die Drähte wieder verbunden, die Schleusen öffneten sich, und dann trat Dr. Weiss wieder hinaus in die anarchistische Erdenwelt.

»Anarchistisch«, sagte er mit triumphierendem Lächeln. »Und so wird es auch bleiben.«

Die Experimentatoren

Polizeisergeant Mankiewicz war am Telefon, und er schien ziemlich mißgelaunt zu sein. Seine Stimme klang wie ein Reibeisen.

»Es stimmt«, sagte er. »Er kam zu mir und sagte: ›Mister, würden Sie mich bitte ins Gefängnis sperren, weil ich mich umbringen will.‹

... Ich kann es nicht ändern, genau das sagte er. Mir kam es auch verrückt vor.

... hören Sie, Mister, die Beschreibung paßt genau auf den Burschen. Sie baten mich um eine Information, und ich gebe sie Ihnen.

... er hat diese Narbe auf der rechten Wange und sagte, daß er John Smith heißt. Von Doktor Smith sagte er nichts.

... sicher ist das ein falscher Name. Kein Mensch heißt John Smith. Zumindest nicht auf einer Polizeistation.

... er ist jetzt im Gefängnis.

... ja sicher.

... Widerstand gegen die Staatsgewalt, tätlicher Angriff, böswillige Sachbeschädigung. Das genügt doch wohl.

... es ist mir egal, wer er ist.

... gut, ich werde warten.«

Er blickte zu Wachtmeister Brown hoch und legte die Hand über die Sprechmuschel. Die riesige Pranke schien fast das ganze Telefon zu verschlucken. Sein grobliniges Gesicht war gerötet und schwitzte unter dem strohgelben Haarschopf.

»Ärger!« sagte er. »Nichts als Ärger gibt es auf so einer Bezirksstation.«

»Mit wem sprechen Sie denn?« fragte Brown. Er war soeben eingetreten, und es interessierte ihn nicht sonderlich. Er dachte wieder einmal daran, daß Mankiewicz in einer der Vorstädte besser aufgehoben wäre.

»Oak Ridge. Ferngespräch. Der Leiter von weiß was ich für einer Abteilung. Und jetzt ruft er jemanden anderen für fünfundzwanzig Cent pro Minute an... Hallo!«

Mankiewicz hielt den Hörer ans andere Ohr und versuchte sich zu beherrschen.

»Hören Sie«, sagte er. »Lassen Sie mich doch von vorn anfangen. Ich will, daß Sie genau Bescheid wissen, und wenn Ihnen die Sache dann nicht gefällt, können Sie ja jemanden zu uns schicken. Der Bursche will keinen Anwalt. Er will nichts anderes als im Gefängnis bleiben, und das erscheint mir ganz richtig.

Also passen Sie mal auf. Er kam gestern schnurstracks zu mir und sagte: ›Mister, würden Sie mich bitte ins Gefängnis sperren, weil ich mich umbringen will.‹ Ich erwiderte: ›Es tut mir leid, daß Sie sich umbringen wollen, Mister. Tun Sie es nicht, denn Sie werden es für den Rest Ihres Lebens bereuen.‹

...Ich mache keinen Spaß. Ich erzähle Ihnen nur, was ich gesagt habe. Ich bin nicht zum Scherzen aufgelegt, ich habe genug Ärger hier, wenn Sie wissen, was ich damit sagen will.

Glauben Sie, ich habe nichts anderes zu tun, als irgendwelchen Irren zuzuhören, die hier hereinspaziert kommen und...

›...Sie müssen mir schon einen Grund liefern‹, sagte ich. ›Ich kann Sie nicht einsperren, nur weil Sie sich umbringen wollen. Das ist kein Verbrechen.‹ Daraufhin sagte er: ›Aber ich will nicht sterben.‹ Und ich sagte: ›Hören Sie, Mann, verschwinden Sie.‹ Ich meine, wenn ein Bursche

Selbstmord begehen will, gut. Wenn er nicht will, auch gut. Aber warum muß er sich an meiner Schulter ausweinen?

...ich erzähle ja schon weiter. Also, er fragte mich: ›Wenn ich ein Verbrechen begehe, stecken Sie mich dann ins Gefängnis?‹ Ich sagte: ›Wenn Sie erwischt werden, wenn jemand eine Klage einreicht und Sie keine Bürgschaft stellen können, werden wir Sie einsperren.‹ Daraufhin nahm er, bevor ich ihn daran hindern konnte, das Tintenfaß von meinem Schreibtisch und leerte es auf das offene Eintragsbuch.

...sicher! Warum glauben Sie denn, haben wir ›böswillige Sachbeschädigung‹ angegeben? Die Tinte rann über meine ganze Hose.

...ja, auch tätlicher Angriff. Als ich aufsprang, um ihn zur Räson zu bringen, trat er mich gegen das Schienbein und schlug mir fast das rechte Auge ein.

...ich erfinde das nicht. Kommen Sie doch her und sehen Sie sich mein Gesicht an.

...in den nächsten Tagen wird er vor Gericht gestellt. Wahrscheinlich am Donnerstag.

...er wird mindestens neunzig Tage bekommen, außer der Psychologe ist anderer Meinung. Ich glaube ja selbst, daß er in die Irrenanstalt gehört.

...offiziell heißt er John Smith. Das ist der einzige Name, den er angegeben hat.

...nein, Sir, er wird nicht vorzeitig entlassen.

...okay, machen Sie, was Sie wollen. Ich tue jedenfalls hier meinen Job.« Er knallte den Hörer auf die Gabel, starrte ihn an, hob ihn dann wieder ab und wählte.

»Gianetti?« fragte er, erhielt die gewünschte Antwort und begann zu sprechen. »Was ist A. E. C.? Ich habe mit irgend so einem Joe telefoniert, und er sagte...

... nein, ich scherze nicht, Sie Trottel. Wenn ich das täte, würde ich es Ihnen vorher sagen. Was heißt A. E. C.?«

Er lauschte, dann sagte er kleinlaut ›Danke‹ und legte den Hörer auf. Die Farbe war aus seinem Gesicht gewichen.

»Dieser zweite Bursche war der Leiter der Atomenergiekommission«, sagte er zu Brown. »Sie müssen mich von Oak Ridge nach Washington geschaltet haben.«

Brown streckte sich und gähnte.

»Vielleicht ist das FBI hinter diesem John Smith her. Vielleicht ist er einer von diesen Wissenschaftlern. Man sollte die Atomgeheimnisse von solchen Burschen fernhalten. Alles war okay, solange General Groves als einziger über die Atombombe Bescheid wußte. Aber seit sie die Wissenschaftler losgelassen haben...«

»Oh, halten Sie doch den Mund«, krächzte Mankiewicz.

Dr. Oswald Grant starrte unentwegt auf die weiße Linie, die die Hochstraße markierte, und behandelte das Auto, als wäre es einer seiner schlimmsten Feinde. Das tat er immer. Er war hochgewachsen und hager. Ein verschlossener Ausdruck lag auf seinem Gesicht. Seine Knie stießen an das Lenkrad, und jedesmal, wenn er den Wagen um eine Kurve lenkte, traten seine Fingerknöchel weiß hervor.

Inspektor Darrity saß mit übereinandergeschlagenen Beinen neben ihm. Die Sohle seines linken Schuhs berührte die Wagentür, wo sie bestimmt einen Schmutzfleck hinterlassen würde. Seine Finger spielten mit einem nußbraunen Taschenmesser. Vorhin hatte er die blanke Klinge aus der Scheide springen lassen und hatte damit gelegentlich an seinen Fingernägeln geschabt. Als ihn aber eine scharfe Kurve beinahe einen Finger gekostet hätte, hörte er damit auf.

»Was wissen Sie über diesen Ralson?« fragte er.

Dr. Grant wandte sich ihm kurz zu und blickte dann gleich wieder auf die Straße.

»Ich kenne ihn, seit er sein Doktorat in Princeton gemacht hat«, erwiderte er unbehaglich. »Er ist ein brillanter Wissenschaftler.«

»Ja? Brillant, eh? Warum ihr Wissenschaftler euch gegenseitig nur immer als brillant bezeichnen müßt! Gibt es bei euch gar keine Mittelmäßigkeit?«

»Doch. Ich bin zum Beispiel mittelmäßig. Aber Ralson ist es nicht. Fragen Sie Oppenheimer. Fragen Sie Bush. Er war der jüngste Mitarbeiter in Alamogordo.«

»Okay. Er ist also brillant. Wie steht es mit seinem Privatleben?«

»Davon weiß ich nichts«, sagte Grant nach einer kleinen Pause.

»Sie kennen ihn von Princeton her. Wieviel Jahre sind seither vergangen?«

Sie waren die Hochstraße von Washington in nördliche Richtung zwei Stunden lang dahingefahren, und es war kaum ein Wort zwischen ihnen gewechselt worden. Jetzt fühlte Grant, daß die Atmosphäre sich geändert hatte. Das Gesetz griff nach ihm. »Er ist 1943 graduiert worden.«

»Da haben Sie ihn schon acht Jahre lang gekannt.«

»Richtig.«

»Und Sie wissen nichts über sein Privatleben?«

»Jeder Mensch hat ein Recht auf Eigenleben, Inspektor. Er war nicht sehr gesellig. Viele dieser Menschen sind so. Sie arbeiten unter großem Druck, und wenn sie ihren Job beendet haben, sind sie nicht daran interessiert, die Laboratoriumsbekanntschaften fortzusetzen.«

»Gehört er irgendwelchen Organisationen an, die Sie kennen?«

»Nein.«

»Hat er jemals irgend etwas zu Ihnen gesagt, das man als unloyal bezeichnen könnte?«

»Nein!« schrie Grant, und dann herrschte eine Zeitlang Schweigen.

Dann fragte Darrity: »Wie bedeutend ist Ralson auf dem Gebiet der Atomforschung?«

Grant beugte sich über das Lenkrad. »So bedeutend, wie es ein Mann nur sein kann. Ich garantiere Ihnen, daß kein Mann unersetzlich ist, aber Ralson schien immer einzigartig zu sein. Er hat den richtigen technischen Verstand.«

»Was heißt das?«

»Er ist zwar selbst kein großer Mathematiker, aber er kann die Berechnungen anderer zum Leben erwecken. Da kann ihm keiner das Wasser reichen. Wie oft hatten wir ein Problem zu lösen, Inspektor, und hatten keine Zeit dazu! Keiner hatte eine Idee, bis er kam und sagte: ›Warum macht ihr es nicht so und so?‹ Dann ging er. Er interessierte sich nicht einmal dafür, ob sein Vorschlag auch funktionierte. Aber er funktionierte immer. Vielleicht wären wir auch daraufgekommen, aber es hätte Monate gedauert. Ich weiß nicht, wie er das machte. Es hat auch keinen Sinn, ihn danach zu fragen. Er sieht einen nur an und sagt: ›Aber das war doch offensichtlich‹, und spaziert davon. Natürlich nachdem er uns darauf hingewiesen hatte, war es offensichtlich.«

Der Inspektor ließ ihn ausreden. Als Grant schwieg, sagte Darrity: »Würden Sie sagen, daß er sonderbar war? Ich meine, launenhaft?«

»Von einem Genie erwartet man doch nicht, daß er normal ist, nicht wahr?«

»Vielleicht nicht. Aber wie abnorm war dieses spezielle Genie?«

»Er redete nie viel. Und manchmal wollte er nicht arbeiten.«

»Blieb er dann daheim oder ging er angeln?«

»Nein. Er kam ins Laboratorium. Aber er saß nur an seinem Schreibtisch und tat nichts. Manchmal dauerte das wochenlang. Er antwortete nicht und sah einen nicht einmal an, wenn man mit ihm sprach.«

»Hat er jemals seine Arbeit gänzlich niedergelegt?«

»Sie meinen, vor diesem Zwischenfall? Nie!«

»Hat er jemals gesagt, daß er Selbstmord begehen wolle? Oder hat er jemals behauptet, er würde sich nirgendwo sicherer fühlen außer im Gefängnis?«

»Nein.«

»Sind Sie sicher, daß dieser John Smith mit Ralson identisch ist?«

»Ziemlich sicher. Er hat ein Brandmal von irgendwelchen Chemikalien auf seiner rechten Wange, das einwandfrei beweist, daß es sich um Ralson handelt.«

»Okay. Dann werde ich mit ihm sprechen und sehen, was er zu sagen hat.«

Dann herrschte endgültig Schweigen. Dr. Grant folgte der gewundenen Straße, und Inspektor Darrity warf das Taschenmesser von einer Hand in die andere.

Der Gefängnisdirektor hielt den Telefonhörer ans Ohr, lauschte und blickte dann zu seinen beiden Besuchern auf.

»Wir können ihn heraufbringen, Inspektor. Bedenkenlos.«

»Nein.« Dr. Grant schüttelte den Kopf. »Gehen wir zu ihm.«

»Warum?« fragte Darrity. »Erwarten Sie, daß Ralson den Wärter attackiert, wenn er ihn aus der Zelle führt?«

»Ich weiß es nicht«, erwiderte Grant.

Der Gefängnisdirektor hob seine schwielige Hand. Seine dicke Nase zuckte leicht.

»Wir haben seinetwegen bisher nichts unternommen. Wegen dieses Telegramms aus Washington. Aber ehrlich gesagt, er gehört nicht hierher. Ich bin froh, wenn ich die Verantwortung für ihn los bin.«

»Wir werden ihn in seiner Zelle aufsuchen«, sagte Darrity.

Sie gingen den engen, von Eisengittern gesäumten Korridor entlang. Leere, desinteressierte Augen beobachteten sie, als sie an den Zellen vorbeikamen. Ein Schauder lief Dr. Grant über den Rücken.

»War er die ganze Zeit *hier?*«

Darrity antwortete nicht. Der Wärter, der ihnen vorausging, blieb stehen. »Hier ist die Zelle.«

»Ist das Ralson?« fragte Darrity.

Dr. Grant betrachtete schweigend die Gestalt, die auf der Pritsche lag. Als der Mann merkte, daß jemand vor seiner Zelle stand, richtete er sich auf, stützte sich auf einen Ellbogen und sah so aus, als würde er am liebsten im Erdboden versinken. Sein Haar war sandfarben und schütter. Sein Körper war schmächtig, und seine blanken Augen glänzten wie blaues Porzellan. Auf seiner rechten Wange war ein kaulquappenförmiger rosa Fleck.

»Das ist Ralson«, sagte Grant.

Der Wärter öffnete die Zellentür und trat ein, aber Inspektor Darrity bedeutete ihm mit einer Handbewegung, sich zu entfernen. Ralson beobachtete die Männer stumm. Er zog die Beine an und drückte sich an die Wand. Sein Adamsapfel zitterte, als er schluckte.

»Dr. Elwood Ralson?« fragte Darrity ruhig.

»Was wollen Sie?« Die Stimme klang überraschend baritonal.

»Würden Sie uns bitte folgen? Wir haben Ihnen einige Fragen zu stellen.«

»Nein. Lassen Sie mich allein.«

»Dr. Ralson«, sagte Grant. »Ich wurde zu Ihnen geschickt, um Sie zu bitten, Ihre Arbeit wieder aufzunehmen.«

Ralson blickte den Wissenschaftler an, und sekundenlang blitzte etwas anderes als Furcht in seinen Augen auf.

»Hallo, Grant«, sagte er und erhob sich von der Pritsche. »Hören Sie, ich bat die Leute, sie möchten mich in eine Gummizelle stecken. Sie kennen mich, Grant. Sie wissen, daß ich nichts verlange, von dem ich nicht überzeugt bin, daß es notwendig ist. Helfen Sie mir. Ich kann diese harten Mauern nicht ertragen. Immerzu will ich mich dagegenwerfen...« Er schlug mit der flachen Hand gegen den schmutziggrauen Beton hinter der Pritsche.

Darrity betrachtete ihn nachdenklich. Er zog sein Taschenmesser aus der Hosentasche und ließ die blanke Klinge herausschnappen. Sorgfältig kratzte er damit an seinem Daumennagel und fragte: »Wollen Sie mit einem Arzt sprechen?«

Aber Ralson gab keine Antwort darauf. Seine Augen folgten dem glänzenden Metall, seine Lippen öffneten sich und wurden feucht. Sein Atem ging stoßweise.

»Stecken Sie das weg!« sagte er.

»Was soll ich wegstecken?« fragte Darrity nach einer kleinen Pause.

»Das Messer. Ich kann den Anblick nicht ertragen.«

»Warum nicht?« Darrity streckte das Messer aus. »Stimmt etwas nicht damit? Es ist ein gutes Messer.«

Ralson sprang vor. Darrity trat zurück, und seine linke Hand umspannte Ralsons Handgelenk. Er hob das Messer hoch.

»Was ist los, Ralson? Was haben Sie?«

Grant protestierte, aber Darrity schnitt ihm mit einer Handbewegung das Wort ab.

»Was wollen Sie, Ralson?«

Ralson streckte die freie Hand nach dem Messer aus und krümmte sich unter dem eisernen Griff des Inspektors.

»Geben Sie mir das Messer«, keuchte er.

»Warum, Ralson? Was wollen Sie damit tun?«

»Bitte. Ich muß ...« Seine Stimme klang flehentlich. »Ich kann nicht mehr leben.«

»Sie wollen sterben?«

»Nein. Aber ich muß.«

Darrity versetzte ihm einen Stoß. Ralson taumelte zurück und sank auf die Pritsche, die einen quietschenden Laut von sich gab. Langsam klappte Darrity das Taschenmesser zusammen und steckte es ein. Ralson vergrub das Gesicht in den Händen. Er saß regungslos da, nur seine Schultern zuckten.

Rufe klangen vom Korridor herein. Die anderen Häftlinge waren auf den Lärm in Ralsons Zelle aufmerksam geworden. Der Wärter eilte herbei.

»Ruhe!« brüllte er und entfernte sich dann wieder.

»Es ist alles in Ordnung«, sagte der Inspektor zu ihm. Er wischte seine Hände mit einem großen, weißen Taschentuch ab. »Ich glaube, wir sollten einen Arzt holen.«

Dr. Gottfried Blaustein war klein und dunkelhäutig und sprach mit kaum merklichem österreichischem Akzent. Es fehlte ihm nur noch ein Ziegenbart, und er hätte für jeden Laien die vollendete Karikatur eines Psychiaters abgegeben. Aber er war glattrasiert und sehr sorgfältig gekleidet. Er musterte Grant aufmerksam und abschätzend, fügte verschiedene kleine Beobachtungen zu einem Gesamtbild.

Das tat er automatisch bei jedem Menschen, dem er begegnete.

»Sie haben mir den Mann als sehr talentiert beschrieben«, sagte er. »Vielleicht ist er sogar ein Genie. Sie sagten, er sei nie gern mit Menschen zusammengewesen. Er hätte sich auch nie in der Atmosphäre des Laboratoriums wohl gefühlt, obwohl er doch dort seine größten Erfolge errungen hat. Hat er sich vielleicht in einer anderen Umwelt wohler gefühlt?«

»Ich verstehe Sie nicht.«

»Kaum ein Mensch hat das Glück, in seinem Beruf die ideale Umwelt zu finden. Der eine kompensiert das, indem er ein Instrument spielt, der andere geht spazieren oder wird Mitglied irgendeines Klubs. Mit anderen Worten, er schaffte sich außerhalb seiner Arbeit eine eigene Welt, in der er sich mehr zu Hause fühlt. Und diese eigene Welt muß in gar keinem Zusammenhang mit dem Beruf eines Menschen stehen. Sie ist oft eine Flucht vor der Wirklichkeit und hilft, das Leben leichter zu ertragen.« Er lächelte und fügte hinzu: »Ich selbst sammle zum Beispiel Briefmarken. Ich bin aktives Mitglied der Amerikanischen Philatelistengesellschaft.«

Grant schüttelte den Kopf.

»Ich weiß nicht, was er in seiner Freizeit machte. Ich bezweifle, daß er irgendeinem Hobby frönte.«

»Hm. Das ist natürlich traurig. Man muß doch irgendwo Entspannung oder Vergnügen finden.«

»Haben Sie schon mit Dr. Ralson gesprochen?«

»Über seine Probleme? Nein.«

»Werden Sie es tun?«

»Oh, ja. Aber er ist erst seit einer Woche hier. Man muß ihm Zeit lassen, damit er sich erholen kann. Er befand sich in einem sehr erregten Zustand, als er hier eintraf. Man kann es fast als Delirium bezeichnen. Er muß viel Ruhe haben und sich an die neue Umgebung gewöhnen, bevor ich mit ihm spreche.«

»Werden Sie ihn dazu bringen können, daß er wieder seine Arbeit aufnimmt?«

Blaustein lächelte.

»Wie kann ich das wissen? Ich weiß ja noch nicht einmal, an welcher Krankheit er leidet.«

»Könnten Sie ihm nicht erst einmal über das Schlimmste hinweghelfen? Ich meine, Sie könnten ihn vorerst einmal von seinem Selbstmordzwang befreien und die Kur fortsetzen, wenn er wieder an seinen Arbeitsplatz zurückgekehrt ist.«

»Vielleicht. Ich kann mir keine Meinung bilden, bevor ich nicht mit ihm gesprochen habe.«

»Wie lange wird es etwa dauern?«

»In solchen Fällen kann man das nie vorhersagen, Dr. Grant.«

»Dann tun Sie, was Sie für richtig halten.« Grant beugte sich vor. »Es ist sehr wichtig, daß Ralson bald gesund wird. Sie wissen gar nicht, wie wichtig.«

»Möglich. Sie können mir vielleicht helfen, Dr. Grant.«

»Wie?«

»Können Sie mir gewisse Informationen beschaffen, die als ›Top secret‹ bezeichnet werden?«

»Welche Art von Informationen?«

»Ich würde gern die Selbstmordquote der Nuklearwissenschaftler seit 1945 kennen. Außerdem möchte ich wissen, wie viele ihre Arbeit niedergelegt beziehungsweise sich einem anderen Forschungsgebiet zugewandt haben.«

»Steht das in Zusammenhang mit Ralson?«

»Meinen Sie nicht, daß es sich bei seiner schrecklichen Depression um eine Berufskrankheit handelt?«

»Sie müssen das verstehen, Dr. Blaustein. Die Atmosphäre in der modernen Nuklearforschung ist von starkem Druck und Bürokratismus bestimmt. Wir arbeiten mit Regierung und Militär zusammen. Wir dürfen über unsere Arbeit nicht sprechen, und wir müssen sehr vorsichtig mit unseren Äußerungen sein. Natürlich, wenn einem von uns eine Stellung an einer Universität angeboten wird, wo man seine Arbeitszeit selbst bestimmen, seine eigene Forschung betreiben kann, wo man nicht jede schriftliche Arbeit erst einmal der A. E. C. vorlegen muß, bevor man sie veröffentlichen kann, wo man nicht hinter verschlossenen Türen arbeiten muß, würde jeder sofort zugreifen.«

»Und Sie würden Ihrem Spezialgebiet für immer den Rücken kehren?«

»Kann sein. Die Gründe, warum so viele ihre Arbeit aufgeben, sind selten militärischer Natur. Aber einmal erzählte mir ein Mann, daß er nachts nicht schlafen könne. Er sagte, er würde hunderttausend Schreie aus Hiroshima hören, sobald er das Licht ausgeschaltet hätte. Er nahm einen Job in einem Herrenmodegeschäft an.«

»Und Sie selbst hören niemals Schreie?«

»Doch.« Grant nickte schwer. »Es ist kein angenehmes Gefühl zu wissen, daß ein kleiner Teil der Verantwortung für eine eventuelle atomare Zerstörung auf meinen eigenen Schultern ruht.«

»Und welches Gefühl hat Ralson?«

»Er sprach nie über solche Dinge.«

»Mit anderen Worten, wenn er derartige Gefühle hatte, so verriet er es seinen Mitarbeitern nicht.«

»Nein.«

»Und trotz alldem ist die atomare Forschung notwendig, nicht wahr?«

»Ich würde sagen, ja.«

»Was würden Sie machen, Dr. Grant, wenn Sie irgend etwas tun müßten, wozu Sie sich innerlich nicht imstande fühlen?«

Grant zuckte mit den Schultern.

»Ich weiß es nicht.«

»Manche Menschen begehen Selbstmord.«

»Sie meinen, das trifft auf Ralson zu?«

»Wie kann ich das wissen? Ich werde heute abend mit Dr. Ralson sprechen. Ich kann Ihnen natürlich nichts versprechen, aber ich versichere Ihnen, daß ich Ihnen meine Beobachtungen sofort mitteilen werde.«

Grant erhob sich.

»Vielen Dank, Doktor. Ich werde versuchen, die von Ihnen gewünschten Informationen zu erhalten.«

Elwood Ralsons Aussehen hatte sich in der Woche, die er bis jetzt in Dr. Blausteins Sanatorium verbracht hatte, gebessert. Sein Gesicht war voller geworden, und die Ruhelosigkeit war von ihm gewichen. Er trug keine Krawatte und keinen Hosengürtel, und seine Schuhe hatten keine Schnürsenkel.

»Wie fühlen Sie sich, Dr. Ralson?« fragte Dr. Blaustein.

»Erholt.«

»Werden Sie gut behandelt?«

»Ich habe keine Klagen, Doktor.«

Blaustein griff nach dem Brieföffner, mit dem er gern spielte, wenn er über irgend etwas nachdachte. Aber der Brieföffner war verschwunden. Natürlich hatte man ihn entfernt, wie alle anderen Gegenstände mit scharfen Kanten. Nur Papiere lagen auf dem Schreibtisch.

»Setzen Sie sich, Dr. Ralson«, sagte Blaustein. »Wie steht es mit Ihren Krankheitssymptomen?«

»Meinen Sie meinen Selbstmordzwang? Es wird schlimmer oder besser, das hängt ganz von meinen Gedanken ab. Ich denke viel nach. Aber mein Wunsch nach Selbstmord begleitet mich auf Schritt und Tritt. Da können auch Sie mir nicht helfen.«

»Vielleicht haben Sie recht. Es gibt viele Fälle, in denen ich nicht helfen kann. Ich würde gern möglichst viel von Ihnen wissen. Sie sind ein bedeutender Mann...«

Ralson seufzte.

»Sind Sie anderer Meinung?« fragte Blaustein.

»Allerdings. Es gibt keine bedeutenden Männer, genauso wie es keine bedeutenden individuellen Bakterien gibt.«

»Ich verstehe Sie nicht.«

»Das erwarte ich auch nicht von Ihnen.«

»Und doch scheint mir, daß eine Menge Gedanken hinter Ihrer Bemerkung stehen. Es würde für mich sehr interessant sein, einige dieser Gedanken zu kennen.«

Zum erstenmal lächelte Ralson. Es war kein angenehmes Lächeln.

»Es ist amüsant, Sie zu beobachten, Doktor«, sagte er. »Sie üben Ihren Beruf so gewissenhaft aus. Sie hören mir zu, mit diesem gewissen falschen Interesse und dieser öligen Sympathie. Ich könnte Ihnen den größten Blödsinn erzählen, und Sie würden mir trotzdem aufmerksam zuhören, nicht wahr?«

»Können Sie sich nicht vorstellen, daß mein Interesse echt ist, obwohl es natürlich in erster Linie beruflich ist?«

»Nein, das kann ich nicht.«

»Warum nicht?«

»Ich bin nicht in der Stimmung, darüber zu diskutieren.«

»Dann gehen Sie doch bitte in Ihr Zimmer zurück.«

»Das werde ich nicht tun, wenn Sie nichts dagegen haben.« Seine Stimme klang plötzlich zornig, als er sich erhob und sich fast augenblicklich wieder niedersetzte. »Warum sollte ich Sie nicht benützen. Ich rede nicht gern mit den Menschen. Sie sind dumm. Sie merken nichts. Sie starren das Offensichtliche stundenlang an, und es bedeutet nichts für sie. Wenn ich mit ihnen spreche, verstehen sie mich nicht. Sie verlieren die Geduld, oder sie lachen. Aber Sie müssen zuhören. Das ist Ihr Job. Sie können mich nicht unterbrechen und mir sagen, daß ich verrückt bin, auch wenn Sie das vielleicht denken.«

»Ich bin froh, wenn ich Ihnen zuhören kann. Was immer Sie mir auch erzählen.«

Ralson holte tief Luft.

»Ich weiß nun schon seit einem Jahr etwas, das nur sehr wenige Menschen wissen. Vielleicht ist es sogar etwas, das keine *lebende* Person weiß. Wissen Sie, daß der kulturelle Fortschritt der Menschheit immer in plötzlichen Ballungen auftritt? Im Zeitraum von zwei Generationen kann in einer Stadt von dreißigtausend Einwohnern genug literarisches oder sonstiges künstlerisches Genie entstehen, um das Kulturbedürfnis einer Millionennation ein Jahrhundert lang zu befriedigen. Ich denke an das Athen des perikleischen Zeitalters.

Es gibt noch andere Beispiele. Das Florenz der Medicis, das elisabethanische England, das Spanien der Emire von Cordoba. Dann die Sozialreformen der Israeliten im achten und siebenten Jahrhundert vor Christi. Wissen Sie, was ich meine?«

Blaustein nickte.

»Ich sehe, daß Sie sich für Geschichte interessieren.«

»Warum nicht? Es gibt keinen Grund, warum ich mein Interesse auf die Atomforschung beschränken sollte.«

»Natürlich nicht. Sprechen Sie bitte weiter.«

»Zuerst dachte ich, ich könnte mehr über das wahre Wesen der historischen Zyklen erfahren, wenn ich einen Spezialisten zu Rate zöge. Ich hatte einige Unterredungen mit einem Berufshistoriker. Aber das war reine Zeitverschwendung.«

»Wie hieß der Historiker?«

»Ist das so wichtig?«

»Sicher nicht, wenn Sie es lieber für sich behalten wollen. Was sagte er?«

»Er meinte, daß ich unrecht hätte, daß die Geschichte nur scheinbar in Eruptionen verläuft. Er sagte, daß er nach eingehenden Studien festgestellt hätte, die großen Zivilisationen der Ägypter und Sumerer seien nicht plötzlich aus dem Nichts entstanden, sondern auf der Basis einer sich über lange Zeit hinweg entwickelnden Subzivilisation, die sich bereits in den Künsten ausgedrückt hätte. Er sagt, das perikleische Athen hätte sich auf einem vorperikleischen Athen aufgebaut, ohne das es die perikleische Blütezeit nie gegeben hätte.

Ich fragte ihn, warum uns dann nichts von einem nachperikleischen Athen bekannt sei, das doch auf einer noch höheren Stufe hätte stehen müssen. Daraufhin erzählte er mir, Athen sei durch eine Seuche und den langen Krieg mit Sparta ruiniert worden. Ich befragte ihn über andere kulturelle Ballungszeiten, und jedesmal war es ein Krieg, der sie beendete. Er war wie all die anderen. Die Wahrheit lag vor ihm. Er hätte sie nur aufgreifen müssen. Aber er tat es nicht.«

Ralson starrte zu Boden und sagte mit müder Stimme: »Sie kommen manchmal zu mir ins Laboratorium, Doktor. Sie sagen: ›Wie, zum Teufel, können wir den So-und-so-Effekt beseitigen, der all unsere Berechnungen über den Haufen wirft, Ralson?‹ Sie zeigen mir ihre Instrumente und ihre Schaltschemata, und ich sage: ›Aber das ist doch sonnenklar. Warum macht ihr es nicht so und so? Das sieht doch jedes Kind.‹ Dann gehe ich davon, denn ich kann es nicht ertragen, die Verwirrung auf ihren stupiden Gesichtern zu sehen. Später kommen sie dann zu mir und sagen: ›Es funktioniert, Ralson. Wie haben Sie das nur herausgefunden?‹ Ich kann es ihnen nicht erklären, Doktor. Es wäre genauso, wie wenn ich erklären müßte, warum das Wasser naß ist. Ich konnte es auch nicht dem Historiker erklären. Und ebensowenig kann ich es Ihnen erklären. Es ist Zeitverschwendung.«

»Würden Sie jetzt lieber in Ihr Zimmer zurückgehen?«

»Ja.«

Blaustein saß noch lange nachdenklich an seinem Schreibtisch, nachdem Ralson hinausgeführt worden war. Automatisch fanden seine Finger ihren Weg in die obere rechte Schublade. Er holte den Brieföffner hervor und spielte damit.

Schließlich griff er zum Telefon.

»Hier ist Blaustein. Dr. Ralson hatte vor einiger Zeit eine Unterredung mit einem Historiker. Wahrscheinlich vor etwa einem Jahr. Ich kenne den Namen des Historikers nicht. Ich weiß nicht einmal, ob er in Verbindung mit einer Universität steht. Wenn Sie ihn ausfindig machen könnten, würde ich gern mit ihm sprechen.«

Dr. phil. Thaddeus Milton blickte Blaustein gedankenvoll an und fuhr sich mit der Hand durch das eisengraue Haar.

»Ich habe tatsächlich mit diesem Mann gesprochen. Aber ich habe sehr wenig Kontakt mit ihm gehabt. Eigentlich keinen außer ein paar Gesprächen über historische Belange.«

»Wie trat er an Sie heran?«

»Er schrieb mir einen Brief. Ich weiß nicht, warum er sich mich ausgesucht hat und nicht irgendeinen anderen Historiker. Eine Serie meiner Artikel ist etwa zu dieser Zeit in einem dieser halbwissenschaftlichen Journale mit halbpopulärem Anstrich erschienen. Vielleicht ist er dadurch auf mich aufmerksam geworden.«

»Ich verstehe. Mit welchen Themen beschäftigten sich Ihre Artikel?«

»Sie behandelten den Wert der Zyklentheorie in der Geschichte. Das heißt, ich versuchte zu klären, ob man wirklich behaupten kann, daß eine herausragende Zivilisation bestimmten Gesetzen des Wachstums und der Auflösung folgen muß.«

»Ich habe Toynbee gelesen, Dr. Milton.«

»Nun, dann wissen Sie ja, was ich meine.«

»Und in Ihren Gesprächen mit Dr. Ralson ging es um diesen zyklischen Verlauf der Geschichte?«

»Hm, in gewisser Weise, ja. Natürlich ist der Mann kein Historiker, und einige seiner Bemerkungen über kulturelle Trends hörten sich richtig dramatisch an – und – wie soll ich sagen – pseudowissenschaftlich. Verzeihen Sie, wenn ich eine indiskrete Frage stelle, Doktor. Ist Dr. Ralson einer von Ihren Patienten?«

»Es geht Dr. Ralson nicht gut, und er befindet sich in meiner Obhut. Alles, was ich hier mit Ihnen bespreche, bitte ich Sie, streng vertraulich zu behandeln.«

»Sicher. Das verstehe ich. Aber wie dem auch sei, Ihre Auskunft läßt mir einiges verständlich erscheinen. Manche seiner Ideen grenzten nahezu an das Irrationale. Er schien sich ständig Sorgen über die Zusammenhänge zwischen den kulturellen Ballungszeiten, wie er es nannte, und irgendwelchen Katastrophen zu machen. Nun wurden solche Zusammenhänge häufig festgestellt. Die Zeit der größten Vitalität einer Nation kann mit der Zeit größter nationaler Unsicherheit zusammenfallen. Die Niederlande sind hierfür ein gutes Beispiel. Die bedeutendsten niederländischen Künstler, Staatsmänner und Forscher lebten im frühen siebzehnten Jahrhundert, zur selben Zeit, als das Land in den tödlichen Kampf mit der damals größten europäischen Macht verstrickt war, mit Spanien. Zur selben Zeit, als das Mutterland vernichtet wurde, baute es das Kolonialreich im fernen Osten auf und fand Halt in den Gebieten an der nördlichen Küste Südamerikas, an der südlichsten Spitze von Afrika und am Hudson. Die niederländischen Flotten besiegten England. Und dann, als die politische Sicherheit der Niederlande wiederhergestellt war, begann die kulturelle Auflösung.

Sicher, das ist nichts Ungewöhnliches. Gruppen wie Individuen können sich als Antwort auf eine Herausforderung zu einsamer Höhe erheben und dahinvegetieren, wenn die Herausforderung fehlt. Jedenfalls, als Dr. Ralson seinen gesunden Verstand verlor, trug sicher der Umstand dazu bei, daß in seinem Standpunkt sich die Begriffe von Ursache und Wirkung verwirrten. Er behauptete, nicht die Zeiten von Krieg und Gefahr brächten die kulturellen Eruptionen hervor, sondern es geschehe umgekehrt. Er stelle fest, daß zu jeder Zeit, wenn eine bestimmte Menschengruppe zu viel Vitalität und Fähigkeiten zeigt, ein Krieg notwendig wird, um die Möglichkeiten einer weiteren Entwicklung zu vernichten.«

»Ich verstehe«, sagte Blaustein.

»Ich fürchte, ich habe ihn damals ausgelacht. Vielleicht hat er deshalb unsere letzte Verabredung nicht eingehalten. Am Ende unserer letzten Unterredung fragte er mich in höchster Erregung, ob ich es nicht seltsam finde, daß ausgerechnet eine so fragwürdige Spezies wie der Mensch die Erde beherrsche, der doch nichts als seine Intelligenz aufzuweisen hätte. Da lachte ich laut auf. Das hätte ich vielleicht nicht tun sollen. Der arme Kerl!«

»Das war eine ganz natürliche Reaktion«, erwiderte Blaustein, »aber jetzt werde ich Ihre Zeit nicht länger in Anspruch nehmen. Sie haben mir sehr geholfen.«

Sie schüttelten sich die Hände, und Thaddeus Milton verließ Blausteins Arbeitszimmer.

»Hier bringe ich Ihnen die gewünschten Informationen über die Selbstmordquote der Wissenschaftler«, sagte Darrity. »Können Sie daraus irgendwelche Schlüsse ziehen?«

»Das sollte ich eigentlich Sie fragen«, sagte Blaustein sanft. »Das FBI hat doch sicher sehr sorgfältige Untersuchungen angestellt.«

»Darauf können Sie sich verlassen. Es handelt sich jedenfalls um Selbstmorde. Da gibt es gar keinen Zweifel. Man hat die Selbstmordrate der Wissenschaftler mit der von anderen Berufsgruppen verglichen. Die der Wissenschaftler ist etwa viermal so hoch, wenn man auch das Alter, den sozialen Status und die wirtschaftliche Situation der Betreffenden in Betracht zieht.«

»Und wie steht es mit den britischen Wissenschaftlern?«

»Ähnlich.«

»Und mit den sowjetischen?«

»Wer kann das sagen?« Der Inspektor beugte sich vor. »Doktor, Sie glauben doch nicht, daß die Sowjets irgendwelche Strahlen haben, die die Leute zum Selbstmord treiben? Es erregt natürlich Verdacht, daß ausgerechnet die Atomforscher am stärksten von diesem Selbstmordzwang befallen sind.«

»Tatsächlich? Vielleicht auch nicht. Die Atomphysiker arbeiten möglicherweise in einem besonders starken Spannungszustand. Das bedarf natürlich erst einmal genauer Studien, bevor man irgendwelche Behauptungen aufstellt.«

»Sie meinen, es handelt sich um eine bestimmte Art von Komplexen?« fragte Darrity vorsichtig.

Blaustein verzog das Gesicht.

»Die Psychiatrie ist schon viel zu populär geworden. Jeder redet von Komplexen und Neurosen und Psychosen und Zwangsvorstellungen, und so weiter. Der Schuldkomplex des einen ist die ungestörte Nachtruhe des anderen. Wenn ich mit jedem, der Selbstmord begangen hat, sprechen könnte, würde ich vielleicht mehr wissen.«

»Sie sprechen mit Ralson.«

»Ja, ich spreche mit Ralson.«

»Hat er vielleicht einen Schuldkomplex?«

»Eigentlich nicht. Aufgrund seiner Vergangenheit würde es mich nicht überraschen, wenn er eine morbide Beziehung zum Tod hätte. Als er zwölf Jahre alt war, starb seine Mutter vor seinen Augen unter den Rädern eines Autos. Sein Vater siechte langsam an Krebs dahin. Trotzdem ist mir der Zusammenhang zwischen diesen Erfahrungen und seinen gegenwärtigen Schwierigkeiten noch nicht recht klar.«

Darrity nahm seinen Hut.

»Nun, ich wünschte, Sie kämen etwas schneller voran, Doktor. Irgend etwas Gewaltiges kommt auf uns zu. Etwas viel Gewaltigeres, als es die H-Bombe war. Ich kann mir zwar nicht vorstellen, daß es etwas noch Gewaltigeres als die H-Bombe gibt, und doch ist es so.«

Ralson bestand darauf stehen zu bleiben.

»Ich hatte eine schlechte Nacht, Doktor.«

»Ich hoffe, Sie fühlen sich durch unsere Gespräche nicht gestört«, sagte Blaustein.

»Doch, in gewisser Weise schon. Sie bringen mich wieder dazu, über dieses Thema nachzudenken. Und wenn ich nachdenke, verschlechtert sich mein Zustand. Wie, glauben Sie, fühlt man sich wohl als Teil einer bakteriellen Kultur, Doktor?«

»Darüber habe ich noch nicht nachgedacht. Für eine Bakterie ist es bestimmt völlig normal.«

Ralson hatte nicht zugehört. Er sagte langsam: »Eine Kultur, in der man die Intelligenz studiert hat. Wir studieren alles, was mit den genetischen Beziehungen zusammenhängt. Wir nehmen Fruchtfliegen und kreuzen die rotäugigen mit den weißäugigen, um zu sehen, was dann passiert. Im Grund sind uns sowohl die rotäugigen als auch die weißäugigen völlig egal. Wir versuchen nur, durch sie gewisse grundlegende genetische Prinzipien zu entdecken. Verstehen Sie, was ich meine?«

»Sicher.«

»Auch bei den Menschen kann man verschiedene physische Charakteristika feststellen. Derlei lernt man auf der biologischen Fakultät. Aber man kann Menschen nicht in derselben Weise kreuzen wie Fruchtfliegen. Menschen leben zu lange. Es würde Jahrhunderte dauern, bis irgendwelche Schlüsse gezogen werden können. Wirklich schade, daß es nicht eine bestimmte Menschenrasse gibt, die sich innerhalb von Wochen reproduziert, nicht wahr?«

Er wartete auf eine Antwort, aber Blaustein lächelte nur.

»Eine solche Rasse würden wir nämlich für andere Geschöpfte sein, die über tausend Jahre lang leben«, fuhr Ralson fort. »Für solche Wesen würden wir uns schnell genug vermehren. Wir wären kurzlebige Kreaturen, und sie könnten unsere Genetik studieren, beispielsweise unsere

Musikalität, unsere wissenschaftlichen Fähigkeiten, und so weiter. Aber ich glaube nicht, daß diese Dinge sie mehr interessieren würden als uns die weißen Augen der Fruchtfliegen.«

»Eine sehr interessante Bemerkung«, sagte Blaustein.

»Es ist nicht bloß eine Bemerkung. Es ist die Wahrheit. Für mich ist das offensichtlich, und es ist mir egal, was Sie davon halten. Sehen Sie sich doch um. Sehen Sie sich einmal den Planeten Erde an. Was für eine lächerliche Tierart sind wir denn, daß wir uns zu Herren der Welt aufspielen, nachdem die Dinosaurier keinen Erfolg hatten? Sicher, wir sind intelligent, aber was ist Intelligenz? Wir glauben, daß sie so wichtig ist, weil wir sie besitzen. Wenn der Tyrannosaurier sich eine Eigenschaft ausgesucht hätte, von der er glauben konnte, daß sie seine dominierende Rolle auf der Erde garantiert, wäre seine Wahl sicher auf Größe und Kraft gefallen. Und er hätte etwas Besseres daraus gemacht als wir aus unserer Intelligenz. Immerhin hat seine Spezies länger existiert, als es aller Voraussicht nach beim Menschen der Fall sein wird.

Die Intelligenz an sich hat keinen großen Wert als Überlebensfaktor. Der Elefant schneidet ziemlich schlecht ab, wenn man ihn mit dem Sperling vergleicht, obwohl er viel intelligenter ist. Der Hund steht ganz gut da, solange er vom Menschen beschützt wird, aber nicht so gut wie die Hausfliege, gegen die sich jede Menschenhand erhebt. Oder nehmen wir doch die Säugetiere als Gruppe. Die kleineren verstecken sich vor ihren Feinden. Die großen haben kaum je etwas anderes zustande gebracht, als ihre Art zu erhalten. Die Paviane stehen noch am besten da, und das liegt sicher an ihren hündischen Eigenschaften, nicht an ihrem Verstand.«

Kleine Schweißperlen bedeckten Ralsons Stirn.

»Es ist doch klar ersichtlich, daß der Mensch als eine ganz bestimmte Spezies für die geschaffen wurde, die ihn studieren wollen. Im allgemeinen ist das Säugetier kurzlebig. Natürlich leben die größeren meist etwas länger. Und doch wird der Mensch etwa zweimal so alt wie die Menschenaffen, älter sogar als der Gorilla. Wir werden später reif. Es ist so, als hätte man uns sorgfältig ausgebrütet, damit wir etwas länger leben, so daß unser Lebenszyklus gerade richtig ist.«

Er schlug sich mit der Faust gegen die Stirn.

»Tausend Jahre sind gerade soviel wie der gestrige Tag...«

Blaustein drückte hastig auf einen Knopf. Einen Augenblick lang kämpfte Ralson gegen den Wärter im weißen Mantel, dann ließ er sich willenlos abführen. Blaustein blickte ihm nach, schüttelte den Kopf und griff zum Telefon.

»Inspektor«, sagte er, nachdem er sich mit Darrity hatte verbinden lassen, »ich muß Ihnen sagen, daß es leider noch sehr lange dauern wird.«

Er lauschte und schüttelte den Kopf.

»Ich weiß, wie dringlich die Angelegenheit ist.«

Die Stimme, die aus dem Hörer klang, war blechern und rauh.

»Doktor, das wissen Sie nicht. Ich werde Grant zu Ihnen schicken. Er wird Ihnen die Situation erklären.«

Dr. Grant fragte, wie es Ralson ginge, und dann fragte er mit leiser Sehnsucht in der Stimme, ob er ihn sehen könne. Blaustein schüttelte sanft den Kopf.

»Man hat mich zu Ihnen gesandt«, begann Grant, »damit ich Sie über den gegenwärtigen Zustand der atomaren Forschung in Kenntnis setze.«

»So, daß ich es verstehen werde?«

»Ich hoffe es. Die Lage ist ziemlich verzweifelt. Ich muß Sie daran erinnern...«

»Ja, ich weiß. Die ängstliche Unsicherheit von euch Atomwissenschaftlern ist wirklich unverständlich. Ihr müßt doch wissen, daß diese Dinge nicht ewig verborgen bleiben können.«

»Man muß mit dem Geheimnis leben. Es ist wie eine ansteckende Krankheit.«

»Genau. Und um welches Geheimnis handelt es sich zur Zeit?«

»Wir werden – oder wir könnten vielleicht bald ein wirksames Verteidigungsmittel gegen die Atombombe entwikkeln.«

»Und da macht ihr ein Geheimnis draus? Es wäre doch viel besser, wenn man das sofort in alle Welt hinausschreien würde.«

»Um Himmels willen, nein! Hören Sie mir zu, Dr. Blaustein. Vorläufig existiert die Verteidigungsmöglichkeit nur auf dem Papier. Wir befinden uns im $E = mc^2$-Stadium. In der Praxis sind wir noch nicht soweit. Es wäre falsch, wenn wir Hoffnungen wecken, die dann zunichte gemacht würden. Auf der anderen Seite, wenn es bekannt würde, daß wir uns schon beinahe gegen die Atombombe verteidigen können, entsteht vielleicht der Wunsch, einen Krieg zu beginnen und zu gewinnen, bevor die Verteidigungsmöglichkeit zufriedenstellend entwickelt werden kann.«

»Das glaube ich nicht. Aber das tut nichts zur Sache. Welcher Art ist diese Verteidigungsmöglichkeit? Oder wagen Sie es nicht, mir noch mehr mitzuteilen?«

»Doch. Ich muß Ihnen so viel sagen, wie es nötig ist, um Sie davon zu überzeugen, daß wir Ralson brauchen – und zwar möglichst schnell.«

»Nun, dann reden Sie. Endlich erfahre ich auch einmal Geheimnisse. Ich fühle mich schon fast wie ein Regierungsmitglied.«

»Sie werden mehr als die meisten anderen Regierungsmitglieder wissen. Sehen Sie, Dr. Blaustein, ich werde es Ihnen in der Laiensprache erklären. Die militärische Geschichte zeigt uns, daß stets Angriffs- und Verteidigungswaffen in gleichem Maß entwickelt wurden. Nur einmal schien sich die Kriegführung ganz auf den Angriff zu konzentrieren, und das war nach der Erfindung des Schießpulvers der Fall. Aber die Verteidigung holte bald auf. Der mittelalterliche Krieger, der in seiner Rüstung auf dem Pferd saß, wurde zum modernen Panzersoldaten, statt der steinernen Burgen haben wir nun die Betonbunker. Im Grund dasselbe, wenn man davon absieht, daß heute andere Größenordnungen herrschen.«

»Sehr gut. Sie drücken sich recht klar aus. Und die Atombombe brachte wieder völlig neue Größenordnungen mit sich, nicht wahr? Um sich vor ihr zu schützen, helfen weder Beton noch Stahl.«

»Richtig. Aber es nützt nichts, wenn wir immer dickere Wände konstruieren. Es gibt kein Material, das widerstandsfähig genug wäre. In einem Atomkrieg kann uns nur die Atomenergie schützen. Wir werden ein Kraftfeld bauen.«

»Und was ist ein Kraftfeld?« fragte Blaustien sanft.

»Ich wollte, ich könnte es Ihnen sagen. Bisher ist es nur eine Gleichung auf dem Papier. Die Energie kann so geleitet werden, daß sie eine unerschütterliche Schutzwand bildet. Theoretisch. Aber wie wir das in der Praxis zustande bringen sollen, weiß ich nicht.«

»Das würde also eine Wand sein, die nichts durchdringen könnte. Auch keine Atombomben, nicht wahr?«

»Auch keine Atombomben. Die einzige Begrenzung der Widerstandsfähigkeit wäre an der Energiemenge zu messen, die wir in diese Wand laden können. Theoretisch könnte man diese Wand sogar für Strahlen undurchdringlich machen. Auch Gammastrahlen würden an ihr abprallen. Wir träumen von einem Schutzschirm, der permanent über den Städten schwebt. Im Normalfall wäre er nur mit einem Minimum an Energie geladen. Aber im Ernstfall könnte er innerhalb eines Sekundenbruchteils mit einem Energiemaximum geladen werden, und zwar mit Hilfe von Kurzwellenstrahlen. All das ist theoretisch bereits möglich.«

»Und warum brauchen Sie Ralson?«

»Weil er der einzige ist, der die Theorie in die Praxis umsetzen kann. Und er ist der einzige, der dazu schnell genug imstande ist. Heutzutage zählt jede Minute. Sie kennen die internationale Lage. Die atomare Verteidigung *muß* funktionieren, bevor es zu einem atomaren Krieg kommt.«

»Sind Sie sicher, daß Ralson Ihnen helfen kann?«

»Ich war noch nie so sehr von den Fähigkeiten eines Mannes überzeugt wie von den seinen. Er ist erstaunlich, Doktor. Er hat immer recht. Keiner von seinen Kollegen weiß, wie er das macht.«

»Vielleicht eine Art Intuition?« Der Psychiater blickte seinen Gesprächspartner verwirrt an. »Vielleicht verfügt er über Denkpotenzen, die über normale menschliche Fähigkeiten hinausgehen. Kann das sein?«

»Ich weiß es nicht.«

»Ich werde noch einmal mit ihm sprechen. Ich benachrichtige Sie, sobald ich etwas herausgefunden habe.«

»Gut.« Grant erhob sich. Dann fügte er mit einem kleinen Hintergedanken hinzu: »Ich möchte Sie darauf aufmerksam machen, Doktor, daß die Kommission plant, Ralson aus Ihrem Sanatorium zu entfernen, wenn Sie nicht bald Erfolg haben.«

»Wollen Sie es mit einem anderen Psychiater versuchen? In diesem Fall will ich Ihnen natürlich nicht im Weg stehen. Trotzdem bin ich der Meinung, daß kein verantwortungsbewußter Facharzt Ralson so schnell gesund machen kann, wie Sie es wünschen.«

»Einer weiteren psychotherapeutischen Behandlung steht auch nichts entgegen. Er soll nur schon vorher seine Arbeit wieder aufnehmen.«

»Ich bestreite, daß er vor seiner völligen Heilung dazu fähig sein wird, Dr. Grant. Sie werden nichts aus ihm herausbringen. Und es würde seinen Tod bedeuten.«

»Jetzt kriegen wir auch nichts aus ihm heraus.«

»Aber solange ich ihn behandle, besteht doch wenigstens eine kleine Chance, nicht wahr?«

»Ich hoffe. Übrigens, erwähnen Sie bitte nichts davon, daß Ralson möglicherweise von hier entfernt werden könnte.«

»Ich werde nichts davon verlauten lassen. Vielen Dank für die Warnung. Auf Wiedersehen, Dr. Grant.«

»Ich habe mich in letzter Zeit zum Narren gemacht, nicht wahr, Doktor?« fragte Ralson und runzelte die Stirn.

»Sie meinen, daß Sie an das, was Sie mir bei unserem letzten Gespräch erzählt haben, gar nicht glauben?«

»Oh, doch!« Ralsons schlanker Körper zitterte vor innerer Erregung. Er rannte zum Fenster, und Blaustein drehte sich im Sessel, um ihn im Auge behalten zu können. Ralson konnte nicht aus dem Fenster springen. Das Glas war unzerbrechlich.

Das Dämmerlicht verlosch und die ersten Sterne zeigten

sich am Himmel. Ralson starrte sie fasziniert an, dann wandte er sich Blaustein zu und zeigte mit einem Finger aus dem Fenster.

»Jeder einzelne von ihnen ist ein Brutapparat. Sie haben gerade die richtigen Temperaturen. Verschiedene Experimente, verschiedene Temperaturen. Und die Planeten, die sie umkreisen, besitzen gewaltige Kulturen, die verschiedene Nährstoffmixturen und verschiedene Lebensformen enthalten. Die Experimentatoren sind natürlich auch Ökonomen, wer immer und was immer sie auch sein mögen. Sie haben verschiedene Typen von Lebensformen in dieser besonderen Teströhre kultiviert. Die Dinosaurier in einem feuchten, tropischen Zeitalter und uns selbst in einer Art Eiszeit. Sie bewegen die Sonne hin und her, und wir versuchen die Sonne zu erforschen.« Er verzog die Lippen zu einem verächtlichen Lächeln.

»Sicher ist es nicht möglich, die Sonne hin und her zu bewegen, wie man es gerade möchte.«

»Warum nicht? Genauso stellen wir die richtige Temperatur in einem Brutkasten her. Glauben Sie, die Bakterien wissen, wie die Hitze entstanden ist, die sie umgibt? Wer weiß das? Vielleicht entwickeln sie auch Theorien. Vielleicht haben sie ihre eigene Kosmogenie über kosmische Katastrophen, die aus zerbrochenen Glühbirnen bestehen. Vielleicht glauben Sie an irgendeinen wohltätigen Schöpfer, der sie mit Futter und Wärme versorgt und zu ihnen spricht: ›Seid fruchtbar und vermehret euch!‹

Wir pflanzen uns wie sie fort, und wir wissen nicht, warum. Wir beobachten die sogenannten Gesetze der Natur, die nichts anderes sind als unsere Interpretationen der unverstandenen Mächte, die uns beherrschen.

Und jetzt machen sie das größte und bedeutendste Experiment mit uns. Es dauert schon zweihundert Jahre. Ich kann mir vorstellen, daß sie im siebzehnten Jahrhundert beschlossen, Englands Fähigkeit für Mechanik zu entwikkeln. Wir nennen das die industrielle Revolution. Es begann mit Dampfenergie, dann folgte die Elektrizität und schließlich die Atomenergie. Es war ein interessantes Experiment, und sie trieben es bis zum äußersten. Und deshalb müssen sie es jetzt auf ziemlich drastische Weise beenden.«

»Und wie wollen sie es beenden?« fragte Blaustein. »Haben Sie eine Idee?«

»Welches Mittel gibt es wohl, ein technisches Zeitalter zu beenden? Die ganze Welt fürchtet einen Atomkrieg und unternimmt alles, um ihn zu verhindern. Aber ebenso herrscht die weltweite Furcht, daß ein Atomkrieg unvermeidlich sein wird.«

»Mit anderen Worten, die Experimentatoren werden einen Atomkrieg arrangieren, gleichgültig, ob wir damit einverstanden sind oder nicht, um die technische Ära zu beenden und eine neue zu beginnen. Das meinen Sie doch, nicht wahr?«

»Ja. Das ist doch logisch. Wenn wir ein Instrument sterilisieren, wissen dann die Bakterien, woher die tödliche Hitze kommt? Oder wodurch sie verursacht wird? Und genauso gibt es einen Weg, wie die Experimentatoren unsere Emotionen erhitzen können, einen Weg, wie sie unsere Handlungen beeinflussen, der über unser Verständnis hinausgeht.«

»Und deshalb wollen Sie sterben? Weil Sie glauben, daß die Zerstörung der Zivilisation bevorsteht und durch nichts aufgehalten werden kann?«

»Ich *will* nicht sterben«, sagte Ralson. »Aber ich muß.« Unsägliche Qual sprach aus seinen Augen. »Doktor, wenn Sie eine Kultur sehr gefährlicher Bakterien angelegt haben, die Sie ständig unter Kontrolle halten müssen, wäre es da nicht notwendig, daß Sie in einer gewissen Entfernung vom Impfzentrum einen mit Penizillin imprägnierten Kreis von Agar-Medien errichten? Alle Bakterien, die sich zu weit vom Zentrum entfernen, würden sterben. Ganz automatisch.

Und sehen Sie, Doktor, genauso legen die Experimentatoren einen Penizillinring um unseren Intellekt. Wenn wir zu weit ausschwärmen, wenn wir die wahre Bedeutung unserer Existenz durchbrechen, stoßen wir auf das Penizillin und müssen sterben. Es funktioniert ganz langsam, aber unaufhaltsam.«

Er lächelte traurig.

»Kann ich jetzt in mein Zimmer zurückgehen, Doktor?«

Um die Mittagsstunde des nächsten Tages kam Dr. Blaustein in Ralsons Zimmer. Es war ein kleiner, unpersönlicher Raum. Die Wände waren mit grauem Gummi verkleidet. Die kleinen Fenster lagen in unerreichbarer Höhe. Direkt auf dem Gummiboden lag eine Matratze. Kein einziger Metallgegenstand befand sich im Zimmer, kein einziger Gegenstand, mit dem man hätte Selbstmord begehen können.

Ralson setzte sich auf.

»Hallo!«

»Hallo, Dr. Ralson. Kann ich mit Ihnen sprechen?«

»Hier? Ich kann Ihnen keinen Stuhl anbieten.«

»Das macht nichts. Ich kann stehen. Ich sitze die ganze Zeit, und da tut mir das Stehen manchmal ganz gut. Dr. Ralson, ich habe die ganze Nacht über unsere bisherigen Gespräche nachgedacht.«

»Und jetzt wollen Sie eine Behandlung beginnen, die

mich von den Ideen befreien soll, die Sie für Wahnvorstellungen halten.«

»Nein. Ich will nur ein paar Fragen an Sie richten und vielleicht einige Konsequenzen Ihrer Theorien aufdekken, die Sie möglicherweise nicht bedacht haben.«

»Oh?«

»Sehen Sie, Dr. Ralson, seit Sie mir Ihre Gedankengänge eröffnet haben, weiß ich, was Sie wissen, und trotzdem fühle ich keinerlei Zwang, mich umzubringen.«

»Glaube ist mehr als Wissen, Doktor. Sie müßten ganz fest an meine Theorie glauben, und das tun Sie nicht.«

»Vielleicht bin ich nicht fähig dazu.«

»Wie meinen Sie das?«

»Sie sind kein Biologe, Dr. Ralson. Und wenn Sie auch ein brillanter Physiker sind, so können Sie doch nicht wirklich über diese Bakterienkulturen Bescheid wissen, die Sie als Analogien benutzen. Sie müssen wissen, daß es möglich ist, Bakterien zu züchten, die gegen Penizillin oder jedes andere bakterielle Gift immun sind.«

»Und?«

»Die Experimentatoren, die uns sozusagen züchten, arbeiten doch schon seit vielen Generationen mit der Menschheit, nicht wahr? Und dieses besondere Geschlecht, das sie seit zwei Jahrhunderten kultivieren, scheint keineswegs aussterben zu wollen. Im Gegenteil, es ist ein kräftiges, lebensfreudiges Geschlecht. Ältere hochentwickelte Geschlechter waren auf einzelne Städte oder kleinere Länder beschränkt und hielten sich nur ein oder zwei Generationen. Aber dieses jetzige Geschlecht ist über die ganze Erde verbreitet. Meinen Sie nicht, daß es gegen Penizillin immun sein könnte. Mit anderen

Worten, die Methoden, die die Experimentatoren anwenden wollen, um uns zu vernichten, müssen nicht unbedingt wirksam sein.«

Ralson schüttelte den Kopf.

»Was mich betrifft, so spüre ich ihre Wirkung recht deutlich.«

»Vielleicht leisten Sie nicht genug Widerstand. Oder Sie sind in stark konzentriertes Penizillin hineingestolpert. Denken Sie doch an all die Menschen, die sich bemühen, die atomare Aufrüstung gesetzlich zu verbieten und eine Weltregierung zu schaffen, die einen andauernden Frieden garantiert. Diese Anstrengungen haben sich in letzter Zeit verstärkt.«

»Sie werden den bevorstehenden Atomkrieg nicht aufhalten.«

»Vielleicht ist dazu nur ein kleines bißchen mehr Mühe notwendig. Die Verfechter des Friedens werden sich nicht umbringen. Immer mehr Menschen werden gegen die Methoden der Experimentatoren immun werden. Wissen Sie, was in unseren Atom-Laboratorien geschieht?«

»Ich will es nicht wissen.«

»Sie müssen es wissen. Sie versuchen ein Kraftfeld zu entwickeln, das die Atombombe stoppen kann. Nehmen Sie einmal an, ich kultiviere eine giftige Bakterie. Da kann es bei allen Vorsichtsmaßnahmen einmal passieren, daß sich eine Seuche ausbreitet. Wir sind für die Experimentatoren zwar nur Bakterien, aber wir können ihnen gefährlich werden. Sonst würden sie uns nicht nach jedem Experiment so sorgfältig vernichten.

Sie arbeiten nicht sehr schnell, nicht wahr? Für sie sind tausend Jahre wie ein Tag. Mit der Zeit merken sie, daß wir die Penizillinsperre durchbrochen haben. Und dann ist es für sie zu spät, uns aufzuhalten. Sie haben uns zur

Atomphysik geleitet, und wenn es uns gelingt zu vermeiden, daß wir einander in einem Atomkrieg vernichten, so sind wir den Experimentatoren ebenbürtig.«

Ralson stand auf. Obwohl er nicht sehr groß war, überragte er Blaustein doch um eineinhalb Zoll.

»Arbeiten sie tatsächlich an einem Kraftfeld?«

»Sie versuchen es. Und sie brauchen Sie.«

»Nein. Ich kann nicht.«

»Sie brauchen Sie, damit Sie ihnen sagen, was für Sie so offensichtlich ist. Für die anderen ist es nicht offensichtlich. Denken Sie doch, was es heißt, wenn Sie Ihre Hilfe verweigern. Es bedeutet die Niederlage der Menschheit gegen die Experimentatoren.«

Ralson ging mit großen Schritten durch den Raum. Er starrte die gummiverkleidete Wand an.

»Aber diese Niederlage wird es geben. Wenn sie ein Kraftfeld konstruieren, so bedeutet das ihren sicheren Tod, noch bevor sie ihre Arbeit beendet haben.«

»Der Tod droht ihnen so oder so. Aber sie versuchen, ihn zu verhindern.«

»Ich will ihnen helfen.«

»Wollen Sie sich noch immer umbringen?«

»Ja.«

»Aber Sie werden versuchen, es zu unterlassen?«

»Ich werde es versuchen, Doktor.« Ralsons Lippen zitterten. »Ich muß ständig unter Aufsicht stehen.«

Blaustein stieg die Stufen empor und zeigte dem Wächter in der Vorhalle seinen Paß. Er hatte ihn schon an der Außentür vorweisen müssen, aber jetzt wurden seine Person, sein Paß und seine Unterschrift erneut geprüft. Nach einer Weile kehrte der Wächter in seinen kleinen Amtsraum zurück und telefonierte. Die Antwort stellte ihn endlich zufrieden. Blaustein nahm Platz, und nach wenigen Minuten stand er auf und schüttelte Dr. Grant die Hand.

»Sogar der Präsident der Vereinigten Staaten hätte Schwierigkeiten, hier hereinzukommen, nicht wahr?« sagte Blaustein.

Der schlanke Physiker lächelte.

»Sicher, wenn er ohne Vorankündigung eintrifft.«

Sie bestiegen einen Lift, der sie zwölf Stockwerke hochbrachte. Das Büro, in das Grant den Psychiater führte, hatte Fenster nach drei Richtungen. Es war schalldicht und besaß eine Klimaanlage. Die polierten Walnußbaummöbel glänzten.

»Das sieht ja aus wie das Office eines Vorsitzenden. Die Wissenschaft wird langsam zum ganz großen Geschäft.«

Grant blickte seinen Besucher verwirrt an.

»Ja, sicher. Aber die Gelder der Regierung fließen reichlich, und es ist schwierig, ein Kongreßmitglied von der Wichtigkeit Ihrer Arbeit zu überzeugen, wenn der Mann nicht den äußeren Glanz sehen, riechen oder fühlen kann, mit dem Sie sich umgeben.«

Blaustein setzte sich und spürte, wie der gepolsterte Sessel weich nachgab.

»Dr. Elwood Ralson ist bereit, seine Arbeit wieder aufzunehmen«, sagte er.

»Wunderbar. Ich hoffte, daß Sie mir diese Nachricht bringen würden, als Sie sich bei mir anmeldeten.« Grant bot dem Psychiater eine Zigarre an, die dieser jedoch ablehnte.

»Aber wie dem auch sei«, sagte Blaustein, »er ist noch immer ein kranker Mann. Er muß sorgfältig und mit großer Einfühlungsgabe behandelt werden.«

»Sicher. Natürlich.«

»Es ist nicht so einfach, wie Sie vielleicht denken. Ich

werde Ihnen einiges über Ralsons Probleme erzählen, damit Sie verstehen, wie heikel die Situation ist.«

Er begann zu sprechen, und Grant hörte zuerst interessiert und dann mit wachsender Bestürzung zu.

»Er muß den Verstand verloren haben, Dr. Blaustein. Unter diesen Umständen wird er uns nicht nützlich sein können. Er ist verrückt.«

Blaustein zuckte mit den Schultern.

»Ich weiß nicht, was Sie unter ›verrückt‹ verstehen. Das ist ein böses Wort. Gebrauchen Sie es nicht. Sicher, er leidet unter Wahnvorstellungen. Man kann nicht wissen, ob sie seine speziellen Talente beeinflussen oder nicht.«

»Aber ein Wahnsinniger kann doch nicht...«

»Bitte, halten wir uns nicht mit langen Diskussionen über die psychologische Definition von Wahnsinn auf. Der Mann hat Wahnvorstellungen, und unter normalen Umständen würde ich ihn zweifellos beurlauben. Aber die besonderen Fähigkeiten dieses Mannes werden mithelfen, ein Problem zu lösen, das absolut außerhalb jeder Norm liegt. So einfach ist es doch, nicht wahr?«

»Das stimmt.«

»Wie können Sie oder ich dann den Wert seiner Arbeit beurteilen? Übrigens, hatten Sie in letzter Zeit Selbstmordgedanken?«

»Nein.«

»Und die anderen Wissenschaftler hier?«

»Sicher nicht.«

»Ich möchte vorschlagen, daß während der Arbeit an dem Kraftfeld die betroffenen Wissenschaftler sowohl hier als auch zu Hause beobachtet werden. Noch besser wäre es, wenn sie gar nicht nach Hause gehen würden. Büros wie dieses kann man als kleine Schlafzimmer einrichten...«

»Sie wären niemals damit einverstanden.«

»Oh, doch, wenn Sie ihnen die wahren Gründe verschweigen und sagen, es handle sich um eine Sicherheitsmaßnahme, werden sie zustimmen. ›Sicherheitsmaßnahme‹. Dieses Wort ist doch heute sehr beliebt. Ralson muß mehr als alle anderen beaufsichtigt werden.«

»Natürlich.«

»Aber all das ist von geringerer Bedeutung. Es muß etwas getan werden, um mein Gewissen zu entlasten, für den Fall, daß Ralsons Theorien richtig sind. Ich glaube das natürlich nicht. Es handelt sich sicher um Wahnvorstellungen, aber es ist notwendig, nach ihrer Ursache zu fragen. Was gab oder gibt es in Ralsons Leben, das diese Wahnvorstellungen hervorruft? Die Antwort wird nicht einfach sein. Es kann jahrelanger konsequenter Psychoanalyse bedürfen, um eine befriedigende Erklärung zu finden. Und bevor ich die Antwort nicht weiß, kann ich ihn nicht heilen.

Aber vorläufig können wir wenigstens einige Gegebenheiten annehmen. Er hatte eine unglückliche Kindheit, in der er auf die eine oder andere Art mit dem Tod konfrontiert wurde, und zwar auf ziemlich unangenehme Weise. Außerdem war er nie fähig, Kontakt zu anderen Kindern zu finden, und als er erwachsen wurde, ging es ihm genauso mit allen anderen Menschen. Ihre langsame Denkungsangst erweckte stets seine Ungeduld. Was immer auch der Unterschied zwischen seinem Denken und dem anderer Menschen sein mag, er errichtete eine Mauer zwischen sich und der Gesellschaft, die etwa so stark ist wie das Kraftfeld, das Sie zum Schutz gegen die Atombombe zu entwickeln versuchen. Aus ähnlichen Gründen war er immer außerstande, ein normales Geschlechtsleben zu führen. Er war nie verheiratet, er hatte nie eine Geliebte.

Um diesen Mangel zu kompensieren und eine Entschuldigung für sein Außenseitertum zu finden, flüchtete er sich in die Annahme, daß andere Menschen ihm unterlegen sind. Das mag vielleicht stimmen, soweit es seinen Verstand betrifft. Aber es gibt noch viele andere Facetten der menschlichen Persönlichkeit, und nicht in allen ist er überlegen. Kein Mensch wird das jemals sein. Andere Menschen, wenn sie auch ihre Unterlegenheit in gewissen Belangen anerkennen, werden seinen Anspruch auf absoluten Vorrang nicht akzeptieren. Sie würden denken, daß er etwas seltsam, ja sogar lächerlich ist. Und das macht es für Ralson nur noch notwendiger zu beweisen, wie armselig und unterlegen die Spezies Mensch ist. Und wie kann er das besser bewerkstelligen, als sich eine Theorie zurechtzuzimmern, die besagt, daß die Menschen nur Bakterien sind, mit denen andere, höhere Geschöpfe experimentieren. Und sein Selbstmordimpuls ist nichts anderes als eine wilde Sehnsucht, sich von allem, was menschlich ist, zu lösen, die Identifizierung mit dieser jämmerlichen Spezies zu beenden. Verstehen Sie, was ich meine?«

Grant nickte.

»Der arme Kerl.«

»Ja, er ist bedauernswert. Wenn seine Kindheit anders verlaufen wäre… Nun, es wird das Beste für Dr. Ralson sein, wenn er in keinen Kontakt mit den anderen Männern hier kommt. Er ist zu krank, als daß man ihn den anderen Wissenschaftlern anvertrauen könnte. Sie werden der einzige sein, der ihn sieht und mit ihm spricht. Dr. Ralson hat sich damit einverstanden erklärt. Er denkt offensichtlich, daß Sie nicht ganz so dumm sind wie die anderen.«

Grant lächelte schwach.

»Gut, ich werde tun, was Sie sagen.«

»Sie müssen natürlich sehr vorsichtig sein. Sprechen Sie

mit ihm nur über die Arbeit, über nichts anderes. Sollte er freiwillig von seinen Theorien erzählen, was ich bezweifle, so sagen Sie irgend etwas Unverbindliches und lassen ihn dann allein. Und sorgen Sie dafür, daß jeder spitze oder scharfe Gegenstand aus seiner Nähe entfernt wird. Ebenso darf er an kein Fenster herankommen. Versuchen Sie immer, seine Hände zu beobachten. Sie müssen mich verstehen. Ich lasse meinen Patienten in Ihrer Obhut. Sie sind für ihn verantwortlich, Dr. Grant.«

»Ich werde mein Bestes tun, Dr. Blaustein.«

Zwei Monate lang wohnte Ralson in einer Ecke von Grants Office, und Grant wohnte bei ihm. Vor den Fenstern waren Gitter angebracht worden. Alle hölzernen Einrichtungsgegenstände waren entfernt und durch weich gepolsterte Sofas ersetzt worden. Wenn Ralson nachdachte, lag er auf einer Couch und wenn er rechnete, saß er auf einem Kissen und schrieb an einem Schreibtisch, der ebenfalls aus weichen Kissen bestand.

Vor dem Büro war die Aufschrift ›Bitte nicht eintreten‹ angebracht worden. Grant brachte das Essen. Der anschließende Aufenthaltsraum war für jeden privaten Gebrauch gesperrt worden, und die Tür zwischen den beiden Räumen hatte man zugemauert. Grant war dazu übergegangen, sich elektrisch zu rasieren, damit Ralson nicht durch ein Rasiermesser auf dumme Gedanken kommen konnte. Er vergewisserte sich, daß Ralson jeden Abend Schlaftabletten schluckte, und wartete, bis er eingeschlafen war, bevor er selbst schlief.

Wenn Ralson die Forschungsberichte las, die ihm ständig gebracht wurden, so beobachtete Grant ihn unauffällig. Nach der Lektüre ließ Ralson die Papiere zu Boden fallen und beschattete die Augen mit der Hand.

»Ist irgend etwas?« fragte Grant.

Ralson schüttelte den Kopf.

»Während des Schichtwechsels werde ich dafür sorgen, daß das Gebäude völlig leer ist. Sie müßten sich einmal die Versuchsanordnungen ansehen, die wir aufgebaut haben.«

Sie gingen durch die erhellten, leeren Räume, Hand in Hand. Sie gingen immer Hand in Hand. Grants Griff war fest. Aber danach schüttelte Ralson noch immer den Kopf.

Ein halbes dutzendmal begann er zu schreiben, kritzelte ein wenig auf dem Papier herum und warf dann die Kissen beiseite.

Bis er schließlich wieder einmal zu schreiben begann und blitzschnell ein halbes Blatt Papier vollschrieb. Automatisch trat Grant näher. Ralson blickte auf und bedeckte das Papier mit seiner zitternden Hand.

»Rufen Sie Blaustein an!« sagte er.

»Was?«

»Ich sagte, Sie sollen Blaustein anrufen. Er soll hierherkommen! Sofort!«

Grant ging zum Telefon. Ralson schrieb immer rascher. Er hielt nur ab und zu inne, um sich mit der Hand über die feuchte Stirn zu wischen. Dann blickte er auf und fragte mit gebrochener Stimme: »Kommt er?«

Grant musterte ihn besorgt.

»Er ist nicht in seinem Büro.«

»Rufen Sie bei ihm zu Hause an! Oder sonstwo! Rasch, verlieren Sie keine Zeit!«

Grant wandte sich wieder dem Telefon zu, und Ralson nahm ein zweites Blatt Papier. Fünf Minuten später sagte Grant: »Er kommt. Ist etwas nicht in Ordnung? Sie sehen krank aus.«

»Keine Zeit – kann nicht reden…«, erwiderte Ralson dumpf.

Er schrieb, kritzelte, skizzierte. Seine Hand schien seinen Gedankengängen kaum folgen zu können.

»Diktieren Sie!« sagte Grant. »Ich werde schreiben.«

Ralson wehrte ab. Mit der Linken umklammerte er sein rechtes Handgelenk, schob die Hand über das Blatt Papier, als wäre sie ein Stück Holz. Dann brach er über den Papieren zusammen.

Grant zog die Blätter unter Ralsons Brust hervor und bettete den Bewußtlosen auf die Couch. Besorgt beugte er sich über ihn, als Blaustein eintraf.

»Was ist passiert?« Der Psychiater trat an Grants Seite.

»Ich glaube, er lebt noch«, erwiderte Grant. Aber inzwischen hatte das Blaustein bereits selbst festgestellt. Grant erzählte ihm, was geschehen war. Mit einer Injektion rief der Psychiater Ralson ins Bewußtsein zurück. Die Augen des Kranken glänzten unnatürlich, als er sie aufschlug. Er stöhnte.

»Ralson!« sagte Blaustein eindringlich.

Blindlings griff Ralson nach der Hand des Psychiaters.

»Doktor, nehmen Sie mich wieder mit.«

»Das werde ich tun. Haben Sie herausgefunden, wie das Kraftfeld funktionieren könnte?«

»Es steht alles in den Papieren.«

Grant überflog skeptisch Ralsons Aufzeichnungen.

»Es ist nicht alles«, sagte Ralson mit schwacher Stimme. »Ich kann nicht alles aufschreiben. Den Rest müssen Sie selbst herausfinden. Nehmen Sie mich mit, Doktor.«

»Warten Sie!« sagte Grant. Flüsternd wandte er sich an Blaustein. »Können Sie ihn nicht hierlassen, bis wir seine Berechnungen überprüft und genau untersucht haben?

Ich kann im Moment nichts damit anfangen. Es ist fast unleserlich. Fragen Sie ihn doch, was er damit meint!«

»Fragen Sie mich«, sagte Ralson. Er hatte von seiner Couch aus das Gespräch mitangehört. Seine weitgeöffneten Augen funkelten. Die beiden Männer drehten sich zu ihm herum.

»Sie wollen kein Kraftfeld«, sagte Ralson. »Sie, die Experimentatoren! Solange ich den Dingen nicht wirklich auf der Spur war, passierte nichts. Aber dieser Gedanke, da auf den Papieren, kaum daß ich ihn dreißig Sekunden lang verfolgt habe, da spürte ich – spürte ich – Doktor…«

»Was spürten Sie?« fragte Blaustein.

»Ich bin tiefer in das Penizillin eingedrungen«, flüsterte Ralson. »Ich fühlte, wie ich hineinglitt, und je weiter ich den Gedanken verfolgte, um so tiefer drang ich in das Penizillin ein. Noch nie war ich – so tief drin gewesen. Und deshalb weiß ich, daß ich auf der richtigen Spur bin. Nehmen Sie mich mit, Doktor.«

»Ich muß ihn mitnehmen, Grant«, sagte Blaustein mit fester Stimme. »Ich habe keine andere Wahl. Wenn Sie aus seinen Aufzeichnungen klug werden, ist es gut. Wenn nicht, kann ich Ihnen auch nicht helfen. Dieser Mann kann jetzt nicht weiterarbeiten. Es würde seinen Tod bedeuten. Verstehen Sie das?«

»Aber es ist doch völlig unmöglich und unlogisch, daß er daran stirbt«, warf Grant ein.

»Mag sein. Aber spielt es eine Rolle, woran er stirbt?«

Ralson war wieder bewußtlos und hörte nichts mehr. Grant blickte ihn ernst an.

»Gut, nehmen Sie ihn mit.«

Mürrisch betrachteten zehn der qualifiziertesten Wissenschaftler des Instituts die leuchtende Filmleinwand, über die ein Dia nach dem anderen glitt. Grant beobachtete sie stirnrunzelnd.

»Ich denke, die Idee ist einfach genug«, sagte er. »Sie sind Mathematiker und Ingenieure. Die Aufzeichnungen mögen unsinnig wirken, aber es steht eine Bedeutung dahinter. Irgendwo in diesem Gekritzel muß sie zu finden sein, wenn es auch noch so wirr aussieht. Die erste Seite ist klar genug und kann als Anhaltspunkt dienen. Jeder von Ihnen wird sich die Papiere immer wieder ansehen, jede mögliche Version untersuchen. Sie werden unabhängig voneinander arbeiten. Keiner soll die Gedanken des anderen beeinflussen.«

»Wie können Sie wissen, daß das überhaupt etwas bedeutet, Grant?« fragte einer der Männer.

»Weil es sich um Ralsons Aufzeichnungen handelt.«

»Ralson! Ich dachte, er sei...«

»Sie dachten, er sei krank.« Grant mußte die Stimme heben, um das immer lauter werdende Gemurmel zu übertönen. »Ich weiß. Er ist krank. Dies sind die Aufzeichnungen eines Mannes, der knapp dem Tod entronnen ist. Das ist alles, was Ralson uns noch geben konnte. Wir haben nichts mehr von ihm zu erwarten. Irgendwo in diesen Aufzeichnungen liegt die Lösung unseres Problems. Wenn wir sie nicht finden, werden wir noch zehn Jahre verschwenden müssen, um sie anderswo zu suchen.«

Sie machten sich an die Arbeit. Die Nacht verstrich. Zwei Nächte verstrichen. Drei Nächte...

Grant prüfte die Ergebnisse. Er schüttelte den Kopf.

»Ich kann Ihnen versichern, daß hier irgendwo ein Zusammenhang besteht. Aber ich kann ihn nicht sehen.«

Lowe, nach Ralson der beste Nuklear-Ingenieur des Instituts, zuckte mit den Schultern.

»Ich werde nicht ganz schlau daraus. Wenn seine Theorie wirklich funktionieren soll, dann geht daraus jedenfalls nicht hervor, auf welche Weise.«

»Er hatte keine Zeit mehr, das zu erklären. Können Sie den Generator so aufbauen, wie er es angegeben hat?«

»Ich kann es versuchen.«

»Könnten Sie auch die anderen Versionen auf diesen Papieren überprüfen?«

»In den anderen sehe ich keinen Zusammenhang.«

»Würden Sie es bitte noch einmal versuchen?«

»Wenn Sie es wünschen?«

»Und könnten Sie auf jeden Fall mit der Konstruktion beginnen?«

»Das kann ich tun. Aber ich sage Ihnen ganz offen, daß ich sehr pessimistisch bin.«

»Ich weiß. Mir geht es nicht anders.«

Die Arbeit machte Fortschritte. Hal Ross, der dienstälteste Mechaniker, war mit der praktischen Konstruktion betraut worden. Schon seit Nächten verzichtete er auf seinen Schlaf. Zu jeder Tages- oder Nachtstunde beugte er sich über seine Arbeit.

»Was ist das, Dr. Lowe? So etwas habe ich noch nie gesehen. Was soll das denn bedeuten?«

»Sie wissen doch, daß hier keine Fragen gestellt werden sollen. Fragen Sie nicht mehr.«

Ross stellte keine Fragen mehr. Die Konstruktion, die er errichtete, mißfiel ihm absolut. Aber er arbeitete weiter.

Eines Tages rief Blaustein an.

»Wie geht es Ralson?« fragte Grant.

»Nicht gut. Er will den ersten Test des Projektors miterleben.«

»Das sollten wir ihm erlauben«, sagte Grant zögernd. »Immerhin handelt es sich um seine Erfindung.«

»Ich müßte mit ihm kommen.«

»Das ist gefährlich«, sagte Grant unglücklich. »Immerhin experimentieren wir mit ungeheuren Energien.«

»Es ist für uns nicht gefährlicher als für Sie.«

»Also gut. Die Liste der Zuschauer wird von der Kommission und vom FBI überprüft, aber ich werde versuchen, Sie zu nominieren.«

Blaustein betrachtete den Projektor, der in der Mitte des riesigen Versuchslaboratoriums aufgebaut war. Alle anderen Maschinen waren entfernt worden. Es gab keine sichtbare Verbindung mit der Atomkraftanlage, die als Energiequelle diente, aber den Gesprächsfetzen, die der Psychiater aufschnappte, konnte er entnehmen, daß der Projektor von unten mit Atomenergie versorgt wurde. Ralson hatte er nicht fragen wollen.

Zuerst hatten die Besucher um die Maschine herumgestanden und hatten sich in einem für Blaustein unverständlichen Vokabular unterhalten. Jetzt zogen sie sich zurück, und die Galerie füllte sich. Auf der gegenüberliegenden Seite saßen drei Generäle und eine ganze Reihe niederer militärischer Dienstgrade. Blaustein suchte nach einem abgelegenen Platz. Ralson zuliebe.

»Wollen Sie wirklich bleiben?« fragte er ihn.

Es war sehr warm im Laboratorium. Trotzdem trug Ralson einen Mantel und hatte den Kragen hochgeklappt. Aber Blaustein wußte, daß das unnötig war. Er bezweifelte, daß irgendeiner von Ralsons früheren Bekannten den Ingenieur wiedererkannt hätte.

»Ich will bleiben«, sagte Ralson.

Blaustein war zufrieden. Er wollte selbst den Versuch

sehen. Er drehte sich um, als eine Stimme hinter ihm ertönte.

»Hallo, Dr. Blaustein.«

Sekundenlang wußte Blaustein nicht, wen er vor sich hatte, doch dann sagte er: »Ah, Inspektor Darrity? Was machen denn Sie hier?«

»Das können Sie sich doch denken.« Der Inspektor zeigte auf die Zuschauer. »Man kann nie sicher sein, ob sich nicht doch ein Unbefugter eingeschlichen hat. Man muß immer mit einem unvorhergesehenen Zwischenfall rechnen.« Er warf sein Taschenmesser in die Luft und fing es geschickt wieder auf.

»Natürlich«, sagte Blaustein. »Wo gibt es schon vollkommene Sicherheit? Wer kann schon seinem eigenen Unterbewußtsein trauen? Und jetzt wollen Sie also mich beobachten?«

»Vielleicht.« Darrity lächelte. »Sie waren doch ganz versessen darauf, hier hereinzukommen, nicht wahr?«

»Nicht meinetwegen, Inspektor. Und würden Sie bitte dieses Messer wegstecken?«

Überrascht folgte Darrity Blausteins Blick. Er steckte das Messer ein und musterte Blausteins Begleiter etwas genauer. Dann stieß er einen leisen Pfiff aus.

»Hallo, Dr. Ralson«, sagte er.

»Hallo«, krächzte Ralson.

Darritys Reaktion überraschte Blaustein nicht. Ralson hatte zwanzig Pfund abgenommen, nachdem er wieder ins Sanatorium zurückgekehrt war. Sein Gesicht war gelb und faltig. Es war das Gesicht eines Mannes, der von heute auf morgen sechzig Jahre alt geworden war.

»Wird der Versuch bald beginnen?« fragte Blaustein.

»Es sieht so aus, als ob sie jetzt anfangen«, erwiderte Darrity. Er wandte sich ab und beugte sich über das Geländer der Galerie. Blaustein nahm Ralsons Ellbogen und wollte ihn beiseite führen, aber Darrity sagte leise: »Bleiben Sie hier, Doktor. Ich will nicht, daß Sie herumspazieren.«

Blaustein ließ seine Blicke über die Zuschauer schweifen. Die Männer sahen aus, als seien sie halb zu Stein erstarrt. Er konnte Grant sehen, groß und hager. Langsam hob er seine Hand, um sich eine Zigarette anzuzünden, doch dann schien er es sich anders zu überlegen und steckte Zigarette und Feuerzeug in die Hosentasche. Die jungen Männer an den Schalttafeln warteten angespannt.

Dann ertönte ein leises Summen, und der schwache Geruch von Ozon erfüllte die Luft.

»Sehen Sie!« sagte Ralson barsch. Blaustein und Darrity folgten mit den Augen dem ausgestreckten Zeigefinger. Der Projektor schien zu flackern. Erhitzte Luft schien zwischen der Maschine und den Männern zu zittern. Eine Eisenkugel, die wie ein Pendel hin- und herschwang, senkte sich durch das Flimmern herab.

»Es wird langsamer, nicht wahr?« fragte Blaustein erregt.

Ralson nickte.

»Sie messen das Anschwellen der Energie, um den Verlust der Triebkraft berechnen zu können. Diese Idioten! Ich sagte ihnen doch, daß es funktionieren würde.« Das Sprechen bereitete ihm offensichtlich Schwierigkeiten.

»Sehen Sie nur ganz ruhig zu, Dr. Ralson«, sagte Blaustein. »Ich würde mich nicht mehr grundlos aufregen.«

Das Pendel hörte auf zu schwingen und wurde hochgezogen. Das Flackern auf dem Projektor wurde stärker, und wieder senkte sich die Eisenkugel. Der Vorgang wiederholte sich noch mehrmals, und jedesmal endete das Schwingen des Pendels ruckhafter. Bald konnte man klar hören, wann es in das Flackern tauchte, und plötzlich sprang es zurück. Erst mit dumpfem Laut, als wenn es gegen Kalk geprallt wäre, dann klirrend, wie wenn Metall gegen Metall stößt.

Sie zogen das Pendel endgültig zurück. Der Projektor war von einem Schleier umgeben. Man konnte ihn kaum mehr sehen. Grant gab eine Anordnung, und plötzlich wurde der Ozongeruch scharf und beißend. Die Zuschauer schrien auf. Ein Dutzend Finger wiesen zur Mitte des Raumes.

Blaustein beugte sich über das Geländer. Er war genauso erregt wie die anderen. An der Stelle, wo noch vor kurzem der Projektor gestanden hatte, befand sich nun ein halbkugelförmiger Spiegel von vollkommener Klarheit und Schönheit. Blaustein konnte sich selbst darin sehen, einen kleinen Mann, der auf einem kleinen Balkon stand. Das Geländer des Balkons schwang sich auf jeder Seite kurvenförmig nach unten. Er konnte die fluoreszierenden Lichter sehen, die der Spiegel in glühenden Punkten zurückwarf.

»Sehen Sie, Ralson!« schrie er. »Die Energie wird reflektiert. Der Projektor wirft Lichtwellen zurück wie ein Spiegel. Ralson...« Er wandte sich um. »Inspektor, wo ist Ralson?«

»Was?« Darrity fuhr herum. »Ich habe ihn nicht gesehen.« Aufgeregt blickte er um sich. »Er kann das Laboratorium nicht verlassen. Niemand kann hier heraus. Suchen Sie auf der anderen Seite.« Und dann fuhr seine Hand zum Oberschenkel, kramte in der Hosentasche. »Mein Messer ist verschwunden!«

Blaustein fand ihn. Er war in Hal Ross' kleinem Büro. Man konnte es vom Balkon aus erreichen, und an diesem Tag war es leer. Ross befand sich nicht einmal unter den

Zuschauern. Für einen erfahrenen Mechaniker war es nicht nötig zuzusehen. Aber sein Büro war gerade geeignet, um den langen Kampf gegen einen Selbstmord zu beenden.

Blaustein blieb eine schreckliche Sekunde lang in der Tür stehen, dann wandte er sich ab. Er sah Darrity aus einem der anderen Büros treten, winkte ihm zu, und der Inspektor lief zu ihm.

Grant zitterte vor Erregung. Aus zwei Zigaretten hatte er je zwei Züge genommen und sie dann auf dem Fußboden zertreten. Jetzt drehte er die dritte zwischen den Fingern.

»Das ist besser, als wir zu hoffen wagten«, sagte er. »Morgen machen wir den Schlußtest. Ich weiß zwar schon jetzt, wie er ausfallen wird, aber wir haben ihn geplant und werden ihn auch durchführen. Wir lassen die kleineren Waffen aus und fangen gleich mit den Raketenrohren an. Oder vielleicht auch nicht. Man müßte eine spezielle Testvorrichtung konstruieren, um die Querschläger abzufangen.« Er warf seine dritte Zigarette zu Boden.

»Wir müssen die Wirkung der Atombombe testen«, sagte ein General.

»Natürlich. Wir haben schon Pläne für eine Versuchsstadt entworfen. Wir stellen mitten drin einen Generator auf und werfen eine Bombe. In der Stadt werden Tiere sein.«

»Und Sie glauben wirklich, daß wir mit diesem Kraftfeld einen wirksamen Schutz gegen die Atombombe haben?«

»Nicht nur das, General. Bevor die Bombe geworfen wird, wird nichts von dem Kraftfeld zu sehen sein. Die Strahlung des Plutoniums versorgt das Feld erst kurz vor der Explosion mit Energie. So wie hier bei der letzten Stufe des Tests. Das ist das Wesentliche.«

»Die Sache hat aber auch Nachteile«, sagte ein Professor aus Princeton. »Wenn das Feld voll geladen ist, wird alles darunter in totale Finsternis gehüllt, zumindest, soweit das Licht von der Sonne ausgeht. Außerdem stört es mich, daß der Feind harmlose Raketengeschosse abfeuern kann, um das Feld immer wieder in volle Ladung zu versetzen. Es wäre sehr unangenehm, wenn unsere Atomkraftanlage auf diese Weise verzehrt würde.«

»Auch diese Schwierigkeiten wird man beseitigen können, jetzt nachdem das Hauptproblem gelöst ist«, sagte Grant.

Ein Brite trat auf Grant zu und schüttelte ihm die Hand.

»Meine Sorge um London ist zwar kleiner geworden, aber ich wünschte, Ihre Regierung würde uns die gesamten Pläne zur Verfügung stellen. Was ich bis jetzt gesehen habe, erscheint mir genial. Sicher, jetzt kommt uns alles ganz selbstverständlich vor. Aber wie konnte ein Mensch jemals auf diese Idee kommen?«

Grant lächelte.

»Dr. Ralsons Entwürfe...«

Er drehte sich um, als eine Hand seine Schulter berührte.

»Dr. Blaustein! Sie habe ich ganz vergessen. Kommen Sie, ich muß mit Ihnen sprechen.« Er zog den kleinen Psychiater beiseite und flüsterte: »Hören Sie, könnten Sie Ralson dazu überreden, daß er sich diesen Leuten vorstellen läßt? Heute ist doch der Tag seines Triumphes.«

»Ralson ist tot«, sagte Blaustein.

»Was?«

»Könnten Sie Ihre Gäste für einige Zeit allein lassen?«

»Ja – ja... Gentlemen, bitte entschuldigen Sie mich für ein paar Minuten.«

Er eilte mit Blaustein davon.

Die Polizei hatte sich bereits eingeschaltet. Die Beamten riegelten Ross' Büro ab. Vor der Tür diskutierte die erregte Menge das Wunder der Wissenschaft, das sie soeben miterlebt hatte. Man wußte nicht, daß der Schöpfer dieses Wunders tot war. Die Beamten wichen zur Seite, um Grant und Blaustein einzulassen. Die Tür schloß sich hinter ihnen.

Grant hob das Leichentuch.

»Er sieht zufrieden aus.«

»Ich würde sagen – glücklich«, sagte Blaustein.

»Die Selbstmordwaffe war mein eigenes Messer«, sagte der totenbleiche Darrity. »Es war meine Nachlässigkeit. Ich werde es melden.«

»Nein«, sagte Blaustein. »Das wäre sinnlos. Er war mein Patient, und ich war für ihn verantwortlich. Er hätte keinesfalls mehr länger als eine Woche gelebt. Seit der den Projektor erfunden hat, schritt er unaufhaltsam dem Tod entgegen.«

»Muß eigentlich die ganze Geschichte in den polizeilichen Akten auftauchen?« fragte Grant. »Können wir nicht seinen Wahnsinn in Vergessenheit geraten lassen?«

»Ich fürchte, das wird nicht möglich sein, Dr. Grant«, sagte der Inspektor.

»Ich habe ihm alles erzählt«, sagte Blaustein traurig.

Grant blickte von einem zum anderen.

»Ich werde mit dem Polizeipräsidenten sprechen. Ich gehe auch zum Präsidenten der Vereinigten Staaten, wenn es notwendig ist. Ich verstehe nicht, warum man den Selbstmord oder den Wahnsinn Ralsons erwähnen muß. Warum muß ein Schatten auf seinen Ruhm fallen?«

»Er hat einen Brief hinterlassen«, sagte Blaustein.

»Einen Brief?«

Darrity reichte Grant ein Blatt Papier und sagte: »Das tun fast alle Selbstmörder. Dieser Brief ist der Grund, warum der Doktor mir erzählt hat, was Ralson wirklich getötet hat.«

Der Brief war an Blaustein gerichtet und lautete:

Der Projektor funktioniert. Ich wußte es. Der Handel ist beendet. Sie haben erreicht, was Sie wollten, und Sie brauchen mich jetzt nicht mehr. Also werde ich gehen. Sie müssen sich keine Sorgen mehr um die Menschheit machen, Doktor. Sie haben recht. Sie haben zu lange mit uns experimentiert, sie haben uns zu viele Chancen gelassen. Jetzt haben wir das Penizillin durchbrochen, sie können uns nicht mehr stoppen. Ich weiß es. Das ist alles, was ich sagen kann. Ich weiß es.

Dann folgte Ralsons rasch hingeworfener Namenszug, und darunter befand sich noch eine dick unterstrichene Zeile.

Vorausgesetzt, daß genug Menschen dem Penizillin Widerstand leisten können.

Grant wollte schon das Papier zerknüllen, aber Darrity streckte rasch die Hand aus.

»Für die Akten, Doktor.«

Grant gab ihm den Brief.

»Der arme Ralson! Er starb im Glauben an diesen ganzen Unsinn.«

Blaustein nickte.

»Ja. Ralson wird ein großes Begräbnis haben, nehme ich an, und die Öffentlichkeit wird nichts von seinem Wahnsinn und seinem Selbstmord erfahren. Aber die Regierung wird sich für seine verrückten Theorien interessieren. Vielleicht sind sie gar nicht so verrückt, nicht wahr, Mr. Darrity?«

»Das ist doch lächerlich, Doktor«, sagte Grant. »Kein einziger Wissenschaftler hier hat jemals Selbstmordgedanken gehabt.«

»Erzählen Sie es ihm, Mr. Darrity«, sagte Blaustein.

»Es hat noch einen Selbstmord gegeben«, sagte der Inspektor. »Nein, nein, es war kein Wissenschaftler. Jedenfalls kein graduierter. Es passierte diesen Morgen, und wir nahmen an, daß der Selbstmord mit dem heutigen Test zusammenhing. Vorerst schien nichts darauf hinzuweisen, und wir schwiegen, bis der Test vorüber war. Aber jetzt sind die Zusammenhänge wohl klar. Der Tote war ein Mann mit Frau und drei Kindern. Er hatte keinen Grund, Selbstmord zu begehen. Er war nicht geisteskrank. Er hat sich unter ein Auto geworfen. Es wurde von mehreren Zeugen bestätigt, daß er es mit Absicht getan haben muß. Er starb nicht sofort, und man holte einen Arzt. Er war schrecklich zugerichtet, und seine letzten Worte lauteten: ›Jetzt fühle ich mich viel besser.‹ Und dann starb er.«

»Wer war es?« schrie Grant.

»Hal Ross. Der Mechaniker, der den Projektor gebaut hat. Der Mann, in dessen Büro wir hier stehen.«

Blaustein ging zum Fenster.

Am dunklen Abendhimmel zeigten sich die ersten Sterne.

»Der Mann wußte nichts von Ralsons Gedanken. Er hat nie mit Ralson gesprochen. Vielleicht sind die Wissenschaftler widerstandsfähiger als andere Menschen. Sie müssen es sein, sonst wären sie gezwungen, ihren Beruf aufzugeben. Ralson war eine Ausnahme. Er war zu sensibel, um sich gegen das Penizillin wehren zu können. Sie wissen, was mit ihm geschehen ist. Aber was ist mit den anderen? Mit den Sensiblen, die nur überlebt haben, weil sie bisher nicht konsequent und konstant vernichtet wurden? Wie viele Menschen werden dem Penizillin Widerstand leisten können?«

»Sie glauben an Ralsons verrückte Theorien?« fragte Grant mit schreckgeweiteten Augen.

»Ich weiß es nicht genau.«

Blaustein blickte zu den Sternen auf.

Wo waren sie, die Experimentatoren?

Quellenhinweise

MAROONED OFF VESTA: Copyright © 1939 by Ziff-Davis Publishing Co.; erneuert © 1967 by Isaac Asimov; dt. GEFANGENE DES ALLS: Copyright © 1969 der deutschen Übersetzung by Wilhelm Heyne Verlag, München: Übers.: Wulf H. Bergner

ROBBIE (als STRANGE PLAYFELLOW): Copyright © 1940 by Fictioneers, Inc.; erneuert © 1967 by Issac Asimov; dt. ROBBIE: Copyright © 1952 der deutschen Übersetzung by Karl Rauch Verlag, Düsseldorf; Übers.: Otto Schrag

NIGHTFALL: Copyright © 1941 by Street & Smith Publications, Inc.; erneuert © 1968 by Isaac Asimov; dt. EINBRUCH DER NACHT: Copyright © 1978 der deutschen Übersetzung by Wilhelm Heyne Verlag, München; Übers.: Joachim Pente

RUNAROUND: Copyright © 1942 by Street & Smith Publications, Inc.; erneuert © 1970 by Isaac Asimov; dt. RUNAROUND: Copyright © 1952 der deutschen Übersetzung by Karl Rauch Verlag, Düsseldorf; Übers.: Otto Schrag

DEATH SENTENCE: Copyright © 1943 by Street & Smith Publications, Inc.; erneuert © 1971 by Isaac Asimov; dt. TODESURTEIL: Copyright © 1991 der deutschen Übersetzung by Wilhelm Heyne Verlag, München; Übers.: Walter Brumm

CATCH THAT RABBIT: Copyright © 1944 by Street & Smith Publications, Inc.; erneuert 1972 by Isaac Asimov; dt. ERST DEN HASEN FANGEN! Copyright © 1952 der deutschen Übersetzung by Karl Rauch Verlag, Düsseldorf; Übers.: Otto Schrag

BLIND ALLEY: Copyright © 1945 by Street & Smith Publications, Inc.; erneuert 1973 by Isaac Asimov; dt. SACKGASSE: Copyright © 1991 der deutschen Übersetzung by Wilhelm Heyne Verlag, München; Übers.: Walter Brumm

EVIDENCE: Copyright © 1946 by Street & Smith Publications, Inc.; erneuert © 1974 by Isaac Asimov; dt. BEWEISMATERIAL: Copyright © 1952 der deutschen Übersetzung by Karl Rauch Verlag, Düsseldorf; Übers. Otto Schrag